AutoCAD 2022 实战从入门到精通

CAD辅助设计教育研究室　编著

U0335601

人民邮电出版社

北　京

图书在版编目（ＣＩＰ）数据

AutoCAD 2022实战从入门到精通 / CAD辅助设计教育
研究室编著. -- 北京 ： 人民邮电出版社，2022.8
ISBN 978-7-115-58759-6

Ⅰ. ①A… Ⅱ. ①C… Ⅲ. ①AutoCAD软件 Ⅳ.
①TP391.72

中国版本图书馆CIP数据核字(2022)第034535号

内 容 提 要

本书是一本帮助读者实现 AutoCAD 2022 从入门到精通的实战教程。

本书分为 3 篇，共 11 章，由 398 个实战案例组成。第 1 篇为基础篇，包括第 1～3 章，内容包括 AutoCAD 2022 的基础知识、二维图形的绘制与编辑等；第 2 篇为进阶篇，包括第 4～9 章，内容包括图形的标注、文字与表格的创建、图块与参照、图层的创建与管理、图形约束与信息查询、文件的打印与输出等；第 3 篇为三维篇，包括第 10、11 章，内容包括三维模型的创建和编辑等。同时，附赠一本工程实例电子书，通过机械设计、室内设计、建筑设计 3 个工程实例来详细讲解 AutoCAD 2022 的行业应用。

本书提供所有实战案例的素材文件和源文件，同时还提供教学 PPT 课件、教案、教学大纲，以及配套的练习题集。

本书可作为初学者学习 AutoCAD 的教材，也可作为专业技术人员的参考书。

♦ 编　著　CAD 辅助设计教育研究室
　　责任编辑　张丹阳
　　责任印制　马振武
♦ 人民邮电出版社出版发行　　北京市丰台区成寿寺路 11 号
　　邮编　100164　电子邮件　315@ptpress.com.cn
　　网址　http://www.ptpress.com.cn
　　三河市君旺印务有限公司印刷
♦ 开本：787×1092　1/16
　　印张：20.5　　　　　　　2022 年 8 月第 1 版
　　字数：640 千字　　　　　2022 年 8 月河北第 1 次印刷

定价：79.80 元

读者服务热线：(010)81055410　印装质量热线：(010)81055316
反盗版热线：(010)81055315
广告经营许可证：京东市监广登字 20170147 号

◎ 关于AutoCAD

AutoCAD 自 1982 年推出以来，从初期的 1.0 版本，经多次版本更新和性能完善，现已发展到 AutoCAD 2023。它不仅在机械、电子、建筑、室内装潢、家具、园林和市政工程等设计领域得到了广泛的应用，还可以用于绘制地理、气象、航海等特殊领域中的图形，甚至在乐谱、灯光和广告等领域也得到了应用，已成为计算机辅助设计领域应用最为广泛的图形处理软件之一。

◎ 本书内容

本书主要通过实战案例的形式，介绍 AutoCAD 2022 各板块的功能，具体内容安排如下。

篇 名	章 名	课 程 内 容
第1篇 基础篇 （第1~3章， 实战001~实战166）	第1章 AutoCAD 2022 入门	介绍AutoCAD 2022的基本操作，以及一些辅助绘图工具的使用方法
	第2章 二维图形的绘制	介绍AutoCAD 2022中各种绘图工具的使用方法
	第3章 二维图形的编辑	介绍AutoCAD 2022中各种图形编辑工具的使用方法
第2篇 进阶篇 （第4~9章， 实战167~实战326）	第4章 图形的标注	介绍AutoCAD 2022中各种标注的创建与编辑方法
	第5章 文字与表格的创建	介绍AutoCAD 2022中文字与表格的创建与编辑方法
	第6章 图块与参照	介绍图块的概念、创建方法和使用方法，以及外部参照的引用与管理
	第7章 图层的创建与管理	介绍图层的概念及图层的创建与管理方法
	第8章 图形约束与信息查询	介绍AutoCAD 2022中各种约束工具的使用方法，以及信息查询的相关知识
	第9章 文件的打印与输出	介绍AutoCAD 2022中各种打印设置与控制打印、输出的方法
第3篇 三维篇 （第10、11章， 实战327~实战398）	第10章 三维模型的创建	介绍三维建模的基础，以及几种三维模型的创建方法
	第11章 三维模型的编辑	介绍各种三维模型编辑工具的使用方法

◎ 本书特色

为了使读者可以轻松自学并深入了解AutoCAD 2022的功能，本书在版面结构的设计上尽量做到简单明了，如下图所示。

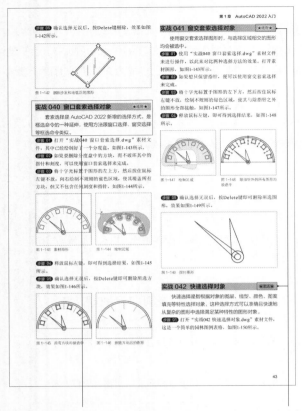

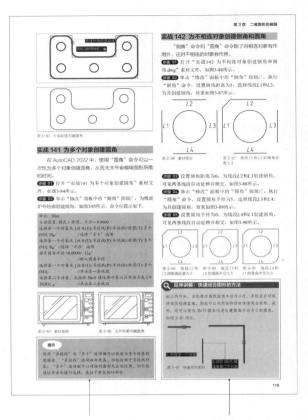

实战： 398个实战案例，读者可以边学边练，强化所学知识点。

进阶/重点： 根据难易程度划分进阶学习内容和重点内容，更加有针对性。

提示： 对操作难点和技巧进行提示，学习更简单。

延伸讲解： 对扩充知识点进行拓展讲解，掌握更全面。

◎ 本书作者

本书由CAD辅助设计教育研究室编著，由于作者水平有限，书中疏漏之处在所难免。感谢您选择本书，同时也希望您能够把对本书的意见和建议告诉我们。

编者

2022年6月

本书由"数艺设"出品,"数艺设"社区平台(www.shuyishe.com)为您提供后续服务。

◎ 配套资源

所有实战案例的素材文件

所有实战案例的源文件

工程实例电子书(包括机械、室内、建筑设计工程实例)

教学PPT课件、教案、教学大纲

练习题集

◎ 资源获取请扫码

"数艺设"社区平台,为艺术设计从业者提供专业的教育产品。

◎ 与我们联系

我们的联系邮箱是 szys@ptpress.com.cn。如果您对本书有任何疑问或建议,请您发邮件给我们,并请在邮件标题中注明本书书名及ISBN,以便我们更高效地做出反馈。

如果您有兴趣出版图书、录制教学课程,或者参与技术审校等工作,可以发邮件给我们。如果学校、培训机构或企业想批量购买本书或"数艺设"出版的其他图书,也可以发邮件联系我们。

如果您在网上发现针对"数艺设"出品图书的各种形式的盗版行为,包括对图书全部或部分内容的非授权传播,请您将怀疑有侵权行为的链接通过邮件发给我们。您的这一举动是对作者权益的保护,也是我们持续为您提供有价值的内容的动力之源。

◎ 关于"数艺设"

人民邮电出版社有限公司旗下品牌"数艺设",专注于专业艺术设计类图书出版,为艺术设计从业者提供专业的图书、视频电子书、课程等教育产品。出版领域涉及平面、三维、影视、摄影与后期等数字艺术门类,字体设计、品牌设计、色彩设计等设计理论与应用门类,UI设计、电商设计、新媒体设计、游戏设计、交互设计、原型设计等互联网设计门类,环艺设计手绘、插画设计手绘、工业设计手绘等设计手绘门类。更多服务请访问"数艺设"社区平台www.shuyishe.com。我们将提供及时、准确、专业的学习服务。

目录 Contents

第3章 二维图形的编辑

■ 第2篇 进阶篇 ■

第4章 图形的标注

第5章 文字与表格的创建

第 **1** 章

AutoCAD 2022 入门

本章内容概述 ————————————————————————————

AutoCAD是由美国Autodesk公司开发的计算机辅助设计软件。在深入学习AutoCAD 2022之前，本章先介绍
AutoCAD 2022的工作界面、视图控制和坐标系等基础知识，使读者对AutoCAD 2022及其操作方法有一个较为全
面的了解，为熟练掌握该软件打下坚实的基础。

本章知识要点 ————————————————————————————

- AutoCAD 2022的基本操作
- 执行与撤销命令
- 利用坐标系绘图
- AutoCAD 2022的新增功能
- 控制视图
- 选择对象的方法
- 借助捕捉功能绘图

1.1 AutoCAD 2022的基本操作

在正式开始学习之前，先了解一下 AutoCAD 2022 的工作界面和基本的文件操作。因为在本书后面的内容中，经常会有"单击某面板中的某个按钮""新建空白文档"等操作描述，所以在一开始就需要对这些基本操作及相关界面有所了解，以免学习时找不到对应的命令。

实战 001 认识 AutoCAD 2022 工作界面

启动 AutoCAD 2022，进入开始界面，然后单击"快速入门"区域，进入工作界面。

该界面包括应用程序按钮、快速访问工具栏、标题栏、交互信息工具栏、菜单栏、功能区、文件选项卡、绘图区、命令窗口及状态栏等，如图 1-1 所示。

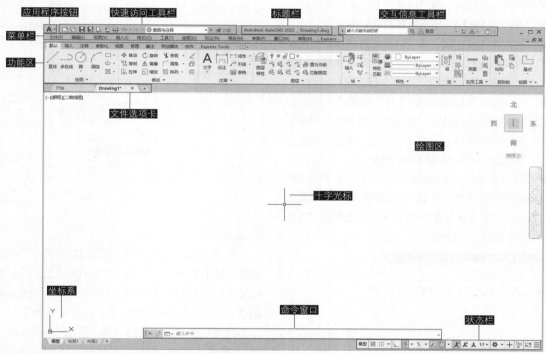

图 1-1　AutoCAD 2022 的默认工作界面

部分功能及含义说明如下。

◎ 应用程序按钮

应用程序按钮 ![A] 位于工作界面的左上角。单击该按钮，系统将弹出用于管理 AutoCAD 图形文件的应用程序菜单，左侧包含"新建""打开""保存""另存为""输出""打印"等选项，右侧则是"最近使用的文档"列表，如图 1-2 所示。

此外，在"搜索"文本框内输入命令名称会出现与搜索内容相关的各种命令的列表，单击其中的命令即可执行，如图 1-3 所示。

图 1-2　应用程序菜单

图 1-3　搜索功能

◎ 快速访问工具栏

快速访问工具栏位于标题栏的左侧，它包含了文档操作常用的命令按钮，从左到右依次为"新建""打开""保存""另存为""从 Web 和 Mobile 中打开""保存到 Web 和 Mobile""打印""放弃""重做"按钮，以及工作空间列表框和"共享"按钮，如图 1-4 所示。

图1-4 快速访问工具栏

主要按钮的功能介绍如下。

◆ "新建"按钮▯：用于新建一个图形文件。

◆ "打开"按钮▷：用于打开现有的图形文件。

◆ "保存"按钮▤：用于保存当前图形文件。

◆ "另存为"按钮▤：用于以副本形式保存当前图形文件，原来的图形文件会保留。以此方法保存文件时可以修改文件副本的文件名、文件格式和保存路径。

◆ "从 Web 和 Mobile 中打开"按钮▯：用于打开 Autodesk 的登录对话框，登录后可以访问用户保存在 A360 云盘中的文件，如图 1-5 所示。A360 云盘可理解为 Autodesk 公司提供的网络云盘。

◆ "保存到 Web 和 Mobile"按钮▯：用于将当前文件保存到用户的 A360 云盘中，此后用户可以在其他平台（网页或手机）上通过登录 A360 云盘的方式来查看这些文件，如图 1-6 所示。

图 1-5 访问 A360 云盘中的文件

图 1-6 将文件保存至 A360 云盘中

◆ "打印"按钮🖶：用于打印图形文件。

◆ "放弃"按钮↩：用于撤销上一步的操作。

◆ "重做"按钮↪：如果有放弃的操作，单击该按钮可以重做。

◆ 工作空间列表框：用于切换到不同的工作空间，不同的工作空间对应不同的软件操作界面。

◆ "共享"按钮 ◢共享：用于保存图形并登录 Autodesk Account，在对话框中选择共享图形的方式，如图 1-7 所示，可以与其他用户共享当前图形。

此外，可以单击快速访问工具栏右端的下拉按钮▼展开下拉列表，在下拉列表中可以自定义快速访问工具栏中显示的内容，如图 1-8 所示。

图 1-7 选择共享图形的方式

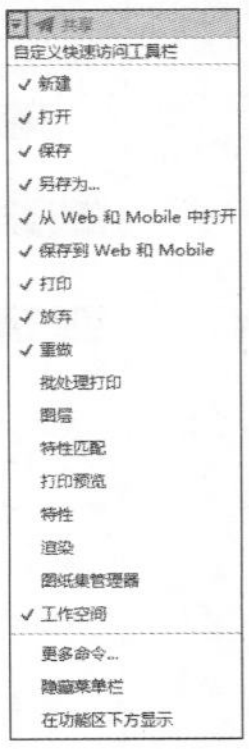

图 1-8 自定义快速访问工具栏显示的内容

◎ 菜单栏

在 AutoCAD 2022 中，菜单栏在任何工作空间中都默认为不显示状态。只有在快速访问工具栏中单击下拉按钮▼，并在弹出的下拉列表中选择"显示菜单栏"选项，才可将菜单栏显示出来，如图 1-9 所示。

菜单栏位于标题栏的下方，包括 13 个菜单："文件""编辑""视图""插入""格式""工具""绘图""标注""修改""参数""窗口""帮助""Express"。每个菜单都包含该分类下的大量命令，因此菜单栏是 AutoCAD 中命令最为详尽的部分。它的缺点是命令排列得过于集中，要单独寻找其中某一个命令，可能需要展开多级菜单才能找到，如图 1-10 所示。因此在工作中一般不使用菜单栏来启用命令，菜单栏通常用于查找和选择少数不常用的命令。

图 1-9 显示菜单栏

图 1-10　展开多级菜单才能找到需要的命令

◎ **标题栏**

标题栏位于 AutoCAD 2022 工作界面的最上方，如图 1-11 所示。标题栏中显示了软件名称，以及当前新建或打开的文件名称等。标题栏最右侧是"最小化"按钮 ▬、"最大化"按钮 □ 和"关闭"按钮 ✕。

◎ **交互信息工具栏**

交互信息工具栏位于标题栏中，主要由搜索框、登录栏、Autodesk App Store 和保持连接 4 个部分组成。

◎ **功能区**

功能区是各命令选项卡的合称，用于显示与绘图任务相关的控件，存在于"草图与注释""三维基础""三维建模"工作空间。"草图与注释"工作空间的功能区包含"默认""插入""注释""参数化""视图""管理""输出""附加模块""协作""Express Tools"10 个选项卡，如图 1-12 所示。每个选项卡包含若干个面板，每个面板又包含许多带有图形标记的命令按钮。

图 1-11　标题栏

图 1-12　功能区

◎ **文件选项卡**

文件选项卡位于绘图区的上方，打开的每个图形文件都有一个对应的文件选项卡，单击文件选项卡即可快速切换至相应的图形文件，如图 1-13 所示。单击文件选项卡上的 ✕ 按钮，可以快速关闭对应文件；单击文件选项卡右侧的 + 按钮，可以快速新建文件。

此外，在鼠标指针悬停在文件选项卡上时，将显示模型的预览图像和布局。如果鼠标指针悬停在某个预览图像上，相应的模型或布局将临时显示在绘图区中，并且可以在预览图像中单击"打印"或"发布"按钮进行对应操作，如图 1-14 所示。

图 1-13　文件选项卡

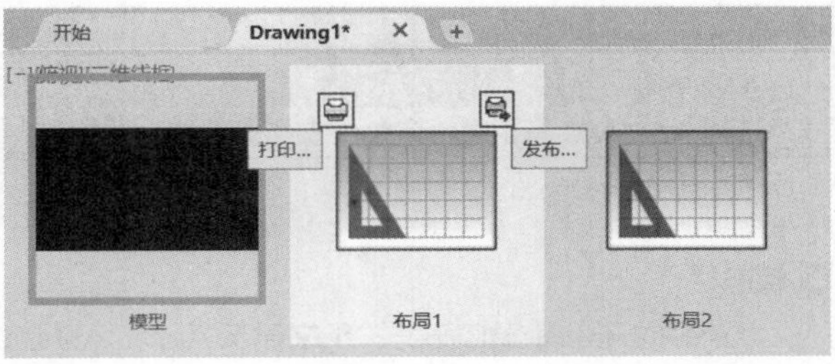

图 1-14　文件选项卡的预览功能

◎ 绘图区

绘图区常被称为绘图窗口，绘图的核心操作和图形显示都在该区域中进行。绘图区中有 4 个工具需注意，分别是十字光标、坐标系图标、ViewCube 工具和视口控件，如图 1-15 所示。其中视口控件显示在每个视口的左上角，提供更改视图、视觉样式和其他设置的便捷操作方式，视口控件的 3 个标签显示当前视口的相关设置。

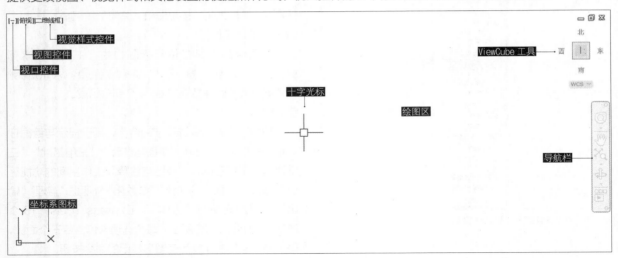

图 1-15　绘图区

视口控件相关的 3 个标签也是快捷功能控件，通过它们可以快速地修改图形的视图和视觉样式，如图 1-16 所示。

◎ 命令窗口

命令窗口是输入命令和显示命令提示的区域，默认显示在绘图区下方，由若干文本行组成，如图 1-17 所示。命令窗口中间有一条水平分界线，它将命令窗口分成两个部分：命令行和命令历史区。位于水平分界线下方的为命令行，它用于接收用户输入的命令，并显示 AutoCAD 提示信息；位于水平分界线上方的为命令历史区，它含有 AutoCAD 启动后所用过的全部命令及提示信息，该区域有垂直滚动条，可以上下滚动查看命令。

图 1-16　快捷功能控件菜单

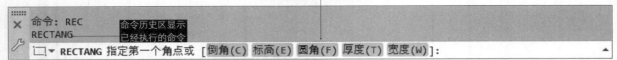

图 1-17　命令窗口

◎ 状态栏

状态栏位于命令窗口下方，用来显示 AutoCAD 2022 当前的状态，如对象捕捉、极轴追踪等命令的工作状态，主要由 5 部分组成，如图 1-18 所示。AutoCAD 2022 将之前的模型 / 布局标签栏和状态栏合并在一起，并且取消显示当前十字光标的位置。

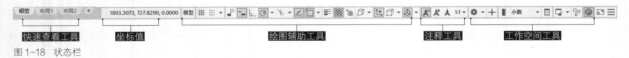

图 1-18　状态栏

实战 002　设置 AutoCAD 2022 的颜色主题

　　在计算机中正确安装 AutoCAD 2022 后，双击桌面中的图标启动软件。软件默认使用的是"暗"颜色主题，用户可以自定义主题。

步骤 01　AutoCAD 2022的颜色主题有两种：一种为"明"，如图1-19所示；另一种为"暗"。用户可自行切换。

步骤 02　在命令行中输入OP并按Enter键，打开"选项"对话框。展开左上角的"颜色主题"下拉列表，选择"暗"选项，如图1-20所示。

图 1-19　"明"颜色主题

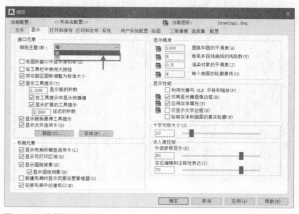

图 1-20　选择颜色主题

步骤 03　单击"确定"按钮，绘图区的背景颜色将更改为黑色，观察"暗"颜色主题的设置效果，如图1-21所示。

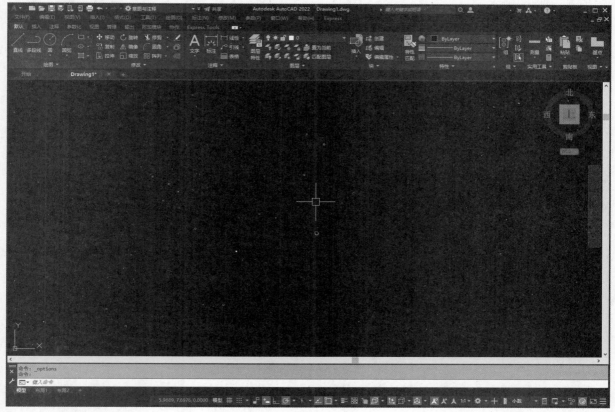

图 1-21　"暗"颜色主题

实战 003 自定义绘图区的颜色

绘图区的颜色默认为深色，这样可以与图形颜色产生明显的对比，方便用户绘制、编辑图形。用户也可以自定义绘图区的颜色。

步骤 01 默认情况下，在AutoCAD中新建空白文档后，绘图区显示为黑色，如图1-22所示。

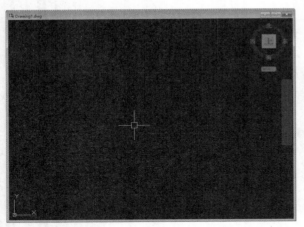

图 1-22 黑色的绘图区

步骤 02 在绘图区中单击鼠标右键，在快捷菜单中选择"选项"选项，如图1-23所示。

步骤 03 打开"选项"对话框，选择"显示"选项卡，单击"颜色"按钮，如图1-24所示。

图 1-23 选择"选项"选项

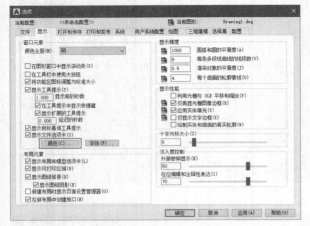

图 1-24 单击"颜色"按钮

步骤 04 打开"图形窗口颜色"对话框，展开右上角的"颜色"下拉列表，选择其中一种颜色，这里选择白色，如图1-25所示。

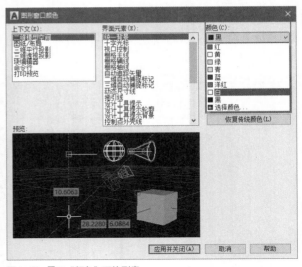

图 1-25 展开"颜色"下拉列表

> **提示**
>
> 在"颜色"下拉列表中选择"选择颜色"选项，打开"选择颜色"对话框，如图1-26所示，可以在其中选择合适的颜色。

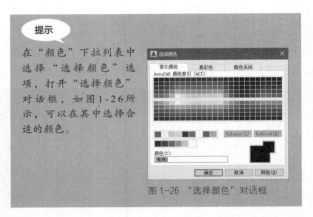

图 1-26 "选择颜色"对话框

步骤 05 单击"应用并关闭"按钮，返回"选项"对话框。单击"确定"按钮，绘图区的颜色更改为白色，如图1-27所示。

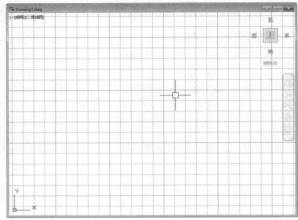

图 1-27 白色的绘图区

单击应用程序按钮**A**▾，在弹出的菜单中单击"选项"按钮，如图1-28所示，也可以打开"选项"对话框。然后参考上述步骤，即可设置绘图区的颜色。

图1-28 单击"选项"按钮

实战 004 在绘图区中显示滚动条

拖动绘图区的滚动条，可以调整绘图区中的显示内容。在查阅大型图纸的时候，经常会用到滚动条。

步骤 01 单击工作界面左上角快速访问工具栏中的"打开"按钮 ⎙，打开"实战004 在绘图区中显示滚动条.dwg"文件，如图1-29所示。

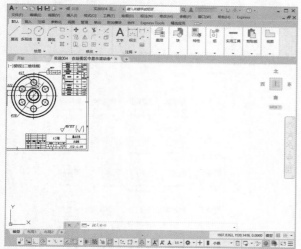

图1-29 打开文件

步骤 02 在命令行中输入OP并按Enter键，打开"选项"对话框。选择"显示"选项卡，勾选"在图形窗口中显示滚动条"复选框，如图1-30所示。

步骤 03 单击"确定"按钮关闭对话框，绘图区的下方和右侧将显示滚动条，如图1-31所示。

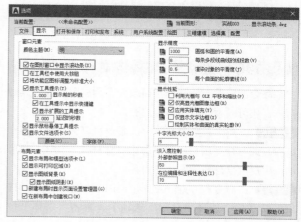

图1-30 "选项"对话框

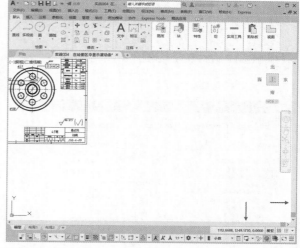

图1-31 显示滚动条

步骤 04 将鼠标指针置于滚动条的矩形滑块上，按住鼠标左键不放并拖动鼠标，使图纸完整地显示在绘图区中，如图1-32所示。

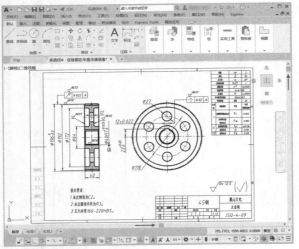

图1-32 调整显示内容

实战 005 设置命令窗口的字体样式

命令窗口的字体并非不可改变，用户可以改用其他字体，还可以添加新字体。

步骤 01 在执行命令的过程中，命令窗口中会显示操作步骤。此时命令窗口中的字体为默认样式，如图1-33所示，用户可以自定义字体样式。

步骤 02 在命令行中输入OP并按Enter键，打开"选项"对话框。选择"显示"选项卡，单击"字体"按钮，如图1-34所示。

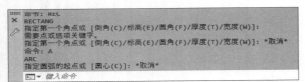

图1-33 命令窗口的默认字体样式

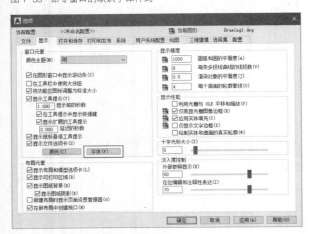

图1-34 "选项"对话框

步骤 03 打开"命令行窗口字体"对话框。在"字体"列表框中选择字体，在"字形"列表框中选择显示样式，在"字号"列表框中选择字号，在左下角预览设置效果，如图1-35所示。

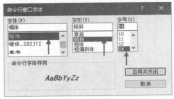

图1-35 "命令行窗口字体"对话框

步骤 04 单击"应用并关闭"按钮，返回"选项"对话框。单击"确定"按钮，观察更改字体样式后的效果，如图1-36所示。

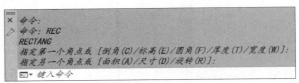

图1-36 更改字体样式

🔍 延伸讲解：安装字体

计算机提供的常规字体样式可以满足用户大部分的使用需求。如果用户希望使用其他字体样式，则需要下载或购买。下载字体至计算机后，如果是压缩包，需要先解压，解压后的字体文件如图1-37所示。双击字体文件，打开预览窗口，观察字体在不同字号、粗细的情况下的显示效果。

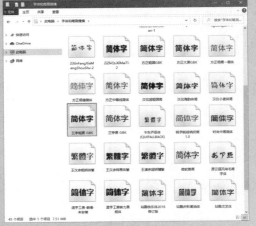

图1-37 下载的字体

在字体文件上单击鼠标右键，在快捷菜单中选择"安装"或者"为所有用户安装"选项，如图1-38所示，将字体安装到计算机中。

图1-38 选择选项

实战 006 设置十字光标的大小

十字光标的合适大小取决于实际的工作情况。用户在抓取图形时候，需要利用十字光标，因此将其调整为合适的大小就显得尤为重要。

步骤 01 鼠标指针在绘图区中显示为十字光标，如图1-39所示。利用十字光标进行选择、编辑操作，可以绘制各种图形。

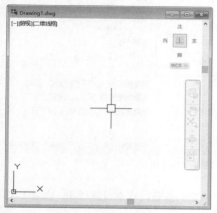

图1-39 十字光标

步骤 02 在命令行中输入OP并按Enter键，打开"选项"对话框。选择"显示"选项卡，在"十字光标大小"区域拖动矩形滑块即可设置十字光标的大小，如图1-40所示。

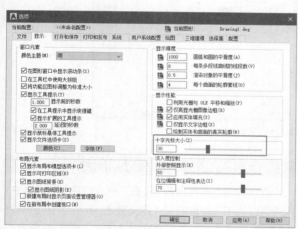

图1-40 设置十字光标的大小

> **提示**
>
> 也可以直接在数值框中输入数值设置十字光标的大小。

步骤 03 单击"确定"按钮，观察设置效果，如图1-41所示。用户可以根据自己的绘图习惯自定义十字光标的大小。

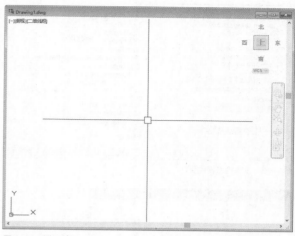

图1-41 设置效果

实战 007 设置拾取框的大小

在绘图的过程中，拾取框能够方便用户准确定位，选中特征点。拾取框的大小可以自定义，用户可在"选项"对话框中进行设置。

步骤 01 拾取框位于十字光标的中心，如图1-42所示。为了方便绘图，用户可以自定义拾取框的大小。

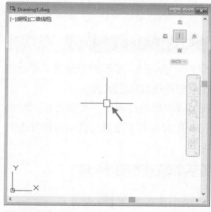

图1-42 拾取框

步骤 02 在命令行中输入OP并按Enter键，打开"选项"对话框。选择"选择集"选项卡，在"拾取框大小"区域拖动矩形滑块，调整拾取框的大小，如图1-43所示。

步骤 03 单击"确定"按钮，关闭对话框，观察设置效果，如图1-44所示。

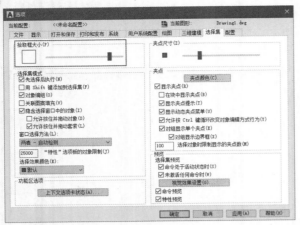

图 1-43 设置拾取框的大小

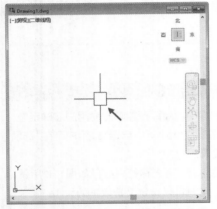

图 1-44 设置效果

实战 008 设置自动捕捉标记的大小

捕捉不同类型的特征点时，显示的自动捕捉标记也不同。用户可自定义自动捕捉标记的大小。

步骤 01 在绘制或编辑图形的过程中，拾取特征点时会显示自动捕捉标记，同时在右下角显示自动该特征点的名称，如图1-45所示。

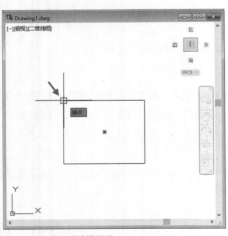

图 1-45 显示自动捕捉标记

步骤 02 在命令行中输入OP并按Enter键，打开"选项"对话框。选择"绘图"选项卡，在"自动捕捉标记大小"区域拖动矩形滑块，调整自动捕捉标记的大小，如图1-46所示。

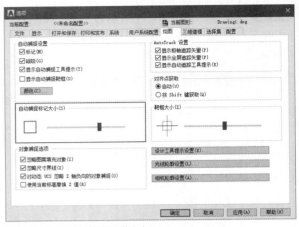

图 1-46 设置自动捕捉标记的大小

步骤 03 单击"确定"按钮，观察设置效果，如图1-47所示。

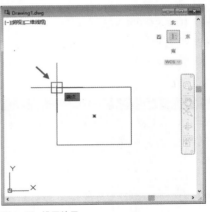

图 1-47 设置效果

实战 009 设置夹点的尺寸与颜色

默认的夹点颜色为蓝色。在"夹点颜色"对话框中，用户可以为不同类型的夹点定义颜色。

步骤 01 选择图形，显示蓝色的夹点，如图1-48所示。通常情况下，夹点按默认尺寸显示，用户也可自定义夹点尺寸。

步骤 02 在命令行中输入OP并按Enter键，打开"选项"对话框。选择"绘图"选项卡，在"夹点尺寸"区域拖动矩形滑块，调整夹点尺寸，如图1-49所示。

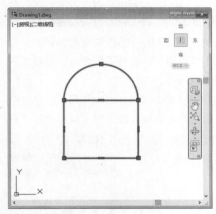

图 1-48　显示夹点

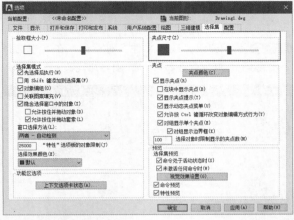

图 1-49　设置夹点的尺寸

步骤 03 单击"确定"按钮,关闭对话框,设置效果如图1-50所示。

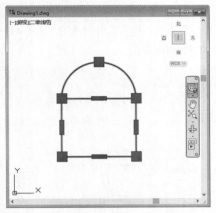

图 1-50　设置效果

步骤 04 在"选项"对话框中单击"夹点颜色"按钮,打开"夹点颜色"对话框。展开颜色列表,可以为不同类型的夹点设置颜色,如图1-51所示。

图 1-51　"夹点颜色"对话框

步骤 05 将"未选中夹点颜色"设置为"红",效果如图1-52所示。

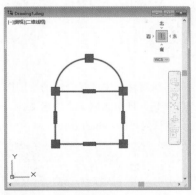

图 1-52　显示红色的夹点

提示

"夹点"区域有多个选项,都可用来编辑夹点的显示效果。

实战 010　新建文件

启动 AutoCAD 2022 后,如果在开始界面单击"快速入门"区域,系统会自动新建一个名为 Drawing1.dwg 的图形文件。除了这个入门级方法外,用户还可以根据需要新建带样板的图形文件。

步骤 01 启动AutoCAD 2022,进入开始界面。

步骤 02 单击开始界面左上角快速访问工具栏中的"新建"按钮,如图1-53所示。

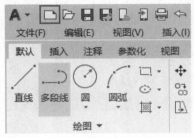

图 1-53　使用快速访问工具栏新建文件

步骤 03 系统打开"选择样板"对话框,如图1-54所示。

图 1-54 "选择样板"对话框

步骤 04 根据绘图需要,在对话框中选择合适的绘图样板,然后单击"打开"按钮,即可新建一个图形文件,如图1-55所示。文件名默认为"Drawing1.dwg"。

图 1-55 新建的 AutoCAD 图形文件

> **提示**
>
> 执行"新建"命令还有以下几种方法。
> 应用程序按钮:单击应用程序按钮**A**▾,在弹出的菜单中选择"新建"选项。
> 菜单栏:执行"文件"|"新建"命令。
> 标签栏:单击标签栏上的 **+** 按钮。此方法不会打开"选择样板"对话框,而会直接以上一次新建文件时所选择的样板为样板新建文件;如果是第一次新建文件,则默认以acadiso.dwt为样板。
> 命令行:在命令行输入NEW或QNEW。
> 快捷键:Ctrl+N。

实战 011 打开文件

使用 AutoCAD 2022 进行图形查看与编辑时,如果需要对已有图形文件进行修改或重新设计,便要打开该图形文件进行相应操作。

步骤 01 启动AutoCAD 2022,进入开始界面。

步骤 02 单击开始界面左上角快速访问工具栏中的"打开"按钮🗁,如图1-56所示。

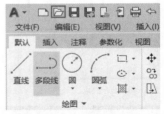

图 1-56 单击"打开"按钮

步骤 03 系统弹出"选择文件"对话框,在其中选择"实战011 打开文件.dwg",如图1-57所示。

图 1-57 "选择文件"对话框

步骤 04 单击"打开"按钮,即可打开所选的AutoCAD图形文件,结果如图1-58所示。

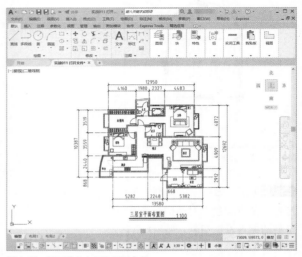

图 1-58 打开的 AutoCAD 图形文件

执行"打开"命令还有以下几种方法。
应用程序按钮：单击应用程序按钮 **A·** ，在弹出的菜单中选择"打开"选项。
菜单栏：执行"文件"|"打开"命令。
标签栏：在标签栏空白位置单击鼠标右键，在弹出的快捷菜单中选择"打开"选项。
命令行：在命令行输入OPEN或QOPEN。
快捷键：Ctrl+O。
快捷方式：直接双击要打开的.dwg图形文件。

实战 012 局部打开图形

在处理大型图形文件时，可以在打开图形时只加载需要的几何图形，指定的几何图形和命名对象包括：块（Block）、图层（Layer）、标注样式（Dimension Style）、线型（Linetype）、布局（Layout）、文字样式（Text Style）、视口配置（Viewports）、用户坐标系（UCS）及视图（View）等。

本例使用"实战011"的文件来进行局部打开操作（完整打开效果如图1-58所示），只加载素材文件中指定图层上的几何图形，以供读者对比，操作步骤如下。

步骤 01 启动AutoCAD 2022，进入开始界面，单击界面左上角快速访问工具栏中的"打开"按钮，弹出"选择文件"对话框。

步骤 02 选择要局部打开的"实战011 打开文件.dwg"素材文件，然后单击"选择文件"对话框中"打开"按钮右侧的三角下拉按钮，在弹出的下拉列表中选择"局部打开"选项，如图1-59所示。

图1-59 选择"局部打开"选项

提示

"局部打开"选项只能用于当前AutoCAD版本保存的图形文件。如果某文件的"局部打开"选项不可用，可以先将该文件完全打开，然后将其另存为当前AutoCAD版本的文件，再进行"局部打开"操作。

步骤 03 系统弹出"局部打开"对话框，在"要加载几何图形的图层"列表框中勾选要局部打开的图层名，如"QT-000墙体"，如图1-60所示。

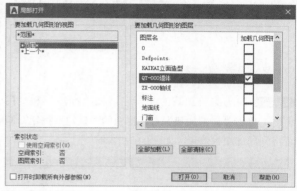

图1-60 "局部打开"对话框

步骤 04 单击"打开"按钮，即可打开仅包含"QT-000墙体"图层的图形对象，同时文件名后有"（局部加载）"文字，如图1-61所示。

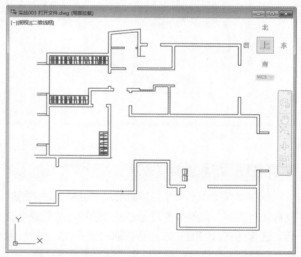

图1-61 局部打开效果

步骤 05 对于局部打开的图形，用户还可以通过"局部加载"对话框将其他未载入的几何图形补充进来。在命令行中输入PARTIALLOAD并按Enter键，系统弹出"局部加载"对话框,它与"局部打开"对话框的主要区别是用户在其中可利用"拾取窗口"按钮![]划定区域来放置视图,如图1-62所示。

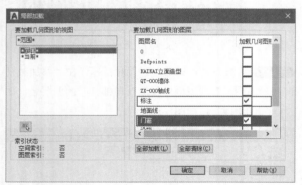

图1-62 "局部加载"对话框

步骤 06 勾选需要加载的图层名,如"标注"和"门窗",单击"局部加载"对话框中的"确定"按钮,即可得到局部加载效果,如图1-63所示。

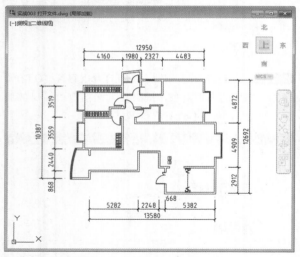

图1-63 局部加载效果

实战 013 保存文件

保存文件操作不仅包括将新绘制的或修改好的图形文件进行存盘,以便以后对图形进行查看、使用或修改等,还包括在绘制图形的过程中随时对图形文件进行保存,以避免发生意外情况而导致文件丢失或不完整。

步骤 01 启动AutoCAD 2022,打开"实战013 保存文件.dwg"素材文件,如图1-64所示。

步骤 02 对图形进行任意操作,在标签栏中可见文件名多了一个"*"后缀,如图1-65所示,表示文件已发生变更,需要保存文件。

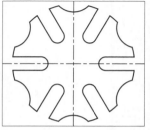

图1-64 打开素材文件

图1-65 图形变更标记

步骤 03 单击快速访问工具栏中的"保存"按钮![],如图1-66所示,即可保存文件,同时"*"后缀消失。

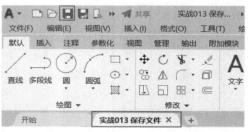

图1-66 保存文件

步骤 04 如果是第一次保存文件,即文件名为系统默认的Darwing1等,则会打开"图形另存为"对话框,如图1-67所示。

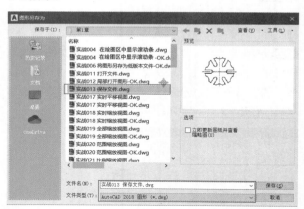

图1-67 "图形另存为"对话框

步骤 05 设置存盘路径。单击对话框上方的"保存于"下拉按钮,在展开的下拉列表内设置存盘路径。

步骤 06 设置文件名。在"文件名"文本框内输入文件名称。

步骤 07 设置文件类型。单击对话框底部的"文件类型"下拉按钮,在展开的下拉列表内选择文件类型,如图1-68所示。

步骤 08 完成上述操作后,即可将AutoCAD图形按所设置的存盘路径、文件名、文件类型进行保存。

图 1-68 文件类型

> **提示**
>
> 执行"保存"命令还有以下几种方法。
> 应用程序按钮：单击应用程序按钮 **A ▼**，在弹出的菜单中选择"保存"选项。
> 菜单栏：执行"文件"|"保存"命令。
> 快捷键：Ctrl+ S。
> 命令行：在命令行输入SAVE或QSAVE。

实战 014 将图形文件另存为低版本文件

在日常工作中，经常需要与客户或同事进行图形文件往来，有时就难免碰到因为彼此的 AutoCAD 版本不同而打不开图形文件的情况，此时会弹出 AutoCAD 警告，如图 1-69 所示。原则上高版本的 AutoCAD 能打开低版本 AutoCAD 所绘制的图形，而低版本 AutoCAD 无法打开高版本 AutoCAD 所绘制的图形。因此对于使用高版本 AutoCAD 的用户来说，可以将文件通过"另存为"的方式转存为低版本图形文件。

图 1-69 因版本不同出现的 AutoCAD 警告

步骤 01 启动AutoCAD 2022，打开要另存的图形文件。

步骤 02 单击快速访问工具栏中的"另存为"按钮📙，打开"图形另存为"对话框，在"文件类型"下拉列表中选择"AutoCAD 2000/LT2000图形（*.dwg）"选项，如图1-70所示。

步骤 03 设置完成后单击"保存"按钮，当前AutoCAD所绘制图形的保存类型将变为AutoCAD 2000类型，任何高于2000版本的AutoCAD均可以打开此文件。

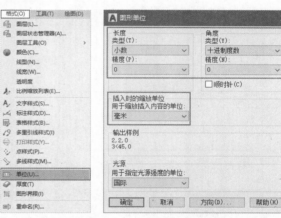

图 1-70 "图形另存为"对话框

实战 015 设置图形单位

绘制不同类型的图纸时，需要设置不同的图形单位。在绘图前，可以参考相关标准来设置图形单位。

步骤 01 在"格式"菜单下执行"单位"命令，如图 1-71所示。

步骤 02 打开"图形单位"对话框，分别设置"长度""角度"的"类型"和"精度"，以及"插入时的缩放单位"参数，如图1-72所示。

步骤 03 单击"确定"按钮，完成设置。

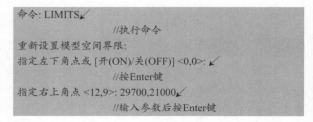

图 1-71 执行"单位" 图 1-72 "图形单位"对话框
命令

实战 016 设置图形界限

界限的设置可以参考不同规格的图纸，如A1、A2、A3 等。

步骤 01 在命令行中输入LIMITS并按Enter键，命令行提示如下。

```
命令: LIMITS↙
                //执行命令
重新设置模型空间界限:
指定左下角点或 [开(ON)/关(OFF)] <0,0>:↙
                //按Enter键
指定右上角点 <12,9>: 29700,21000↙
                //输入参数后按Enter键
```

步骤 02 执行"工具"|"绘图设置"命令，打开"草图

设置"对话框。切换至"捕捉和栅格"选项卡，设置参数，如图1-73所示。

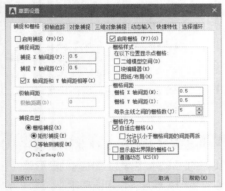

图1-73　设置参数

步骤 03 单击"确定"按钮，关闭对话框。栅格覆盖的区域即为图形界限，如图1-74所示。

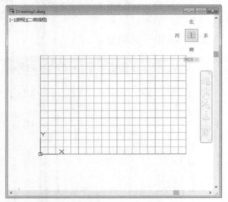

图1-74　显示图形界限

> **提示**
>
> 在本书中，命令行提示中的"↙"符号代表按Enter键，"//"符号后的文字为提示文字。

1.2　AutoCAD 2022 视图的控制

在绘图过程中，为了更好地观察和绘制图形，通常需要对视图进行平移、缩放、重生成等操作。本节将通过实战案例详细介绍 AutoCAD 视图的控制方法。

实战 017　实时平移视图

平移视图即不改变视图的大小，只改变其位置，以便观察图形的其他组成部分。图形显示不全、部分区域不可见时，就可以平移视图来观察图形。

步骤 01 启动AutoCAD 2022，打开"实战017 实时平移视图.dwg"素材文件。

步骤 02 长按鼠标中键（滚轮），待十字光标变为🖐时，拖动鼠标即可实时平移视图，如图1-75所示。

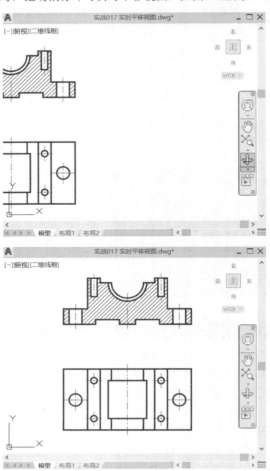

图1-75　实时平移视图

> **提示**
>
> 除了按住鼠标中键并拖动鼠标外，还可以通过以下方法来平移视图。
>
> 功能区：单击"视图"选项卡"导航"面板中的"平移"按钮🖐，如图1-76所示；十字光标形状变为🖐，按住鼠标左键并拖动鼠标即可平移视图。
>
> 菜单栏：执行"视图"｜"平移"｜"实时"命令，如图1-77所示。
>
> 命令行：在命令行输入PAN或P。

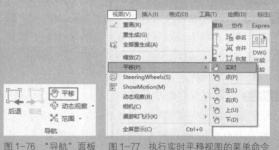

图1-76　"导航"面板　　图1-77　执行实时平移视图的菜单命令
中的"平移"按钮

解锁课程后你还可以获得

1 进入微信交流群，与老师直接交流

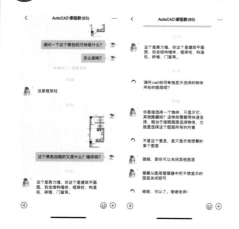

2 AutoCAD设计案例分析，从机械、建筑、室内等设计领域解读AutoCAD行业应用

3 课程中所有案例的素材文件及丰富附赠素材

1.AutoCAD常用快捷键大全
2.AutoCAD绘图常见疑难解答
3.AutoCAD使用技巧精华
4.55张二维与三维练习图
5.机械标准件图块合集
6.室内设计常用图块合集
7.电气设计常用图块合集

4 课程配套的课后习题集及答案+教师专享教学PPT课件、教案、教学大纲

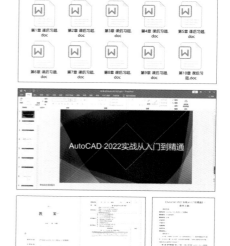

第1章 课后习题.doc　第2章 课后习题.doc　第3章 课后习题.doc　第4章 课后习题.doc　第5章 课后习题.doc
第6章 课后习题.doc　第7章 课后习题.doc　第8章 课后习题.doc　第9章 课后习题.doc　第10章课后习题.doc

AutoCAD 2022实战从入门到精通

添加助教老师微信，0元领取视频课程
绘制&行业应用全解析，打通CAD技能通道！

实战 018　实时缩放视图

在 AutoCAD 2022 中，使用实时缩放功能可以快速放大或缩小视图。

步骤 01 启动AutoCAD 2022，打开"实战018 实时缩放视图.dwg"素材文件，如图1-78所示，从中并不能分辨出图形为何物。

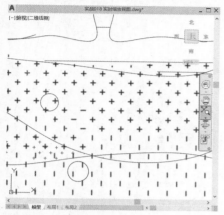

图 1-78　素材文件

步骤 02 向后滚动鼠标中键，可观察到视图在实时缩小，从而能看清图形的整体面貌，如图1-79所示。向前滚动鼠标中键便是将视图放大，以便观察图形的细节。

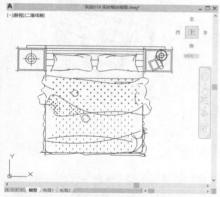

图 1-79　视图缩小后的效果

提示

除了滚动鼠标中键外，还可以通过以下方法来实时缩放视图。

功能区：选择"视图"选项卡，在"导航"面板的"视图"下拉列表中选择"实时"选项，如图1-80所示。向上拖动鼠标，待十字光标变为 🔍+ 时为放大视图；向下拖动鼠标，待十字光标变为 🔍- 时为缩小视图。

菜单栏：执行"视图"｜"缩放"｜"实时"命令，如图1-81所示。

命令行：在命令行中输入ZOOM或Z，按Enter键后拖曳鼠标。

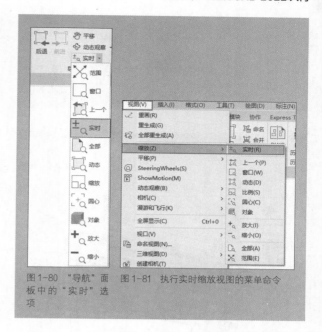

图 1-80　"导航"面板中的"实时"选项　　图 1-81　执行实时缩放视图的菜单命令

实战 019　全部缩放视图

在 AutoCAD 2022 中，使用全部缩放功能可以快速显示出图形界限中的所有对象；如果没有定义图形界限，则显示所有图形。

步骤 01 启动AutoCAD 2022，打开"实战019 全部缩放视图.dwg"素材文件，如图1-82所示。此时只能看到规划图的一部分，并且有栅格。

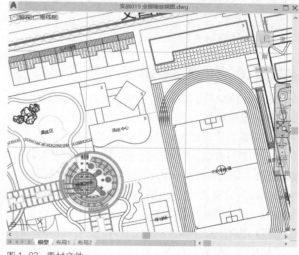

图 1-82　素材文件

步骤 02 在命令行中输入Z或ZOOM，然后按Enter键确认，即执行"缩放"命令。根据命令行提示进行操作，输入A，再按Enter键确认，即执行"全部"子命令，全部缩放视图，显示出整个栅格区域，如图1-83所示。命令行提示如下。

命令: ZOOM↙

　　　　　　　　　//执行"缩放"命令
指定窗口的角点，输入比例因子 (nX 或 nXP)，或者
[全部(A)/中心(C)/动态(D)/范围(E)/上一个(P)/比例(S)/窗口
(W)/对象(O)] <实时>: A↙

　　　　　　　　　//执行"全部"子命令

命令: ZOOM↙

　　　　　　　　　//执行"缩放"命令
指定窗口的角点，输入比例因子 (nX 或 nXP)，或者
[全部(A)/中心(C)/动态(D)/范围(E)/上一个(P)/比例(S)/窗口
(W)/对象(O)] <实时>: E↙

　　　　　　　　　//执行"范围"子命令

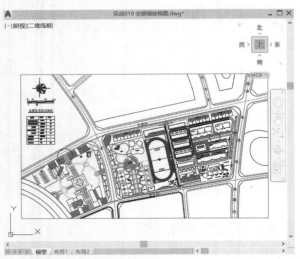

图 1-83　全部缩放视图的效果

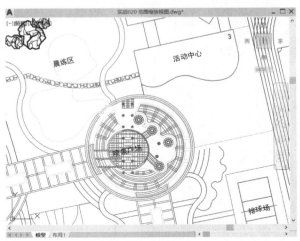

图 1-84　素材文件

> **提示**
>
> 除了在命令行输入命令外，还可以通过以下方法来全部缩放视图。
> 功能区：选择"视图"选项卡，在"导航"面板的"视图"下拉列表中选择"全部"选项。
> 菜单栏：执行"视图"｜"缩放"｜"全部"命令。

实战 020 范围缩放视图

在 AutoCAD 2022 中，使用范围缩放功能可以快速地进行范围缩放图形操作。范围缩放视图可以使所有图形在屏幕上尽可能大地显示出来，它的显示边界是图形而不是图形界限，这是它与全部缩放功能的主要区别。

步骤 01 启动AutoCAD 2022，打开"实战020 范围缩放视图.dwg"素材文件，如图1-84所示。此时只能看到规划图的一部分，并且有栅格。

步骤 02 在命令行中输入Z或ZOOM，然后按Enter键确认，即执行"缩放"命令。根据命令行提示进行操作，输入E，再按Enter键确认，即执行"范围"子命令，范围缩放视图，显示出完整的规划图，如图1-85所示。命令行提示如下。

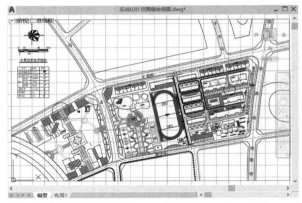

图 1-85　范围缩放视图的效果

> **提示**
>
> 除了在命令行输入命令外，还可以通过以下方法来范围缩放视图。
> 功能区：选择"视图"选项卡，在"导航"面板的"视图"下拉列表中选择"范围"选项。
> 菜单栏：执行"视图"｜"缩放"｜"范围"命令。

实战 021 比例缩放视图

在 AutoCAD 2022 中，使用比例缩放功能可以根据用户所输入的比例参数来放大或缩小视图。

步骤 01 启动AutoCAD 2022，打开"实战021 比例缩放视图.dwg"素材文件，如图1-86所示。

步骤 02 在命令行中输入Z或ZOOM，然后按Enter键确

认，即执行"缩放"命令。根据命令行提示进行操作，输入S，再按Enter键确认，即执行"比例"子命令。

步骤 03 输入比例因子，这里输入2，按Enter键确认，即可按比例缩放视图，效果如图1-87所示。命令行提示如下。

```
命令: ZOOM↙
                    //执行"缩放"命令
指定窗口的角点，输入比例因子 (nX 或 nXP)，或者
[全部(A)/中心(C)/动态(D)/范围(E)/上一个(P)/比例(S)/窗口
(W)/对象(O)] <实时>: S↙
                    //执行"比例"子命令
输入比例因子 (nX 或 nXP): 2↙
                    //输入比例因子
```

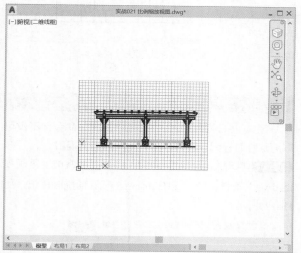

图1-86 素材文件

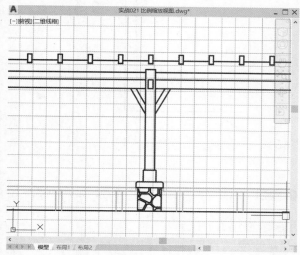

图1-87 比例缩放视图的效果

按输入的比例值缩放视图共有3种方式，除了本例介绍的这种，还有以下两种。

在数值后加"X"，表示相对于当前视图进行缩放，如"2X"表示屏幕上的每个对象显示为原大小的两倍，如图1-88所示。

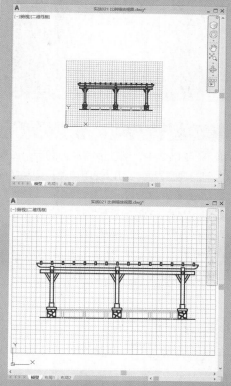

图1-88 "2X"的效果

在数值后加"XP"，表示相对于图纸空间单位进行缩放，如"2XP"表示以图纸空间单位的两倍显示模型空间，如图1-89所示。在创建视口时适合输入不同的比例值来显示对象的布局。

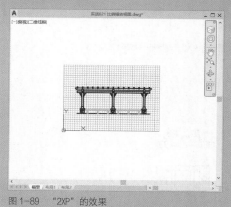

图1-89 "2XP"的效果

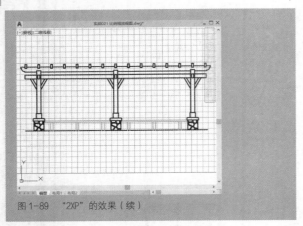

图1-89 "2XP"的效果（续）

实战 022 显示上一个视图

在 AutoCAD 2022 中，缩放或移动视图后，如果想重新显示之前的视图界面，可以使用"上一个"命令来实现。

步骤 01 启动AutoCAD 2022，打开"实战022 显示上一个视图.dwg"素材文件，如图1-90所示。

步骤 02 向后滚动鼠标中键，缩小视图，如图1-91所示。

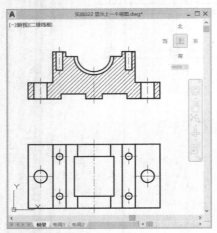

图1-90 素材文件

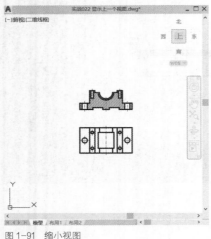

图1-91 缩小视图

步骤 03 选择"视图"选项卡，在"导航"面板的"视图"下拉列表中选择"上一个"选项，如图1-92所示。

步骤 04 恢复至上一个视图，如图1-93所示。

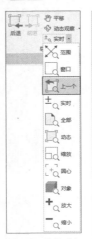

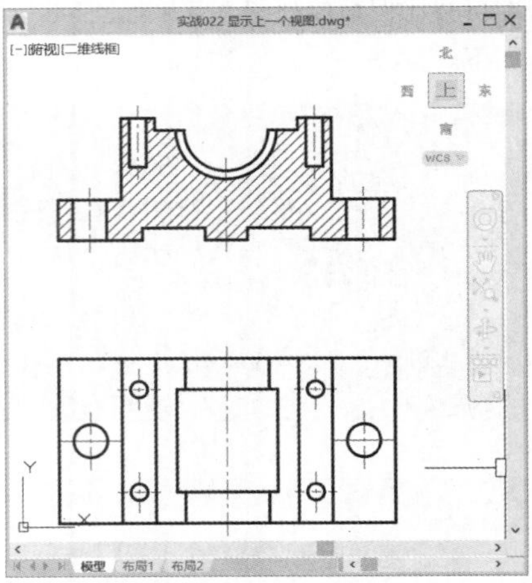

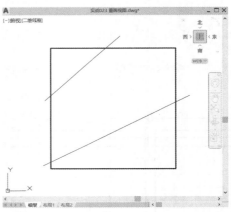

图1-92 选择"上一个"选项　图1-93 恢复至上一个视图

实战 023 重画视图

在 AutoCAD 2022 中执行"重画"命令，不仅可以清除临时标记，还可以更新用户的当前视口。

步骤 01 启动AutoCAD 2022，打开"实战023 重画视图.dwg"素材文件，视图中有两个残存的临时标记，如图1-94所示。

图1-94 素材文件

步骤 02 执行"视图"｜"重画"命令，如图1-95所示。

图1-95 执行"重画"命令

步骤 03 此时即可重画视图,残存的临时标记被清除,效果如图1-96所示。

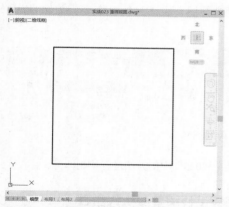

图 1-96 重画后的视图

实战 024 重生成视图

执行"重生成"命令,可以改善图形的显示效果。

步骤 01 启动AutoCAD 2022,打开"实战024 重生成视图.dwg"素材文件,可见图形非常粗糙,如图1-97所示。

步骤 02 在命令行中输入RE,按Enter键确认,即可重生成图形,效果如图1-98所示。命令行提示如下。

命令: RE↙
                        //执行"重生成"命令
正在重生成模型。

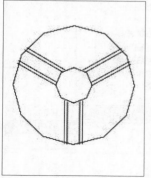

图 1-97 素材文件   图 1-98 重生成之后的图形

提示

除了上述方法外,还可以通过执行"视图"|"重生成"命令来重生成图形。"重生成"命令仅对当前视图范围内的图形起作用,如果要重生成整个图形,可执行"视图"|"全部重生成"命令。

1.3 AutoCAD 2022命令的执行与撤销

在前面的学习中,有许多命令是通过功能区、菜单栏或者命令行来执行的。这些都是在 AutoCAD 中执行命令的方式。本节将在此基础之上,进一步介绍执行命令的方式,以及如何重复执行命令、终止命令、撤销命令、重做命令等。

实战 025 通过功能区执行命令

通过功能区执行命令是 AutoCAD 2022 主要的命令执行方式。相比其他方式,功能区调用更为直观,非常适合没有熟记绘图命令的初学者。

步骤 01 打开"实战025 通过功能区执行命令.dwg"素材文件,其中已经创建好了5个顺序点,如图1-99所示。

步骤 02 在功能区的"默认"选项卡中单击"绘图"面板中的"直线"按钮 ╱,如图1-100所示。

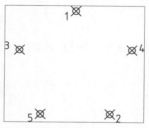

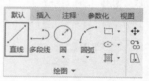

图 1-99 素材文件   图 1-100 单击"直线"按钮

步骤 03 执行"直线"命令,依照命令行的提示,选择素材中的点1为第一个点,选择点2为下一个点,如图1-101所示。

步骤 04 按此方法,依顺序选择5个点,最终效果如图1-102所示。完整的命令行提示如下。

命令: _line
                    //单击"直线"按钮,执行"直线"命令
指定第一个点:
                    //移动至点1,单击鼠标左键
指定下一点或 [放弃(U)]:
                    //移动至点2,单击鼠标左键
指定下一点或 [放弃(U)]:
                    //移动至点3,单击鼠标左键
指定下一点或 [闭合(C)/放弃(U)]:
                    //移动至点4,单击鼠标左键
指定下一点或 [闭合(C)/放弃(U)]:
                    //移动至点5,单击鼠标左键
指定下一点或 [闭合(C)/放弃(U)]:↙
                    //移动至点1,单击鼠标左键,按Enter键
结束命令

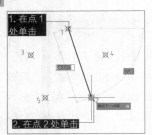

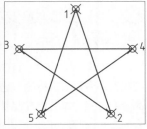

图 1-101　绘制单条线段　　　图 1-102　最终效果

实战 026　通过命令行执行命令

通过命令行执行命令是 AutoCAD 的一大特色功能，同时也是十分快捷的绘图方式。这种方式要求用户熟记各种绘图命令。

步骤 01 打开"实战025 通过功能区执行命令.dwg"素材文件。

步骤 02 "直线"命令LINE的缩写是L，因此可在命令行中输入L，如图1-103所示，然后按Enter键确认。

图 1-103　在命令行中输入命令

步骤 03 此时系统执行"直线"命令，命令行如图1-104所示。

图 1-104　命令行响应命令

步骤 04 按"实战025"中的方法执行"直线"命令进行绘制即可。

> **提示**
>
> 通过命令行执行命令时，需要注意以下几点。
> AutoCAD对命令或参数不区分大小写，因此在命令行输入命令时不必考虑命令的大小写。
> 要使用显示在命令行方括号"[ ]"中的子命令，可以先输入括号"（ ）"内的字母，再按Enter键。
> 要响应命令行中的提示，可以输入值或单击图形中的某个部分。
> 要指定提示选项，可以在提示列表（命令行）中输入所需提示选项对应的高亮显示字母，然后按Enter键。也可以在命令行中选择所需要的选项，例如，在命令行中选择"倒角（C）"选项，等同于在此命令行提示下输入C并按Enter键。

实战 027　通过菜单栏执行命令

菜单栏调用是 AutoCAD 2022 提供的功能最全、最强大的命令调用方法。AutoCAD 的绝大多数常用命令分门别类地放置在菜单栏中。

步骤 01 打开"实战025 通过功能区执行命令.dwg"素材文件。

步骤 02 执行"绘图"｜"直线"命令，如图1-105所示。

图 1-105　执行"直线"命令

步骤 03 按"实战025"中的方法进行绘制即可。

实战 028　通过快捷菜单执行命令

部分命令在功能区中没有对应按钮，在菜单栏中也"隐藏得较深"，通过命令行输入时字符又太多，这时就可以使用快捷菜单来执行命令。

步骤 01 新建一个空白文档。

步骤 02 执行"修改"｜"对象"｜"文字"｜"比例"命令，如图1-106所示。

图 1-106　执行"比例"命令

步骤 03 该命令在功能区中没有对应按钮，在命令行中对应的命令为SCALETEXT，没有缩写。因此无论使用何种方法，要再次执行该命令，都需费一番周折。这时可以在绘图区的空白处单击鼠标右键，在弹出的快捷菜单中选择"最近的输入"选项，自动弹出的子菜单中会显示最近使用的各种命令，如图1-107所示。

步骤 04 选择所需的命令，即可再次执行该命令。

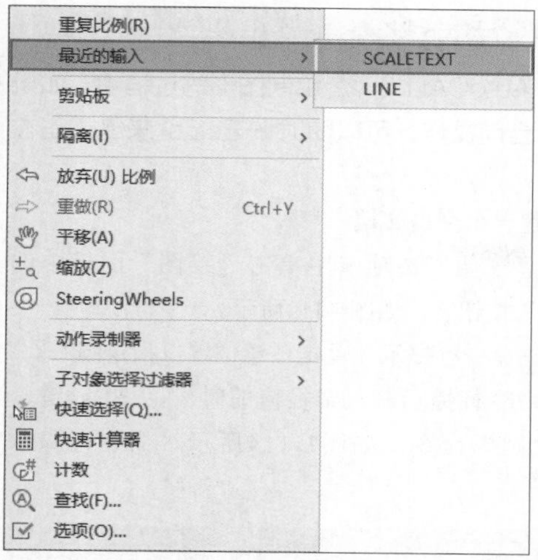

重复比例(R)
最近的输入
SCALETEXT
LINE
剪贴板
隔离(I)
放弃(U) 比例
重做(R)
Ctrl+Y
平移(A)
缩放(Z)
SteeringWheels
动作录制器
子对象选择过滤器
快速选择(Q)...
快速计算器
计数
查找(F)...
选项(O)...

图 1-107　通过快捷菜单执行命令

实战 029 重复执行命令

在绘图过程中，有时需要重复执行同一个命令。如果每次都重新输入，会使绘图效率大大降低。本实战介绍重复执行命令的方法，并以此来绘制多个同心圆。

步骤 01 新建一个空白文档。

步骤 02 在命令行中输入C，按Enter键执行“圆”命令，单击任意位置以指定圆心，然后在提示输入半径值时输入25，按Enter键，即可绘制一个Ø50的圆，如图1-108所示。命令行提示如下。

```
命令: C↙
                    //执行“圆”命令
指定圆的圆心或 [三点(3P)/两点(2P)/切点、切点、半径(T)]:
指定圆的半径或 [直径(D)] <0.0000>: 25↙
                    //输入半径值，按Enter键结束命令
```

步骤 03 在命令行中输入MULTIPLE，按Enter键，即执行“重复”命令，如图1-109所示。

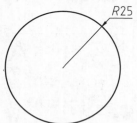

R25

图 1-108　素材文件

MULTIPLE

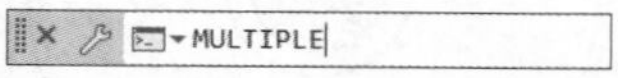

图 1-109　在命令行中输入 MULTIPLE

步骤 04 命令行提示输入要重复执行的命令，输入C，即“圆”命令，然后按Enter键确认，如图1-110所示。

步骤 05 系统执行“圆”命令，但按之前指定圆心、再输入半径值的方法操作后，“圆”命令并未退出，反而在重复执行。

步骤 06 选择最初的Ø50圆心为圆心，依次绘制Ø45、Ø40、Ø20、Ø15、Ø10的圆，按Esc键退出，如图1-111所示。命令行提示如下。

```
命令：MULTIPLE↙
                    //执行“重复”命令
输入要重复的命令名: C↙
                    //输入C，即指定要重复执行的命令
CIRCLE
指定圆的圆心或 [三点(3P)/两点(2P)/切点、切点、半径(T)]:
                    //单击Ø50圆的圆心
指定圆的半径或 [直径(D)] <25.0000>: 22.5↙
                    //输入半径值22.5
CIRCLE
指定圆的圆心或 [三点(3P)/两点(2P)/切点、切点、半径(T)]:
                    //单击Ø50圆的圆心
指定圆的半径或 [直径(D)] <22.5000>: 20↙
                    //输入半径值20
CIRCLE
指定圆的圆心或 [三点(3P)/两点(2P)/切点、切点、半径(T)]:
                    //单击Ø50圆的圆心
指定圆的半径或 [直径(D)] <20.0000>: 10↙
                    //输入半径值10
CIRCLE
指定圆的圆心或 [三点(3P)/两点(2P)/切点、切点、半径(T)]:
                    //单击Ø50圆的圆心
指定圆的半径或 [直径(D)] <10.0000>: 7.5↙
                    //输入半径值7.5
CIRCLE
指定圆的圆心或 [三点(3P)/两点(2P)/切点、切点、半径(T)]:
                    //单击Ø50圆的圆心
指定圆的半径或 [直径(D)] <7.5000>: 5↙
                    //输入半径值5
CIRCLE
指定圆的圆心或 [三点(3P)/两点(2P)/切点、切点、半径(T)]: *取消*
                    //按Esc键退出“重复”命令
```

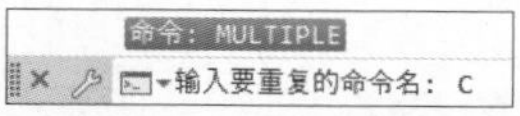

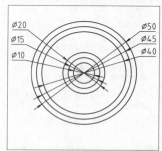

命令: MULTIPLE
输入要重复的命令名: C

图 1-110　输入要重复执行的命令

Ø20
Ø15
Ø10
Ø50
Ø45
Ø40

图 1-111　绘制的同心圆

实战 030 自定义重复执行命令的方式 ★进阶★

在命令行中输入 MULTIPLE 虽然可以重复执行命令，但使用时不太方便。如果用户对绘图效率的要求很高，可以将单击鼠标右键定义为重复执行命令的方式。

步骤 01 新建一个空白文档。

步骤 02 在绘图区的空白处单击鼠标右键，在弹出的快捷菜单中选择"选项"选项，打开"选项"对话框。

步骤 03 切换至"用户系统配置"选项卡，单击其中的"自定义右键单击"按钮。打开"自定义右键单击"对话框，在其中选择两个"重复上一个命令"单选按钮，即可将单击鼠标右键设置为重复执行命令的方式，如图1-112所示。

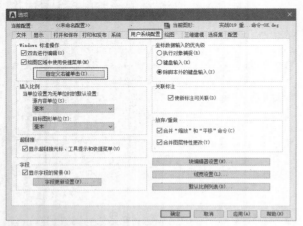

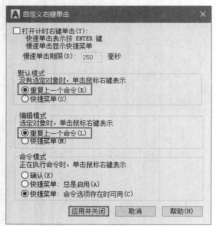

图1-112 自定义重复执行命令的方式

> **提示**
>
> 默认情况下，在上一个命令完成后，直接按Enter键或者空格键，即可重复执行该命令。

实战 031 终止命令

在使用 AutoCAD 2022 绘制图形的过程中，如果用户想结束当前操作，可以随时按 Esc 键来终止正在执行的命令。

步骤 01 新建一个空白文档。

步骤 02 在"默认"选项卡中单击"绘图"面板中的"圆心半径"按钮⊘，如图1-113所示。

步骤 03 根据命令行提示，单击任意位置以指定圆心。

步骤 04 在命令行提示输入半径值的时候，按Esc键，即可终止"圆"命令，如图1-114所示。命令行提示如下。

```
命令: _circle        //执行"圆"命令
指定圆的圆心或 [三点(3P)/两点(2P)/切点、切点、半径(T)]:
               //任意指定一点为圆心
指定圆的半径或 [直径(D)]: *取消*
               //按Esc键终止"圆"命令
```

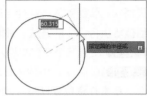

图1-113 单击"圆心半径"按钮　　图1-114 指定半径值时按 Esc 键终止命令

实战 032 撤销命令

在使用 AutoCAD 2022 绘制图形的过程中，如果执行了错误的命令，可以撤销该命令，将图形恢复至执行该命令之前的状态。

步骤 01 打开"实战032 撤销命令.dwg"素材文件，素材图形如图1-115所示。

步骤 02 单击"默认"选项卡 "修改"面板中的"环形阵列"按钮，如图1-116所示。

图1-115 素材图形　　图1-116 "修改"面板中的"环形阵列"按钮

步骤 03 根据命令行的提示，选择上方的不规则图形作为要阵列的对象，然后选择圆心为阵列的中心点，指定完毕后直接按Enter键结束操作，不修改任何参数，结果如图1-117所示。命令行提示如下。

```
命令：_arraypolar
选择对象：找到 1 个
                    //选择上方的不规则图形
选择对象：↙
                    //按Enter键，结束对象选择
类型 = 极轴 关联 = 是
                    //系统自动显示阵列的有关信息
指定阵列的中心点或 [基点(B)/旋转轴(A)]：
                    //选择圆心为阵列的中心点
选择夹点以编辑阵列或 [关联(AS)/基点(B)/项目(I)/项目间角
度(A)/填充角度(F)/行(ROW)/层(L)/旋转项目(ROT)/退出(X)] <
退出>：↙
                    //按Enter键结束操作，所有参数均为默
认
```

步骤 04 如果图形效果并未达到预期，可以按Ctrl+Z组合键来执行撤销操作。执行撤销操作后，阵列效果消失，图形恢复至初始状态，如图1-118所示。

图 1-117　阵列后的图形　　　图 1-118　执行撤销操作后的图形

提示

除了按Ctrl+Z组合键，还可以单击快速访问工具栏中的"放弃"按钮来执行撤销操作。单击"放弃"按钮右侧的下拉按钮，在下拉列表中可以选择要撤销的命令，如图1-119所示。

图 1-119　选择要撤销的命令

实战 033　重做命令

利用"重做"命令，可以恢复前一次或者前几次已经被撤销的操作。"重做"与"撤销"是一组相对的命令。

步骤 01 打开"实战032 撤销命令.dwg"素材文件，如图1-115所示。

步骤 02 按"实战032"所述的方法进行操作，对上方的不规则图形进行阵列。

步骤 03 按Ctrl+Z组合键进行撤销操作，阵列效果消失，结果如图1-120所示。

步骤 04 如果想再恢复阵列效果，则可以按Ctrl+Y组合键来执行"重做"命令，结果如图1-121所示。

图 1-120　撤销阵列操作后的图形　图 1-121　执行"重做"命令后的图形

提示

除了按Ctrl+Y组合键，还可以单击快速访问工具栏中的"重做"按钮来执行重做操作。单击"重做"按钮右侧的下拉按钮，在下拉列表中可以选择要重做的命令，如图1-122所示。

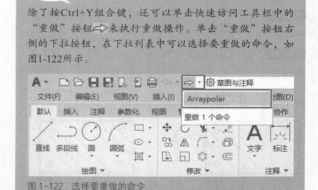

图 1-122　选择要重做的命令

1.4　对象的选择

对对象进行任何编辑和修改操作的时候，必须先选择对象。针对不同的情况，采用最佳的选择方法，能大幅度提高编辑对象的效率。AutoCAD 2022 提供了多种选择对象的基本方法，如点选、框选、栏选、围选等。

实战 034 单击选择对象

如果要选择单个图形对象，可以使用点选的方法，即将十字光标移动至对象上并单击。这是常用的选择方式。

步骤 01 打开"实战034 单击选择对象.dwg"素材文件，其中已经绘制好了一张桌子和6把椅子，如图1-123所示。

步骤 02 如果设计变更，需要撤走左、右两把椅子，便可以通过单击选择对象，然后执行"删除"命令来完成。

步骤 03 直接将十字光标移动到左侧椅子上方，该对象会虚化显示，然后单击，完成对该单个对象的选择。此时被选择的图形对象将亮显并且显示自身的夹点，如图1-124所示。

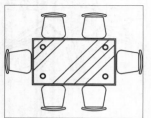 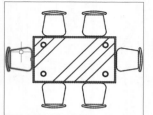

图 1-123　素材图形　　　　图 1-124　单击选择图形对象

步骤 04 选择完毕后，按Delete键即可删除所选对象，效果如图1-125所示。

步骤 05 按此方法删除右侧椅子，最终结果如图1-126所示。

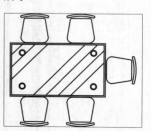 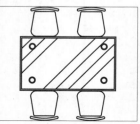

图 1-125　删除左侧椅子后的图形　　图 1-126　删除两侧椅子后的图形

> **提示**
>
> 点选方式一次只能选择一个对象，但是通过多次单击可以选择多个对象。此外，如果要取消选择已经选择的对象，可以按住Shift键并单击已经选择的对象，将这些对象从当前选择集中删除。按Esc键可以取消对当前全部选定对象的选择。

实战 035 窗口选择对象

如果需要同时选择多个或者大量的对象，使用点选的方法不仅费时费力，而且容易出错。这时可以使用窗口选择的方法。

步骤 01 打开"实战035 窗口选择对象.dwg"素材文件，其中已经绘制好了一张会议桌和22把椅子，如图1-127所示。

步骤 02 如果设计变更，要将下方的9把椅子全部撤走，那通过单击来选择的话无疑工作量较大，这时可以通过窗口选择来将其框选。

步骤 03 先将十字光标移动到下侧椅子的左上方，然后按住鼠标左键不放并向右拖出矩形框，将下方的椅子全部包含在内。此时绘图区将出现一个蓝色的矩形框，如图1-128所示。

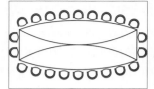 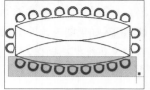

图 1-127　素材图形　　　　图 1-128　由左往右框选下方椅子

步骤 04 释放鼠标左键后，被矩形框完全包含的对象将被选中，与单选一样亮显，并且显示出自身的夹点，如图1-129所示。

步骤 05 选择完毕后，按Delete键即可删除所选对象，效果如图1-130所示。

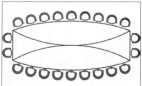 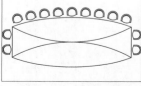

图 1-129　下方椅子被选中　　　图 1-130　删除下方椅子后的图形

实战 036 窗交选择对象

除了窗口选择外，还可以通过窗交选择的方式来选取较多的图形对象。窗口选择、窗交选择都是AutoCAD 中使用较为频繁的选择操作。

步骤 01 打开"实战035 窗口选择对象.dwg"素材文件，如图1-127所示。

步骤 02 如按"实战035"的设计要求，要将下方的9把椅子删除。本例通过窗交选择的方式来完成，供读者进行比对。

步骤 03 先将十字光标移动到下方椅子的右下方，然后按住鼠标左键不放并向左拖曳出矩形框，将下方的椅子全部包含在内。此时绘图区将出现一个绿色的矩形框，如图1-131所示。

步骤 04 释放鼠标左键后，矩形框内的对象均被选中，因此下方所有椅子与会议桌都被选中，如图1-132所示。

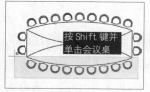
图1-131 从右往左框选下方椅子

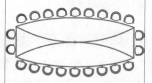
图1-132 下方椅子与会议桌都被选中

步骤 05 会议桌为多选的对象，此时可以使用之前介绍的方法将其从选择集中删除。按住Shift键，然后将十字光标移动至会议桌上，待十字光标变为时单击会议桌，便可以取消对会议桌的选择，如图1-133所示。

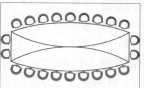

图1-133 取消对会议桌的选择

> **提示**
>
> 窗口选择与窗交选择是AutoCAD中较为常用的两种选择方式，两者的区别如下：
> 窗口选择是从左往右框选，矩形框颜色为蓝色，只有被蓝色区域完全覆盖的对象才会被选择；
> 窗交选择是从右往左框选，矩形框颜色为绿色，只要图形对象被绿色区域接触到就会被选择。

步骤 06 确认选择无误后，按Delete键，即可删除所选对象，效果如图1-130所示。

实战 037 栏选对象

除了点选、窗口选择、窗交选择外，还有一种较为常用的选择方式——栏选。栏选可以让用户绘制一条选择线，该线通过的图形均会被选择。

如果要删除"实战035"素材图形中的所有椅子，

无论是窗口选择还是窗交选择，都很难快速完成。这时可以使用另外一种较为常用的选择方法，即"栏选"。

步骤 01 打开"实战035 窗口选择对象.dwg"素材文件，如图1-127所示。

步骤 02 在绘图区空白处单击，然后在命令行中输入F并按Enter键，调用栏选命令。再根据命令行提示，分别指定栏选点，让其连成折线，通过所有椅子，最后按Enter键确认选择，即可选择所有椅子，如图1-134所示。命令行提示如下。

```
指定对角点或 [栏选(F)/圈围(WP)/圈交(CP)]：F↙
        //选择"栏选"方式
指定第一个栏选点：
        //系统自动以单击的第一点为第一个栏选点
指定下一个栏选点或 [放弃(U)]：
        //指定第二个栏选点，确定第一段折线
指定下一个栏选点或 [放弃(U)]：
        //指定第三个栏选点，确定第二段折线
指定下一个栏选点或 [放弃(U)]：
        //指定第四个栏选点，确定第三段折线
指定下一个栏选点或 [放弃(U)]：
        //指定第五个栏选点，确定第四段折线
指定下一个栏选点或 [放弃(U)]：
        //指定第六个栏选点，确定第五段折线
指定下一个栏选点或 [放弃(U)]：
        //指定第七个栏选点，确定第六段折线
指定下一个栏选点或 [放弃(U)]：↙
        //按Enter键确认选择
```

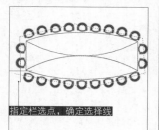
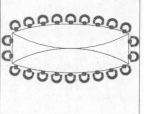

指定栏选点，确定选择线

图1-134 栏选所有椅子

步骤 03 确认选择无误后，按Delete键，即可删除所有椅子，效果如图1-135所示。

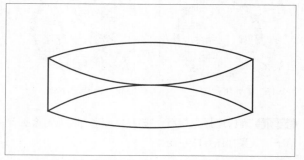
图1-135 删除所有椅子后的图形

实战 038 圈围选择对象 ★进阶★

圈围是一种多边形选择框选择方式。与窗口选择方法类似，不同的是圈围选择方法可以构造任意形状的多边形，相同的是只有被多边形选择框完全包含的对象才能被选中。

步骤 01 打开"实战038 圈围选择对象.dwg"素材文件，图形由3张沙发、一张茶几和一张地毯组成，如图1-136所示。

步骤 02 要删除外围的3张沙发，且不破坏茶几和地毯，除了借助上一个实战介绍的栏选方法外，还可以使用圈围操作来完成。

步骤 03 在图形左下角的空白处单击，然后在命令行中输入WP并按Enter键，调用圈围命令。再根据命令行提示，分别指定圈围点，构建蓝色的多边形区域，将所有沙发包含在内，如图1-137所示。按Enter键确认选择，即可选择所有椅子，如图1-138所示。命令行提示如下。

```
指定对角点或 [栏选(F)/圈围(WP)/圈交(CP)]: WP↙
        //选择"圈围"方式
指定第一个栏选点:
        //系统自动以单击的第一点为第一个圈围点
指定直线的端点或 [放弃(U)]:
        指定第二个圈围点,确定选择区域的第一条边
指定直线的端点或 [放弃(U)]:
        //指定第三个圈围点,确定选择区域的第二条边
指定直线的端点或 [放弃(U)]:
        //指定第四个圈围点,确定选择区域的第三条边
指定直线的端点或 [放弃(U)]:
        //指定第五个圈围点,确定选择区域的第四条边
指定直线的端点或 [放弃(U)]:
        //指定第六个圈围点,确定选择区域的第五条边
指定直线的端点或 [放弃(U)]:
        //指定第七个圈围点,确定选择区域的第六条边
指定直线的端点或 [放弃(U)]: ↙
        //按Enter键确认选择
```

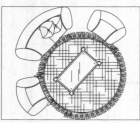

图 1-136　素材图形

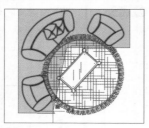

图 1-137　圈围选择区域

步骤 04 确认选择无误后，按Delete键，即可删除所有椅子，效果如图1-139所示。

图 1-138　圈围选择结果

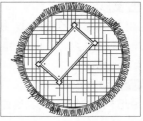
图 1-139　删除沙发后的图形

实战 039 圈交选择对象 ★进阶★

圈交也是一种多边形选择框选择方式。其与窗交选择方法类似，不同的是圈交选择方法可以构造任意形状的多边形，相同的是与多边形选择框有接触的对象均会被选中。

步骤 01 打开"实战038 圈围选择对象.dwg"素材文件，如图1-136所示。

步骤 02 在图形左下角的空白处单击，然后在命令行中输入CP并按Enter键，调用圈交命令。

步骤 03 按"实战038"的选择顺序进行操作，以此来对比两种选择方法的差异，得到绿色的多边形选择框，如图1-140所示。

步骤 04 按Enter键确认选择，可见除了未相交的茶几外，其余图形均被选中，如图1-141所示。命令行提示如下。

```
指定对角点或 [栏选(F)/圈围(WP)/圈交(CP)]: CP↙
        //选择"圈交"方式
指定第一个栏选点:
        //系统自动以单击的第一点为第一个圈交点
指定直线的端点或 [放弃(U)]:
        //指定第二个圈交点,确定选择区域的第一条边
指定直线的端点或 [放弃(U)]:
        //指定第三个圈交点,确定选择区域的第二条边
指定直线的端点或 [放弃(U)]:
        //指定第四个圈交点,确定选择区域的第三条边
指定直线的端点或 [放弃(U)]:
        //指定第五个圈交点,确定选择区域的第四条边
指定直线的端点或 [放弃(U)]:
        //指定第六个圈交点,确定选择区域的第五条边
指定直线的端点或 [放弃(U)]:
        //指定第七个圈交点,确定选择区域的第六条边
指定直线的端点或 [放弃(U)]: ↙
        //按Enter键确认选择
```

图 1-140　圈交选择区域

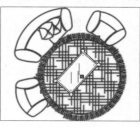
图 1-141　圈交选择结果

步骤 05 确认选择无误后，按Delete键删除，效果如图1-142所示。

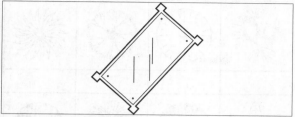

图 1-142　删除沙发和地毯后的图形

实战 040　窗口套索选择对象 ★进阶★

套索选择是 AutoCAD 2022 新增的选择方式，是框选命令的一种延伸，使用方法跟窗口选择、窗交选择等框选命令类似。

步骤 01 打开"实战040 窗口套索选择对象.dwg"素材文件，其中已经绘制好了一个分度盘，如图1-143所示。

步骤 02 如果要删除分度盘中的方块，而不破坏其中的指针和刻度，可以使用窗口套索选择来完成。

步骤 03 将十字光标置于图形的左上方，然后按住鼠标左键不放，向右绘制不规则的蓝色区域，使其覆盖所有方块，但又不包含任何刻度和指针，如图1-144所示。

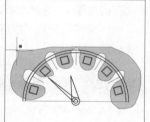

图 1-143　素材图形　　　　　图 1-144　绘制区域

步骤 04 释放鼠标左键，即可得到选择结果，如图1-145所示。

步骤 05 确认选择无误后，按Delete键即可删除所选方块，效果如图1-146所示。

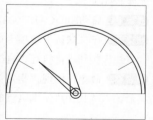

图 1-145　所有方块均被选中　　　图 1-146　删除方块后的图形

实战 041　窗交套索选择对象 ★进阶★

使用窗交套索选择图形时，与选择区域相交的图形均会被选中。

步骤 01 使用"实战040 窗口套索选择对象.dwg"素材文件来进行操作，以此来对比两种选择方法的效果。打开素材图形，如图1-143所示。

步骤 02 如果想只保留指针，便可以使用窗交套索选择来完成。

步骤 03 将十字光标置于图形的左下方，然后按住鼠标左键不放，绘制不规则的绿色区域，使其与除指针之外的图形全部接触，如图1-147所示。

步骤 04 释放鼠标左键，即可得到选择结果，如图1-148所示。

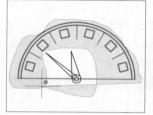

图 1-147　绘制区域　　　　图 1-148　除指针外的所有图形均被选中

步骤 05 确认选择无误后，按Delete键即可删除所选图形，效果如图1-149所示。

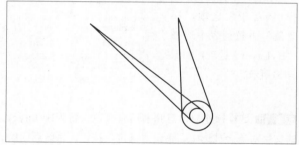

图 1-149　指针图形

实战 042　快速选择对象 ★重点★

快速选择是指根据对象的图层、线型、颜色、图案填充等特性选择对象，这种选择方式可以准确且快速地从复杂的图形中选择满足某种特性的图形对象。

步骤 01 打开"实战042 快速选择对象.dwg"素材文件，这是一个简单的园林图例表格，如图1-150所示。

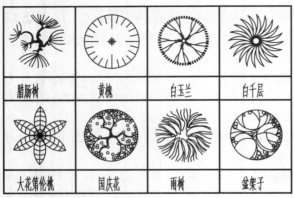

图1-150 素材图形

步骤 02 如果要删除素材中的所有文字对象，而不破坏表格和图形，无论使用点选、窗交选择、窗口选择还是栏选方法，都很难快速选择所有的文字进行删除。这时可以利用"快速选择"命令来进行选取。

步骤 03 执行"工具" | "快速选择"命令，弹出"快速选择"对话框。

步骤 04 用户可以根据需求设置选择范围。本例在"对象类型"下拉列表中选择"文字"选项，在"特性"列表框中选择"颜色"选项，在下方的"运算符"下拉列表中选择"=等于"选项，在"值"下拉列表中选择"ByLayer"选项，如图1-151所示。

图1-151 "快速选择"对话框

步骤 05 这样操作后，意味着所有颜色设置为ByLayer的文字对象会被选中。单击"确定"按钮，系统返回绘图区，可以看到图形中的所有文字对象均被选中，如图1-152所示。

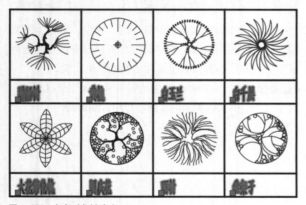

图1-152 文字对象被选中

步骤 06 按Delete键，即可删除所有文字对象，效果如图1-153所示。

图1-153 所有文字对象均被删除

1.5 AutoCAD 2022的坐标系

在学习了视图的控制、命令的执行和图形的选择之后，就可以学习绘图了。要利用AutoCAD来绘制图形，先要了解坐标系和一些辅助绘图工具。本节将通过5个实战来介绍AutoCAD坐标系的相关知识。

在AutoCAD中，坐标系是非常重要的部分，它由3个相互垂直的坐标轴X、Y和Z轴组成，在绘制和编辑图形的过程中，它的坐标原点和坐标轴的方向是不变的。坐标系可以分为"世界坐标系（WCS）"和"用户坐标系（UCS）"。

实战 043 绝对直角坐标　　　★重点★

在AutoCAD 2022中，绝对直角坐标是以原点为基点定位所有的点。其坐标形式为用英文逗号隔开的X、Y和Z值，即（X,Y,Z）。

使用绝对直角坐标绘制图1-154所示的图形。图中O点为AutoCAD的坐标原点，坐标为（0,0），A点的绝对直角坐标为（10,10），B点的绝对直角坐标为（50,10），C点的绝对直角坐标为（50,40）。绘制步骤如下。

步骤 01 启动AutoCAD 2022，新建一个空白文档。

步骤 02 在"默认"选项卡中，单击"绘图"面板中的"直线"按钮，执行"直线"命令。

步骤 03 命令行出现"指定第一个点"的提示，直接在其后输入"10,10"，即A点的坐标，如图1-155所示。

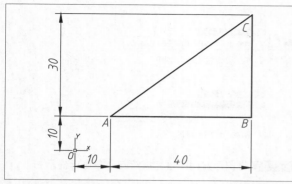

图1-154 图形效果

图1-155 输入绝对直角坐标确定第一个点

步骤 04 按Enter键确定第一个点的输入，接着命令行提示"指定下一点"，按相同方法依次输入B、C点的绝对直角坐标，即可得到图1-154所示的图形效果。完整的命令行提示如下。

```
命令：_line
        //调用"直线"命令
指定第一个点：10,10↙
        //输入A点的绝对直角坐标
指定下一点或 [放弃(U)]: 50,10↙
        //输入B点的绝对直角坐标
指定下一点或 [放弃(U)]: 50,40↙
        //输入C点的绝对直角坐标
指定下一点或 [闭合(C)/放弃(U)]: ↙
        //按Enter键结束命令
```

实战 044 相对直角坐标 ★重点★

在 AutoCAD 2022 中，相对直角坐标是指一点相对于另一特定点的位置。相对直角坐标的输入格式为"@X,Y"，其中"@"符号表示使用相对直角坐标输入，用于指定相对于上一个点的偏移量。相对直角坐标在实际工作中使用较多。

使用相对直角坐标绘制图 1-154 所示的图形。在实际绘图工作中，大多数设计师都喜欢随意在绘图区中指定一点为第一个点，有时这样就很难判定该点及后续图形与坐标原点（0,0）的关系，因此往往多采用相对直角坐标进行绘制。相比于绝对直角坐标的"刻板"，相对直角坐标显得更为灵活多变。

步骤 01 启动AutoCAD 2022，新建一个空白文档。

步骤 02 在"默认"选项卡中，单击"绘图"面板中的"直线"按钮，执行"直线"命令。

步骤 03 可按"实战 043"中的方法，通过输入绝对直

角坐标的方式确定A点；如果对A点的具体位置没有要求，也可以在绘图区中任意指定一点作为A点。

步骤 04 在图1-154中，B点位于A点的X轴正方向，距离为40，Y轴增量为0，因此B点相对于A点的坐标为（@40,0）。在命令行提示"指定下一点"时输入"@40,0"，即可确定B点，如图1-156所示。

图1-156 输入B点的相对直角坐标

步骤 05 由于相对直角坐标是相对于上一点进行定义的，因此在输入C点的相对直角坐标时，应考虑它和B点的相对关系，C点位于B点的正上方，距离为30，输入"@0,30"，如图1-157所示。

图1-157 输入C点的相对直角坐标

步骤 06 将图形封闭即可完成绘制。命令行提示如下。

```
命令：_line
        //调用"直线"命令
指定第一个点：    10,10↙
        //输入A点的绝对直角坐标
指定下一点或 [放弃(U)]: @40,0↙
        //输入B点相对于上一点（A点）的相对直角坐标
指定下一点或 [放弃(U)]: @0,30↙
        //输入C点相对于上一点（B点）的相对直角坐标
指定下一点或 [闭合(C)/放弃(U)]: C↙
        //闭合图形
```

实战 045 绝对极坐标

绝对极坐标绘图是指输入某点相对于坐标原点（0,0）的极坐标来进行绘图（如"12<30"表示从X轴正方向逆时针旋转30°、距离原点 12 个图形单位的点）。在实际绘图工作中，该方法使用较少。

使用绝对极坐标绘制图 1-154 所示的图形。在实际绘图工作中，由于较难确定要绘制的点与坐标原点之间的绝对极轴距离与角度，因此除了在一开始绘制带角度的辅助线外，该方法基本不怎么使用。

步骤 01 启动AutoCAD 2022，新建一个空白文档。

步骤 02 在"默认"选项卡中，单击"绘图"面板中的"直线"按钮，执行"直线"命令。

步骤 03 命令行出现"指定第一个点"的提示时，直接在其后输入"14.14<45"，即A点的绝对极坐标，如图1-158所示。

图 1-158　输入 A 点的绝对极坐标

> **提示**
>
> 根据勾股定理，可以算得O点与A点的直线距离为$10\sqrt{2}$（约等于14.14），线段OA与水平线的夹角为45°，因此可知A点的绝对极坐标为（14.14<45）。

步骤 04 确定A点之后，可见B、C两点并不适合使用绝对极坐标，因此可切换为相对直角坐标输入的方法进行绘制，命令行提示如下。

```
命令: _line
        //调用"直线"命令
指定第一个点:       14.14<45↙
        //输入A点的绝对极坐标
指定下一点或 [放弃(U)]: @40,0↙
        //输入B点相对于上一点（A点）的相对直角坐标
指定下一点或 [放弃(U)]: @0,30↙
        //输入C点相对于上一点（B点）的相对直角坐标
指定下一点或 [闭合(C)/放弃(U)]: C↙
        //闭合图形
```

实战 046　相对极坐标　★重点★

相对极坐标绘图是指以某一特定点为参考基点，输入相对于参考基点的距离和角度来定义一个点的位置。相对极坐标的输入格式为"@A<角度"，其中A表示与特定点的距离。

使用相对极坐标绘制图 1-154 所示的图形。相对极坐标与相对直角坐标一样，都是以上一点为参考基点，输入增量来定义下一个点的位置。只不过相对极坐标输入的是极轴增量和角度值。

步骤 01 启动AutoCAD 2022，新建一个空白文档。

步骤 02 在"默认"选项卡中，单击"绘图"面板中的"直线"按钮，执行"直线"命令。

步骤 03 可按"实战045"中的方法输入A点坐标，也可以在绘图区中任意指定一点作为A点。

步骤 04 A点确定后，就可以通过相对极坐标的方式确定C点。C点位于A点的37°方向、距离为50（由勾股定理可知），因此其相对极坐标为（@50<37）。在命令行提示"指定下一点"时输入"@50<37"，即可确定C点，如图1-159所示。

步骤 05 B点位于C点的-90°方向、距离为30，因此其相对极坐标为（@30<-90），输入"@30<-90"即可确定B点，如图1-160所示。

图 1-159　输入 C 点的相对极坐标

图 1-160　输入 B 点的相对极坐标

步骤 06 将图形封闭即可完成绘制。命令行提示如下。

```
命令: _line
        //调用"直线"命令
指定第一个点: 10,10↙
        //输入A点的绝对极坐标
指定下一点或 [放弃(U)]: @50<37↙
        //输入C点相对于上一点（A点）的相对极坐标
指定下一点或 [放弃(U)]: @30<-90↙
        //输入B点相对于上一点（C点）的相对极坐标
指定下一点或 [闭合(C)/放弃(U)]: C↙
        //闭合图形
```

> **提示**
>
> 这4种坐标表示方法，除了绝对极坐标外，其余3种均使用较多，需重点掌握。

实战 047　控制坐标系符号的显示

在 AutoCAD 2022 中，可以控制坐标系符号的显示。坐标系符号可以帮助用户直接观察当前坐标系的类型与方向。

步骤 01 启动AutoCAD 2022，打开"实战 047 控制坐标系符号的显示.dwg"素材文件。在绘图区左下角可见坐标系符号，如图1-161所示。

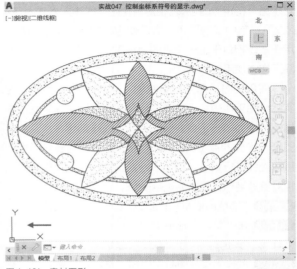

图 1-161　素材图形

步骤 02 执行切换工作空间操作，切换至"三维建模"工作空间。

步骤 03 在功能区的"视图"选项卡中，单击"坐标"面板中的"UCS设置"按钮 ⊿，如图1-162所示。

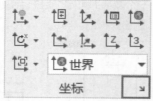

图 1-162　"坐标"面板中的"UCS 设置"按钮

步骤 04 弹出"UCS"对话框，选择其中的"设置"选项卡，取消勾选"开"复选框，即可隐藏坐标系符号，如图1-163所示。

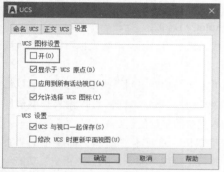

图 1-163　"UCS"对话框

步骤 05 单击"确定"按钮，返回绘图区，可见坐标系符号被隐藏，如图1-164所示。

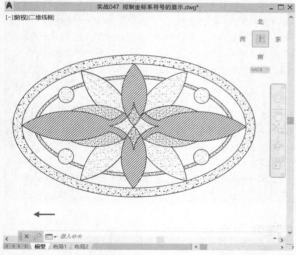

图 1-164　坐标系符号被隐藏

> **提示**
>
> 除了切换至"三维建模"工作空间进行设置外，还可以直接在"草图与注释"工作空间中设置。在"视图"选项卡中，单击"视口工具"面板中的"UCS图标"按钮 ⊿，即可进行控制，如图1-165所示。

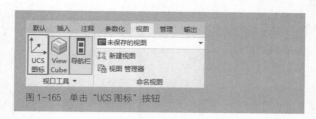

图 1-165　单击"UCS图标"按钮

1.6　辅助绘图工具

本节将介绍 AutoCAD 2022 的辅助绘图工具。在实际绘图过程中，除了通过坐标进行定位，还可以借助 AutoCAD 提供的辅助绘图工具来绘图，如动态输入、栅格、栅格捕捉、正交和极轴追踪等。对辅助绘图工具进行适当的设置，可以提高绘图的效率和准确性。

实战 048　使用动态输入

在 AutoCAD 2022 中，使用动态输入功能，可以在十字光标处显示出标注和命令提示信息，方便绘图。

步骤 01 打开"实战048 使用动态输入.dwg"素材文件，图中已经绘制好了3个点A、B、C，其中A为坐标原点，A点与B点、B点与C点间的距离均为10，如图1-166所示。本例便启用动态输入来绘制△ABC。

步骤 02 连接A、B两点。在"默认"选项卡中，单击"绘图"面板上的"直线"按钮 ／，执行"直线"命令，连接A、B两点。绘制时请注意十字光标的显示效果，如图1-167所示。

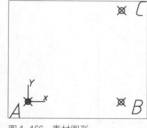

图 1-166　素材图形　　　图 1-167　连接 A、B 两点

步骤 03 启用动态输入。单击状态栏中的"动态输入"按钮 ，若其亮显则表示该功能已开启，如图1-168所示。

图 1-168　在状态栏中开启"动态输入"功能

步骤 04 连接B、C两点。重复执行"直线"命令，连接B、C两点，由于已启用"动态输入"功能，十字光标

效果如图1-169所示。十字光标附近多出了角度值、距离文本框和操作提示栏。

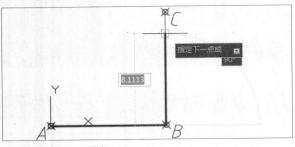

图 1-169　连接 B、C 两点

步骤 05 连接 C、A 两点。重复执行"直线"命令，以 C 点为起点，然后直接输入 A 点相对于 C 点的相对坐标（-10,-10），动态输入框自动变为坐标输入框，如图1-170所示。

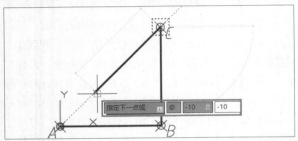

图 1-170　坐标输入框

步骤 06 按Enter键确认输入，即可得到△ABC，如图1-171所示。

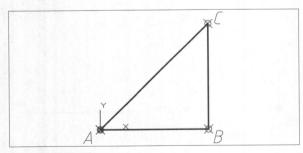

图 1-171　最终图形

> **提示**
>
> 除了单击状态栏中的按钮外，还可以通过按F12键来切换"动态输入"功能的开、关状态。

实战 049　正交绘图　★重点★

下面将利用"正交"功能绘制图 1-172 所示的图形。"正交"功能开启后，系统自动将十字光标强制性地定位在水平或垂直位置上，在引出的追踪线上，直接输入

一个数值即可定位目标点，而不用手动输入坐标或捕捉栅格点来进行确定。

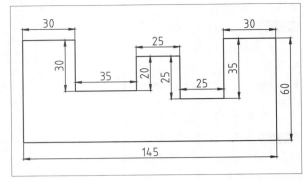

图 1-172　利用"正交"功能绘制的图形

步骤 01 启动AutoCAD 2022，新建一个空白文档。

步骤 02 单击状态栏中的"正交限制光标"按钮，或按F8键，激活"正交"功能。

步骤 03 因为"正交"功能限制了线段的方向，所以绘制水平或垂直线段时，指定方向后直接输入长度值即可，不必再输入完整的坐标值。

步骤 04 单击"默认"选项卡"绘图"面板中的"直线"按钮，执行"直线"命令，配合"正交"功能绘制图形。部分命令行提示如下。

```
命令:_line
指定第一个点:
                         //在绘图区任意位置单击，选
择一点作为起点
指定下一点或 [放弃(U)]:60↙  //向上移动十字光标，引出
90° 正交追踪线，如图1-173所示，此时输入60，即定位第2点
指定下一点或 [放弃(U)]:30↙  //向右移动十字光标，引出0°
正交追踪线，如图1-174所示，输入30，定位第3点
指定下一点或 [放弃(U)]:30↙  //向下移动十字光标，引出
270° 正交追踪线，输入30，定位第4点
指定下一点或 [放弃(U)]:35↙  //向右移动十字光标，引出0°
正交追踪线，输入35，定位第5点
指定下一点或 [放弃(U)]:20↙  //向上移动十字光标，引出
90° 正交追踪线，输入20，定位第6点
指定下一点或 [放弃(U)]:25↙  //向右移动十字光标，引出0°
的正交追踪线，输入25，定位第7点
```

步骤 05 根据以上方法，配合"正交"功能绘制其他线段，最终效果如图1-175所示。

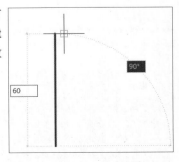

图 1-173　引出 90° 正交追踪线

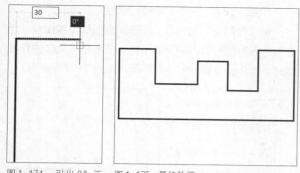

图 1-174　引出 0° 正
交追踪线　　　图 1-175　最终效果

实战 050　极轴追踪绘图　★重点★

下面将利用"极轴追踪"功能绘制图 1-176 所示的图形。"极轴追踪"功能是一个非常重要的辅助绘图工具，使用此工具可以在任何角度和方向上引出角度矢量，从而很方便地精确定位角度方向上的任何一点。相比于坐标输入、正交等绘图方法，极轴追踪绘图更为便捷，能满足绝大部分图形绘制需求，是使用最多的一种绘图方法。

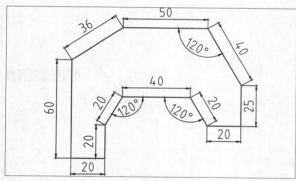

图 1-176　利用"极轴追踪"功能绘制的图形

步骤 01　启动 AutoCAD 2022，新建一个空白文档。

步骤 02　单击状态栏中的"极轴追踪"按钮，或按 F10 键，激活"极轴追踪"功能。

步骤 03　使用鼠标右键单击状态栏中的"极轴追踪"按钮，然后在弹出的快捷菜单中选择"正在追踪设置"选项，如图 1-177 所示。

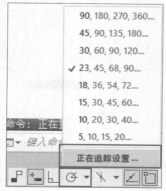

图 1-177　选择"正在追踪设置"选项

步骤 04　在打开的"草图设置"对话框中勾选"启用极轴追踪"复选框，并将当前的"增量角"设置为"60"，如图 1-178 所示。

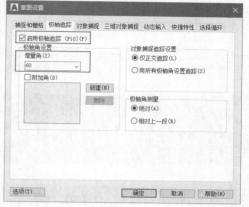

图 1-178　设置极轴追踪参数

步骤 05　单击"默认"选项卡"绘图"面板中的"直线"按钮，执行"直线"命令，配合"极轴追踪"功能，绘制外框轮廓线。部分命令行提示如下。

```
命令：_line
指定第一个点：
                              //在适当位置单击，选择一点
作为起点
指定下一点或 [放弃(U)]:60↙  //垂直向下移动十字光标，引
出 90° 极轴追踪虚线，如图 1-179 所示，此时输入 60，定位第
2 点
指定下一点或 [放弃(U)]:20↙  //水平向右移动十字光标，引
出 0° 极轴追踪虚线，如图 1-180 所示，输入 20，定位第 3 点
指定下一点或 [放弃(U)]:20↙  //垂直向上移动十字光标，引
出 90° 极轴追踪虚线，如图 1-181 所示，输入 20，定位第 4 点
指定下一点或 [放弃(U)]:20↙  //斜向上移动十字光标，引出
60° 极轴追踪虚线，如图 1-182 所示，输入 20，　定位第 5 点
```

步骤 06　根据以上方法，配合"极轴追踪"功能绘制其他线段，即可绘制出图 1-176 所示的图形。

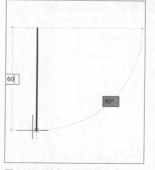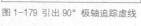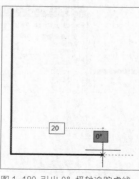

图 1-179　引出 90° 极轴追踪虚线　　图 1-180　引出 0° 极轴追踪虚线

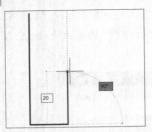

图 1-181 引出 90° 极轴追踪虚线

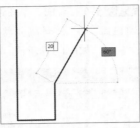

图 1-182 引出 60° 极轴追踪虚线

提示

"正交"功能和"极轴追踪"功能不能同时启用。若启用其中一个，则另一个会自动关闭。

实战 051 极轴追踪的设置 ★进阶★

一般来说，使用"极轴追踪"功能可以绘制任意角度的线段，包括水平的 0°、180° 方向上的直线与垂直的 90°、270° 方向上的直线等，因此某些情况下可以代替"正交"功能。但"极轴追踪"的功能远不止如此，如果设置得当，将大幅提升绘图效率。

步骤 01 使用鼠标右键单击状态栏中的"极轴追踪"按钮 ⟲，在弹出的快捷菜单中选择"正在追踪设置"选项，如图1-183所示，快捷菜单中的数值便为启用"极轴追踪"时的捕捉角度。

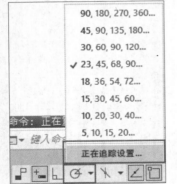

```
  90, 180, 270, 360...
  45, 90, 135, 180...
  30, 60, 90, 120...
✓ 23, 45, 68, 90...
  18, 36, 54, 72...
  15, 30, 45, 60...
  10, 20, 30, 40...
  5, 10, 15, 20...
  正在追踪设置...
```

图 1-183 选择"正在追踪设置"选项

步骤 02 打开"草图设置"对话框，在"极轴追踪"选项卡中可设置极轴追踪的开关状态和其他角度值的增量角等，如图1-184所示。

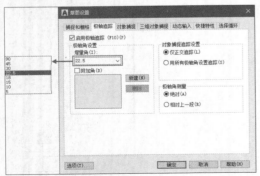

图 1-184 "极轴追踪"选项卡

"极轴追踪"选项卡中各选项的含义如下。

◆ "增量角"列表框：用于设置极轴追踪角度。当十字光标的相对角度等于该角度，或者是该角度的整数倍时，屏幕上将显示出追踪路径，如图 1-185 所示。

图 1-185 设置"增量角"进行捕捉

◆ "附加角"复选框：增加任意角度值作为极轴追踪的附加角度。勾选"附加角"复选框，并单击"新建"按钮，然后输入需追踪的角度值，即可捕捉至附加角的角度，如图 1-186 所示。

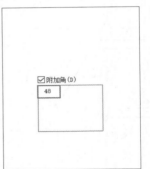
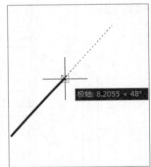

图 1-186 设置"附加角"进行捕捉

◆ "仅正交追踪"单选按钮：当对象捕捉追踪打开时，仅显示已获得的对象捕捉点的正交（水平和垂直方向）对象捕捉路径，如图 1-187 所示。

◆ "用所有极轴角设置追踪"单选按钮：当对象捕捉追踪打开时，将从对象捕捉点起沿任何极轴追踪角度进行追踪，如图 1-188 所示。

图 1-187 仅从正交方向显示对象捕捉路径

图 1-188 从极轴追踪角度显示对象捕捉路径

◆ "极轴角测量"选项组：设置极轴追踪角度的参照标准。"绝对"单选按钮表示使用绝对极坐标，以 X 轴正方向为 0°，如图 1-189（a）所示。"相对上一段"单选按钮表示根据上一段绘制的线段确定极轴追踪角度，上一段线段所在的方向为 0°，如图 1-189（b）所示。

图 1-189　不同的"极轴角测量"效果

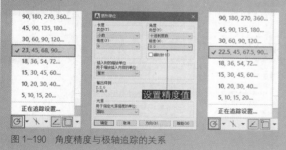

图 1-190　角度精度与极轴追踪的关系

实战 052　显示栅格效果

"栅格"相当于手工制图时使用的坐标纸，它按照相等的间距在屏幕上显示线矩阵栅格（或点矩阵栅格）。使用者可以通过栅格点数目来确定栅格间距，从而达到精确绘图的目的。

1　显示线矩阵栅格（默认）

步骤 01 启动 AutoCAD 2022，新建一个空白文档。

步骤 02 使用鼠标右键单击状态栏中的"显示图形栅格"按钮Ⅲ，选择弹出的"网格设置"选项，如图 1-191 所示。

图 1-191　选择"网格设置"选项

步骤 03 打开"草图设置"对话框中的"捕捉和栅格"选项卡，然后勾选"启用栅格"复选框，如图 1-192 所示。

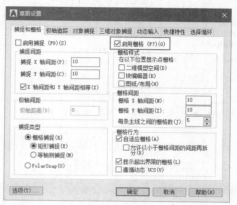

图 1-192　勾选"启用栅格"复选框

步骤 04 单击"确定"按钮，返回绘图区即可看到启用的线矩阵栅格，如图 1-193 所示。

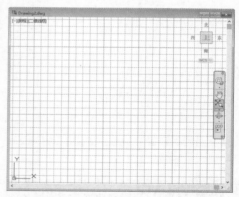

图 1-193　绘图区中的线矩阵栅格

2　显示点矩阵栅格

步骤 01 按相同的方法打开"草图设置"对话框中的"捕捉和栅格"选项卡。

步骤 02 除了勾选"启用栅格"复选框外，还要勾选"栅格样式"区域中的"二维模型空间"复选框，如图 1-194 所示。

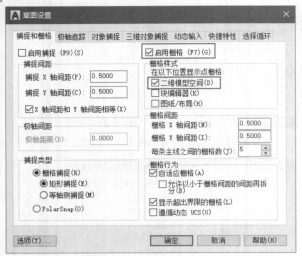

图1-194 勾选"启用栅格"和"二维模型空间"复选框

步骤 03 单击"确定"按钮，返回绘图区，即可在二维模型空间中显示点矩阵栅格，如图1-195所示。

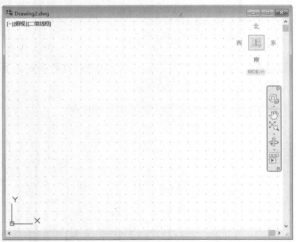

图1-195 绘图区中的点矩阵栅格

实战 053 调整栅格间距

由实战052可知，在AutoCAD 2022中，栅格是点或线的矩阵，遍布图形界限规定的区域。用户可以根据绘图需要调整栅格的间距。一般情况下，栅格是正方形的网格，用户可以通过设置间距来调整正方形的大小，也可以将栅格设置为非正方形的网格。具体的调整方法如下。

步骤 01 启动AutoCAD 2022，新建一个空白文档，并按F7键启用"栅格"功能。

步骤 02 观察栅格。可见栅格线由若干颜色较深的线（主栅格线）和颜色较浅的线（辅助栅格线）间隔组成，栅格的组成如图1-196所示。

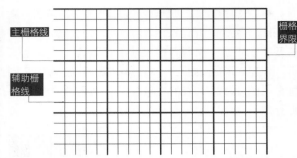

图1-196 栅格的组成

> **提示**
>
> "栅格界限"只有在使用LIMITS命令定义了图形界限之后才能显现。

步骤 03 使用鼠标右键单击状态栏中的"显示图形栅格"按钮 ⊞，选择弹出的"网格设置"选项，打开"草图设置"对话框中的"捕捉和栅格"选项卡。

步骤 04 取消对"X轴间距和Y轴间距相等"复选框的勾选。因为默认情况下，X轴间距和Y轴间距是相等的，只有取消勾选该复选框，才能输入间距值。在右侧的"栅格X轴间距""栅格Y轴间距"文本框中输入不同的间距值。

步骤 05 不同间距值下的栅格效果如图1-197所示。

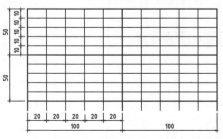

图1-197 不同间距值下的栅格效果

> **提示**
>
> "栅格间距"区域中各选项的含义说明如下。

"栅格X轴间距"文本框：输入辅助栅格线在X轴上（横向）的间距值。

"栅格Y轴间距"文本框：输入辅助栅格线在Y轴上（纵向）的间距值。

"每条主线之间的栅格数"文本框：输入主栅格线之间的辅助栅格线的数量，因此可间接指定主栅格线的间距，即主栅格线间距=辅助栅格线间距×数量。

实战 054 启用捕捉功能

在 AutoCAD 2022 中，"捕捉"功能用于设定十字光标在执行命令时移动的距离，使其按照"栅格"所限制的间距进行移动。因此"捕捉"功能经常和"栅格"功能结合使用。

步骤 01 启动AutoCAD 2022，新建一个空白文档。

步骤 02 单击状态栏中的"捕捉到图形栅格"按钮▦，如图1-198所示。若亮显则表示"捕捉"功能已开启。

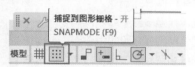

图1-198 启用"捕捉"功能

> **提示**
>
> "捕捉"功能的其他启用方法如下。
> 功能键：F9。
> 快捷键：Ctrl+B。
> 命令行：在命令行中输入SNAP，按Enter键确认。

实战 055 使用栅格与捕捉功能绘制图形

借助"栅格"与"捕捉"功能，可以快捷绘制简单的图纸，如钣金零件图、室内平面图等。

步骤 01 单击快速访问工具栏中的"新建"按钮▢，新建一个空白文档。

步骤 02 使用鼠标右键单击状态栏中的"捕捉模式"按钮▦▾，选择"捕捉设置"选项，如图1-199所示，系统弹出"草图设置"对话框。

图1-199 选择"捕捉设置"选项

步骤 03 勾选"启用捕捉"和"启用栅格"复选框，在"捕捉间距"区域设置"捕捉X轴间距"为5，设置"捕捉Y轴间距"为5；在"栅格间距"区域，设置"栅格X轴间距"为1，设置"栅格Y轴间距"为1，设置"每条主线之间的栅格数"为5，如图1-200所示。

步骤 04 单击"确定"按钮完成设置。

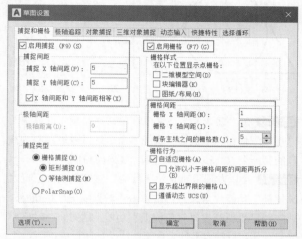

图1-200 设置参数

步骤 05 在命令行中输入L，按Enter键调用"直线"命令，捕捉各栅格点绘制图1-201所示的零件图，零件的尺寸如图1-202所示。

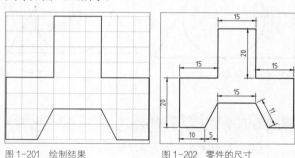

图1-201 绘制结果 　　　　图1-202 零件的尺寸

1.7 对象捕捉

AutoCAD 提供了"对象捕捉"功能，在"对象捕捉"功能开启的情况下，系统会自动捕捉某些特征点，如圆心、中点、端点、节点、象限点等，从而为精确绘制图形提供有利条件。

实战 056 启用对象捕捉

使用"对象捕捉"功能可以精确定位现有图形对象的特征点，如圆心、中点、端点、节点、象限点等。

步骤 01 打开"实战056 启用对象捕捉.dwg"素材文件，如图1-203所示。

步骤 02 默认情况下，状态栏中的"对象捕捉"按钮 亮显，表示"对象捕捉"功能为开启状态。单击该按钮，让其淡显，如图1-204所示。

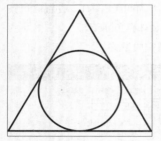

图 1-203 素材文件　　　图 1-204 关闭"对象捕捉"功能

步骤 03 在"默认"选项卡中，单击"绘图"面板中的"直线"按钮 ，执行"直线"命令。试着以圆心为线段的第一个点，移动十字光标，效果如图1-205所示。

步骤 04 可以发现很难定位至圆心，这便是关闭了"对象捕捉"功能的效果。再次单击"对象捕捉"按钮 ，或按F3键重新开启"对象捕捉"功能。这时再移动十字光标，便可以很容易地定位至圆心，如图1-206所示。

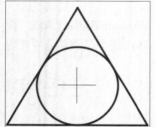
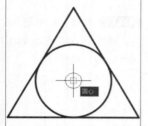

图 1-205 无法定位至圆心　　图 1-206 利用"对象捕捉"功能定位至圆心

实战 057 设置对象捕捉点　　★重点★

使用"对象捕捉"功能除了能定位至特征点外，还可以设置哪些点要捕捉、哪些点不捕捉。在设置对象捕捉点之前，需要确定哪些点是需要的、哪些点是不需要的。这样不仅可以提高效率，也可以避免捕捉失误。

步骤 01 打开"实战056 启用对象捕捉.dwg"素材文件。

步骤 02 用鼠标右键单击状态栏中的"对象捕捉"按钮 ，选择"对象捕捉设置"选项，如图1-207所示。

步骤 03 系统弹出"草图设置"对话框，在"对象捕捉"选项卡的"对象捕捉模式"区域中勾选需要捕捉的特征点，如图1-208所示。

图 1-207 选择"对象捕捉设置"选项　　图 1-208 勾选需要捕捉的特征点

"对象捕捉模式"区域中共列出了14种对象捕捉点和对应的捕捉标记，含义分别如下。

◆ 端点：捕捉线段或曲线的端点。

◆ 中点：捕捉线段或弧段的中点。

◆ 圆心：捕捉圆、椭圆或弧段的中心点。

◆ 几何中心：捕捉多段线、二维多段线或二维样条曲线的几何中心点。

◆ 节点：捕捉用"点""多点""定数等分""定距等分"等 POINT 类命令绘制的点对象。

◆ 象限点：捕捉位于圆、椭圆或弧段上 0°、90°、180°和 270°处的点。

◆ 交点：捕捉两条线段或弧段的交点。

◆ 延长线：捕捉线段延长线路径上的点。

◆ 插入点：捕捉图块、标注对象或外部参照的插入点。

◆ 垂足：捕捉从已知点到已知线段的垂线的垂足。

◆ 切点：捕捉圆、弧段及其他曲线的切点。

◆ 最近点：捕捉处于线段、弧段、椭圆或样条曲线上，而且距离十字光标最近的特征点。

◆ 外观交点：在三维视图中，从某个角度观察两个对象可能相交，但实际并不一定相交，可以使用"外观交点"功能捕捉对象在外观上相交的点。

◆ 平行线：选定路径上的一点，使通过该点的线段与已知线段平行。

步骤 04 单击"确定"按钮，返回绘图区。在绘图过程中，当十字光标靠近启用的特征点时，便会自动对其进行捕捉，效果如图1-209所示。

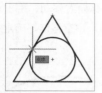

图 1-209　各种捕捉效果

提示

这里需要注意的是，在"对象捕捉"选项卡中，各特征点前面的形状符号，如□、⊠、⊙等，便是在绘图区捕捉该点时显示的对应形状。

实战 058　对象捕捉追踪

启用"对象捕捉追踪"功能后，在绘图的过程中通过"对象捕捉"功能选定点时，将十字光标置于其上，便可以沿该捕捉点的对齐路径引出追踪线。

步骤 01 打开"实战058 对象捕捉追踪.dwg"素材文件，如图1-210（a）所示。在不借助辅助线的情况下，如果要绘制图1-210（b）中的圆3，可以借助"对象捕捉追踪"功能来完成。

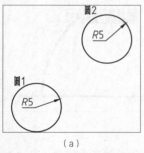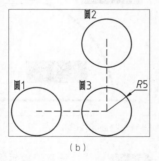

（a）　　　　　　（b）

图 1-210　素材图形与完成效果

步骤 02 默认情况下，状态栏中的"对象捕捉追踪"按钮∠亮显，表示"对象捕捉追踪"功能为开启状态。单击该按钮∠，让其淡显，如图1-211所示。

图 1-211　关闭"对象捕捉追踪"功能

步骤 03 单击"绘图"面板中的"圆心，半径"按钮⊘，执行"圆"命令。将十字光标置于圆1的圆心处，然后移动十字光标，可见除了在圆心处有一个"+"标记外，并没有其他现象出现，如图1-212所示。这便是关闭了"对象捕捉追踪"功能的效果。

步骤 04 单击"对象捕捉追踪"按钮∠，或按F11键重新开启"对象捕捉追踪"功能。这时再将十字光标移动至圆心，便可以发现在圆心处显示出了相应的水平、垂直或指定角度的虚线状的延伸辅助线，如图1-213所示。

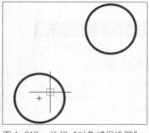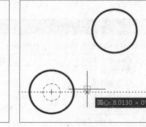

图 1-212　关闭"对象捕捉追踪"功能的效果　　图 1-213　开启"对象捕捉追踪"功能的效果

步骤 05 将十字光标移动至圆2的圆心处，待同样出现"+"标记后，便将十字光标移动至圆3的大概位置，即可得到由延伸辅助线所确定的圆3的圆心，如图1-214所示。

步骤 06 单击即可指定该点为圆心，然后输入半径5，便得到最终图形，效果如图1-215所示。

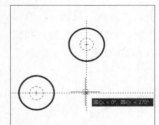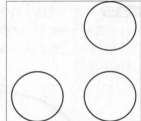

图 1-214　通过延伸辅助线确定圆心　　图 1-215　最终图形效果

实战 059　捕捉与追踪绘图　★重点★

"对象捕捉追踪"功能通常和"对象捕捉"功能结合使用。通过对图形特征点的捕捉，以及这些点的延伸辅助线，可以满足绝大多数的图形定位需求。

本例使用"对象捕捉"功能与"对象捕捉追踪"功能来绘制电气图中常见的插座符号，如图 1-216 所示。通过对该图形的绘制，读者可以加深对 AutoCAD 中捕捉与追踪功能的理解。具体绘制步骤如下。

步骤 01 打开"实战059 捕捉与追踪绘图.dwg"素材文件，如图1-217所示。

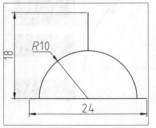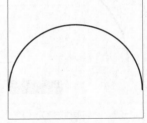

图 1-216　最终图形　　图 1-217　素材文件

步骤 02 在状态栏中的"对象捕捉"按钮回上单击鼠标右键，在弹出的快捷菜单中选择"对象捕捉设置"选项，系统弹出"草图设置"对话框，显示"对象捕捉"选项卡，然后勾选其中的"启用对象捕捉""启用对象捕捉追踪""圆心"复选框，如图1-218所示。

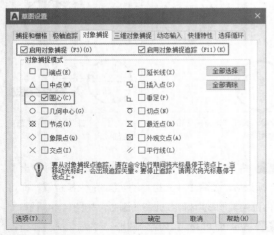

图1-218 设置参数

步骤 03 单击"绘图"面板中的"直线"按钮✏，当命令行中提示"指定第一个点"时，移动十字光标，捕捉圆弧的圆心，然后单击将其指定为第一个点，如图1-219所示。

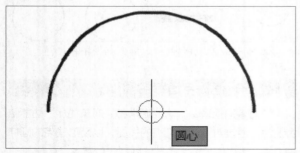

图1-219 捕捉圆心

步骤 04 将十字光标向左移动，引出水平追踪线，然后在动态输入框中输入12，按空格键，确定线段的起点，如图1-220所示。

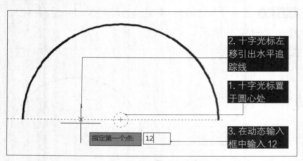

图1-220 确定线段的起点（1）

步骤 05 将十字光标向右移动，引出水平追踪线，在动态输入框中输入24，按空格键，确定线段的终点，如图1-221所示。

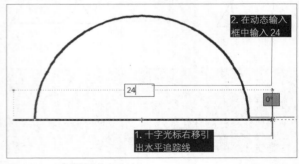

图1-221 确定线段的终点（1）

步骤 06 单击"绘图"面板中的"直线"按钮✏，当命令行中提示"指定第一个点"时，移动十字光标捕捉圆弧的圆心，然后向上移动引出垂直追踪线，在动态输入框中输入10，按空格键，确定线段的起点，如图1-222所示。

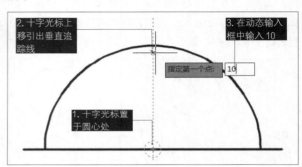

图1-222 确定线段的起点（2）

步骤 07 将十字光标沿着垂直追踪线向上移动，在动态输入框中输入8，按空格键，确定线段的终点，如图1-223所示。

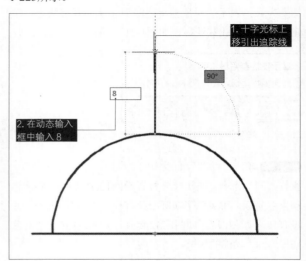

图1-223 确定线段的终点（2）

实战 060 利用"临时捕捉"功能绘图

除了"对象捕捉"功能之外，AutoCAD还提供了"临时捕捉"功能，该功能同样可以捕捉特征点。但与"对象捕捉"功能不同的是，"临时捕捉"功能仅限"临时"调用，无法一直生效，不过可在绘图过程中随时调用，因此多用于绘制一些非常规的图形，如一些特定图形的公切线、垂直线等。

步骤 01 打开"实战060 利用'临时捕捉'功能绘图.dwg"素材文件，素材图形如图1-224所示。

步骤 02 在"默认"选项卡中，单击"绘图"面板中的"直线"按钮，命令行提示指定线段的起点。

步骤 03 按住Shift键并在绘图区中单击鼠标右键，在弹出的快捷菜单中选择"切点"选项，如图1-225所示。

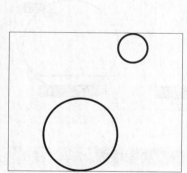

图 1-224　素材图形

图 1-225　选择"切点"选项

步骤 04 将十字光标移到大圆上，出现切点捕捉标记，如图1-226所示，在此位置单击确定线段第一个点。

步骤 05 确定第一个点之后，临时捕捉失效。重复执行步骤03，将十字光标移到小圆上，出现切点捕捉标记时单击，完成第一条公切线的绘制，如图1-227所示。

步骤 06 重复上述操作，绘制另外一条公切线，如图1-228所示。

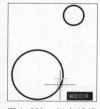

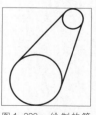

图 1-226　切点捕捉标记

图 1-227　绘制的第一条公切线

图 1-228　绘制的第二条公切线

实战 061 利用"临时捕捉"功能绘制垂直线

对于初学者来说，"绘制已知线段的垂直线"是一个看似简单、实则非常棘手的问题。其实仍然可以通过"临时捕捉"功能来解决该问题。实战 060 介绍了绘制公切线的方法，本例便介绍如何绘制特定的垂直线。

步骤 01 打开"实战061 利用'临时捕捉'功能绘制垂直线.dwg"素材文件，素材图形如图1-229所示。从素材图形中可知线段AC的水平夹角为无理数，因此不可能通过输入角度的方式来绘制它的垂直线。

步骤 02 在"默认"选项卡中，单击"绘图"面板中的"直线"按钮，命令行提示指定线段的起点。

步骤 03 按住Shift键并在绘图区中单击鼠标右键，在弹出的快捷菜单中选择"垂直"选项，如图1-230所示。

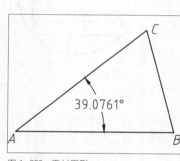

图 1-229　素材图形

图 1-230　选择"垂直"选项

步骤 04 将十字光标移至线段AC上，出现垂足点捕捉标记，如图1-231所示，在此线段的任意位置单击，即可确定所绘制线段与线段AC垂直。

步骤 05 此时命令行提示指定线段的下一点，同时可以观察到所绘线段可以在线段AC上自由滑动，如图1-232所示。

步骤 06 在图形任意处单击，指定线段的第二点后，即可确定该垂直线的具体长度与位置，最终结果如图1-233所示。

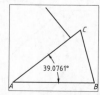

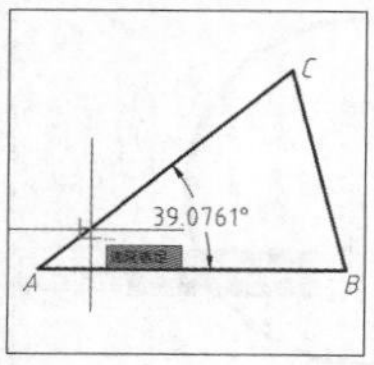

图 1-231　垂足点捕捉标记

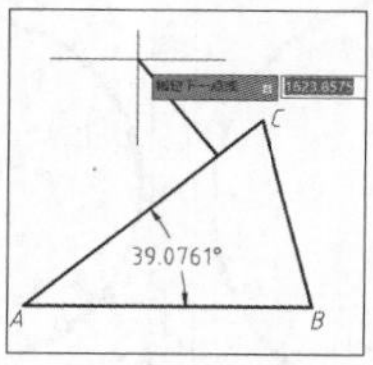

图 1-232　垂直线可在线段 AC 上滑动

图 1-233　指定线段第二点完成垂直线的绘制

实战 062 利用"临时追踪点"功能绘图 ★进阶★

临时追踪点是在进行图像编辑前建立的一个暂时的捕捉点，以供后续绘图参考。在绘图时可通过指定临时追踪点来快速指定起点，而无须借助辅助线。

如果要在半径为20的圆中绘制一条长度为30的弦，通常的做法是以圆心为起点，分别绘制两条辅助线，然后得到指定长度的弦，如图1-234所示。

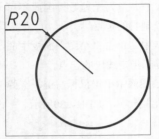
1. 原始图形

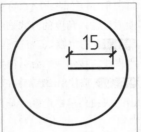
2. 绘制第一条辅助线

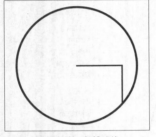
3. 绘制第二条辅助线

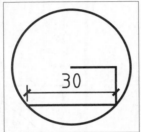
4. 绘制长度为30的弦

图1-234 指定长度的弦的常规画法

而如果使用"临时追踪点"功能进行绘制，则可以跳过第2、3步辅助线的绘制，直接从第1步原始图形到第4步，绘制出长度为30的弦。该方法的详细步骤如下。

步骤 01 打开"实战062 利用'临时追踪点'功能绘图.dwg"素材文件，其中已经绘制了一个半径为20的圆，如图1-235所示。

步骤 02 在"默认"选项卡中，单击"绘图"面板中的"直线"按钮，执行"直线"命令。

步骤 03 执行"临时追踪点"命令。命令行出现"指定第一个点"的提示时，输入tt，执行"临时追踪点"命令，如图1-236所示。也可以按住Shift键并在绘图区中单击鼠标右键，在弹出的快捷菜单中选择"临时追踪点"选项。

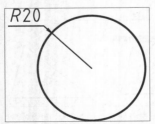
图1-235 素材图形

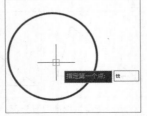
图1-236 执行"临时追踪点"命令

步骤 04 指定临时追踪点。将十字光标移动至圆心处，然后水平向右移动十字光标，引出0°极轴追踪虚线。接着输入15，即将临时追踪点指定为圆心右侧且与圆心的距离为15的点，如图1-237所示。

步骤 05 指定线段的起点。垂直向下移动十字光标，引出270°极轴追踪虚线，到达与圆的交点处，单击将该点作为线段的起点，如图1-238所示。

步骤 06 指定线段的终点。水平向左移动十字光标，引出180°极轴追踪虚线，到达与圆的另一交点处，单击将该点作为线段的终点，该线段即为长度为30的弦，如图1-239所示。

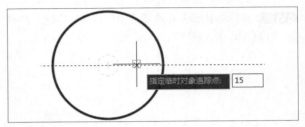
图1-237 指定临时追踪点

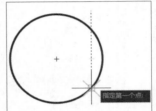
图1-238 指定线段的起点

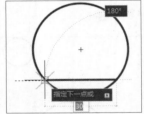
图1-239 指定线段的终点

实战 063 利用"自"功能绘图

"自"功能可以帮助用户在正确的位置绘制新对象。当需要捕捉的点不在任何对象捕捉点上，但在X、Y轴方向上与现有对象捕捉点的距离是已知的，就可以使用"自"功能来进行捕捉。

假如要在图1-240（a）所示的正方形中绘制一个小长方形，如图1-240（b）所示。一般情况下只能借助辅助线来进行绘制，因为"对象捕捉"功能只能捕捉到正方形每条边的端点和中点，即使通过"对象捕捉"功能的追踪线也无法定位小长方形的起点（A点）。这时就可以使用"自"功能进行绘制，操作步骤如下。

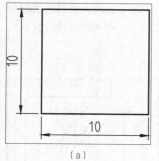 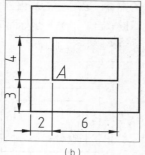

（a）　　　　　　　（b）

图 1-240 素材图形与完成效果

步骤 01 打开"实战063 利用'自'功能绘图.dwg"素材文件，其中包含一个绘制了一个边长为10的正方形，如图1-240（a）所示。

步骤 02 在"默认"选项卡中，单击"绘图"面板中的"直线"按钮，执行"直线"命令。

步骤 03 执行"自"命令。命令行出现"指定第一个点"提示时，输入from，执行"自"命令，如图1-241所示。也可以按住Shift键并在绘图区中单击鼠标右键，在弹出的快捷菜单中选择"自"选项。

步骤 04 指定基点。此时需要指定一个基点，选择正方形的左下角点为基点，如图1-242所示。

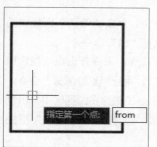 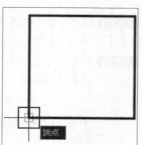

图 1-241 执行"自"命令　　　图 1-242 指定基点

步骤 05 输入偏移距离。指定完基点后，命令行出现"<偏移>:"提示，此时输入小长方形起点A与基点的相对坐标（@2,3），如图1-243所示。

步骤 06 绘制图形。输入完毕后即可将线段起点定位至A点处，然后按给定尺寸绘制图形即可，如图1-244所示。

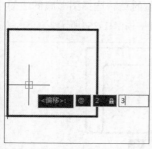 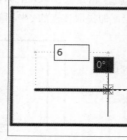

图 1-243 输入偏移距离　　　图 1-244 绘制图形

提示

在为"自"功能指定偏移点的时候，即使动态输入中默认的设置是相对坐标，也需要在输入时加上"@"来表明这是一个相对坐标。动态输入的相对坐标设置仅适用于指定第二点的时候。例如，绘制一条线段时，输入的第一个坐标被当作绝对坐标，随后输入的坐标才被当作相对坐标。

实战 064 利用"两点之间的中点"功能绘图 ★进阶★

"两点之间的中点"命令可以在执行对象捕捉操作时使用，用以捕捉两定点连线的中点。"两点之间的中点"命令的使用较为灵活，熟练掌握的话可以快速绘制出众多独特的图形。

在已知圆的情况下，要绘制出对角线长度与半径相等的正方形，通常借助辅助线或"移动""旋转"等编辑功能实现，但如果使用"两点之间的中点"命令，则可以一次性实现，详细步骤如下。

步骤 01 打开"实战064 利用'两点之间的中点'功能绘图.dwg"素材文件，其中已经绘制了一个直径为20的圆，如图1-245所示。

步骤 02 在"默认"选项卡中，单击"绘图"面板中的"直线"按钮，执行"直线"命令。

步骤 03 执行"两点之间的中点"命令。命令行出现"指定第一个点"提示时，输入mtp，执行"两点之间的中点"命令，如图1-246所示。也可以按住Shift键并在绘图区中单击鼠标右键，在弹出的快捷菜单中选择"两点之间的中点"选项。

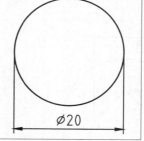 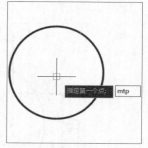

图 1-245 素材图形　　　图 1-246 执行"两点之间的中点"命令

步骤 04 指定中点的第一个点。将十字光标移动至圆心处，捕捉圆心为中点的第一个点，如图1-247所示。

步骤 05 指定中点的第二个点。将十字光标移动至圆最右侧的象限点处，捕捉该象限点为中点的第二个点，如图1-248所示。

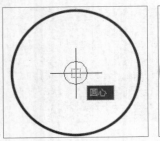

图 1-247 捕捉圆心为中点的第一个点

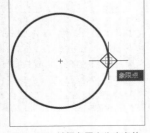

图 1-248 捕捉象限点为中点的第二个点

步骤 06 线段的起点自动定位至圆心与象限点之间的中点处，接着按相同的方法将线段的第二个点定位至圆心与上象限点的中点处，如图1-249所示。

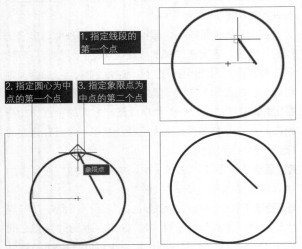

图 1-249 定位线段的第二个点

步骤 07 按相同的方法，绘制其余线段，最终效果如图1-250所示。

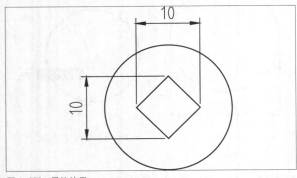

图 1-250 最终效果

实战 065 利用"点过滤器"功能绘图 ★进阶★

"点过滤器"命令用于提取一个已有对象的X坐标值和另一个对象的Y坐标值，拼凑出一个新的(X, Y)坐标，这是一种非常规的定位方法。

在图1-251所示的图例中，定位面的孔位于矩形的中心，这是通过从定位面的水平线段和垂直线段的中点提取出(X, Y)坐标而实现的，即通过"点过滤器"命令来捕捉孔的圆心。

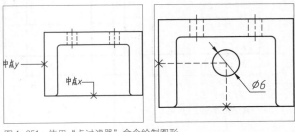

图 1-251 使用"点过滤器"命令绘制图形

步骤 01 打开"实战065 利用'点过滤器'功能绘图.dwg"素材文件，其中已经绘制好了一个平面图形，如图1-252所示。

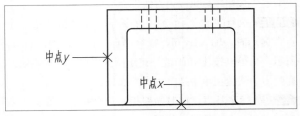

图 1-252 素材图形

步骤 02 在"默认"选项卡中，单击"绘图"面板中的"圆心，半径"按钮⊘，执行"圆"命令。

步骤 03 执行"点过滤器"命令。命令行出现"指定圆的圆心"提示时，输入".x"，执行"点过滤器"命令，如图1-253所示。也可以按住Shift键并在绘图区中单击鼠标右键，在弹出的快捷菜单中选择"点过滤器"下的".x"子选项。

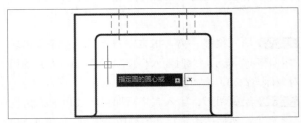

图 1-253 执行"点过滤器"命令

步骤 04 指定要提取X坐标值的点。选择图形底侧边的中点，即提取该点的X坐标值，如图1-254所示。

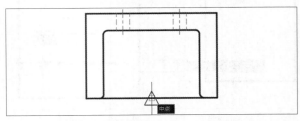

图 1-254 指定要提取X坐标值的点

步骤 05 指定要提取Y坐标值的点。选择图形左侧边的中点，即提取该点的Y坐标值，如图1-255所示。

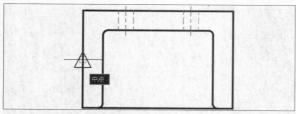

图 1-255　指定要提取 Y 坐标值的点

步骤 06 系统将新提取的X、Y坐标值指定为圆心，接着输入直径6，即可绘制图1-256所示的圆。

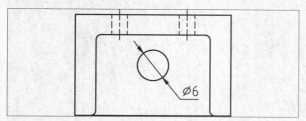

图 1-256　绘制圆

> **提示**
>
> 并不需要坐标值的X和Y部分都使用已有对象的坐标值。例如，可以使用已有的一条线段的Y坐标值并选取屏幕上任意一点的X坐标值来构建坐标值。

1.8 AutoCAD 2022的新增功能

AutoCAD 2022 新增了若干功能，包括共享图形、"追踪"功能、"计数"功能及创建浮动窗口等。了解并掌握这些新功能，可以提高绘图效率。

步骤 03 在页面中显示图形，图形名称后显示"（仅查看）"，表示该图形只供查阅，不可编辑，如图1-259所示。

实战 066 共享图形

使用"共享图形"功能，协作者可以在 AutoCAD Web 中查看或编辑图形，包括所有相关的 DWG 外部参照和图像。

步骤 01 在快速访问工具栏中单击"共享图形"按钮 共享，打开"共享指向此图形的链接"对话框，如图 1-257所示。

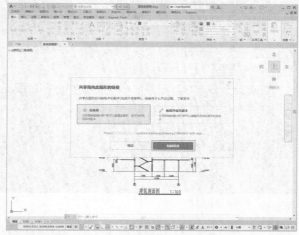

图 1-257　"共享指向此图形的链接"对话框

步骤 02 选择"仅查看"选项，单击"复制链接"按钮。在浏览器中粘贴链接，按Enter键，登录AutoCAD Web，检索文件的过程如图1-258所示。

图 1-258　检索文件的过程

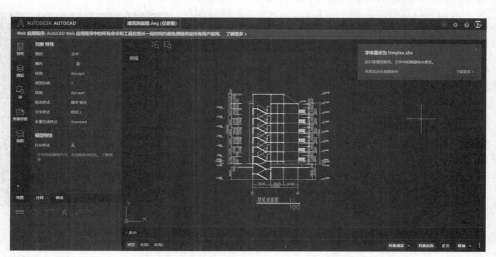

图 1-259　仅查看图形

步骤 04 在"共享指向此图形的链接"对话框中选择"编辑并保存副本"选项,可以在Web中查阅并编辑图形,如图1-260所示。

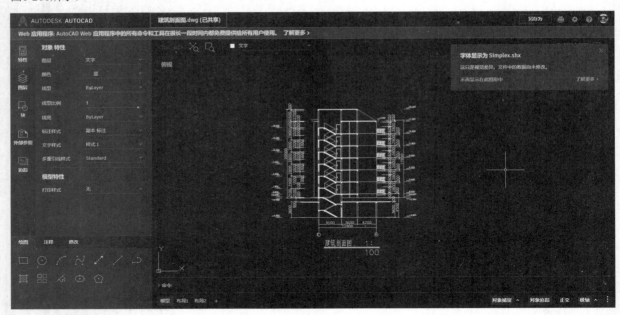

图1-260 查阅并编辑图形

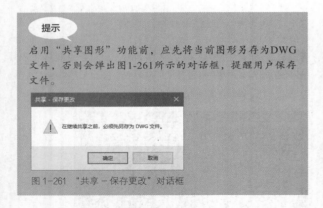

提示

启用"共享图形"功能前,应先将当前图形另存为DWG文件,否则会弹出图1-261所示的对话框,提醒用户保存文件。

图1-261 "共享－保存更改"对话框

实战 067 利用"追踪"功能修改图纸

使用"跟踪"功能可以在 AutoCAD Web 和移动应用程序中更改图形,如同一张覆盖在图形上的虚拟图纸,方便协作者直接在图形中添加反馈。

步骤 01 登录AutoCAD Web,页面中显示存储在个人账户中的图纸,如图1-262所示。

步骤 02 选择图纸,页面显示正在加载图纸,如图1-263所示。

图1-262 登录 AutoCAD Web

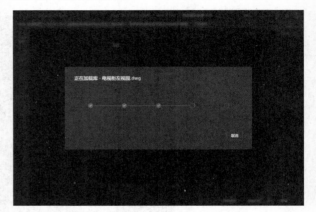

图1-263 加载图纸

步骤 03 页面左侧显示图纸的详细信息，如图层、颜色、线型等。左下角显示编辑工具，包括"绘图""注释""修改"3种类型的工具。页面右侧显示存储在账户中的图纸，如图1-264所示。

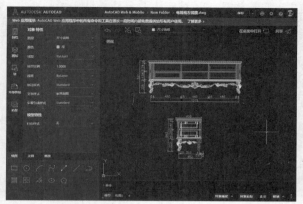

图 1-264　在页面中查看图纸

步骤 04 单击左侧的"追踪"按钮，右侧区域被"蒙上"一张虚拟图纸，如图1-265所示。

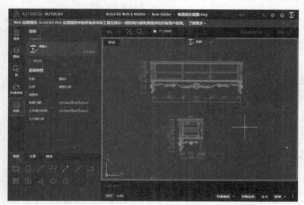

图 1-265　创建"追踪"

步骤 05 此时，协作者就可以利用左下角的工具按钮在虚拟图纸上添加修改信息。如单击"修订云线"按钮，在图中绘制修订云线。完成后单击✓按钮即可，如图1-266所示。

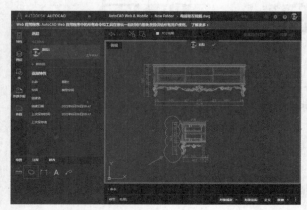

图 1-266　绘制修订云线

步骤 06 创建"追踪"后，在"追踪"选项板中会显示已创建的更新，如图1-267所示，"追踪"结果不会在AutoCAD Web窗口中显示。单击右上角的"在桌面中打开"按钮，打开AutoCAD应用程序。

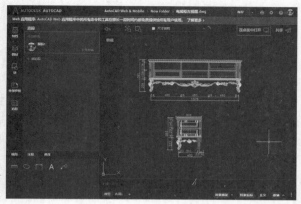

图 1-267　已创建的更新

步骤 07 在AutoCAD工作界面中选择"协作"选项卡，单击"'跟踪'选项板"按钮，打开"跟踪"选项板，观察创建"追踪"的结果，如图1-268所示。观察完毕后单击✓按钮，虚拟图纸被隐藏，绘图员可以根据得到的信息更改图纸。

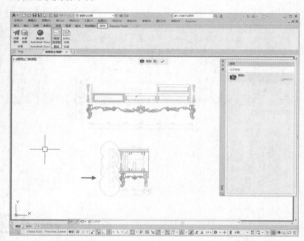

图 1-268　在 AutoCAD 中查看

实战 068　计算图形对象

使用 AutoCAD 2022 新增的"计数"功能，可以快速、准确地计算图形对象的信息。

步骤 01 打开"实战068 计算图形对象.dwg"素材文件，在此基础上执行计算图形对象操作。

步骤 02 选择"视图"选项卡，在"选项板"面板中单击"计数"按钮，进入计数模式。"计数"选项板中显示了计数结果，选择其中一项，如"门"，即可在视图中高亮显示对应的门图形，如图1-269所示。

步骤 03 在"计数"模式中，"计数"工具栏显示在绘图区的顶部，如图1-270所示。

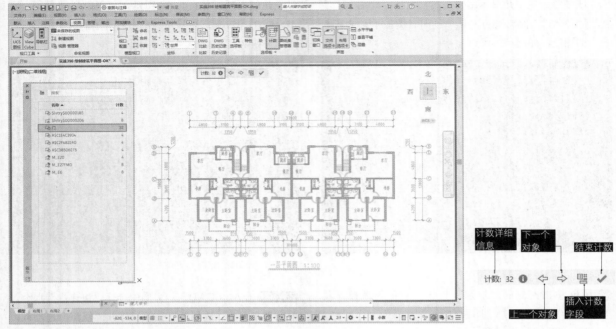

图 1-269 "计数"模式

图 1-270 "计数"工具栏

步骤 04 选择对象，如选择墙线，单击鼠标右键，在快捷菜单中选择"计数"选项，如图1-271所示，进入"计数"模式。

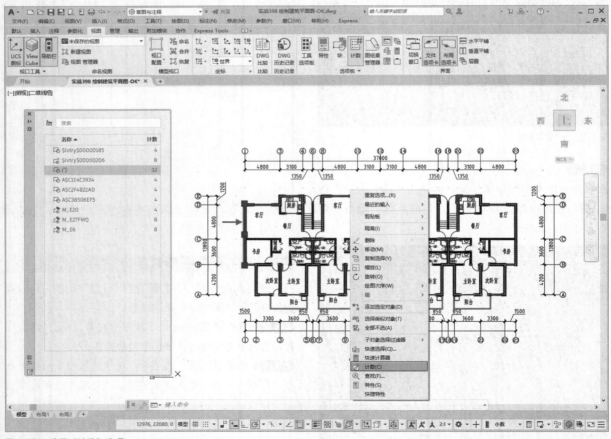

图 1-271 选择"计数"选项

步骤 05 "计数"的结果如图1-272所示。"计数"工具栏中显示对象的数量,"计数"选项板中显示错误报告。

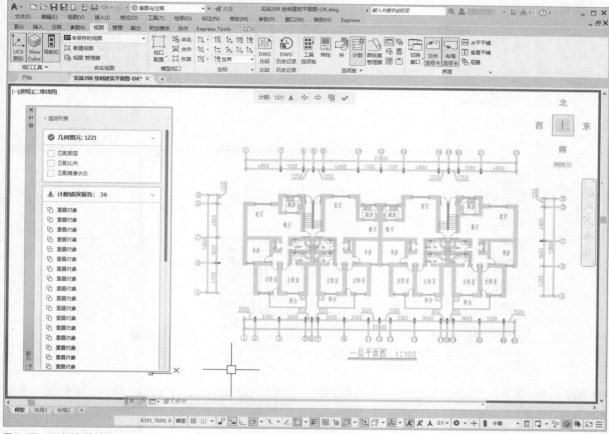

图 1-272 "计数"的结果

实战 069 浮动绘图窗口协同工作

在 AutoCAD 2022 中可以将某个图形文件选项卡拖离 AutoCAD 应用程序窗口,创建一个浮动绘图窗口。在多人协同工作的时候,浮动绘图窗口尤为好用。

步骤 01 打开AutoCAD 2022,新建文件。将鼠标指针置于文件选项卡之上,如图1-273所示。按住鼠标左键不放并向下拖曳,即可将绘图窗口拖离程序窗口。

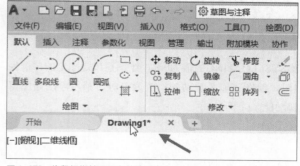

图 1-273 将鼠标指针置于文件选项卡之上

步骤 02 为了适应工作需要，可以同时在桌面中浮动显示若干个绘图窗口。浮动显示建筑平面图、建筑立面图及建筑剖面图的绘图窗口，如图1-274所示，在比对图纸的过程中绘制大样图。

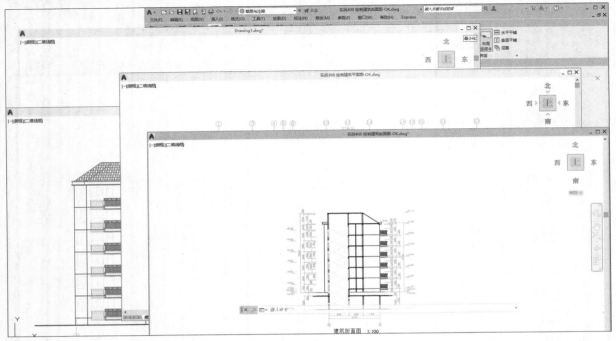

图1-274　浮动绘图窗口

步骤 03 如果绘图窗口无法拖离程序窗口，就需要设置系统变量。在命令行中输入SYSFLOATING，命令行提示如下。

```
命令: SYSFLOATING↙
输入 SYSFLOATING 的新值 <0>: 1↙
          //输入新值，按Enter键
```

当SYSFLOATING的值为0时，绘图窗口是固定的；值为1时，绘图窗口是浮动的；值为-1时，禁用浮动绘图窗口功能。

1.9　本章小结

为了帮助读者入门，本章介绍了 AutoCAD 2022 的基础知识，包括工作界面及操作方法，以及正确安装并启动软件后，面对陌生的工作界面该如何下手。

使用默认的软件设置可以绘制各种图纸，但是个性化的软件界面和设置会更符合用户自己的操作习惯，软件的颜色主题、绘图区颜色、字体样式、十字光标的大小等都可以进行调整。

在绘图的过程中，缩放、平移视图可以观察绘图效果，掌握执行命令与控制视图的方法很重要。此外，选择对象的方法、坐标系及辅助绘图工具的使用方法等在本章都有详细介绍。

本章的最后提供课后习题，方便读者演练，提高绘图能力。

1.10 课后习题

一、理论题

1. 在（　　）对话框中设置 AutoCAD 的颜色主题。

A. "单位格式"　　　　　　B. "选项"　　　　　　C. "草图设置"　　　　　D. "格式"

2. 新建文件的快捷键是（　　）。

A. Ctrl+N　　　　　　　　B. Ctrl+M　　　　　　C. Ctrl+E　　　　　　　D. Ctrl+F

3. 按住鼠标中键并拖动，可以（　　）视图。

A. 放大　　　　　　　　　B. 缩小　　　　　　　　C. 平移　　　　　　　　D. 复制

4. 在执行命令的过程中，按（　　）键可以终止命令。

A. Delete　　　　　　　　B. Enter　　　　　　　C. 空格　　　　　　　　D. Esc

5. 在菜单栏中执行（　　）命令，可打开"快速选择"对话框。

A. "工具" | "快速选择"　　　　　　　　　B. "视图" | "快速选择"

C. "修改" | "快速选择"　　　　　　　　　D. "编辑" | "快速选择"

6. 开启 / 关闭 "动态输入" 功能的功能键是（　　）。

A. F5　　　　　　　　　　B. F9　　　　　　　　　C. F10　　　　　　　　D. F12

7. （　　），可以打开 "临时捕捉" 快捷菜单。

A. 按住 Ctrl 键并单击鼠标左键　　　　　　B. 按住 Alt 键并单击鼠标中键

C. 按住 Shift 键并单击鼠标右键　　　　　D. 按住 Enter 键并单击鼠标左键

8. 选择图形，单击鼠标右键，在快捷菜单中选择（　　）选项，可以统计图形的个数。

A. "统计"　　　　　　　　B. "合计"　　　　　　C. "计数"　　　　　　　D. "总数"

9. 在 "视图" 选项卡中，单击 "视口工具" 面板中的（　　）按钮，可以显示 / 隐藏坐标系符号。

A. "UCS 图标"　　　　　　B. "导航栏"　　　　　C. "View Cube"　　　　D. "视图管理器"

10. "重做" 命令的快捷键是（　　）。

A. Ctrl+D　　　　　　　　B. Ctrl+Y　　　　　　C. Ctrl+B　　　　　　　D. Ctrl+P

二、操作题

1. 参考 "实战 003" 中介绍的方法，修改绘图区的颜色，如图 1-275 所示。

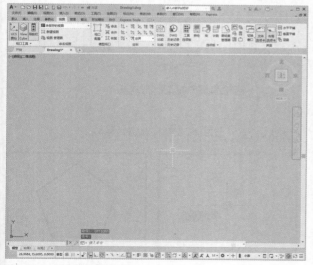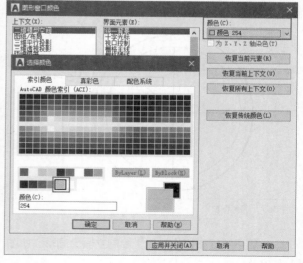

图 1-275　修改绘图区的颜色

2. 参考"1.2AutoCAD 2022 视图的控制"中介绍的方法，调整视图，如图 1-276 所示。

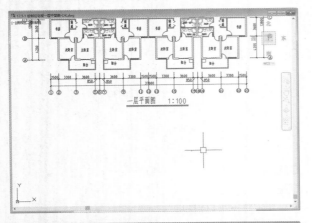

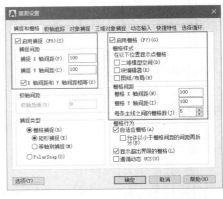

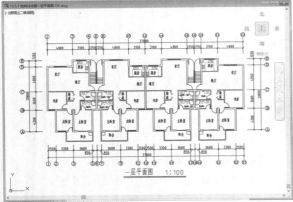

图 1-276　调整视图

3. 绘制图 1-277 所示的灯具图形，要求重复执行"圆"命令。

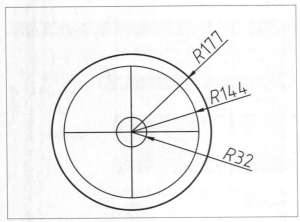

图 1-277　灯具图形

4. 启用捕捉和栅格功能，绘制立面窗图形，如图 1-278 所示。

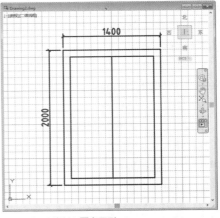

图 1-278　绘制立面窗图形

5. 在"草图设置"对话框的"对象捕捉"选项卡中勾选"几何中心"复选框，拾取矩形的几何中心为圆心，自定义半径值绘制正五边形，如图 1-279 所示。

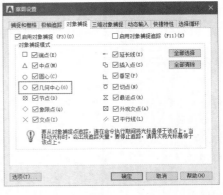

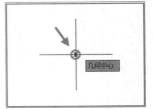

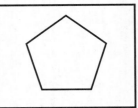

图 1-279　绘制正五边形

第 **2** 章

二维图形的绘制

本章内容概述 ────────────

任何复杂的图形都可以分解成若干个基本的二维图形，这些二维图形包括点、线段、圆、多边形、圆弧和样条曲线等。AutoCAD 2022提供了丰富的绘图功能，用户可以非常轻松地绘制图形。通过对本章的学习，读者将会对AutoCAD二维图形的绘制方法有一个全面的了解和认识，并能熟练掌握常用的绘图命令。

本章知识要点 ────────────

- 绘制点
- 绘制曲线类图形
- 绘制线
- 绘制多边形

2.1 点的绘制

点是最基本的图形对象，可以作为捕捉和偏移对象的参考点，用户也可以设置特定的点样式，以得到不同的图形效果。

实战 070 设置点样式

从理论上来讲，点是没有长度和大小的图形对象。在 AutoCAD 中，默认情况下点显示为一个小圆点，在屏幕上很难看清。因此可以设置"点样式"，调整点的外观形状；也可以调整点的大小，以便根据需要让点显示在图形中。

步骤 01 启动AutoCAD 2022，打开"实战070 设置点样式.dwg"素材文件，素材图形中各数值上已经创建好了点，但并没有设置点样式，如图2-1所示。

图 2-1　素材图形

步骤 02 单击"默认"选项卡"实用工具"面板中的"点样式"按钮 点样式...，如图2-2所示。

步骤 03 系统弹出"点样式"对话框，在对话框中选择第一排最右侧的形状，然后选择"按绝对单位设置大小"单选按钮，在"点大小"文本框中输入2，如图2-3所示。

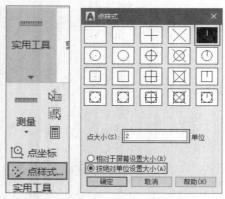

图 2-2　面板中的　　图 2-3　"点样式"对话框
"点样式"按钮

步骤 04 单击"确定"按钮，关闭对话框，完成点样式的设置，最终效果如图2-4所示。

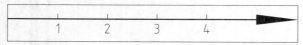

图 2-4　最终效果

"点样式"对话框中各选项的含义如下。

"点大小"文本框：用于设置点的显示大小，与下面的两个选项有关。

"相对于屏幕设置大小"单选按钮：用于按AutoCAD绘图屏幕尺寸的百分比设置点的显示大小，在进行视图缩放操作时，点的显示大小并不改变，始终保持与屏幕的相对比例，如图2-5所示。

"按绝对单位设置大小"单选按钮：使用实际单位设置点的大小，同其他的图形元素（如线段、圆），在进行视图缩放操作时，点的显示大小也会随之改变，如图2-6所示。

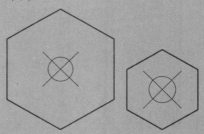

图 2-5　缩放视图时点的大小相对于屏幕不变

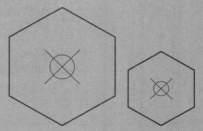

图 2-6　缩放视图时点的大小相对于图形不变

实战 071 创建单点

创建单点就是执行一次命令只能指定一个点，指定完后自动结束命令。"单点"命令在 AutoCAD 2022 中很少使用。

步骤 01 启动AutoCAD 2022，打开"实战071 创建单点.dwg"素材文件，如图2-7所示。

图 2-7　素材图形

步骤 02 设置点样式。在命令行中输入DDPTYPE，按
Enter键调用"点样式"命令，弹出"点样式"对话框，
在其中设置点样式，如图2-8所示。

图 2-8 设置点样式

步骤 03 在命令行输入POINT并按Enter键，然后移动十
字光标，使用"对象捕捉追踪"功能捕捉图形的中心，
如图2-9所示。

步骤 04 在捕捉点处单击，即可创建单点，效果如图
2-10所示。这样就在飞镖图形上确定了一个中心点，该
点可以用于辅助捕捉。

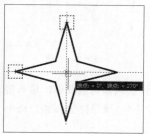

图 2-9 捕捉图形的中心　　　图 2-10 创建单点

实战 072　创建多点

创建多点就是指执行一次命令后可以连续指定多个
点，直到按 Esc 键结束命令。

步骤 01 启动AutoCAD 2022，打开"实战072 创建多
点.dwg"素材文件，如图2-11所示。

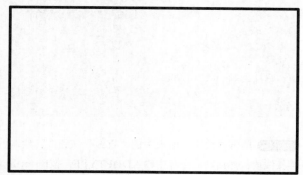

图 2-11 素材图形

步骤 02 素材文件中已经设置好了点样式，因此无须再
设置。当然，读者也可以根据自己的偏好进行调整。

步骤 03 单击"绘图"面板中的"多点"按钮，如图
2-12所示。

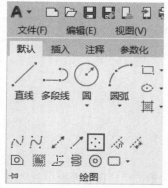

图 2-12 单击"多点"按钮

步骤 04 根据命令行提示，在矩形的各边中点处单击绘
制点，如图2-13所示。

步骤 05 按Esc键退出，完成多点的创建，效果如图2-14
所示。

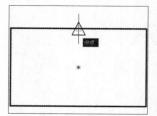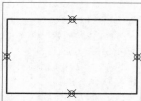

图 2-13 捕捉矩形边上的中点　　图 2-14 创建多点

实战 073　指定坐标创建点

除了移动十字光标直接在绘图区指定点之外，还可
以通过点的坐标来创建点。该方法常用于绘制一些数学
函数曲线。

步骤 01 启动AutoCAD 2022，打开"实战073 指定坐标
创建点.dwg"素材文件，可见其中已绘制有一个表格，
表格中包含某摆线的曲线方程式和特征点坐标，如图
2-15所示。

摆线方程式: $x=R(t-sint), y=R(1-cost)$				
R	t	$x=R(t-sint)$	$y=R(1-cost)$	坐标 (x,y)
	0	0	0	(0,0)
	$\frac{1}{4}\pi$	0.8	2.9	(0.8,2.9)
	$\frac{1}{2}\pi$	5.7	10	(5.7,10)
	$\frac{3}{4}\pi$	16.5	17.1	(16.5,17.1)
$R=10$	π	31.4	20	(31.4,20)
	$\frac{5}{4}\pi$	46.3	17.1	(46.3,17.1)
	$\frac{3}{2}\pi$	57.1	10	(57.1,10)
	$\frac{7}{4}\pi$	62	2.9	(62,2.9)
	2π	62.8	0	(62.8,0)

图 2-15 素材文件

步骤 02 设置点样式。执行"格式"|"点样式"命令，在弹出的"点样式"对话框中设置点样式，如图2-16所示。

图 2-16 设置点样式

步骤 03 绘制各特征点。单击"绘图"面板中的"多点"按钮∴，然后在命令行中按表格中坐标列的数据输入坐标，所绘制的9个特征点如图2-17所示。命令行提示如下。

```
命令: _point
当前点模式: PDMODE=3 PDSIZE=0.0000
指定点: 0,0
            //输入第1个点的坐标
指定点: 0.8, 2.9
            //输入第2个点的坐标
指定点: 5.7, 10
            //输入第3个点的坐标
指定点: 16.5, 17.1
            //输入第4个点的坐标
指定点: 31.4, 20
            //输入第5个点的坐标
指定点: 46.3, 17.1
            //输入第6个点的坐标
指定点: 57.1, 10
            //输入第7个点的坐标
指定点: 62, 2.9
            //输入第8个点的坐标
指定点: 62.8, 0
            //输入第9个点的坐标
指定点: *取消*
            //按Esc键取消多点绘制
```

图 2-17 绘制特征点

步骤 04 单击"绘图"面板中的"样条曲线拟合"按钮 ℕ，启用"样条曲线"命令，然后依次连接9个特征点，即可绘制出圆滑的数学函数曲线，如图2-18所示。

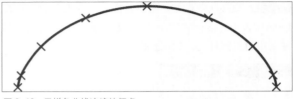

图 2-18 用样条曲线连接特征点

实战 074 创建定数等分点

在 AutoCAD 2022 中，可以使用"定数等分"命令，将绘图区中指定的对象以指定的数量进行等分，并在等分位置自动创建点。

步骤 01 打开"实战074 创建定数等分点.dwg"素材文件，如图2-19所示。

步骤 02 在"默认"选项卡中，单击"绘图"面板中的"定数等分"按钮 ，如图2-20所示，调用"定数等分"命令。

图 2-19 素材图形

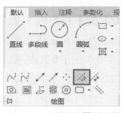

图 2-20 "绘图"面板中的"定数等分"按钮

步骤 03 根据命令行提示，依次选择两条圆弧，输入等分数20，按Enter键完成定数等分，如图2-21所示。命令行提示如下。

```
命令: _divide
            //单击"定数等分"按钮，执行"定数等分"命令
选择要定数等分的对象:
            //选择上段圆弧
输入线段数目或 [块(B)]: 20
            //输入等分数，按Enter键确认后自动结束命令

            //按Enter键重复执行"定数等分"命令
命令: DIVIDE
选择要定数等分的对象:
            //选择下段圆弧
输入线段数目或 [块(B)]: 20
            //输入等分数，按Enter键确认后自动结束命令
```

步骤 04 单击"绘图"面板中的"直线"按钮 ，绘制连接线段；然后在命令行中输入DDPTYPE，按Enter键调用"点样式"命令，在"点样式"对话框中将点样式设置为初始点样式，最终效果如图2-22所示。

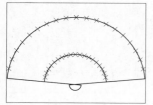
图 2-21　绘制等分点

图 2-22　最终效果

实战 075　创建定距等分点

在 AutoCAD 2022 中，可以使用"定距等分"命令在指定的对象上按指定的长度进行等分，每一个等分位置都将自动创建点。

步骤 01 打开"实战075 创建定距等分点.dwg"素材文件，其中已经绘制好了一个室内设计图的局部图形，如图2-23所示。

步骤 02 设置点样式。在命令行中输入DDPTYPE，按Enter键调用"点样式"命令，系统弹出"点样式"对话框，在其中设置点样式，如图2-24所示。

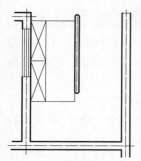
图 2-23　素材图形

图 2-24　设置点样式

步骤 03 执行"定距等分"命令。单击"绘图"面板中的"定距等分"按钮，将楼梯口左侧的线段按每段250mm的长度进行等分，效果如图2-25所示，命令行提示如下。

```
命令：_measure        //执行"定距等分"命令
选择要定距等分的对象：
                      //选择线段
指定线段长度或 [块(B)]：250↙
                      //输入要等分距离，按Enter键确认后自
动结束命令
```

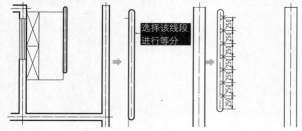
图 2-25　将线段定距等分

选择该线段
进行等分

步骤 04 在"默认"选项卡中，单击"绘图"面板中的"直线"按钮，以各等分点为起点向右绘制线段，结果如图2-26所示。

步骤 05 将点样式重新设置为默认状态，即可得到楼梯图形，如图2-27所示。

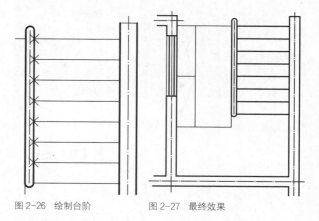
图 2-26　绘制台阶　　　　图 2-27　最终效果

🔍 延伸讲解：定距等分线段的技巧

提示：有时会出现总长度不能被每段长度整除的情况。例如，已知总长 500 的线段 *AB*，要求等分后每段长 150，则该线段不能被完全等分。AutoCAD 将从线段的一端（选取对象时单击的一端）开始，每隔 150 绘制一个定距等分点，到接近 *B* 点的时候剩余 50，则不再继续绘制，如图 2-28 所示。如果在选取 *AB* 线段时单击线段右侧，则会得到图 2-29 所示的等分结果。

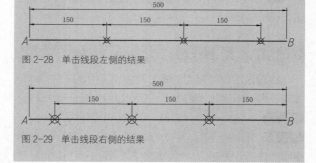
图 2-28　单击线段左侧的结果

图 2-29　单击线段右侧的结果

实战 076　等分布置"块"　　　　★进阶★

除了用"定数等分"和"定距等分"命令绘制点外，还可以选择其子命令"块"对图形进行编辑。"块"命令类似于"阵列"命令，但在某些情况下比"阵列"命令灵活，尤其是在绘制室内布置图的时候。

步骤 01 打开"实战076 等分布置'块'.dwg"素材文件，如图2-30所示，素材中已经创建好了名为"yizi"的块。

步骤 02 在"默认"选项卡中，单击"绘图"面板中的"定数等分"按钮，根据命令行提示绘制图形，命令行提示如下。

命令: _divide   //执行"定数等分"命令
选择要定数等分的对象:
             //选择桌子边
输入线段数目或 [块(B)]: B✓
             //选择"块"选项
输入要插入的块名: yizi✓
             //输入"椅子"图块名
是否对齐块和对象? [是(Y)/否(N)] <Y>: ✓
             //按Enter键
输入线段数目: 10✓
        //输入等分数,按Enter键确认后自动结束命令

步骤 03 最终效果如图2-31所示。

图 2-30 素材文件   图 2-31 最终效果

2.2 线的绘制

线是 AutoCAD 中基本的图形对象,也是绝大多数工作设计图的主要组成部分。AutoCAD 根据用途的不同,将线分为线段、射线、构造线、多段线和多线等类型。不同的线对象具有不同的特性,下面将通过 14 个例子进行详细讲解。

实战 077 绘制线段

线段是绘图时常用的图形对象,其绘制方法也非常简单。只要指定起点和终点,就可以绘制出一条线段。

步骤 01 启动AutoCAD 2022,新建一个空白文档。

步骤 02 在功能区中,单击"默认"选项卡"绘图"面板中的"直线"按钮,在绘图区任意指定一点为起点。

步骤 03 绘制图2-32所示的图形,命令行提示如下。

命令: _line   //单击"直线"按钮,执行"直线"命令
指定第一个点:
          //指定第一个点
指定下一点或 [放弃(U)]: 30✓
       //十字光标向右移动,引出水平追踪线,输入底边长度30
指定下一点或 [放弃(U)]: 20✓
       //十字光标向上移动,引出垂直追踪线,输入侧边长度20

指定下一点或 [闭合(C)/放弃(U)]: 25✓
       //十字光标向左移动,引出水平追踪线,输入顶边长度25
指定下一点或 [闭合(C)/放弃(U)]:C✓
       //输入C,闭合图形

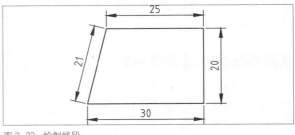

图 2-32 绘制线段

> **提示**
>
> "直线"命令本身的操作十分简单,在绘制过程中需配合其他辅助绘图工具(如极轴、正交、捕捉等)才能得到最终的图形。

实战 078 绘制射线

射线是一端固定而另一端无限延伸的线,它只有起点和方向,没有终点,主要用于辅助定位或作为角度参考线。

步骤 01 启动AutoCAD 2022,新建一个空白文档。

步骤 02 在"默认"选项卡中,单击"绘图"面板中的"射线"按钮,如图2-33所示。

步骤 03 执行"射线"命令,按命令行提示,在绘图区的任意位置单击以指定射线的起点,然后在命令行中输入参数,结果如图2-34所示。命令行提示如下。

命令: _ray   //执行"射线"命令
指定起点:
      //指定射线的起点,可以单击以指定点,也可以在命令行中输入点的坐标
指定通过点: <30✓ //输入"<30",表示通过点位于与水平方向夹角为30°的直线上
角度替代: 30
        //射线角度被锁定至30°
指定通过点:
      //在任意点处单击即可绘制30° 角度线
指定通过点: <75✓ //输入"<75",表示通过点位于与水平方向夹角为75°的直线上
角度替代: 75
        //射线角度被锁定至75°
指定通过点:
      //在任意点处单击即可绘制75° 角度线
指定通过点: ✓
      //按Enter键结束命令

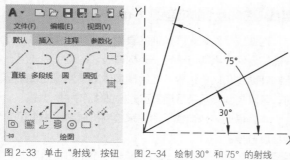

图 2-33　单击"射线"按钮　　　图 2-34　绘制 30° 和 75° 的射线

提示

调用"射线"命令，指定射线的起点后，可以根据"指定通过点"提示指定多个通过点，绘制具有相同起点的多条射线，直到按Esc键或Enter键退出为止。

实战 079　绘制中心投影图　　★进阶★

一个点光源把一个图形照射到一个平面上，这个图形的影子就是它在这个平面上的中心投影。中心投影可以使用"射线"命令进行绘制。

步骤 01 打开"实战079 绘制中心投影图.dwg"素材文件，其中已经绘制好了△ABC和对应的坐标系，以及中心投影点O，如图2-35所示。

步骤 02 在"默认"选项卡中，单击"绘图"面板中的"射线"按钮，以O点为起点，依次指定A、B、C点为下一点，绘制3条投影线，如图2-36所示。

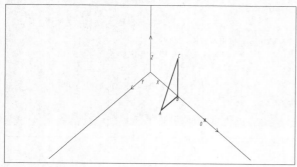

图 2-35　素材图形

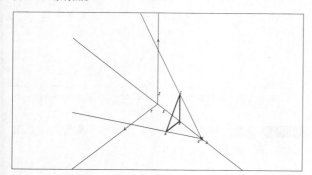

图 2-36　绘制投影线

步骤 03 单击"默认"选项卡"绘图"面板中的"直线"按钮，执行"直线"命令，依次捕捉投影线与坐标轴的交点，得到的三角形便是△ABC在YZ平面上的投影，如图2-37所示。

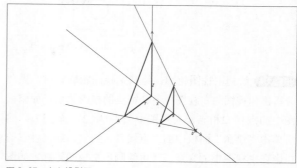

图 2-37　中心投影图

实战 080　绘制相贯线　　★进阶★

两立体相交称为两立体相贯，它们表面形成的交线称为相贯线。在画该类零件的三视图时，必然会涉及相贯线的绘制。在学习了绘制射线和中心投影图方法后，便可以通过投影规则来绘制相贯线。

步骤 01 打开"实战080 绘制相贯线.dwg"素材文件，其中已经绘制好了零件的左视图与俯视图，如图2-38所示。

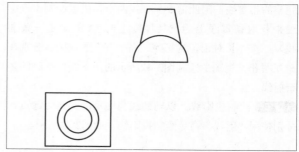

图 2-38　素材图形

步骤 02 绘制水平投影线。单击"绘图"面板中的"射线"按钮，以左视图中各端点与交点为起点向左绘制射线，如图2-39所示。

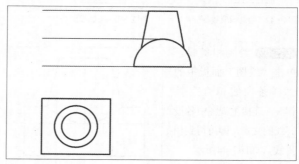

图 2-39　绘制水平投影线

步骤 03 绘制竖直投影线。按相同的方法，以俯视图中各端点与交点为起点，向上绘制射线，如图2-40所示。

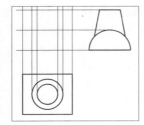

图 2-40 绘制竖直投影线

步骤 04 绘制主视图轮廓。绘制主视图轮廓之前，先要分析出俯视图与左视图中各特征点的投影关系（如俯视图中的点1、2相当于左视图中的点1′、2′，余同），然后单击"绘图"面板中的"直线"按钮，连接各点的投影在主视图中的交点，即可绘制出主视图轮廓，如图2-41所示。

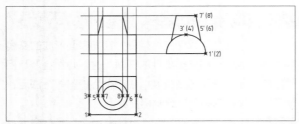

图 2-41 绘制主视图轮廓

步骤 05 绘制辅助线。目前所得的图形还不足以绘制出完整的相贯线，因此需要另外找两点，借以绘制出投影线来获取相贯线上的点（原则上5点才能确定一条曲线）。按"长对正、宽相等、高平齐"的原则，分别在俯视图和左视图中绘制图2-42所示的两条线段，删除多余射线。

步骤 06 绘制投影线。以辅助线与图形的交点为起点，分别使用"射线"命令绘制投影线，如图2-43所示。

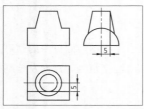

图 2-42 绘制辅助线

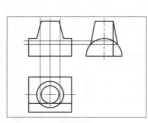

图 2-43 绘制投影线

步骤 07 绘制相贯线。单击"绘图"面板中的"样条曲线拟合"按钮，连接主视图中各投影线的交点，即可得到相贯线，如图2-44所示。

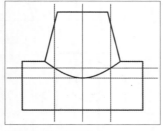

图 2-44 绘制相贯线

实战 081 绘制构造线

构造线是两端无限延伸的直线，没有起点和终点，只需指定两个点即可确定一条构造线。构造线主要用于绘制辅助线和修剪边界，在绘制具体的零件图或装配图时，可以先创建两条互相垂直的构造线作为中心线。

本例借助"构造线"命令来绘制机械制图中常见的粗糙度符号。

步骤 01 启动AutoCAD 2022，新建一个空白文档。

步骤 02 单击"绘图"面板中的"构造线"按钮，绘制构造线（角度为60°），如图2-45所示。命令行提示如下。

```
命令: _xline          //执行"构造线"命令
指定点或 [水平(H)/垂直(V)/角度(A)/二等分(B)/偏移(O)]: A✓
                      //选择"角度"选项
输入构造线的角度 (0) 或 [参照(R)]: 60✓
                      //输入构造线的角度
指定通过点:
                      //单击绘图区任意一点确定通过点
指定通过点: *取消*
                      //按Esc键退出"构造线"命令
```

步骤 03 按空格键或Enter键重复执行"构造线"命令，绘制第二条构造线，如图2-46所示。命令行提示如下。

```
命令: XLINE✓
指定点或 [水平(H)/垂直(V)/角度(A)/二等分(B)/偏移(O)]: A✓
                      //选择"角度"选项
输入构造线的角度 (0) 或 [参照(R)]: R✓
                      //使用参照角度
选择直线对象:
                      //选择上一条构造线作为参照对象
输入构造线的角度 <0>: 60✓
                      //输入构造线的角度
指定通过点:
                      //任意单击一点确定通过点
指定通过点:
                      //按Esc键退出"构造线"命令
```

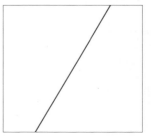

图 2-45 绘制第一条构造线

图 2-46 绘制第二条构造线

步骤 04 执行"构造线"命令，绘制水平构造线，如图2-47所示。命令行提示如下。

```
命令: _xline
指定点或 [水平(H)/垂直(V)/角度(A)/二等分(B)/偏移(O)]: H↙
        //选择"水平"选项
指定通过点:
        //选择两条构造线的交点作为通过点
指定通过点: *取消*
        //按Esc键退出"构造线"命令
```

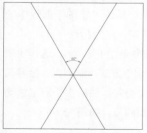

图 2-47　绘制水平构造线

步骤 05 执行"构造线"命令，绘制与水平构造线平行的构造线，如图2-48所示。命令行提示如下。

```
命令: _xline
指定点或 [水平(H)/垂直(V)/角度(A)/二等分(B)/偏移(O)]: O↙
        //选择"偏移"选项
指定偏移距离或 [通过(T)] <150.0000>: 5↙
        //输入偏移距离
选择直线对象:
        //选择第一条水平构造线
指定向哪侧偏移:
        //在所选构造线上方单击
```

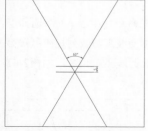

图 2-48　绘制第一条平行构造线

步骤 06 执行"构造线"命令，绘制与水平构造线平行的构造线，如图2-49所示。命令行提示如下。

```
命令: _xline
指定点或 [水平(H)/垂直(V)/角度(A)/二等分(B)/偏移(O)]: O↙
        //选择"偏移"选项
指定偏移距离或 [通过(T)] <150.0000>: 10.5↙
        //输入偏移距离
选择直线对象:
        //选择第一条水平构造线
指定向哪侧偏移:
        //在所选构造线上方单击
```

步骤 07 单击"直线"按钮，用线段依次连接交点

A、B、C、D、E，然后删除多余的构造线，得到粗糙度符号，如图2-50所示。

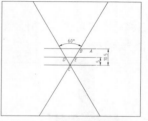

图 2-49　绘制第二条平行构造线　　图 2-50　粗糙度符号

实战 082　绘制带线宽的多段线

使用"多段线"命令可以生成由若干条线段和圆弧首尾连接形成的复合线实体。复合线实体是指图形的所有组成部分为一个整体，单击时会选择整个图形，不能进行选择性编辑。

多段线的使用虽不及线段、圆频繁，但却可以通过指定宽度来绘制出许多独特的图形。本例便通过灵活定义多段线的线宽来一次性绘制坐标系。

步骤 01 打开"实战082 绘制带线宽的多段线.dwg"素材文件，其中已经绘制好了两条线段，如图2-51所示。

步骤 02 绘制Y轴方向箭头。单击"绘图"面板中的"多段线"按钮，指定竖直线段的上方端点为起点，然后在命令行中输入W，即选择"宽度"选项，指定起点宽度为0、终点宽度为5，向下绘制一条长度为10的多段线，如图2-52所示。

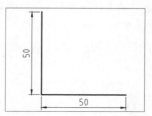 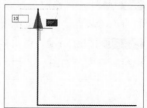

图 2-51　素材图形　　　　图 2-52　绘制 Y 轴方向箭头

步骤 03 绘制Y轴连接线。箭头绘制完毕后，再次在命令行中输入W，指定起点宽度为2、终点宽度为2，向下绘制一条长度为35的多段线，如图2-53所示。

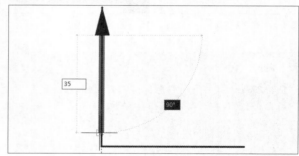

图 2-53　绘制 Y 轴连接线

步骤 04 连接线绘制完毕后，再输入W，指定起点宽度为10、终点宽度为10，向下绘制一条多段线至两条线段的交点，如图2-54所示。

步骤 05 保持线宽不变，向右移动十字光标，绘制一条长度为5的多段线，效果如图2-55所示。

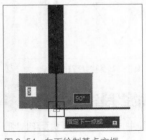
图2-54 向下绘制基点方框

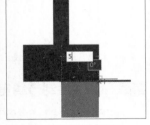
图2-55 向右绘制基点方框

步骤 06 绘制X轴连接线。指定起点宽度为2、终点宽度为2，向右绘制一条长度为35的多段线，如图2-56所示。

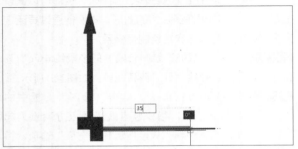
图2-56 绘制X轴连接线

步骤 07 绘制X轴箭头。按之前的方法，绘制X轴右侧的箭头，起点宽度为5、终点宽度为0，如图2-57所示。

步骤 08 按Enter键，退出多段线的绘制，坐标系箭头标识绘制完成，如图2-58所示。

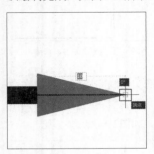
图2-57 绘制X轴箭头

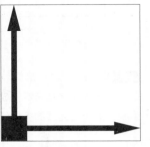
图2-58 图形效果

提示

在绘制多段线过程中，可能预览图形不会及时显示出带有宽度的转角效果，让用户误以为绘制出错。其实只要按Enter键完成多段线的绘制，便会自动为多段线添加转角处的平滑效果。

实战 083 绘制带圆弧的多段线

在执行"多段线"命令时，选择"圆弧"选项后便可以开始创建与上一线段（或圆弧）相切的圆弧段。因此，可以利用该命令绘制一些特殊的曲线图形。

本例绘制斐波那契螺旋线，具体步骤介绍如下。

步骤 01 启动AutoCAD 2022，新建一个空白文档。

步骤 02 在"默认"选项卡中，单击"绘图"面板中的"多段线"按钮_，任意指定一点为起点。

步骤 03 创建第一段圆弧。在命令行中输入A，选择绘制圆弧，再输入D，选择以"方向"方式绘制圆弧。接着在正上方指定一点为圆弧的起点切向，然后水平向左移动十字光标，绘制一段半径为2的圆弧，如图2-59所示。

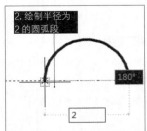
图2-59 创建第一段圆弧

步骤 04 创建第二段圆弧。在命令行中输入CE，选择以"圆心"方式绘制圆弧。指定第一段圆弧的起点，也是多段线的起点（带有"＋"标记）为圆心，绘制跨度为90°的圆弧，如图2-60所示。

步骤 05 创建第三段圆弧。在命令行中输入R，选择以"半径"方式绘制圆弧。根据斐波那契数列规律可知第三段圆弧的半径为4，然后指定角度为90°，如图2-61所示。

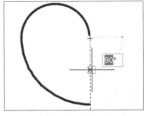

图2-60 创建第二段圆弧

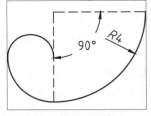
图2-61 创建第三段圆弧

步骤 06 创建第四段圆弧。在命令行中输入A，选择以"角度"方式绘制圆弧。输入夹角为90°，然后指定半径为6，效果如图2-62所示。

步骤 07 创建第五段圆弧。在命令行中输入R，选择以"半径"方式绘制圆弧。指定半径为10，角度为90°，绘制结果如图2-63所示。

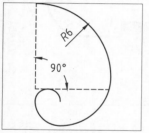
图 2-62　创建第四段圆弧

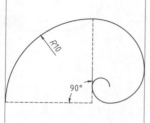
图 2-63　创建第五段圆弧

步骤 08 按相同的方法，绘制其余圆弧，即可得到斐波那契螺旋线，如图2-64所示。

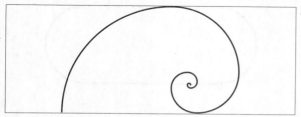
图 2-64　绘制其余圆弧

实战 084　合并多段线　　★进阶★

在 AutoCAD 2022 中，用户可以根据需要将线段、圆弧或多段线连接到指定的非闭合多段线上，对其进行合并操作。这个功能在三维建模中经常用到，用以创建封闭的多段线，从而生成面域。

步骤 01 打开"实战084 合并多段线.dwg"素材文件，其中已经绘制了一个凸轮图形，外轮廓由两条多段线组成，如图2-65所示。

步骤 02 在命令行中输入PE，按Enter键执行"多段线编辑"命令，根据命令行提示，在绘图区选择右侧的大圆弧为编辑对象，如图2-66所示。

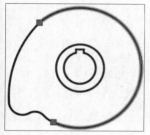
图 2-65　素材图形

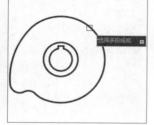
图 2-66　选择右侧的大圆弧

步骤 03 在弹出的快捷菜单中，选择"合并"选项，如图2-67所示。

步骤 04 在绘图区中选择左侧的圆弧，如图2-68所示。

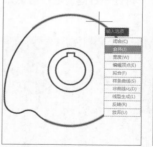
图 2-67　选择"合并"选项（1）

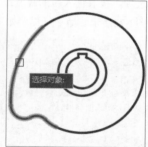
图 2-68　选择左侧的圆弧

步骤 05 选择完毕后，按Enter键确认，退出选择，在返回的快捷菜单中选择"合并"选项，如图2-69所示。

步骤 06 按Esc键退出操作，即可将所选择的对象合并为多段线，最终效果如图2-70所示。

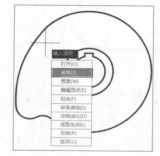
图 2-69　选择"合并"选项（2）

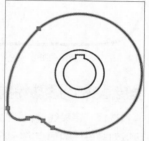
图 2-70　最终效果

> **提示**
>
> 本例通过弹出的快捷菜单来完成多段线的编辑操作，这种操作的前提是必须打开"动态输入"功能。如果没有打开"动态输入"功能，可以在命令行中输入命令来完成。

实战 085　调整多段线的宽度　　★进阶★

多段线的宽度除了可以在创建过程中指定，还可以随时通过"多段线编辑"命令进行修改。

步骤 01 打开"实战085 调整多段线的宽度.dwg"素材文件，素材为一个跑道图形，如图2-71所示。

图 2-71　素材图形

步骤 02 在命令行中输入PE并按Enter键，执行"多段线编辑"命令，选择跑道为要编辑的多段线。

步骤 03 在命令行中输入W并按Enter键，选择"宽度"选项，接着输入新的线宽2，再按Enter键退出，结果如图2-72所示。命令行提示如下。

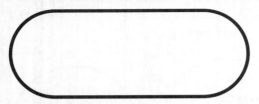

```
命令: PE↙              //执行"多段线编辑"命令
选择多段线或 [多条(M)]:
                       //选择跑道图形
输入选项 [打开(O)/合并(J)/宽度(W)/编辑顶点(E)/拟合(F)/样条
曲线(S)/非曲线化(D)/线型生成(L)/反转(R)/放弃(U)]: W↙
                       //选择"宽度"选项
指定所有线段的新宽度: 2↙
                       //输入新宽度
输入选项 [打开(O)/合并(J)/宽度(W)/编辑顶点(E)/拟合(F)/样条
曲线(S)/非曲线化(D)/线型生成(L)/反转(R)/放弃(U)]: ↙
                       //按Enter键退出命令
```

图 2-72 修改线宽后的图形

实战 086 为多段线插入顶点 ★进阶★

选择"多段线编辑"命令中的"编辑顶点"选项，可以对多段线的顶点进行增加、删除、移动等操作，从而修改整个多段线的形状。

步骤 01 打开"实战085 调整多段线的宽度.dwg"素材文件。

步骤 02 在命令行中输入PE并按Enter键，执行"多段线编辑"命令，选择跑道为要编辑的多段线，在弹出的快捷菜单中选择"编辑顶点"选项，如图2-73所示。

图 2-73 选择"编辑顶点"选项

步骤 03 进入下一级的快捷菜单，在该菜单中选择"插入"选项，如图2-74所示。

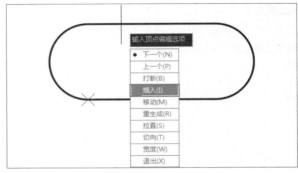

图 2-74 选择"插入"选项

步骤 04 命令行提示为新顶点指定位置，可以在边线中点的正下方空白区域单击，如图2-75所示。

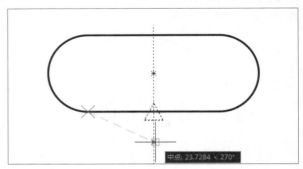

图 2-75 指定新顶点的位置

步骤 05 指定完新顶点后，可见图形已发生变化，按Esc键即可退出操作，最终效果如图2-76所示。

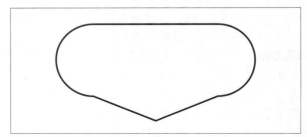

图 2-76 最终效果

> **提示**
>
> 选择"插入"选项，可以在所选的顶点后增加新顶点，从而增加多段线的线段数目。所选的顶点会用"×"标记标明，用户也可以在图2-74所示的次级快捷菜单中选择"下一个"或"上一个"选项来调整所选顶点的位置，从而调整要插入顶点的位置。

实战 087 拉直多段线 ★进阶★

既然可以为多段线添加顶点，自然也可以从多段线中删除顶点。这一操作在 AutoCAD 中被称为"拉直"。

步骤 01 可以接着"实战 086"进行操作,也可以打开"实战086 为多段线插入顶点-OK.dwg"素材文件进行操作。

步骤 02 在命令行中输入PE并按Enter键,执行"多段线编辑"命令,选择跑道为要编辑的多段线,在弹出的快捷菜单中选择"编辑顶点"选项。

步骤 03 进入下一级的快捷菜单,在该菜单中选择"拉直"选项,如图2-77所示。

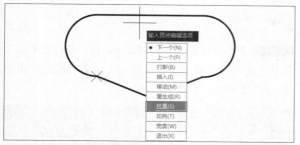

图 2-77 选择"拉直"选项

步骤 04 进入"拉直"选项的快捷菜单,选择"下一个"选项,将顶点标记"×"移动至图2-78所示位置。

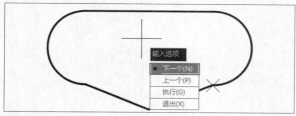

图 2-78 移动顶点标记

步骤 05 确定无误后,选择"执行"选项,如图2-79所示。

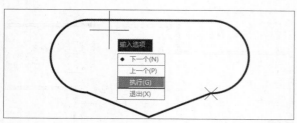

图 2-79 选择"执行"选项

步骤 06 可见图形已被拉直,"实战086"中新添的顶点被删除。然后按Esc键退出操作,最终效果如图2-80所示。

图 2-80 最终效果

提示

选择"拉直"选项可以删除顶点并拉直多段线,它以指定的端点为起点,通过"下一个"选项移动顶点标记"×",起点与该标记之间的所有顶点将被删除,从而拉直多段线。指定的端点是在选择"编辑顶点"选项后通过"下一个"或"上一个"选项来指定的,同样也用顶点标记"×"。

实战 088 创建多线样式

在使用"多线"命令绘图前,需事先指定好多线样式。使用不同的多线样式,可以得到不同的效果,即使绘图操作完全一样。

使用多线虽然方便,但是默认的 STANDARD 样式过于简单,无法用来应对现实工作中所遇到的各种问题(如绘制带有封口的墙体线)。这时可以通过创建新的多线样式来解决问题,具体步骤如下。

步骤 01 启动AutoCAD 2022,打开"实战088 创建多线样式.dwg"素材文件。

步骤 02 在命令行中输入MLSTYLE并按Enter键,系统弹出"多线样式"对话框,如图2-81所示。

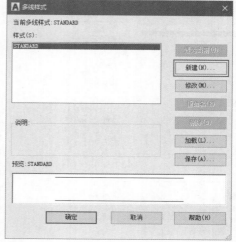

图 2-81 "多线样式"对话框

步骤 03 单击"新建"按钮,系统弹出"创建新的多线样式"对话框,设置"新样式名"为"墙体",单击"确定"按钮,如图2-82所示。

图 2-82 "创建新的多线样式"对话框

步骤 04 系统弹出"新建多线样式：墙体"对话框，在"封口"区域勾选"直线"中的两个复选框，在"图元"区域中设置"偏移"为"120"与"-120"，如图2-83所示。单击"确定"按钮，系统返回"多线样式"对话框。

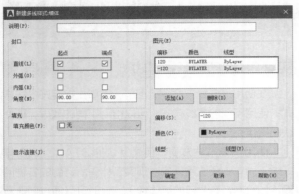

图 2-83　设置封口和偏移值

步骤 05 单击"置为当前"按钮，如图2-84所示，单击"确定"按钮，关闭对话框，完成墙体多线样式的设置。单击快速访问工具栏中的"保存"按钮🔲，保存文件。

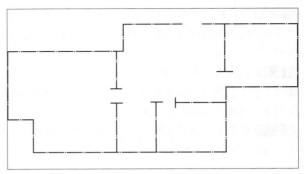

图 2-85　素材文件

步骤 02 在命令行输入ML并按Enter键，执行"多线"命令，使用前面设置的多线样式，沿着轴线绘制承重墙，如图2-86所示。命令行提示如下。

```
命令: ML ↙         //调用"多线"命令
当前设置: 对正 = 上，比例 = 20.00，样式 = 墙体
指定起点或 [对正(J)/比例(S)/样式(ST)]: S↙
                  //选择"比例"选项
输入多线比例<20.00>: 1↙
                  //输入多线比例
当前设置: 对正 = 上，比例 = 1.00，样式 = 墙体
指定起点或 [对正(J)/比例(S)/样式(ST)]: J↙
                  //选择"对正"选项
输入对正类型 [上(T)/无(Z)/下(B)] <上>: Z↙
                  //选择"无"选项
当前设置: 对正 = 无，比例 = 1.00，样式 = 墙体
指定起点或 [对正(J)/比例(S)/样式(ST)]:
                  //沿着轴线绘制墙体
指定下一点:
指定下一点或 [放弃(U)]:
指定下一点或 [闭合(C)/放弃(U)]: ↙
                  //按Enter键结束绘制
```

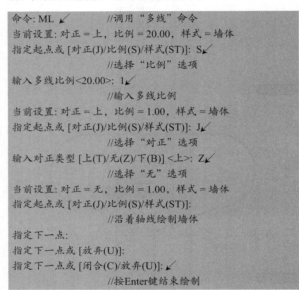

图 2-84　单击"置为当前"按钮

实战 089　绘制多线

　　多线由多条平行线组合而成，平行线之间的距离可以随意设置。使用"多线"命令能极大地提高绘图效率。"多线"命令一般用于绘制建筑与室内墙体等。

步骤 01 接着"实战088"进行绘制，或打开"实战088创建多线样式-OK.dwg"素材文件进行操作，如图2-85所示。

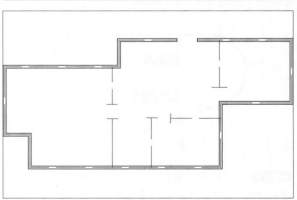

图 2-86　绘制承重墙

步骤 03 按空格键重复执行"多线"命令，绘制非承重墙，如图2-87所示。命令行提示如下。

```
命令：MLINE↙
                      //调用"多线"命令
当前设置: 对正 = 无, 比例 = 1.00, 样式 = 墙体
指定起点或 [对正(J)/比例(S)/样式(ST)]: S↙
                      //选择"比例"选项
输入多线比例<1.00>: 0.5↙
                      //输入多线比例
当前设置: 对正 = 无, 比例 = 0.50, 样式 = 墙体
指定起点或 [对正(J)/比例(S)/样式(ST)]:
指定下一点:
                      //沿着内部轴线绘制墙体
指定下一点或 [放弃(U)]:↙
                      //按Enter键结束绘制
```

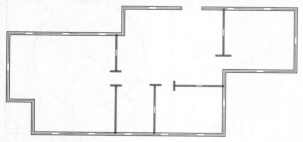

图 2-87　绘制非承重墙

实战 090　编辑多线

多线是复合对象，只有将其分解为多条线段后才能编辑。但在 AutoCAD 2022 中，还可以在"多线编辑工具"对话框中对多线进行编辑。

步骤 01 可以接着"实战089"进行操作，也可以打开"实战089 绘制多线-OK.dwg"素材文件进行操作。

步骤 02 在命令行中输入MLEDIT并按Enter键，调用"多线编辑"命令，打开"多线编辑工具"对话框，如图2-88所示。

图 2-88　"多线编辑工具"对话框

步骤 03 选择其中的"T形合并"选项，系统自动返回到绘图区，根据命令行提示对墙体结合处进行编辑，如图2-89所示。命令行提示如下。

```
命令：MLEDIT↙
                      //调用"多线编辑"命令
选择第一条多线:
                      //选择竖直墙体
选择第二条多线:
                      //选择水平墙体
选择第一条多线 或 [放弃(U)]: ↙
                      //重复操作
```

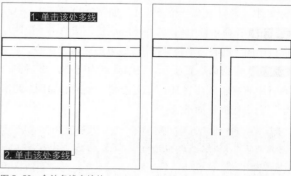

图 2-89　合并多线交接处

步骤 04 重复上述操作，对所有墙体进行"T形合并"操作，效果如图2-90所示。

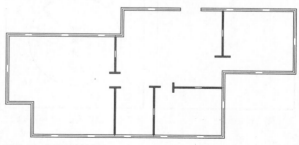

图 2-90　T形合并的结果

步骤 05 在命令行中输入LA并按Enter键，调用"图层特性管理器"命令，在弹出的"图层特性管理器"选项板中，隐藏"轴线"图层，最终效果如图2-91所示。

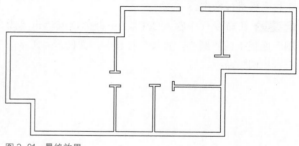

图 2-91　最终效果

2.3 曲线类图形的绘制

曲线类图形的绘制方法略微复杂，下面将通过实战进行讲解。

实战 091 圆心与半径绘制圆

圆在各种设计图纸中应用频繁。圆的绘制方法有很多，本例介绍其中最常用的一种，即通过指定圆心再输入半径来绘制圆。

步骤 01 打开"实战091 圆心与半径绘制圆.dwg"素材文件，素材中有一个单点A，如图2-92所示。

步骤 02 在命令行中输入C并按Enter键，或单击"绘图"面板中的"圆心，半径"按钮⊙，执行"圆"命令。

步骤 03 根据命令行提示，选择A点为圆心，然后在命令行中直接输入半径10，即可绘制一个圆，如图2-93所示。命令行提示如下。

```
命令：C↙
指定圆的圆心或[三点(3P)/两点(2P)/切点、切点、半径(T)]：
//选择A点或输入A点的坐标
指定圆的半径或[直径(D)]：10↙
//输入半径，或输入相对于圆心的相对坐标，确定圆周上一点
```

图 2-92 素材图形 　　　图 2-93 指定圆心与半径绘制圆

实战 092 圆心与直径绘制圆

指定圆心后，除了输入半径，还可以输入直径来绘制圆。

步骤 01 这里使用"实战091 圆心与半径绘制圆.dwg"素材文件进行操作。

步骤 02 在命令行中输入C并按Enter键，或单击"绘图"面板中的"圆心，直径"按钮⊙，如图2-94所示。执行"圆"命令。

步骤 03 根据命令行提示，选择A点为圆心，然后在命令行中选择"直径"选项，输入直径20，即可绘制一个圆，如图2-95所示。命令行提示如下。

```
命令：C↙
指定圆的圆心或[三点(3P)/两点(2P)/切点、切点、半径(T)]：
//选择A点或输入A点的坐标
指定圆的半径或[直径(D)]<80.1736>：D↙
//选择"直径"选项
指定圆的直径<200.00>：20↙
//输入直径
```

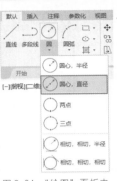 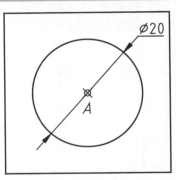

图 2-94 "绘图"面板中的"圆心，直径"按钮 　　　图 2-95 指定圆心与直径绘制圆

实战 093 两点绘圆

两点绘圆，实际上是以这两点的连线为直径、以两点连线的中点为圆心画圆。系统会自动提示指定圆直径的第一个端点和第二个端点。

步骤 01 打开"实战093 两点绘圆.dwg"素材文件，素材图形由3条线段构成，如图2-96所示。

步骤 02 在命令行中输入C并按Enter键，再输入2P，选择"两点"选项；或单击"绘图"面板中的"两点"按钮○，执行"圆"命令。

步骤 03 根据命令行提示，捕捉A、D两点，系统会自动绘制一个以A、D连线长度为直径的圆，如图2-97所示。命令行提示如下。

```
命令：C↙
指定圆的圆心或[三点(3P)/两点(2P)/切点、切点、半径(T)]：
2P↙　　　//选择"两点"选项
指定圆直径的第一个端点：
//指定第一个端点A
指定圆直径的第二个端点：
//指定第二个端点D，或输入相对于第一个端点的
相对坐标
```

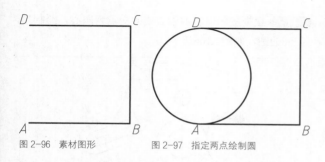

图 2-96　素材图形　　　　图 2-97　指定两点绘制圆

实战 094　三点绘圆

三点绘圆，实际上是绘制通过这 3 个点所确定的三角形唯一的外接圆。系统会提示指定圆上的第一个点、第二个点和第三个点。

步骤 01 这里使用"实战093 两点绘圆.dwg"素材文件进行操作。

步骤 02 在命令行中输入C并按Enter键，再输入3P，选择"三点"选项；或单击"绘图"面板中的"三点"按钮○，如图2-98所示，执行"圆"命令。

步骤 03 根据命令行提示，依次捕捉A、B、C3点，系统会自动绘制出△ABC唯一的外接圆，如图2-99所示。命令行提示如下。

```
命令：C↙
指定圆的圆心或[三点(3P)/两点(2P)/切点、切点、半径(T)]:
3P↙     //选择"三点"选项
指定圆上的第一个点：
         //选择A点
指定圆上的第二个点：
         //选择B点
指定圆上的第三个点：
         //选择C点
```

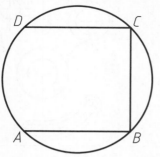

图 2-98　"绘图"面板中　　图 2-99　指定三点绘制圆
的"三点"按钮

实战 095　"相切，相切，半径"绘圆

如果已经存在两个图形对象，并已知圆的半径，就可以绘制出与这两个对象相切的公切圆。

步骤 01 这里使用"实战093 两点绘圆.dwg"素材文件进行操作。

步骤 02 在命令行中输入C并按Enter键，再输入T，选择"切点、切点、半径"选项；或单击"绘图"面板中的"相切，相切，半径"按钮○，执行"圆"命令。

步骤 03 根据命令行提示，分别在AB、BC线段上单击以指定切点，位置不用精确，如图2-100所示。

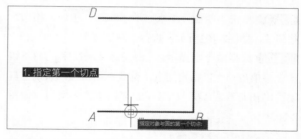
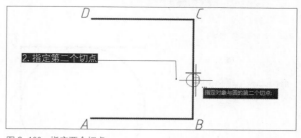

图 2-100　指定两个切点

步骤 04 输入半径，系统会自动绘制出线段AB、BC的公切圆，如图2-101所示。命令行提示如下。

```
命令：_circle
指定圆的圆心或 [三点(3P)/两点(2P)/切点、切点、半径(T)]:
T↙      //选择"切点、切点、半径"选项
指定对象与圆的第一个切点：
         //单击线段AB上任意一点
指定对象与圆的第二个切点：
         //单击线段BC上任意一点
指定圆的半径: 5↙
         //输入半径
```

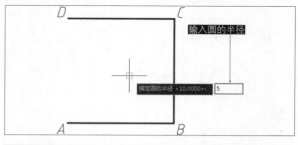
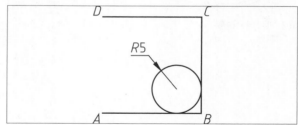

图 2-101　输入公切圆的半径

实战 096 "相切，相切，相切"绘圆

可以绘制与 3 个图形对象相切的公切圆。要注意这种方法与三点绘圆之间的区别。

步骤 01 这里使用"实战093 两点绘圆.dwg"素材文件进行操作。

步骤 02 单击"绘图"面板中的"相切，相切，相切"按钮〇，如图2-102所示，执行"圆"命令。

步骤 03 根据命令行提示，分别在AB、BC和CD3条线段上各单击一次以指定切点，位置不用精确，系统会自动绘制出与线段AB、BC、CD都相切的公切圆，如图2-103所示。

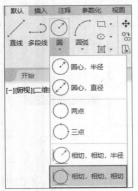

图 2-102 单击"相切，相切，相切"按钮

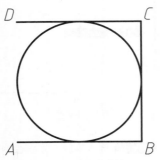

图 2-103 指定 3 个切点绘制圆

实战 097 圆的应用 ★重点★

熟练掌握各种绘制圆的方法，有助于提高绘图效率。

步骤 01 打开"实战097 圆的应用.dwg"素材文件，其中有一个残缺的零件图形，如图2-104所示。

步骤 02 在"默认"选项卡中，单击"绘图"面板中的"圆心，半径"按钮⊙，如图2-105所示。

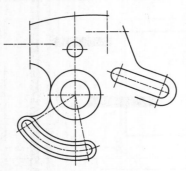

图 2-104 素材图形

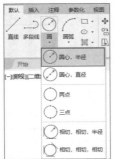

图 2-105 单击"圆心，半径"按钮

步骤 03 根据提示以右侧中心线的交点为圆心，绘制半径为8的圆，如图2-106所示。

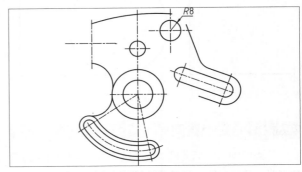

图 2-106 "圆心，半径"绘制右侧圆

步骤 04 单击"绘图"面板中的"圆心，直径"按钮⊘，以左侧中心线的交点为圆心，绘制直径为20的圆形，如图2-107所示。

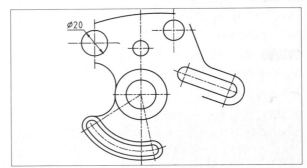

图 2-107 "圆心，直径"绘制左侧圆

步骤 05 单击"绘图"面板中的"两点"按钮〇，分别捕捉两条圆弧的端点1、2，绘制结果如图2-108所示。

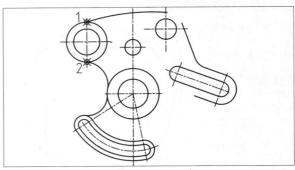

图 2-108 "两点"绘制圆

步骤 06 单击"绘图"面板中的"相切，相切，半径"按钮⊘，捕捉与圆相切的两个切点3、4，输入半径13，按Enter键确认，绘制结果如图2-109所示。

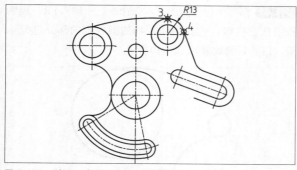

图2-109　"相切，相切，半径"绘制圆

步骤 07 重复调用"圆"命令，使用"相切，相切，相切"的方式绘制圆，捕捉3个切点5、6、7，绘制结果如图2-110所示。

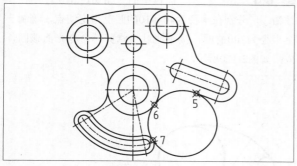

图2-110　"相切，相切，相切"绘制圆

步骤 08 在命令行中输入TR并按Enter键，调用"修剪"命令，剪切多余弧线，最终效果如图2-111所示。

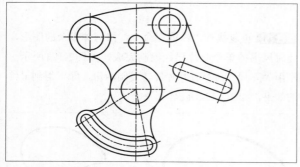

图2-111　最终效果

实战 098　绘制风扇叶片　★重点★

本例绘制一个风扇叶片图形，该图形由3个相同的叶片组成。该图形几乎全部由圆弧组成，非常适合用于练习圆的各种画法。在绘制的时候可以先绘制其中一个叶片，然后再通过阵列或者复制的方法得到其他部分，最后对图形进行修剪。在绘制本图形时会引入一些暂时还没有介绍的命令，如"阵列"和"修剪"，这些编辑命令将在后面进行介绍，本例只需随书操作，大致了解

它们的用法即可。

步骤 01 启动AutoCAD 2022，新建一个空白文档。

步骤 02 单击"绘图"面板中的"圆心，半径"按钮⊙，以"圆心，半径"的方法绘圆。在绘图区中任意指定一点为圆心，在命令行提示指定圆的半径时输入10，即可绘制一个半径为10的圆，如图2-112所示。

步骤 03 使用相同的方法，执行"圆"命令，捕捉半径为10的圆的圆心为圆心，绘制一个半径为20的圆，如图2-113所示。

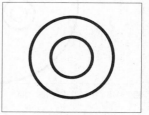

图2-112　绘制半径为10的圆　　图2-113　绘制半径为20的圆

步骤 04 绘制辅助线。单击"绘图"面板中的"多段线"按钮___)，绘制图2-114所示的两条多段线。这两条多段线用来作为绘制左上方半径为10的圆和右上方半径为40的圆的辅助线。

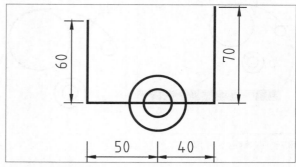

图2-114　绘制辅助线

步骤 05 单击"绘图"面板中的"圆心，半径"按钮⊙，以辅助线的端点为圆心，分别绘制半径为10和40的圆，如图2-115所示。

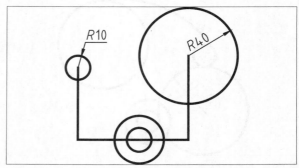

图2-115　绘制半径为10和40的圆

步骤 06 绘制半径为100的圆。单击"绘图"面板中的"相切，相切，半径"按钮◯，然后根据命令行提示，先在半径为10的圆上指定第一个切点，再在半径为40的圆上指定第二个切点，接着输入半径100，即可得到图2-116所示的半径为100的圆。

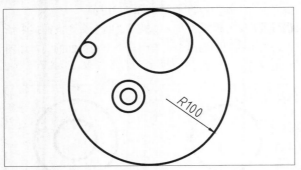

图 2-116　绘制半径为 100 的圆

步骤 07 修剪半径为100的圆。绘制完成后退出"圆"命令，然后在命令行中输入TR，连续按两次空格键，接着移动十字光标至半径为100的圆的下方，即可预览该圆的修剪效果，单击即可修剪，如图2-117所示。

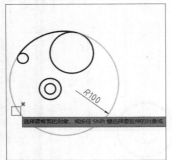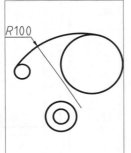

图 2-117　修剪半径为 100 的圆

步骤 08 绘制下方半径为40的圆。单击"绘图"面板中的"相切，相切，半径"按钮◯，然后分别在两个半径为10的圆上指定切点，设置半径为40，得到图2-118所示的圆。

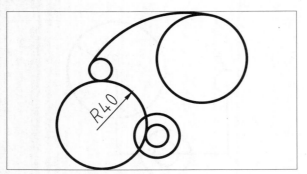

图 2-118　绘制半径为 40 的圆

步骤 09 修剪半径为40的圆。在命令行中输入TR，连续按两次空格键，选择半径为40的圆外侧的部分进行修剪，修剪后的效果如图2-119所示。

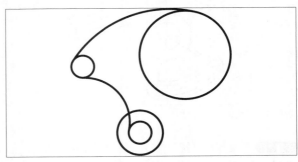

图 2-119　修剪半径为 40 的圆

步骤 10 单击"绘图"面板中的"相切，相切，半径"按钮◯，分别在半径为40和10的圆上指定切点，绘制一个半径为200的圆，接着通过"修剪"命令修剪该圆，效果如图2-120所示。

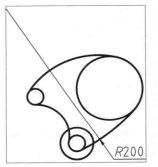

图 2-120　绘制并修剪半径为 200 的圆

步骤 11 重复执行"修剪"命令，修剪掉多余的图形，此时风扇的单个叶片已经绘制完成，如图2-121所示。利用"阵列"命令将叶片旋转复制两份，即可得到最终的效果，如图2-122所示。

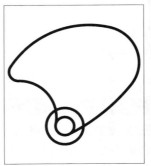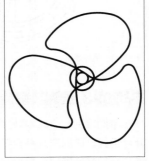

图 2-121　单个叶片效果　　图 2-122　最终的风扇叶片图形

实战 099 绘制正等轴测图中的圆 ★重点★

正等轴测图是一种单面投影图,在一个投影面上能同时反映出物体 3 个坐标面的形状,并较符合人们的视觉习惯,形象、逼真且富有立体感。正等轴测图中的圆不能直接使用"圆"命令来绘制,而且它们虽然看上去非常像椭圆,却并不是椭圆,所以也不能使用"椭圆"命令来绘制。本例介绍正等轴测图中圆的画法。

步骤 01 启动 AutoCAD 2022,然后单击快速访问工具栏中的"打开"按钮,打开"实战 099 绘制正等轴测图中的圆.dwg"素材文件,其中已经绘制好了一个立方体的正等轴测图,如图 2-123 所示。

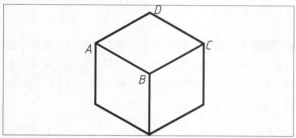

图 2-123 素材图形

步骤 02 需要在 3 个坐标面上分别绘制圆,绘制方法是相似的,因此先介绍顶面圆的绘制方法,顶面如图 2-124 所示。

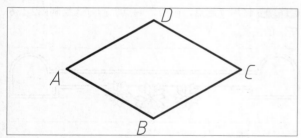

图 2-124 顶面

步骤 03 单击"绘图"面板中的"直线"按钮,连接线段 AB 与 CD 的中点,以及线段 AD 与 BC 的中点,如图 2-125 所示。

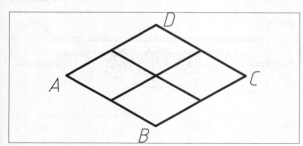

图 2-125 连接线段的中点

步骤 04 执行"直线"命令,连接 B 点和线段 AD 的中点,以及 D 点和线段 BC 的中点,如图 2-126 所示。

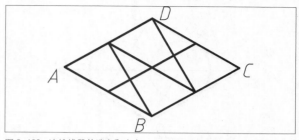

图 2-126 连接线段的端点和中点

步骤 05 执行"直线"命令,连接 A 点和 C 点,此时得到的线段 AC 与步骤 04 绘制的线段有两个交点,如图 2-127 所示。

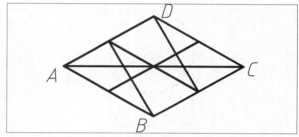

图 2-127 连接 A、C 两点

步骤 06 单击"绘图"面板中的"圆心,半径"按钮,以"圆心,半径"的方法绘圆,以左侧交点为圆心,将半径点捕捉至线段 AD 的中点处,如图 2-128 所示。

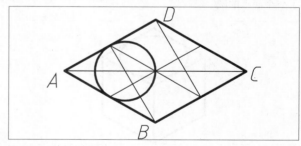

图 2-128 绘制左侧圆

步骤 07 使用相同的方法,以右侧交点为圆心,将半径点捕捉至线段 BC 的中点处,如图 2-129 所示。

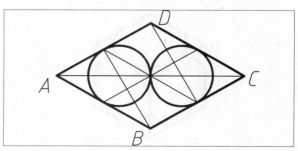

图 2-129 绘制右侧圆

步骤 08 结合"修剪"和"删除"命令,将虚线处的部分修剪或删除,得到图2-130所示的图形。

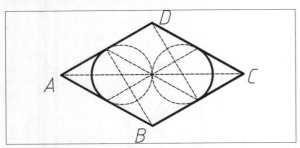

图 2-130 修剪和删除后的效果

步骤 09 单击"绘图"面板中的"圆心,半径"按钮⊙,分别以*B*、*D*点为圆心,将半径点捕捉至所得圆弧的端点,如图2-131所示。

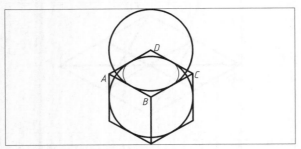

图 2-131 绘制上、下两侧的圆

步骤 10 在命令行中输入TR,连续按两次空格键,修剪所得的圆,得到图2-132所示的图形,至此便绘制完成了一个面上的圆。

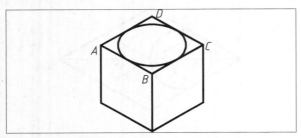

图 2-132 顶面上的圆效果

步骤 11 使用相同的方法绘制其他面上的圆,最终效果如图2-133所示。

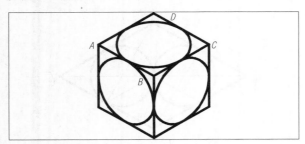

图 2-133 最终效果

实战 100 绘制圆弧

圆弧在各类设计图中都有大量应用,如机械设计图、园林设计图、室内设计图等。因此熟练掌握各种绘制圆弧的方法,对提高使用AutoCAD的综合能力很有帮助。

步骤 01 打开"实战100 绘制圆弧.dwg"素材文件,其中已经绘制好了一个景观图形,如图2-134所示。接下来便使用AutoCAD 2022提供的圆弧工具来进行完善。

图 2-134 素材图形

步骤 02 在"默认"选项卡中,单击"绘图"面板中的"起点,端点,方向"按钮,使用"起点,端点,方向"的方式绘制两侧的圆弧,方向为垂直向上,绘制结果如图2-135所示。

图 2-135 "起点,端点,方向"绘制圆弧

步骤 03 使用"起点,圆心,端点"的方式绘制图2-136所示的圆弧。

图 2-136 "起点,圆心,端点"绘制圆弧

步骤 04 在"默认"选项卡中,单击"绘图"面板中的"三点"按钮,使用"三点"的方式绘制圆弧,绘制结果如图2-137所示。

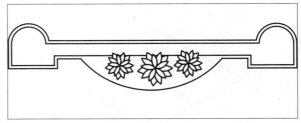

图 2-137 "三点"绘制圆弧

实战 101　控制圆弧方向　　★进阶★

有时初学者绘制出来的圆弧与设想的不一样，这是因为没有弄清楚圆弧的大小和方向。此处便通过一个经典练习来介绍如何控制圆弧的方向。

步骤 01 打开"实战101 控制圆弧方向.dwg"素材文件，其中绘制了一条长度为20的线段，如图2-138所示。

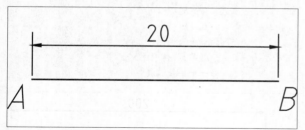

图 2-138　素材图形

步骤 02 绘制上圆弧。单击"绘图"面板中的"起点，端点，半径"按钮，选择线段的右端点B作为起点、左端点A作为终点，然后输入半径-22，绘制出上圆弧，如图2-139所示。

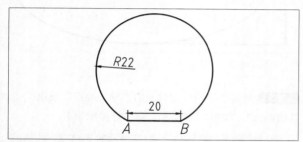

图 2-139　绘制上圆弧

步骤 03 绘制下圆弧。按Enter键或空格键，重复执行"起点，端点，半径"绘圆弧命令，选择线段的左端点A作为起点、右端点B作为终点，然后输入半径-44，绘制出下圆弧，如图2-140所示。

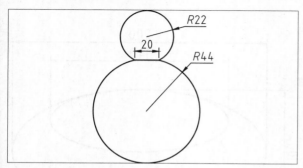

图 2-140　绘制下圆弧

延伸讲解：绘制圆弧的技巧

提示：AutoCAD中圆弧绘制的默认方向是逆时针方向，因此在绘制上圆弧的时候，如果我们以A点为起点、B点为终点，或以B点为起点、A点为终点，则会绘制出图2-141所示的圆弧。

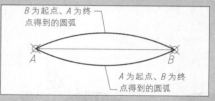

图 2-141　不同起点与终点得到的圆弧

由几何学的知识我们可知，在半径已知的情况下，弦长对应着两段圆弧：优弧（弧长较长的一段）和劣弧（弧长较短的一段）。而在AutoCAD中只有输入负值才能绘制出优弧，具体如图2-142所示。

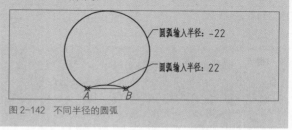

图 2-142　不同半径的圆弧

实战 102　绘制圆环

圆环是由两个直径不同的同心圆组成的。如果两个圆直径相等，则圆环是一个空心圆；如果内部圆的直径为0，则圆环是一个实心圆。

步骤 01 启动AutoCAD 2022，新建一个空白文档。

步骤 02 在"默认"选项卡中，单击"绘图"面板中的"圆环"按钮，如图2-143所示。

步骤 03 绘制外径为200、内径为100、水平距离为250的两组圆环，如图2-144所示。命令行提示如下。

```
命令：_donut
                //执行"圆环"命令
指定圆环的内径<0.5000>：100↙
                //输入内径
指定圆环的外径<1.0000>：200↙
                //输入外径
指定圆环的中心点或<退出>：
                //在绘图区的合适位置任意拾取一点作为
第一组圆环圆心
指定圆环的中心点或<退出>：@250，0↙
                //输入第二组圆环圆心的相对坐标
指定圆环的中心点或<退出>：
                //按Enter键结束命令
```

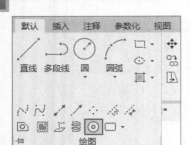

图 2-143 "绘图"面板中的"圆环"按钮

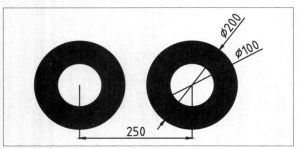

图 2-144 绘制圆环

> **提示**
>
> 执行"圆环"命令时，在指定了内径和外径之后，便可以
> 一直以该参数放置圆环，直至按Enter键结束。因此使用
> "圆环"命令可以快速创建大量实心圆或空心圆，在这种
> 情况下"圆环"命令比"圆"命令更方便快捷。

实战 103 绘制椭圆

椭圆的形状由定义其长度和宽度的两条轴决定，较
长的轴称为长轴，较短的轴称为短轴。

椭圆在生活中比较常见，如地面拼花、室内吊顶造
型等，在机械制图中也常用椭圆来绘制轴测图上的圆。
本例便通过椭圆来绘制图 2-145 所示的图形。

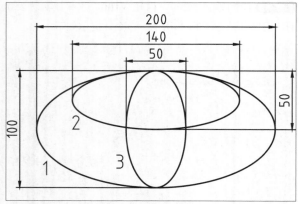

图 2-145 用椭圆绘制的图形

步骤 01 启动AutoCAD 2022，新建一个空白文档。

步骤 02 单击"绘图"面板上的"圆心"按钮⊙，绘制
椭圆1，如图2-146所示。命令行提示如下。

    命令:_ellipse
    指定椭圆的轴端点或 [圆弧(A)/中心点(C)]: _c
            //以"中心点"方式绘制椭圆
    指定椭圆的中心点: 0,0↙
            //以原点为椭圆中心
    指定轴的端点: 100,0↙
            //输入轴端点的坐标
    指定另一条半轴长度或 [旋转(R)]: 50↙
            //输入另一条半轴长度

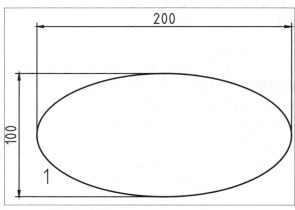

图 2-146 绘制第一个椭圆

步骤 03 单击"绘图"面板上的"轴，端点"按钮◯，
绘制椭圆2，如图2-147所示。命令行提示如下。

    命令:_ellipse
    指定椭圆的轴端点或 [圆弧(A)/中心点(C)]: 0,50↙
            //输入轴的第一个端点坐标
    指定轴的另一个端点: 0,0↙
            //输入轴的第二个端点坐标
    指定另一条半轴长度或 [旋转(R)]: 70↙
            //输入另一条半轴的长度

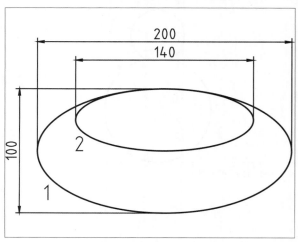

图 2-147 绘制第二个椭圆

步骤 04 以"轴,端点"的方式绘制椭圆3,命令行提示如下。

```
命令: _ellipse
指定椭圆的轴端点或 [圆弧(A)/中心点(C)]: 0,50↙
指定轴的另一个端点: 0,-50↙
指定另一条半轴长度或 [旋转(R)]: 25↙
```

实战104 绘制椭圆弧

椭圆弧是椭圆的一部分。要绘制椭圆弧,需要指定其所在椭圆的两条轴及椭圆弧的跨度。本例便通过椭圆弧来绘制洗脸盆。

步骤 01 打开"实战104 绘制椭圆弧.dwg"素材文件,其中绘制好了两条相互垂直的中心线,如图2-148所示。

步骤 02 绘制外轮廓。调用"椭圆"命令,捕捉中心线交点为中心,绘制一个长轴为80、短轴为65的椭圆,如图2-149所示。

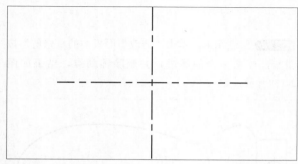

图 2-148 素材文件

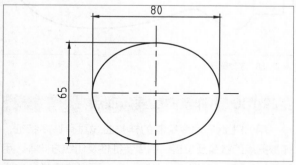

图 2-149 绘制椭圆

步骤 03 绘制椭圆弧。调用"椭圆弧"命令,捕捉中心线交点为中心,绘制一个长轴为70、短轴为56的椭圆弧,跨度为120°,如图2-150所示。

步骤 04 绘制圆弧。在"绘图"面板中单击"圆弧"下拉按钮,选择"起点,端点,半径"选项,以椭圆弧的端点为起点和终点,绘制一个半径为200的圆弧,如图2-151所示。

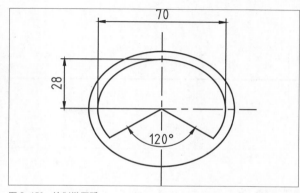

图 2-150 绘制椭圆弧

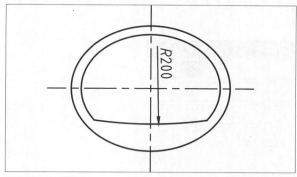

图 2-151 绘制圆弧

步骤 05 绘制水龙头安装孔。调用"圆"命令绘制两个半径为3的圆,最终效果如图2-152所示。

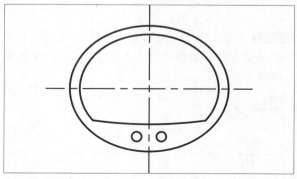

图 2-152 最终效果

实战105 绘制样条曲线

样条曲线是经过或接近一系列给定点的平滑曲线,它能够自由编辑,以及控制曲线与点的拟合程度,在各种设计图中均有应用。

步骤 01 启动AutoCAD 2022,打开"实战105 绘制样条曲线.dwg"素材文件,其中已经绘制好了中心线与各通过点(没设置点样式之前很难观察到),如图2-153所示。

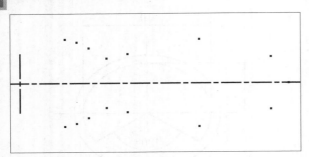

图 2-153　素材文件

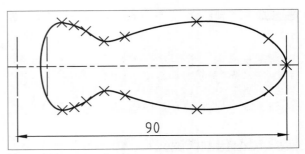

图 2-156　绘制样条曲线

步骤 02 设置点样式。执行"格式"|"点样式"命令，弹出"点样式"对话框，在其中设置点样式，如图2-154所示。

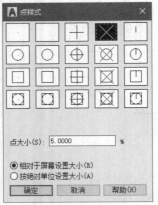

图 2-154　设置点样式

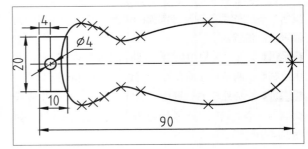

图 2-157　绘制圆和矩形

步骤 06 整理图形。单击"修改"面板中的"修剪"按钮，修剪多余的线段，并删除辅助点，结果如图2-158所示。

步骤 03 单击"修改"面板中的"偏移"按钮，将中心线偏移，并在偏移线的交点处绘制点，结果如图2-155所示。

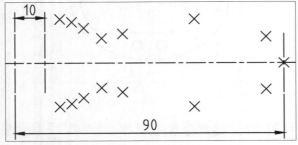

图 2-155　偏移中心线

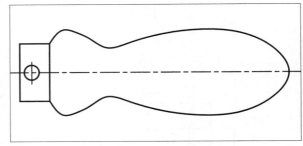

图 2-158　整理图形

实战 106　为样条曲线插入顶点

用 SPLINE 命令绘制的样条曲线具有许多特征，如数据点的数量及位置、端点特征性及切线方向等，用 SPLINEDIT（编辑样条曲线）命令可以改变样条曲线的这些特征。

步骤 01 接着"实战105"进行操作，或打开"实战105绘制样条曲线-OK.dwg"素材文件进行操作。

步骤 02 在"默认"选项卡中，单击"修改"面板中的"编辑样条曲线"按钮，如图2-159所示。

步骤 03 选择样条曲线，执行"编辑样条曲线"命令，然后在弹出的快捷菜单中选择"编辑顶点"选项，如图2-160所示。

步骤 04 绘制样条曲线。单击"绘图"面板中的"样条曲线拟合"按钮，以左上角辅助点为起点，按顺时针方向依次连接各辅助点，在命令行中输入C并按Enter键，闭合样条曲线，结果如图2-156所示。

步骤 05 绘制圆和矩形。分别单击"绘图"面板中的"圆心，半径"按钮和"直线"按钮，绘制一个直径为4的圆和一个矩形，如图2-157所示。

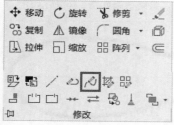

图 2-159 单击 "编辑样条曲线" 按钮

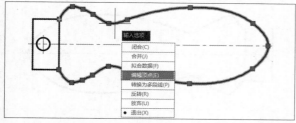

图 2-160 选择 "编辑顶点" 选项

步骤 04 进入下一级的快捷菜单，选择 "添加" 选项，然后根据命令行提示为新顶点指定位置，如图2-161所示。

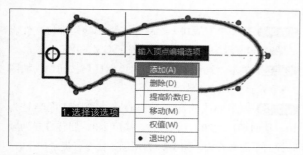

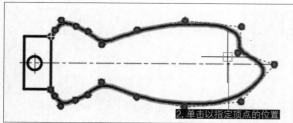

图 2-161 添加顶点

步骤 05 指定新顶点后，可见图形发生变化，然后连按两次Enter键退出操作，最终效果如图2-162所示。

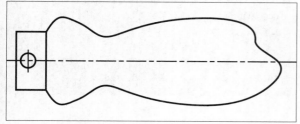

图 2-162 最终效果

实战 107 为样条曲线删除顶点

与多段线一样，样条曲线除了可以插入顶点，也可以删除顶点，形成像 "拉直" 一样的效果。

步骤 01 接着 "实战105" 进行操作，或打开 "实战105 绘制样条曲线-OK.dwg" 素材文件进行操作。

步骤 02 在命令行中输入SPEDIT并按Enter键，执行 "编辑样条曲线" 命令，选择样条曲线，在弹出的快捷菜单中选择 "编辑顶点" 选项。

步骤 03 进入下一级的快捷菜单，选择 "删除" 选项，然后根据命令行提示在样条曲线上选择要删除的顶点，如图2-163所示。

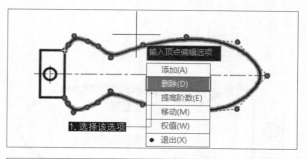

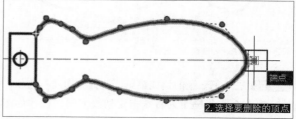

图 2-163 删除

步骤 04 删除顶点后，可见图形发生变化，然后连按两次Enter键退出操作，最终效果如图2-164所示。

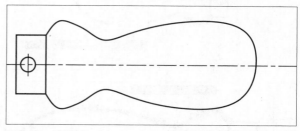

图 2-164 最终效果

实战 108 修改样条曲线切线方向

样条曲线首尾两个端点的切线方向直接决定了样条曲线的最终形态。例如 "实战 105" 中的手柄图形，其末端接口处连接并不圆滑，此时就可以通过修改切线方向来进行调整。

步骤 01 接着"实战105"进行操作，或打开"实战105
绘制样条曲线-OK.dwg"素材文件进行操作。

步骤 02 在"默认"选项卡中，单击"修改"面板中的
"编辑样条曲线"按钮，如图2-165所示。

步骤 03 选择样条曲线，执行"编辑样条曲线"命令，
然后在弹出的快捷菜单中选择"拟合数据"选项，如图
2-166所示。

图 2-165 单击"编辑样条曲线"按钮

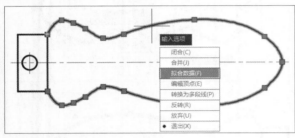

图 2-166 选择"拟合数据"选项

步骤 04 进入下一级的快捷菜单，选择"切线"选项，
然后根据命令行提示为首端指定切线方向，操作如图
2-167所示。

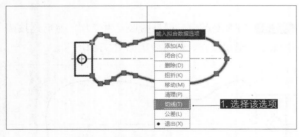

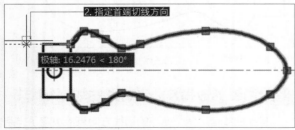

图 2-167 指定切线方向

步骤 05 按Enter键确定首端的切线方向，系统自动切换
至为末端指定切线方向，按相同的方法进行指定，再连

按两次Enter键退出操作，最终效果如图2-168所示。

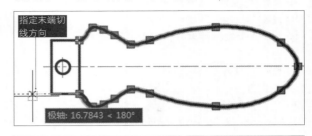

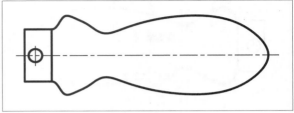

图 2-168 指定末端切线方向和最终效果

实战 109 绘制螺旋线

AutoCAD 2022 提供了一个专门用来绘制螺旋线
的"螺旋"命令，该命令适用于绘制弹簧、发条、螺纹、
旋转楼梯等螺旋线。

步骤 01 打开"实战109 绘制螺旋线.dwg"素材文件，
如图2-169所示，其中已经绘制好了交叉的中心线。

步骤 02 单击"绘图"面板中的"螺旋"按钮，如图
2-170所示，执行"螺旋"命令。

步骤 03 以中心线的交点为中心点，绘制底面半径为
10、顶面半径为20、圈数为5、高度为0、旋转方向为顺
时针的平面螺旋线，如图2-171所示。命令行提示如下。

```
命令: _Helix
圈数 = 3.0000    扭曲=CCW
指定底面的中心点:
                //选择中心线的交点
指定底面半径或 [直径(D)] <1.0000>:10
                //输入底面半径
指定顶面半径或 [直径(D)] <10.0000>: 20
                //输入顶面半径
指定螺旋高度或 [轴端点(A)/圈数(T)/圈高(H)/扭曲(W)]
<0.0000>: w    //选择"扭曲"选项
输入螺旋的扭曲方向 [顺时针(CW)/逆时针(CCW)] <CCW>:
cw             //选择顺时针旋转方向
指定螺旋高度或 [轴端点(A)/圈数(T)/圈高(H)/扭曲(W)]
<0.0000>: t    //选择"圈数"选项
输入圈数 <3.0000>:5
                //输入圈数
指定螺旋高度或 [轴端点(A)/圈数(T)/圈高(H)/扭曲(W)]
<0.0000>:      //输入高度为0，结束操作
```

图 2-169　素材图形

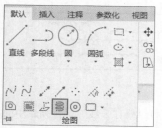

图 2-170　"绘图"面板中的"螺旋"按钮

图 2-171　绘制螺旋线

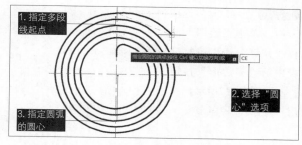

图 2-174　绘制第一条多段线

步骤·04 单击"修改"面板中的"旋转"按钮◯，将螺旋线逆时针旋转90°，如图2-172所示。

步骤 05 绘制内侧吊杆。执行"直线"命令，在螺旋线内圈的起点处绘制长度为4的竖线，再单击"修改"面板中的"圆角"按钮◯，设置圆角半径为2，依次单击线段与螺旋线，创建圆角，如图2-173所示。

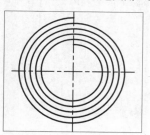

图 2-172　旋转螺旋线

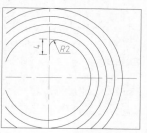

图 2-173　绘制内侧吊杆

步骤 06 单击"绘图"面板中的"多段线"按钮，绘制以螺旋线外圈的终点为起点、螺旋线中心为圆心、端点角度为30°的圆弧，如图2-174所示。命令行提示如下。

```
命令:_pline
指定起点:
                    //指定螺旋线外圈的终点为多段线的起点
当前线宽为 0.0000
指定下一个点或 [圆弧(A)/半宽(H)/长度(L)/放弃(U)/宽度(W)]:
A↙           //选择"圆弧"选项
指定圆弧的端点(按住 Ctrl 键以切换方向)或
[角度(A)/圆心(CE)/方向(D)/半宽(H)/直线(L)/半径(R)\第二个
点(S)/放弃(U)/宽度(W)]: CE↙
                    //选择"圆心"选项
指定圆弧的圆心:
                    //指定螺旋线中心为圆心
指定圆弧的端点(按住 Ctrl 键以切换方向)或 [角度(A)/长度
(L)]: 30↙       //输入端点角度
```

步骤 07 继续执行"多段线"命令，水平向右移动十字光标，绘制一条跨距为6的圆弧，结束命令，如图2-175所示。

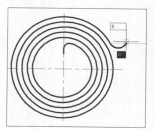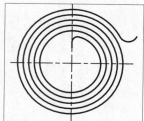

图 2-175　绘制第二条多段线

实战 110　绘制修订云线

修订云线是一类特殊的线条，它的形状类似于云朵，主要用于突出显示图纸中已修改的部分，在园林绘图中常用于绘制灌木。其组成参数包括多个控制点、最大弧长和最小弧长。

步骤 01 打开"实战110 绘制修订云线.dwg"素材文件，其中已经绘制好了树干与12个点，如图2-176所示。

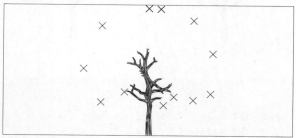

图 2-176　素材文件

步骤 02 在"默认"选项卡中,单击"绘图"面板"修订云线"下拉列表中的"多边形"按钮⬠,如图2-177所示,调用"修订云线"命令。

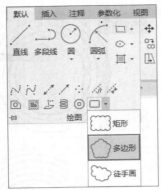

图2-177 "绘图"面板中的"多边形"按钮

步骤 03 在命令行中输入A,按Enter键,根据命令行提示设置云线圆弧的大约长度。

步骤 04 依次指定素材文件中的点为多边形的顶点,按Enter键完成修订云线的绘制,如图2-178所示。命令行提示如下。

```
命令: REVCLOUD↙
            //调用"修订云线"命令
最小弧长: 100  最大弧长: 200  样式: 普通  类型: 多边形
指定起点或 [弧长(A)/对象(O)/矩形(R)/多边形(P)/徒手
画(F)/样式(S)/修改(M)] <对象>: A↙
            //选择"弧长"选项
指定圆弧的大约长度 <50>: 150↙
            //输入参数并按Enter键确认
指定起点或 [弧长(A)/对象(O)/矩形(R)/多边形(P)/徒手
画(F)/样式(S)/修改(M)] <对象>:
指定下一点:
指定下一点或 [放弃(U)]:
指定下一点或 [放弃(U)]:
    //依次指定素材文件中的点为多边形的顶
点,按Enter键完成修订云线的绘制
```

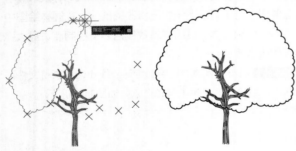

图2-178 指定多边形顶点

提示

在绘制修订云线时,若不希望它自动闭合,可在绘制过程中将十字光标移动到合适的位置,单击以结束修订云线的绘制。

实战 111 将图形转换为修订云线

除了使用"修订云线"命令绘制云线外,还可以将现有图形转换为修订云线。

步骤 01 单击快速访问工具栏中的"打开"按钮⬀,打开"实战111 将图形转换为修订云线.dwg"素材文件,如图2-179所示。

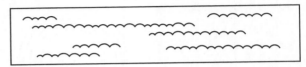

图2-179 素材图形

步骤 02 单击"绘图"面板"修订云线"下拉列表中的"矩形"按钮⬜,调用"修订云线"命令,对矩形进行修改,命令行提示如下。

```
命令: _revcloud
        //调用"修订云线"命令
最小弧长: 27  最大弧长: 54  样式: 普通  类型: 矩形
指定第一个角点或 [弧长(A)/对象(O)/矩形(R)/多边形(P)/徒手
画(F)/样式(S)/修改(M)] <对象>: A↙
        //选择"弧长"选项
指定圆弧的大约长度 <40>: 200↙
        //输入参数并按Enter键确认
指定第一个角点或 [弧长(A)/对象(O)/矩形(R)/多边形(P)/徒
手画(F)/样式(S)/修改(M)] <对象>: O↙
        //选择"对象"选项
选择对象:
        //选择矩形
反转方向 [是(Y)/否(N)] <否>: N↙
        //按Enter键选择默认设置
```

绘制完成的图形如图2-180所示。

图2-180 绘制完成的图形

实战 112 徒手绘图

在 AutoCAD 2022 中,使用"徒手画"命令可以模仿手绘效果,创建一系列独立的线段或多段线。这种绘图方式通常用于签名、木纹、自由轮廓及植物等不规则图形的绘制。

步骤 01 这里使用"实战110 绘制修订云线.dwg"素材文件进行操作。

步骤 02 在"默认"选项卡中，单击"绘图"面板"修订云线"下拉列表中的"徒手画"按钮 ☁，如图2-181所示，调用"徒手画"命令。

步骤 03 根据提示，任意指定一点为起点，然后移动十字光标即可自动进行绘制，直到按Enter键结束。最终效果如图2-182所示。

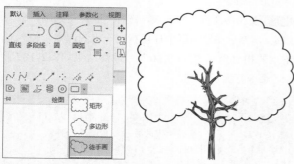

图2-181 "绘图"面板中的"徒
手画"按钮　　图 2-182　徒手绘制的图形

2.4　多边形的绘制

多边形也是在绘图过程中使用较多的一类图形。下面便通过 4 个实战对这类图形的画法及对应操作进行讲解。

实战 113　绘制正方形

在 AutoCAD 2022 中，使用"矩形"命令可以直接指定矩形的起点及对角点完成矩形的绘制。正方形可看成特殊的矩形，本例便绘制边长为 10 的正方形，让读者了解"矩形"命令的使用方法。

1　通过相对坐标绘制

步骤 01 启动AutoCAD 2022，新建一个空白文档。

步骤 02 在"默认"选项卡中，单击"绘图"面板中的"矩形"按钮 ▭，如图2-183所示，执行"矩形"命令。

步骤 03 在绘图区中任意指定一点为起点，然后输入相对坐标"@10,10"，指定对角点，即可绘制边长为10的正方形，如图2-184所示。命令行提示如下。

```
命令: _rectang
                //执行"矩形"命令
指定第一个角点或 [倒角(C)/标高(E)/圆角(F)/厚度(T)/宽度
(W)]:           //在绘图区中任意指定一点
指定另一个角点或 [面积(A)/尺寸(D)/旋转(R)]: @10,10↙
                //输入对角点的相对坐标
```

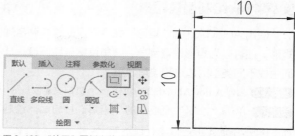

图 2-183　"绘图"面板中的"矩形"　　图 2-184　绘制正方形
按钮

> **提示**
>
> 还可以通过以下方法来调用"矩形"命令。
> 菜单栏：执行"绘图"|"矩形"命令。
> 命令行：输入RECTANG或REC。

2　通过面积绘制

步骤 01 单击"绘图"面板中的"矩形"按钮 ▭，执行"矩形"命令。

步骤 02 在绘图区中任意指定一点为起点，然后输入A，选择"面积"选项，根据命令行提示进行操作，最终结果如图2-184所示。命令行提示如下。

```
命令: _rectang
指定第一个角点或 [倒角(C)/标高(E)/圆角(F)/厚度(T)/宽度
(W)]:
指定另一个角点或 [面积(A)/尺寸(D)/旋转(R)]: A↙
        //选择"面积"选项
输入以当前单位计算的矩形面积 <0.0000>:100↙
        //输入所绘制正方形的面积，即100
计算矩形标注时依据 [长度(L)/宽度(W)] <长度>:↙
        //选择"长度"选项
输入矩形长度 <0.0000>:10↙
        //输入长度，按Enter键即可得到最终的正方形
```

3　通过尺寸绘制

步骤 01 单击"绘图"面板中的"矩形"按钮 ▭，执行"矩形"命令。

步骤 02 在绘图区中任意指定一点为起点，然后输入D，选择"尺寸"选项，根据命令行提示进行操作，最终结果如图2-184所示。命令行提示如下。

```
命令: _rectang
指定第一个角点或 [倒角(C)/标高(E)/圆角(F)/厚度(T)/宽度
(W)]:
指定另一个角点或 [面积(A)/尺寸(D)/旋转(R)]: D↙
        //选择"尺寸"选项
指定矩形的长度 <0.0000>:10↙
        //输入长度
指定矩形的宽度 <0.0000>:10↙
        //输入宽度，按Enter即可得到最终的正方形
```

实战 114　绘制倒角矩形

使用 AutoCAD 的"矩形"命令不仅能够绘制常规矩形，还可以为矩形设置倒角、圆角及宽度和厚度，从而生成不同类型的边线和边角效果。

步骤 01 启动AutoCAD 2022，新建一个空白文档。

步骤 02 单击"绘图"面板中的"矩形"按钮▭，绘制图2-185所示的矩形，命令行提示如下。

```
命令: _rectang
指定第一个角点或 [倒角(C)/标高(E)/圆角(F)/厚度(T)/宽度
(W)]: C↙      //选择"倒角"选项
指定矩形的第一个倒角距离 <0.0000>: 10↙
              //输入第一个倒角距离
指定矩形的第二个倒角距离 <10.0000>: 15↙
              //输入第二个倒角距离
指定第一个角点或 [倒角(C)/标高(E)/圆角(F)/厚度(T)/宽度
(W)]: 0,0↙    //输入矩形第一个角点坐标
指定另一个角点或 [面积(A)/尺寸(D)/旋转(R)]: 120,70↙
              //输入对角点坐标
```

步骤 03 执行"矩形"命令，绘制内部倒圆角的矩形，如图2-186所示。命令行提示如下。

```
命令: _rectang
指定第一个角点或 [倒角(C)/标高(E)/圆角(F)/厚度(T)/宽度
(W)]: F↙      //选择"圆角"选项
指定矩形的圆角半径<12.0000>: 10↙
              //设置圆角半径为10
指定第一个角点或 [倒角(C)/标高(E)/圆角(F)/厚度(T)/宽度
(W)]: 12,12↙  //指定第一个角点坐标
指定另一个角点或 [面积(A)/尺寸(D)/旋转(R)]: D↙
              //选择"尺寸"选项
指定矩形的长度<10.0000>: 96↙
              //输入矩形长度
指定矩形的宽度<10.0000>: 46↙
              //输入矩形宽度
指定另一个角点或 [面积(A)/尺寸(D)/旋转(R)]:
              //在上一个角点的右上方任意一点单击,
确定矩形的方向
```

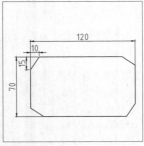

图 2-185　倒斜角的矩形

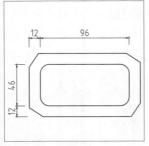

图 2-186　倒圆角的矩形

实战 115　绘制带宽度的矩形

矩形可以看作闭合的多段线，因此也属于复合对象，可以为其指定线宽，从而绘制出带有一定宽度的矩形。

步骤 01 启动AutoCAD 2022，新建一个空白文档。

步骤 02 单击"绘图"面板中的"矩形"按钮▭，执行"矩形"命令。

步骤 03 在命令行中输入W，选择"宽度"选项，输入线宽1，然后在绘图区中任意指定一点为起点，输入对角点的相对坐标"@60,20"，最终结果如图2-187所示。命令行提示如下。

```
命令: _rectang
指定第一个角点或 [倒角(C)/标高(E)/圆角(F)/厚度(T)/宽度
(W)]: W↙      //选择"宽度"选项
指定矩形的线宽 <0.0000>: 1↙
              //输入线宽
指定第一个角点或 [倒角(C)/标高(E)/圆角(F)/厚度(T)/宽度
(W)]:          //在绘图区中任意指定一点
指定另一个角点或 [面积(A)/尺寸(D)/旋转(R)]: @60,20↙
              //输入对角点的相对坐标
```

图 2-187　绘制带宽度的矩形

实战 116　绘制多边形

AutoCAD 中的多边形为正多边形，是由 3 条或 3 条以上长度相等的线段首尾相接形成的闭合图形，其边数范围为 3 ~ 1024。

步骤 01 启动AutoCAD 2022，新建一个空白文档。

步骤 02 在"默认"选项卡中，单击"绘图"面板中的"多边形"按钮⬡，如图2-188所示，执行"多边形"命令。

步骤 03 绘制一个正七边形，如图2-189所示。命令行提示如下。

```
命令: _polygon
              //调用"多边形"命令
输入侧面数<6>: 7↙
              //输入边数
指定正多边形的中心点或 [边(E)]:
              //在绘图区单击任意一点
输入选项 [内接于圆(I)/外切于圆(C)] <I>: C↙
              //选择"外切于圆"选项
指定圆的半径: 50↙
              //输入圆心半径
```

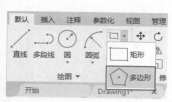

图 2-188　"绘图"面板上的"多边形"按钮

图 2-189　绘制正七边形

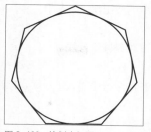

图 2-190　绘制内切圆

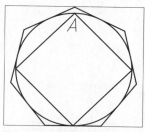

图 2-191　绘制正方形

步骤 04 单击"绘图"面板中的"圆心，半径"按钮⊘，绘制正七边形的内切圆，如图2-190所示。命令行提示如下。

```
命令: _circle
                    //调用"圆"命令
指定圆的圆心或 [三点(3P)/两点(2P)/切点、切点、半径(T)]:
3P↙                  //选择"三点"选项
指定圆上的第一个点:
                    //捕捉任意一条边的中点
指定圆上的第二个点:
                    //捕捉另一条边的中点
指定圆上的第三个点:
                    //捕捉第三条边的中点
```

步骤 05 单击"多边形"按钮，以圆心为多边形的中心，选择"内接于圆"选项，捕捉A点，定义圆半径，绘制正方形，如图2-191所示。

步骤 06 重复执行"多边形"命令，以圆心为正方形的中心，选择"内接于圆"选项，捕捉上一个正方形边线的中点，定义圆半径，绘制第二个正方形，如图2-192所示。

步骤 07 在"绘图"面板中单击"相切，相切，相切"按钮○，绘制内切于4个直角三角形的4个圆，如图2-193所示。

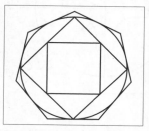

图 2-192　绘制第二个正方形

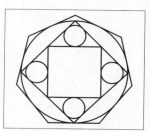

图 2-193　绘制 4 个圆

2.5　本章小结

　　本章讲解了绘制二维图形的方法。其中重点介绍了线及曲线类图形的绘制方法。简单的二维图形不仅能表达图形的基本轮廓，也是构成复杂图形的基础。在绘图的过程中，掌握绘图技巧能事半功倍。如绘制线段时，配合使用正交功能或极轴追踪功能，可以快速地确定绘制方向。

　　最后提供课后习题，包括理论题与操作题，从理论到实践帮助读者掌握绘图技巧。

2.6　课后习题

一、理论题

1."定数等分"命令是（　　）。

A. DIV　　　　　　　　　B. DI　　　　　　　　　C. ME　　　　　　　　　D. LE

2.调用"直线"命令的按钮是（　　）。

A. ✎　　　　　　　　　B. ╱　　　　　　　　　C. ╲　　　　　　　　　D. ⤢

3.执行"多段线"命令，指定起点后在命令行中输入（　　），可以设置线宽。

A. H　　　　　　　　　B. L　　　　　　　　　C. A　　　　　　　　　D. W

4.（　　）多线样式不可被删除。

A. 当前正在使用的　　　B. 墙体　　　　　　　　C. 平面窗　　　　　　　D. 隔墙

5.在（　　）对话框中，可编辑多线。

A."多线样式"　　　　　B."多线编辑工具"　　　C."绘制多线"　　　　　D."修改对象"

6."圆"命令是（　　）。

A. F　　　　　　　　　B. C　　　　　　　　　C. A　　　　　　　　　D. L

7. 调用"样条曲线"命令的按钮是（　　）。

A. ⟋　　　　　　　B. ⟋　　　　　　　C. ⟋　　　　　　　D. ⟋

8. 可以通过（　　）种方式绘制修订云线。

A. 2　　　　　　　B. 3　　　　　　　C. 4　　　　　　　D. 5

9. 执行"矩形"命令，在命令行中输入（　　）可以设置矩形的圆角半径。

A. C　　　　　　　B. F　　　　　　　C. A　　　　　　　D. E

10. 多边形的边数范围为（　　）。

A. 3～1024　　　　B. 4～1025　　　　C. 5～1026　　　　D. 6～1027

二、操作题

1. 执行"圆"命令、"圆弧"命令及"直线"命令，绘制自攻螺钉平面图，如图 2-194 所示。

2. 执行"多边形"命令，绘制内六角圆柱头螺钉平面图，如图 2-195 所示。

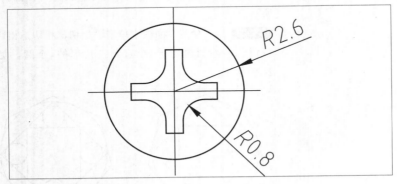

图 2-194　自攻螺钉平面图

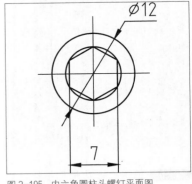

图 2-195　内六角圆柱头螺钉平面图

3. 执行"直线"命令、"矩形"命令，绘制图 2-196 所示的电路图。

4. 执行"矩形"命令、"圆弧"命令，绘制子母门平面图，如图 2-197 所示。

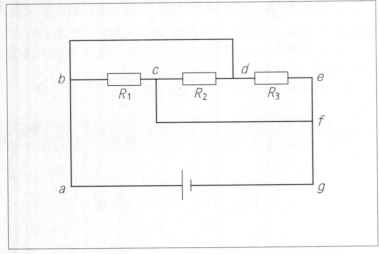

图 2-196　电路图

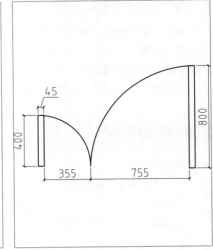

图 2-197　子母门平面图

第 **3** 章

二维图形的编辑

本章内容概述 ————————————————————————————————————

前面学习了二维图形的绘制方法，为了绘制图形的更多细节特征并提高绘图的效率，AutoCAD提供了许多编辑命令，常用的有"移动""复制""修剪""倒角""圆角"等。本章讲解这些命令的使用方法，以进一步提高读者绘制复杂图形的能力。

本章知识要点 ————————————————————————————————————

- 编辑图形
- 填充图案
- 图形的重复
- 利用夹点编辑图形

3.1 图形的编辑

通常为了得到最终的图形，需要用到各种编辑命令来处理绘制好的图形，如"偏移""修剪""删除"等命令。对于绘制一张完整的 AutoCAD 设计图来说，编辑的时间可能占总时间的 70% 以上，因此编辑类命令是 AutoCAD 绘图的重点所在。

实战 117 指定两点移动图形

使用"移动"命令可以将图形从一个位置平移到另一位置，移动过程中图形的大小、形状和倾斜角度均不改变。

步骤 01 启动AutoCAD 2022，打开"实战117 指定两点移动图形.dwg"素材文件，图形如图3-1所示。

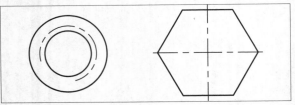

图 3-1 素材图形

步骤 02 在"默认"选项卡中，单击"修改"面板中的"移动"按钮 ✛，如图3-2所示，执行"移动"命令。

图 3-2 "修改"面板中的"移动"按钮

步骤 03 在绘图区选择右侧的多边形和中心线为移动对象并按Enter键确认，然后根据提示，在中心线交点处单击，将其指定为基点。

步骤 04 移动十字光标时可见所选图形会实时移动，将十字光标移动至左侧圆的圆心上，单击即可放置图形，如图3-3所示。命令行提示如下。

```
命令: _move          //执行"移动"命令
选择对象: 找到 3 个
                     //选择要移动的对象
选择对象: ↙
                     //按Enter键完成选择
指定基点或 [位移(D)] <位移>:
                     //选取移动对象的基点
指定第二个点或 <使用第一个点作为位移>:
                     //选取移动的目标点，放置图形
```

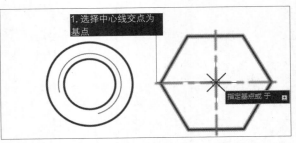

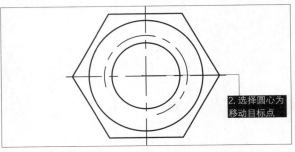

图 3-3 指定两点移动对象

> **提示**
>
> 还可以通过以下方法执行"移动"命令。
> 菜单栏：执行"修改"｜"移动"命令。
> 命令行：输入MOVE或M。

实战 118 指定距离移动图形

除了指定基点和移动目标点外，还可以通过指定方向和距离来移动图形。

步骤 01 打开"实战118 指定距离移动图形.dwg"素材文件，如图3-4所示。

步骤 02 在命令行中输入M，按Enter键确认，执行"移动"命令。

步骤 03 选择左侧的图形为移动对象，然后在命令行中输入D，选择"位移"选项，输入相对位移"@500,100"，按Enter键完成操作，效果如图3-5所示。命令行提示如下。

```
命令: M↙
选择对象:指定对角点:找到 1 个
                     //选择要移动的对象
选择对象: ↙
                     //按Enter键完成选择
指定基点或 [位移(D)] <位移>:D↙
                     //选择"位移"选项
指定位移 <0.0000, 0.0000, 0.0000>: @500,100↙
                     //输入位移
```

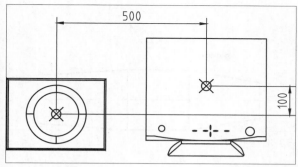

图 3-4　素材图形

图 3-5　移动完成效果

> **提示**
>
> 也可以直接通过移动十字光标、结合"对象捕捉追踪"功能来指定距离。

实战 119　旋转图形

在 AutoCAD 2022 中，使用"旋转"命令可以将所选对象按指定的角度进行旋转，但不改变对象的尺寸。

步骤 01 打开"实战119 旋转图形.dwg"素材文件，素材图形如图3-6所示。

步骤 02 单击"修改"面板中的"旋转"按钮 ⟳，如图3-7所示，执行"旋转"命令。

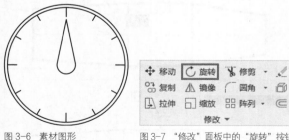

图 3-6　素材图形　　　　图 3-7　"修改"面板中的"旋转"按钮

步骤 03 选择指针图形为旋转对象，然后指定圆心为基点，将指针图形旋转-90°，并保留原对象，如图3-8所示。命令行提示如下。

```
命令: _rotate          //执行"旋转"命令
UCS 当前的正角方向: ANGDIR=逆时针 ANGBASE=0
选择对象: 指定对角点: 找到 3 个
                       //选择旋转对象
选择对象: ↙
                       //按Enter键结束选择
指定基点:
                       //指定圆心为旋转中心
指定旋转角度, 或 [复制(C)/参照(R)] <0>: C↙
                       //选择"复制"选项
旋转一组选定对象
指定旋转角度, 或 [复制(C)/参照(R)] <0>: -90↙
                       //输入旋转角度, 按Enter键结束操作
```

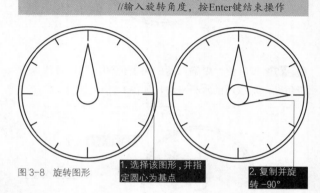

图 3-8　旋转图形

> 1. 选择该图形，并指定圆心为基点
> 2. 复制并旋转 -90°

> **提示**
>
> 默认情况下逆时针旋转的角度为正值，顺时针旋转的角度为负值。

实战 120　参照旋转图形　　★进阶★

如果图形在基准坐标系上的初始角度为小数或者未知，那么可以使用"参照"旋转的方法，将对象从指定的角度旋转到新的绝对角度。这个方法特别适合旋转那些角度值为非整数的对象。

步骤 01 打开"实战120 参照旋转图形.dwg"素材文件，如图3-9所示，图中指针的水平夹角为小数。

步骤 02 在命令行中输入RO，按Enter键确认，执行"旋转"命令。

图 3-9　素材图形

步骤 03 选择指针为旋转对象，指定圆心为旋转中心，接着在命令行中输入R，选择"参照"选项，再指定参照角度第一点和参照角度第二点，这两点的连线与X轴的夹角即为参照角，如图3-10所示。

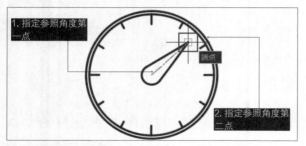

图 3-10 指定参照角度

步骤 04 在命令行中输入新的角度值60，即可替代原参照角度，形成新的水平夹角，如图3-11所示。

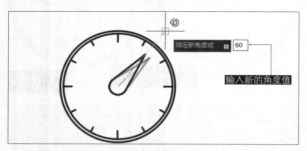

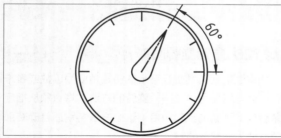

图 3-11 输入新的角度值

提示

最后输入的新角度值为图形与世界坐标系X轴夹角的绝对角度值。

实战 121 缩放图形

"缩放"命令可以将图形对象以指定的基点为参照，放大或缩小一定比例，创建出与源对象成一定比例且形状相同的新图形对象。

步骤 01 打开"实战121 缩放图形.dwg"素材文件，素材图形如图3-12所示。

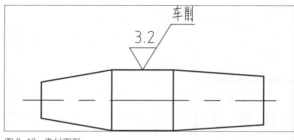

图 3-12 素材图形

步骤 02 单击"修改"面板中的"缩放"按钮，如图3-13所示，执行"缩放"命令。

图 3-13 "修改"面板中的"缩放"按钮

步骤 03 选择图形上方的粗糙度符号为缩放对象，然后指定符号的下方顶点为缩放基点，输入缩放比例为0.5，操作如图3-14所示。命令行提示如下。

```
命令: _scale          //执行"缩放"命令
选择对象: 指定对角点: 找到 6 个
                      //选择粗糙度符号
选择对象: ↙
                      //按Enter键完成选择
指定基点:
                      //指定粗糙度符号下方顶点为缩放基点
指定比例因子或 [复制(C)/参照(R)]: 0.5↙
                      //输入缩放比例，按Enter键完成缩放
```

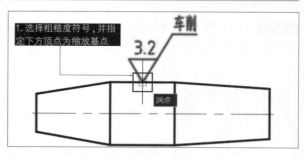

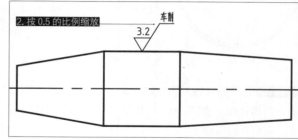

图 3-14 缩放图形的效果

实战 122 参照缩放图形 ★重点★

参照缩放与参照旋转一样，都可以将非常规的对象修改为特定的大小或状态。参照缩放可以用来修改各种外来图块的大小，因此在室内、园林等设计图中应用较多。

步骤 01 打开"实战122 参照缩放图形.dwg"素材文件，素材图形如图3-15所示，其中有一个绘制好的树形图和一条长度为5000的垂直线。

步骤 02 在"默认"选项卡中，单击"修改"面板中的"缩放"按钮□，选择树形图，并指定树形图的最下方中点为基点，如图3-16所示。

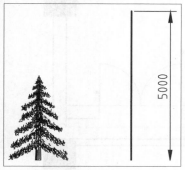
图 3-15　素材图形

图 3-16　指定基点

步骤 03 此时根据命令行提示，选择"参照"选项，然后指定参照长度的测量起点，再指定测量终点，即指定原始的树高，接着输入新的参照长度5000，即最终的树高，如图3-17所示。命令行提示如下。

```
指定比例因子或 [复制(C)/参照(R)]: R↵
            //选择"参照"选项
            //指定参照长度的测量起点
指定参照长度 <2839.9865>: 指定第二点:
            //指定参照长度的测量终点
指定新的长度或 [点(P)] <1.0000>: 5000
            //指定新的参照长度
```

图 3-17　参照缩放

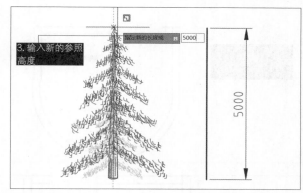
图 3-17　参照缩放（续）

实战 123 拉伸图形

使用"拉伸"命令可以对选择的对象按规定方向和角度进行拉伸或缩短，使对象的形状发生改变。

步骤 01 打开"实战123 拉伸图形.dwg"素材文件，如图3-18所示。

步骤 02 在"默认"选项卡中，单击"修改"面板中的"拉伸"按钮，如图3-19所示，执行"拉伸"命令。

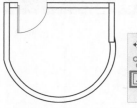
图 3-18　素材图形

图 3-19　"修改"面板中的"拉伸"按钮

> **提示**
>
> 还可以通过以下方法执行"拉伸"命令。
> 菜单栏：执行"修改"|"拉伸"命令。
> 命令行：在命令行输入STRETCH或S。

步骤 03 将门水平向右拉伸1800，如图3-20所示。命令行提示如下。

```
命令: _stretch    //调用"拉伸"命令
以交叉窗口或交叉多边形选择要拉伸的对象...
选择对象:指定对角点: 找到 11 个
            //框选对象，注意要包含整个门图形
选择对象:↵
            //按Enter键结束选择
指定基点或 [位移(D)] <位移>:
            //在绘图区指定任意一点
指定第二个点或 <使用第一个点作为位移>: <正交 开>
1800↵
            //打开正交功能，在水平方向拖动十字光
标并输入拉伸距离
```

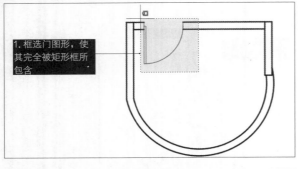

1. 框选门图形，使其完全被矩形框所包含

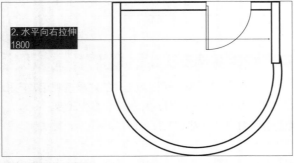

2. 水平向右拉伸1800

图 3-20 拉伸门图形

如果只是要使对象发生平移，那在选择时一定要将拉伸对象全部框选。

如果在选择对象时没有将对象全部框选，如图 3-21 所示；则结果不会发生平移，会产生变形，如图 3-22 所示。

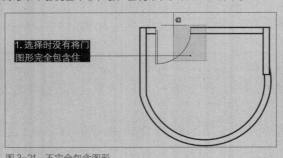

1. 选择时没有将门图形完全包含住

图 3-21 不完全包含图形

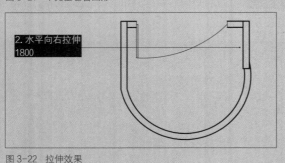

2. 水平向右拉伸1800

图 3-22 拉伸效果

实战 124 参照拉伸图形　　★重点★

同参照旋转、参照缩放一样，使用"拉伸"命令时也可以指定一个参考点，然后从这个点开始通过输入数值的方式，对非常规的图形进行拉伸。

在进行室内设计的时候，经常需要根据客户要求对图形进行修改，如调整门窗类图形的位置。在大多数情况下，使用"拉伸"命令就可以完成修改。但如果碰到图 3-23 所示的情况，仅靠"拉伸"命令就较难实现，因为距离差值并非整数，这时就可以利用"自"功能来辅助修改，以保证图形的准确性。

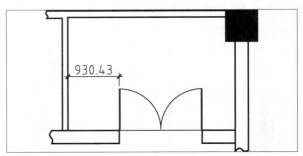

930.43

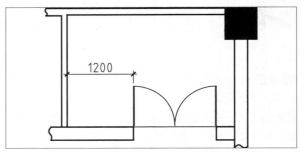

1200

图 3-23　修改门的位置

步骤 01 打开"实战124 参照拉伸图形.dwg"素材文件，如图3-24所示，其中有一个局部室内图形，其中的一个尺寸为无理数（930.43，此处只显示两位小数）。

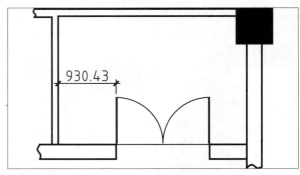

930.43

图 3-24　素材文件

步骤 02 在命令行中输入S并按Enter键，执行"拉伸"命令，提示选择对象时按住鼠标左键不放，从右往左框选整个门图形，如图3-25所示。

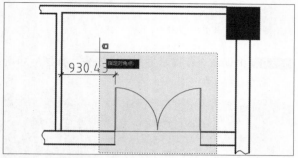

图 3-25　框选门图形

步骤 03 指定拉伸基点。框选完毕后按Enter键确认，然后命令行提示指定拉伸基点，选择门图形左侧的端点为基点（尺寸测量点），如图3-26所示。

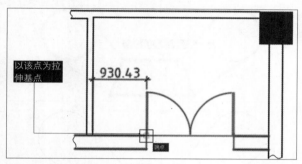

图 3-26　指定拉伸基点

步骤 04 指定"自"功能的基点。拉伸基点确定之后命令行便提示指定拉伸的第二个点，此时在命令行输入from并按Enter键，或在绘图区中单击鼠标右键，在弹出的快捷菜单中选择"自"选项，执行"自"命令，以左侧的墙角测量点为"自"功能的基点，如图3-27所示。

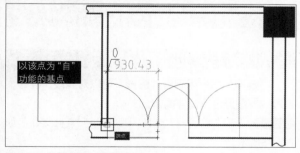

图 3-27　指定"自"功能的基点

步骤 05 输入拉伸距离。将十字光标向右移动，输入偏移距离1200，即可得到最终的图形，如图3-28所示。

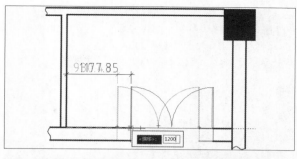

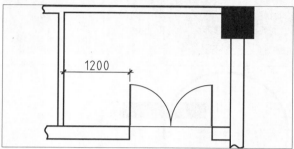

图 3-28　通过"自"功能进行拉伸

实战 125　拉长图形

"拉长"命令用于改变原图形的长度，可以把原图形变长或缩短。使用"拉长"命令时，可指定长度增量、角度增量（对于圆弧）或总长度来进行修改。

大部分图形（如圆、矩形）均需要绘制中心线，而在绘制中心线的时候，通常需要将中心线延长至图形外，且伸出长度相等。如果一条条地去拉伸中心线，就略显麻烦，这时就可以使用"拉长"命令来快速延伸中心线，使其符合设计规范。

步骤 01 打开"实战125 拉长图形.dwg"素材文件，如图3-29所示。

步骤 02 单击"修改"面板中的"拉长"按钮 ╱ ，如图3-30所示，执行"拉长"命令。

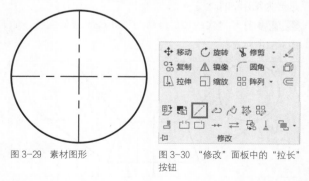

图 3-29　素材图形　　　　图 3-30　"修改"面板中的"拉长"按钮

步骤 03 在两条中心线的各个端点处单击，将中心线向外拉长3个单位，如图3-31所示。命令行提示如下。

```
命令: _lengthen
选择对象或 [增量(DE)/百分数(P)/全部(T)/动态(DY)]:DE↙
        //选择"增量"选项
输入长度增量或 [角度(A)] <0.5000>: 3↙
        //输入长度增量
选择要修改的对象或 [放弃(U)]:
选择要修改的对象或 [放弃(U)]:
选择要修改的对象或 [放弃(U)]:
选择要修改的对象或 [放弃(U)]:
        //依次在两条中心线的4个端点附近单击,完成拉长
操作
选择要修改的对象或 [放弃(U)]:↙
        //按Enter结束"拉长"命令
```

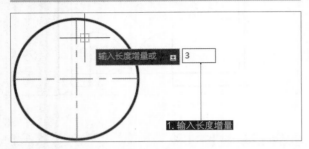

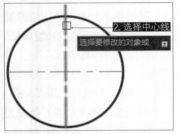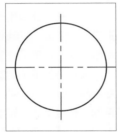

图3-31　拉长中心线

实战 126　修剪图形

　　"修剪"命令用于将超出边界的多余部分修剪掉,可用于修剪线段、圆、圆弧、多段线、样条曲线和射线等,是最为常用的命令之一。

(步骤 01) 打开"实战126 修剪图形.dwg"素材文件,如图3-32所示。

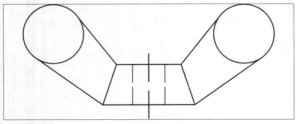

图3-32　素材图形

(步骤 02) 在"默认"选项卡中,单击"修改"面板中的"修剪"按钮￥,如图3-33所示,调用"修剪"命令。

图3-33　"修改"面板中的"修剪"按钮

(步骤 03) 根据命令行提示进行修剪操作,如图3-34所示。命令行提示如下。

```
命令: _trim
        //调用"修剪"命令
当前设置:投影=UCS,边=无
选择剪切边...
选择对象或 <全部选择>:↙
        //全选所有对象作为修剪边界
选择要修改的对象,或按住 Shift 键选择要延伸的对象,或
[栏选(F)/窗交(C)/投影(P)/边(E)/删除(R)/放弃(U)]:
        //分别单击两段圆弧,完成修剪
```

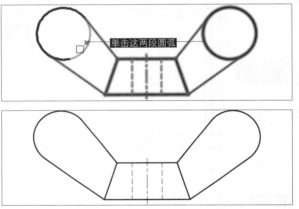

图3-34　一次修剪多个对象

> **提示**
>
> 还可以通过以下方法执行"修剪"命令。
> 菜单栏:执行"修改"｜"修剪"命令。
> 命令行:在命令行输入TRIM或TR。

实战 127　延伸图形

　　"延伸"命令用于延伸图形,可以对线段、圆弧、多段线等图形进行延伸操作。

(步骤 01) 打开"实战127 延伸图形.dwg"素材文件,如图3-35所示。

(步骤 02) 在"默认"选项卡中,单击"修改"面板中的"延伸"按钮￥,如图3-36所示,执行"延伸"命令。

图 3-35　素材图形

图 3-36　"修改"面板中的"延伸"按钮

步骤 03 先选择延伸边界*L*1，再选择要延伸的圆弧*C*1，按Enter键结束操作，如图3-37所示。命令行提示如下。

```
命令：_extend          //调用"延伸"命令
当前设置:投影=UCS，边=延伸
选择边界的边...
选择对象或<全部选择>:找到 1 个
                       //选择线段L1
选择对象:✓
                       //按Enter键结束选择
选择要延伸的对象，或按住 Shift 键选择要修剪的对象，或
[栏选(F)/窗交(C)/投影(P)/边(E)/放弃(U)]:
                       //单击圆弧C1右侧部分
选择要延伸的对象，或按住 Shift 键选择要修剪的对象，或
[栏选(F)/窗交(C)/投影(P)/边(E)/放弃(U)]:✓
                       //按Enter键结束命令
```

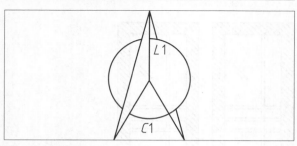

图 3-37　延伸图形

> **提示**
>
> 在选择延伸边界的时候，可以连按两次Enter键，直接跳至
> 选择要延伸的图形。这种操作方法会默认整个图形为延伸
> 边界，选择对象后将延伸至最近的图形。

实战 128　两点打断图形

使用"打断"命令可以在对象上指定两点，然后两点之间的部分会被删除。被打断的对象不能是组合图形，如图块等，只能是单独的线条，如线段、圆弧、圆、多段线、椭圆、样条曲线、圆环等。

步骤 01 打开"实战128 两点打断图形.dwg"素材文件，如图3-38所示。

步骤 02 在"默认"选项卡中，单击"修改"面板中的"打断"按钮，如图3-39所示，执行"打断"命令。

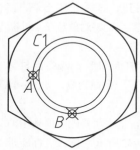

图 3-38　素材图形

图 3-39　"修改"面板中的"打断"按钮

步骤 03 将圆*C*1在两象限点处打断，如图3-40所示。命令行提示如下。

```
命令：_break           //调用"打断"命令
选择对象:
                       //选择圆C1作为打断对象
指定第二个打断点 或 [第一点(F)]: F
                       //选择"第一点"选项
指定第一个打断点:
                       //捕捉圆C1的左象限点A
指定第二个打断点:✓
                       //捕捉圆C1的下象限点B，按Enter键结束
操作
```

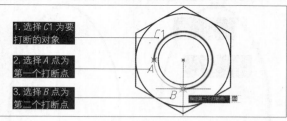

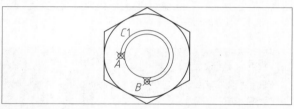

图 3-40　两点打断图形

默认情况下,系统会以选择对象时的拾取点作为第一个打断点,若此时直接在对象上选取另一点,即可去除两点之间的线段。但这样的打断效果往往不准确,因此可在命令行中输入F,选择"第一点"选项,通过指定第一点来获取准确的打断效果。

实战 129 单点打断图形

在 AutoCAD 2022 中,除了"打断"命令,还有"打断于点"命令。该命令是从"打断"命令衍生出来的。使用该命令时,可指定一个打断点,将对象从该点处断开成两个对象,断开处没有间隙。

步骤 01 打开"实战 129 单点打断图形.dwg"素材文件,图中已用样条曲线绘制好了一条抛物线,如图3-41所示。

步骤 02 在"默认"选项卡中,单击"修改"面板中的"打断于点"按钮□,如图3-42所示,执行"打断于点"命令。

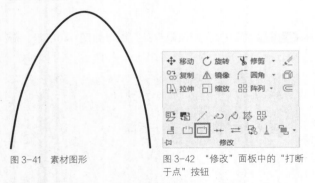

图 3-41 素材图形　　图 3-42 "修改"面板中的"打断于点"按钮

步骤 03 选择抛物线为要打断的对象,然后指定顶点为打断点,将抛物线从该点处分为两段,如图3-43所示。

图 3-43 打断于点的图形

"打断于点"命令不能打断完全闭合的对象(例如圆、椭圆、多边形等)。

实战 130 合并图形

"合并"命令用于将独立的图形对象合并为一个整体。它可以将多个对象合并,对象包括线段、多段线、三维多段线、圆弧、椭圆弧、螺旋线和样条曲线等。

步骤 01 打开"实战130 合并图形.dwg"素材文件,如图3-44所示。

步骤 02 在"默认"选项卡中,单击"修改"面板中的"合并"按钮➡,如图3-45所示,执行"合并"命令。

步骤 03 合并线段L1和L2,如图3-46所示。命令行提示如下。

```
命令: _join        //调用"合并"命令
选择源对象或要一次合并的多个对象:找到 1 个
                   //选择线段L1
选择要合并的对象:找到 1 个,总计 2 个
                   //选择线段L2
选择要合并的对象:↵
                   //按Enter键结束选择,完成合并
```

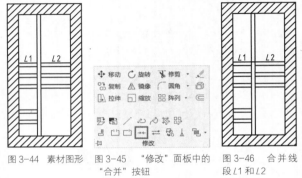

图 3-44 素材图形　图 3-45 "修改"面板中的　图 3-46 合并线
　　　　　　　　　　　"合并"按钮　　　　段L1和L2

步骤 04 执行"合并"命令,合并其他水平线段,如图3-47所示。

步骤 05 调用"修剪"命令,修剪竖直线段,如图3-48所示,完成门框的修改。

图 3-47 合并其　　图 3-48 修剪结果
他水平线段

实战 131 分解图形

使用"分解"命令可以将某些特殊的对象分解成多个独立的部分，以便进行具体的编辑。该命令主要用于将复合对象，如矩形、多段线、块、填充等，还原为一般的图形对象。

步骤 01 打开"实战131 分解图形.dwg"素材文件，如图3-49所示。

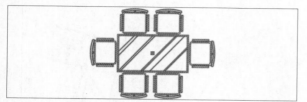

图 3-49　素材图形

步骤 02 在"默认"选项卡中，单击"修改"面板中的"分解"按钮 ，如图3-50所示，执行"分解"命令。

图 3-50　"修改"面板中的"分解"按钮

步骤 03 选择要分解的图形，然后按Enter键即可分解，如图3-51所示。命令行提示如下。

```
命令: _explode        //调用"分解"命令
选择对象: 指定对角点: 找到 1 个
                     //选择整个图块作为分解对象
选择对象: ↙
                     //按Enter键完成分解
```

步骤 04 此时椅子与餐桌已不是一个整体，选择左右两侧的椅子，然后按Delete键将其删除，如图3-52所示。

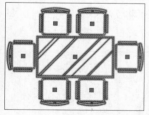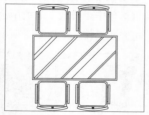

图 3-51　分解后的图形　　　图 3-52　删除左右两侧的椅子

实战 132 删除图形

"删除"命令用于将多余的对象从图形中完全清除，是 AutoCAD 中最为常用的命令之一，其使用方法也非常简单。

步骤 01 接着"实战131"进行操作，或者打开"实战131 分解图形-OK.dwg"素材文件进行操作。

步骤 02 在"默认"选项卡中，单击"修改"面板中的"删除"按钮 ，如图3-53所示。

步骤 03 选择上方的两把椅子，然后按Enter键将其删除，效果如图3-54所示。也可以像"实战131"中那样，按Delete键进行删除。

图 3-53　"修改"面板中的"删除"按钮　　图 3-54　删除上方的椅子

实战 133 对齐图形

"对齐"命令可以使当前的对象与其他对象对齐，该命令既适用于二维对象，也适用于三维对象。在对齐二维对象时，可以指定一对或两对对齐点（源点和目标点）；在对齐三维对象时则需要指定 3 对对齐点。

步骤 01 打开"实战133 对齐图形.dwg"素材文件，其中已经绘制好了三通管和装配管，但图形比例不一致，如图3-55所示。

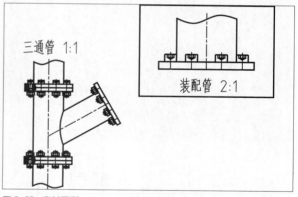

图 3-55　素材图形

步骤 02 单击"修改"面板中的"对齐"按钮 ，如图3-56所示，执行"对齐"命令。

图 3-56　"修改"面板中的"对齐"按钮

步骤 03 选择整个装配管图形，然后根据三通管和装配管的对接方式，按图3-57所示，分别指定对应的两对对齐点（1对应2、3对应4）。

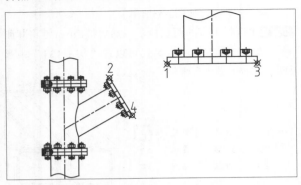

图 3-57 选择对齐点

步骤 04 两对对齐点指定完毕后，按Enter键，命令行提示"是否基于对齐点缩放对象"，输入Y，选择"是"选项，按Enter键，即可将装配管与三通管对齐，如图3-58所示。命令行提示如下。

```
命令: _align        //调用"合并"命令
选择对象: 指定对角点: 找到 1 个
选择对象: ↙
                    //选择整个装配管图形
指定第一个源点:
                    //选择装配管上的点1
指定第一个目标点:
                    //选择三通管上的点2
指定第二个源点:
                    //选择装配管上的点3
指定第二个目标点:
                    //选择三通管上的点4
指定第三个源点或 <继续>: ↙
                    //按Enter键完成对齐点的指定
是否基于对齐点缩放对象? [是(Y)/否(N)] <否>: Y↙
                    //输入Y，按Enter键完成操作
```

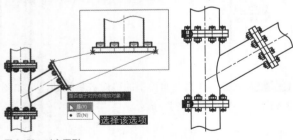

图 3-58 对齐图形

实战 134 更改图形次序

在 AutoCAD 2022 中，可以通过更改图形次序的方法将挡在前面的图形后置，或将要显示的图形前置，以免图形被遮挡。

步骤 01 打开"实战134 更改图形次序.dwg"素材文件，其中是已经绘制完成的市政规划局部图，可见道路和文字被河流遮挡，如图3-59所示。

图 3-59 素材图形

步骤 02 前置道路。选中道路的填充图案，以及道路上的各线条，单击"修改"面板中的"前置"按钮，结果如图3-60所示。

图 3-60 前置道路

步骤 03 前置文字。此时道路图形位于河流之上，符合生活实际，但道路名称被遮盖，因此需将文字对象前置。单击"修改"面板中的"将文字前置"按钮，即可完成操作，结果如图3-61所示。

图 3-61 前置文字

步骤 04 前置边框。完成上述操作后，图形边框位于各对象之下，因此为了使打印效果更好，可将边框置于最上层，结果如图3-62所示。

图 3-62　前置边框

实战 135　输入距离创建倒角

"倒角"命令用于将两条非平行线段或多段线以一条斜线相连，在绘制机械、家具、室内等设计图时常常使用。默认情况下，需要先选择要创建倒角的两条非平行线段，然后按当前的倒角大小对这两条线段倒角。

步骤 01 打开"实战135 输入距离创建倒角.dwg"素材文件，如图3-63所示。

步骤 02 在"默认"选项卡中，单击"修改"面板中的"倒角"按钮，如图3-64所示，执行"倒角"命令。

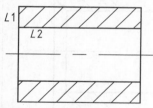
图 3-63　素材图形

图 3-64　"修改"面板中的"倒角"按钮

步骤 03 在命令行中输入D，选择"距离"选项，然后设置两侧倒角距离为2，接着选择线段L1与L2创建倒角，如图3-65所示。命令行提示如下。

```
命令:_chamfer
        //调用"倒角"命令
("修剪"模式) 当前倒角距离 1 = 3.0000，距离 2 = 3.0000
选择第一条直线或 [放弃(U)/多段线(P)/距离(D)/角度(A)/修剪
(T)/方式(E)/多个(M)]:D↙
        //选择"距离"选项
指定 第一个倒角距离 <0.0000>: 2↙
        //指定第一个倒角距离为2
指定 第二个倒角距离 <2.0000>:↙
        //第二个倒角距离默认与第一个倒角距离相同
选择第一条直线或 [放弃(U)/多段线(P)/距离(D)/角度(A)/修剪
(T)/方式(E)/多个(M)]:
        //选择线段L1
选择第二条直线，或按住 Shift 键选择直线以应用角点或 [距
离(D)/角度(A)/方法(M)]:
        //选择线段L2
```

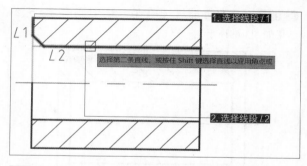

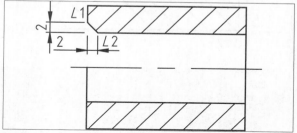

图 3-65　创建第一个倒角

步骤 04 按相同的方法，创建其余3处倒角，如图3-66所示。

步骤 05 在命令行中输入L并按Enter键，执行"直线"命令，补齐内部倒角的连接线，如图3-67所示。

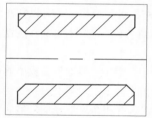
图 3-66　创建其余倒角

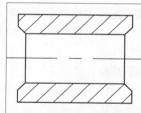
图 3-67　绘制连接线

步骤 06 单击"修改"面板中的"合并"按钮，选择线段L1和L3，快速创建封闭轮廓，如图3-68所示。

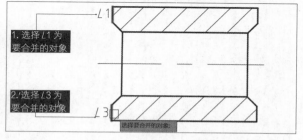

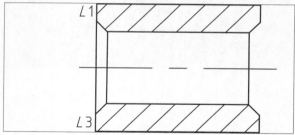

图 3-68　快速创建封闭轮廓

步骤 07 使用相同方法，创建另一侧的封闭轮廓，最终结果如图3-69所示。

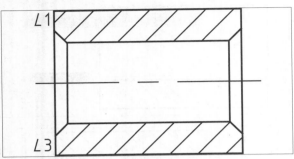

图 3-69　最终结果

实战 136　输入角度和长度创建倒角

除了输入距离创建倒角之外，还可以输入角度和长度创建倒角，如工程图中常见的"$3 \times 30°$"倒角等。

步骤 01 可以接着"实战135"进行操作，也可以打开"实战135 输入距离创建倒角-OK.dwg"素材文件进行操作。

步骤 02 在"默认"选项卡中，单击"修改"面板中的"倒角"按钮，执行"倒角"命令。

步骤 03 在命令行中输入A，选择"角度"选项，然后指定倒角长度为3、倒角角度为30°，接着选择线段L4与L5创建倒角，如图3-70所示。命令行提示如下。

```
命令: _chamfer
("修剪"模式) 当前倒角距离 1 = 2.0000，距离 2 = 2.0000
选择第一条直线或 [放弃(U)/多段线(P)/距离(D)/角度(A)/修剪(T)/方式(E)/多个(M)]: A↙
                    //选择"角度"选项
指定第一条直线的倒角长度 <0.0000>: 3↙
                    //指定倒角长度为3
指定第一条直线的倒角角度 <0>: 30↙
                    //指定倒角角度为30°
选择第一条直线或 [放弃(U)/多段线(P)/距离(D)/角度(A)/修剪(T)/方式(E)/多个(M)]:
                    //选择线段L4
选择第二条直线，或按住 Shift 键选择直线以应用角点或 [距离(D)/角度(A)/方法(M)]:
                    //选择线段L5
```

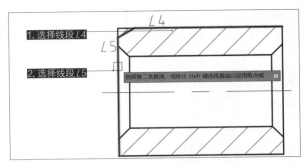

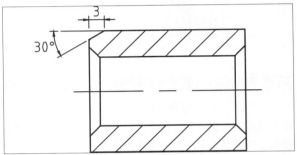

图 3-70　输入长度和角度创建倒角

步骤 04 使用相同的方法，为其余3处轮廓创建倒角，最终结果如图3-71所示。

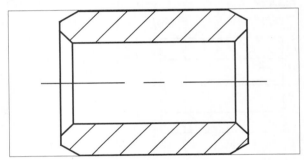

图 3-71　最终结果

实战 137　为多段线创建倒角

在 AutoCAD 2022 中，除了可以像前面例子所介绍的那样一次创建一个倒角，还可以一次性对多段线的所有折角都创建倒角。

步骤 01 打开"实战137 为多段线创建倒角.dwg"素材文件，如图3-72所示。

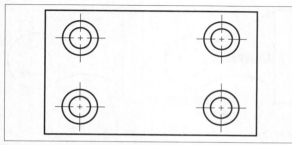

图 3-72　素材图形

步骤 02 在"默认"选项卡中，单击"修改"面板中的"倒角"按钮，执行"倒角"命令。

步骤 03 在命令行中输入D，选择"距离"选项，然后设置两侧倒角距离为3，按Enter键确认。

步骤 04 在命令行中输入P，选择"多段线"选项，然后选择外围的矩形为倒角对象，为多段线创建倒角，如图3-73所示。命令行提示如下。

```
命令:_chamfer
("修剪"模式) 当前倒角距离 1 = 0.0000，距离 2 = 0.0000
选择第一条直线或 [放弃(U)/多段线(P)/距离(D)/角度(A)/修剪
(T)/方式(E)/多个(M)]: D↙
                //选择"距离"选项
指定 第一个 倒角距离 <0.0000>: 3↙
                //指定第一个倒角距离为3
指定 第二个 倒角距离 <3.0000>: ↙
                //第二个倒角距离默认与第一个倒角距离
相同
选择第一条直线或 [放弃(U)/多段线(P)/距离(D)/角度(A)/修剪
(T)/方式(E)/多个(M)]: P↙
                //选择"多段线"选项
选择二维多段线或 [距离(D)/角度(A)/方法(M)]:
                //选择外围的矩形
4 条直线已被倒角
                //外围4个折角均变为倒角
```

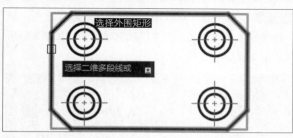

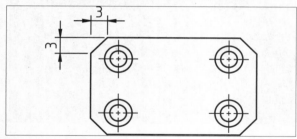

图 3-73　为多段线创建倒角

实战 138 不修剪对象创建倒角

用前面的方法创建倒角时，都会自动对图形对象进行修剪。可以在命令行中进行设置，实现在保留原图形的基础上创建倒角。

步骤 01 打开"实战138 不修剪对象创建倒角.dwg"素材文件，如图3-74所示。

步骤 02 在"默认"选项卡中，单击"修改"面板中的"倒角"按钮，在线段L1与L2的交点处创建不修剪原图形的倒角，如图3-75所示。命令行提示如下。

```
命令:_chamfer
("修剪"模式) 当前倒角距离 1 = 2.0000，距离 2 = 2.0000
选择第一条直线或 [放弃(U)/多段线(P)/距离(D)/角度(A)/修剪
(T)/方式(E)/多个(M)]: D↙
                //选择"距离"选项
指定 第一个 倒角距离 <2.0000>: 2.5↙
                //输入第一个倒角距离
指定 第二个 倒角距离 <2.5000>: ↙
                //按Enter键，默认第二个倒角距离与第
一个倒角距离相同
选择第一条直线或 [放弃(U)/多段线(P)/距离(D)/角度(A)/修剪
(T)/方式(E)/多个(M)]: T↙
                //选择"修剪"选项
输入修剪模式选项 [修剪(T)/不修剪(N)] <修剪>: N↙
                //将修剪模式修改为"不修剪"
选择第一条直线或 [放弃(U)/多段线(P)/距离(D)/角度(A)/修剪
(T)/方式(E)/多个(M)]:
                //选择线段L1
选择第二条直线，或按住 Shift 键选择直线以应用角点或 [距
离(D)/角度(A)/方法(M)]:
                //选择线段L2，完成倒角的创建
```

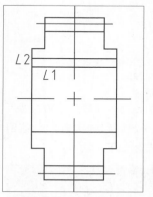
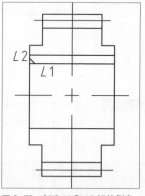

图 3-74　素材图形　　　　图 3-75　创建L1和L2间的倒角

步骤 03 用同样的方法，创建其他倒角，如图3-76所示。

步骤 04 单击"修改"面板中的"修剪"按钮，修剪线条，如图3-77所示；单击"绘图"面板中的"直线"按钮，绘制连接线，如图3-78所示。

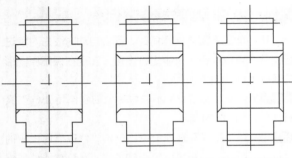

图 3-76 创建其他倒角　图 3-77 修剪图形　图 3-78 绘制连接线

实战 139 输入半径创建圆角

利用"圆角"命令可以将两条不相连的线段通过一个圆弧连接起来。同"倒角"命令一样，"圆角"命令也是非常常用的编辑命令。

步骤 01 打开"实战139 输入半径创建圆角.dwg"素材文件，如图3-79所示。

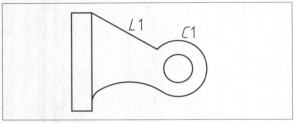

图 3-79 素材图形

步骤 02 在"默认"选项卡中，单击"修改"面板中的"圆角"按钮，如图3-80所示，执行"圆角"命令。

图 3-80 "修改"面板中的"圆角"按钮

步骤 03 在命令行中输入R，选择"半径"选项，然后输入圆角半径10，接着选择线段L1和圆弧C1创建圆角，如图3-81所示。命令行提示如下。

```
命令: _fillet          //调用"圆角"命令
当前设置: 模式 = 修剪, 半径 = 0
选择第一个对象或 [放弃(U)/多段线(P)/半径(R)/修剪(T)/多个
(M)]: R↙          //选择"半径"选项
指定圆角半径 <0>: 10↙
                    //输入圆角半径
选择第一个对象或 [放弃(U)/多段线(P)/半径(R)/修剪(T)/多个
(M)]:               //选择线段L1
选择第二个对象，或按住 Shift 键选择对象以应用角点或 [半
径(R)]:             //选择圆弧C1，完成圆角的创建
```

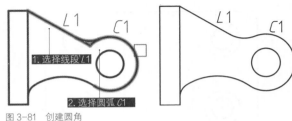

图 3-81 创建圆角

> **提示**
>
> 还可以通过以下方法执行"圆角"命令。
> 菜单栏：执行"修改" | "圆角"命令。
> 命令行：在命令行输入FILLET或F。

实战 140 为多段线创建圆角

在 AutoCAD 2022 中，使用"圆角"命令可以对多段线进行圆角操作，一次性将多段线的所有折角均变为圆角。

步骤 01 打开"实战140 为多段线创建圆角.dwg"素材文件，如图3-82所示。

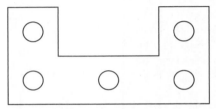

图 3-82 素材图形

步骤 02 在"默认"选项卡中，单击"修改"面板中的"圆角"按钮，执行"圆角"命令。

步骤 03 在命令行中输入R，选择"半径"选项，然后输入圆角半径3，按Enter键确认。

步骤 04 在命令行中输入P，选择"多段线"选项，然后选择外围的多段线，为多段线创建圆角，如图3-83所示。命令行提示如下。

```
命令: _fillet
当前设置: 模式 = 修剪, 半径 = 0.0000
选择第一个对象或 [放弃(U)/多段线(P)/半径(R)/修剪(T)/多个
(M)]: R↙          //选择"半径"选项
指定圆角半径 <0.0000>: 3↙
                    //输入圆角半径
选择第一个对象或 [放弃(U)/多段线(P)/半径(R)/修剪(T)/多个
(M)]: P↙          //选择"多段线"选项
选择二维多段线或 [半径(R)]:
                    //选择外围的多段线
8 条直线已被圆角
                    //外围所有折角均变为圆角
```

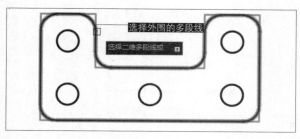

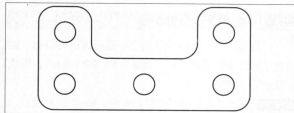

图 3-83　为多段线创建圆角

实战 141　为多个对象创建圆角

在 AutoCAD 2022 中，使用"圆角"命令可以一次性为多个对象创建圆角，从而大大节省编辑图形所需的时间。

步骤 01 打开"实战141 为多个对象创建圆角"素材文件，如图3-84所示。

步骤 02 单击"修改"面板中的"圆角"按钮，为微波炉外轮廓创建圆角，如图3-85所示。命令行提示如下。

```
命令：_fillet
当前设置：模式 = 修剪，半径 = 0.0000
选择第一个对象或 [放弃(U)/多段线(P)/半径(R)/修剪(T)/多个
(M)]：M↙            //选择"多个"选项
选择第一个对象或 [放弃(U)/多段线(P)/半径(R)/修剪(T)/多个
(M)]：R↙ //选择"半径"选项
指定圆角半径 <0.0000>：12↙
                    //输入圆角半径
选择第一个对象或 [放弃(U)/多段线(P)/半径(R)/修剪(T)/多个
(M)]：              //单击第一条线段
选择第二个对象，或按住 Shift 键选择对象以应用角点或 [半
径(R)]：↙           //单击第二条线段
```

图 3-84　素材图形　　　图 3-85　为外轮廓创建圆角

> **提示**
>
> 使用"多段线"或"多个"选项都可以快速为多个对象创建圆角。"多段线"选项效率更高，但仅适用于多段线对象；"多个"选项则可以对任何图形无差别使用，但只能通过单击来进行选择，类似于重复执行命令。

实战 142　为不相连对象创建倒角和圆角

"倒角"命令和"圆角"命令除了对相连对象有作用外，还对不相连的对象有作用。

步骤 01 打开"实战142 为不相连对象创建倒角和圆角.dwg"素材文件，如图3-86所示。

步骤 02 单击"修改"面板中的"倒角"按钮，执行"倒角"命令，设置倒角距离为3，选择线段L1和L2，为其创建倒角，效果如图3-87所示。

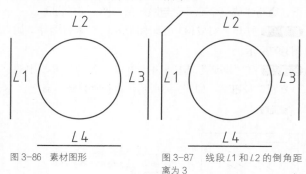

图 3-86　素材图形　　　图 3-87　线段L1和L2的倒角距离为3

步骤 03 设置倒角距离为0，为线段L2和L3创建倒角，可见两条线段自动延伸并相交，如图3-88所示。

步骤 04 单击"修改"面板中的"圆角"按钮，执行"圆角"命令，设置圆角半径为5，选择线段L3和L4，为其创建圆角，效果如图3-89所示。

步骤 05 设置圆角半径为0，为线段L4和L1创建圆角，可见两条线段自动延伸并相交，如图3-90所示。

图 3-88　线段L2和　图 3-89　线段L3和　图 3-90　线段L4和
L3的倒角距离为0　　L4的圆角半径为5　　L1的圆角半径为0

🔍 **延伸讲解：快速闭合图形的方法**

由上例可知，当倒角距离或圆角半径为 0 时，系统会自动延伸线段创建直角，因此可以利用该特性来快速闭合图形。此外，还可以按住 Shift 键来快速创建圆角半径为 0 的圆角，如图 3-91 所示。

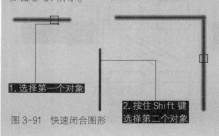

图 3-91　快速闭合图形

3.2 图形的重复

如果设计图中需要大量重复或相似的图形，可以使用图形复制类命令进行快速绘制，如"复制""偏移""镜像""阵列"等命令。本节将通过案例进行介绍。

实战 143 复制图形

"复制"命令用于在不改变图形大小、方向的前提下，重新生成一个或多个与原对象一模一样的图形。

步骤 01 打开"实战143 复制图形.dwg"素材文件，如图3-92所示。

步骤 02 在"默认"选项卡中，单击"修改"面板中的"复制"按钮🔓，如图3-93所示，执行"复制"命令。

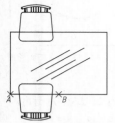

图 3-92 素材图形　　　图 3-93 "修改"面板中的"复制"按钮

步骤 03 选择上下两把椅子作为复制对象，然后指定*A*点为基点，选择底边中点*B*为目标点，复制椅子图形，如图3-94所示。命令行提示如下。

```
命令: _copy
        //调用"复制"命令
选择对象: 指定对角点: 找到 64 个, 总计 64 个
        //选择上下两个椅子图形
选择对象: ↵
        //按Enter键结束选择
当前设置: 复制模式 = 多个
指定基点或 [位移(D)/模式(O)/多个(M)] <位移>:
        //捕捉A点作为复制基点
指定第二个点或 [阵列(A)] <使用第一个点作为位移>:
        //捕捉底边中点B为目标点
指定第二个点或 [阵列(A)/退出(E)/放弃(U)] <退出>: ↵
        //系统默认继续复制, 按Enter键结束复制
```

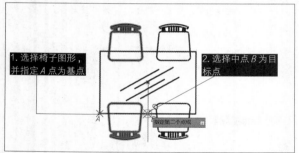

图 3-94 复制图形

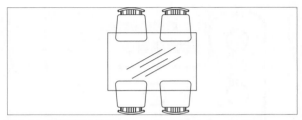

图 3-94 复制图形（续）

实战 144 矩形阵列图形

"矩形阵列"命令用于将图形呈行列进行排列，如园林平面图中的道路绿化、建筑立面图中的窗格、按规律摆放的桌椅等。

步骤 01 打开"实战144 矩形阵列图形.dwg"素材文件，如图3-95所示。

步骤 02 在"默认"选项卡中，单击"修改"面板中的"矩形阵列"按钮▦，如图3-96所示，执行"矩形阵列"命令。

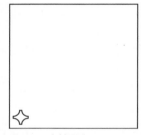

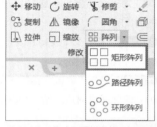

图 3-95 素材图形　　　图 3-96 "修改"面板中的"矩形阵列"按钮

步骤 03 选择左下角的图案作为阵列对象，进行矩形阵列，如图3-97所示。命令行提示如下。

```
命令: _arrayrect    //调用"矩形阵列"命令
选择对象: 指定对角点: 找到 8 个
        //选择图案
选择对象: ↵
        //按Enter键结束选择
选择夹点以编辑阵列或 [关联(AS)/基点(B)/计数(COU)/间距
(S)/列数(COL)/行数(R)/层数(L)/退出(X)] <退出>: COU↵
        //选择"计数"选项
输入列数数或 [表达式(E)] <4>: 6↵
        //输入列数
输入行数数或 [表达式(E)] <3>: 6↵
        //输入行数
选择夹点以编辑阵列或 [关联(AS)/基点(B)/计数(COU)/间距
(S)/列数(COL)/行数(R)/层数(L)/退出(X)] <退出>: S↵
        //选择"间距"选项
指定列之间的距离或 [单位单元(U)] <322.4873>: 75↵
        //输入列间距
指定行之间的距离 <539.6354>: 75↵
        //输入行间距
选择夹点以编辑阵列或 [关联(AS)/基点(B)/计数(COU)/间距
(S)/列数(COL)/行数(R)/层数(L)/退出(X)] <退出>: ↵
        //按Enter键退出阵列
```

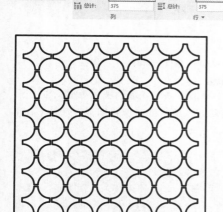

图 3-97　矩形阵列

实战 145　路径阵列图形

使用"路径阵列"命令可沿曲线（也可以是线段、多段线、三维多段线、样条曲线、螺旋线、圆弧、圆或椭圆）阵列复制图形。

步骤 01 单击快速访问工具栏中的"打开"按钮，打开"实战145 路径阵列图形.dwg"素材文件，如图3-98所示。

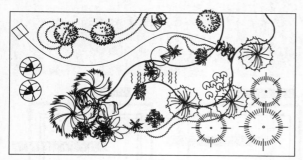

图 3-98　素材图形

步骤 02 在"默认"选项卡中，单击"修改"面板中的"路径阵列"按钮，如图3-99所示，执行"路径阵列"命令。

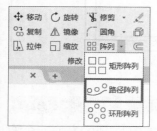

图 3-99　"修改"面板中的"路径阵列"按钮

步骤 03 选择阵列对象和阵列曲线进行阵列，命令行提示如下。

```
命令：_arraypath
        //执行"路径阵列"命令
选择对象：找到 1 个
        //选择左侧的矩形，按Enter键确认
类型 = 路径　关联 = 是
选择路径曲线：
        //选择样条曲线作为阵列路径，按Enter键确认
选择夹点以编辑阵列或 [关联(AS)/方法(M)/基点(B)/切向(T)/
项目(I)/行(R)/层(L)/对齐项目(A)/z 方向(Z)/退出(X)] <退出>：
I
        //选择"项目"选项
指定沿路径的项目之间的距离或 [表达式(E)] <126>：700
        //输入项目之间的距离
最大项目数 = 16
指定项目数或 [填写完整路径(F)/表达式(E)] <16>：
        //按Enter键确认阵列数量
选择夹点以编辑阵列或 [关联(AS)/方法(M)/基点(B)/切向(T)/
项目(I)/行(R)/层(L)/对齐项目(A)/z 方向(Z)/退出(X)] <退出
>：
        //按Enter键完成操作
```

步骤 04 路径阵列完成后，删除路径曲线，园路汀步绘制完成，最终效果如图3-100所示。

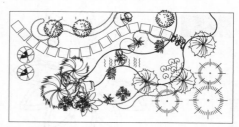

图 3-100　路径阵列的结果

实战 146　环形阵列图形

"环形阵列"即极轴阵列，是以某一点为中心点进行环形复制，使阵列对象沿中心点的四周均匀排列成环形。

步骤 01 打开"实战146 环形阵列图形.dwg"素材文件，如图3-101所示。

步骤 02 在"默认"选项卡中，单击"修改"面板中的"环形阵列"按钮，如图3-102所示，执行"环形阵列"命令。

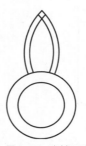

图 3-101　素材图形

图 3-102　"修改"面板中的"环形阵列"按钮

步骤 03 选择上方的花瓣图形为阵列对象，圆心为阵列中心点，输入阵列项目数12，如图3-103所示。命令行提示如下。

```
命令: _arraypolar
                //调用"环形阵列"命令
选择对象: 指定对角点: 找到 4 个
                //选择圆环外的花瓣图形
选择对象: ↙
                //按Enter键完成选择
类型 = 极轴 关联 = 是
指定阵列的中心点或 [基点(B)/旋转轴(A)]:
                //捕捉圆心作为中心点
选择夹点以编辑阵列或 [关联(AS)/基点(B)/项目(I)/项目间角
度(A)/填充角度(F)/行(ROW)/层(L)/旋转项目(ROT)/退出(X)] <
退出>: I↙
                //选择"项目"选项
输入阵列中的项目数或 [表达式(E)] <6>: 12↙
                //输入阵列项目数
选择夹点以编辑阵列或 [关联(AS)/基点(B)/项目(I)/项目间角
度(A)/填充角度(F)/行(ROW)/层(L)/旋转项目(ROT)/退出(X)] <
退出>: ↙
                //按Enter键退出阵列
```

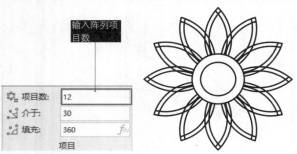

图 3-103 环形阵列

实战 147 偏移图形

"偏移"命令用于创建与源对象有一定距离的、形状相同或相似的新图形对象。

步骤 01 打开"实战147 偏移图形.dwg"素材文件，其中绘制好了一个长600、宽400的矩形，如图3-104所示。

步骤 02 在"默认"选项卡中，单击"修改"面板中的"偏移"按钮，如图3-105所示，执行"偏移"命令。

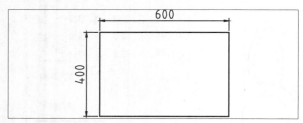

图 3-104 素材图形

图 3-105 "修改"面板中的"偏移"按钮

步骤 03 输入要偏移的距离50，选择现有矩形，将十字光标向矩形内部移动，单击即可偏移图形，如图3-106所示。命令行提示如下。

```
命令: _offset
                //调用"偏移"命令
当前设置: 删除源=否 图层=源 OFFSETGAPTYPE=0
指定偏移距离或 [通过(T)/删除(E)/图层(L)] <0.0000>:50↙
                //指定偏移距离
选择要偏移的对象, 或 [退出(E)/放弃(U)] <退出>:
                //选择矩形
指定要偏移的那一侧上的点, 或 [退出(E)/多个(M)/放弃(U)] <
退出>:  //在矩形内部任意位置单击，完成偏移
选择要偏移的对象, 或 [退出(E)/放弃(U)] <退出>:↙
                //按Enter键结束"偏移"命令
                //按Enter键重复调用"偏移"命令
当前设置: 删除源=否 图层=源 OFFSETGAPTYPE=0
指定偏移距离或 [通过(T)/删除(E)/图层(L)] <50.0000>:70↙
                //指定偏移距离
选择要偏移的对象, 或 [退出(E)/放弃(U)] <退出>:
                //选择外层矩形
指定要偏移的那一侧上的点, 或 [退出(E)/多个(M)/放弃(U)] <
退出>:  //在矩形内部单击，完成偏移
选择要偏移的对象, 或 [退出(E)/放弃(U)] <退出>:↙
                //按Enter键结束偏移
```

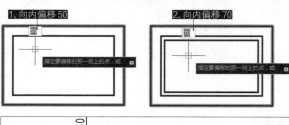

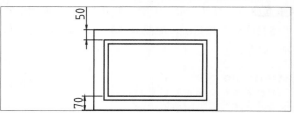

图 3-106 偏移图形

实战 148 定点偏移图形 ★重点★

除了输入偏移距离进行偏移外，还可以指定一个通过点来同时定义偏移的距离和方向。

步骤 01 打开"实战148 定点偏移图形.dwg"素材文件，其中已经绘制好了一条跑道，如图3-107所示。

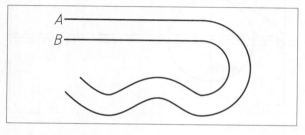

图 3-107 素材文件

步骤 02 在"默认"选项卡中，单击"修改"面板中的"偏移"按钮 ⊂，执行"偏移"命令。

步骤 03 在命令行中输入T，选择"通过"选项，选择任意一条轮廓线，命令行提示"指定通过点"，如图3-108所示。

步骤 04 按住Shift键并单击鼠标右键，在弹出的快捷菜单中选择"两点之间的中点"选项，如图3-109所示。

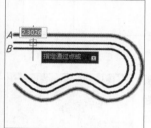

图 3-108 偏移轮廓线

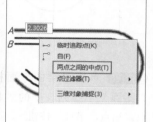

图 3-109 选择"两点之间的中点"选项

步骤 05 分别指定A、B两点，即可于平行线的中线处创建一条中心线，效果如图3-110所示。命令行提示如下。

```
命令: _offset
当前设置: 删除源=否 图层=源 OFFSETGAPTYPE=0
指定偏移距离或 [通过(T)/删除(E)/图层(L)] <通过>:T↙
                    //选择"通过"选项
选择要偏移的对象，或 [退出(E)/放弃(U)] <退出>:
                    //选择任意一条轮廓曲线
指定通过点或 [退出(E)/多个(M)/放弃(U)] <退出>:
                    //按住Shift键并单击鼠标右键，弹出临时
捕捉菜单
_m2p 中点的第一点:
                    //捕捉A点
中点的第二点:
                    //捕捉B点
选择要偏移的对象，或 [退出(E)/放弃(U)] <退出>:↙
                    //得到中心线，按Enter键退出操作
```

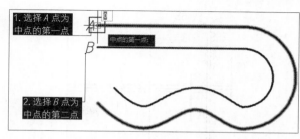

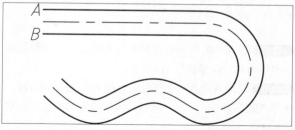

图 3-110 偏移得到平行于对象的中心线

实战 149 绘制"鱼"图形 ★重点★

"偏移"是绘制设计图的过程中使用频率较高的编辑命令，通过对该命令的灵活使用，再结合 AutoCAD 强大的二维绘图功能，可以绘制出颇具设计感的图形。

本例便结合前面介绍过的"圆弧"等绘图命令和"偏移"命令，绘制图 3-111 所示的鱼图形。

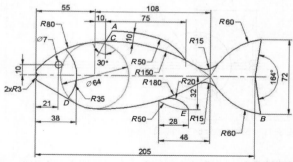

图 3-111 鱼图形

步骤 01 打开"实战149 绘制'鱼'图形.dwg"素材文件，其中已绘制好了3条中心线，如图3-112所示。

步骤 02 绘制鱼嘴。在命令行中输入O并按Enter键，执行"偏移"命令，按图3-113所示尺寸对中心线进行偏移。

图 3-112 素材图形

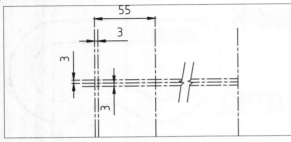

图 3-113　偏移中心线

步骤 03 以偏移所得中心线的交点为圆心，分别绘制两个半径为3的圆，如图3-114所示。

步骤 04 绘制直径为64的辅助圆。输入C并按Enter键，执行"圆"命令，以另一条辅助线的交点为圆心，绘制图3-115所示的圆。

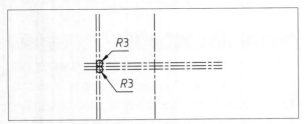

图 3-114　绘制鱼嘴

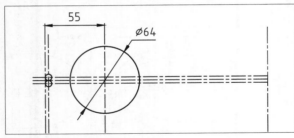

图 3-115　绘制直径为 64 的辅助圆

步骤 05 绘制鱼头的上侧轮廓。在"绘图"面板中单击"相切，相切，半径"按钮，分别在上侧的半径为3的圆和直径为64的辅助圆上单击，指定半径为80，结果如图3-116所示。

步骤 06 执行"修剪"命令，修剪掉多余的圆弧部分，并删除偏移的辅助线，得到鱼头的上侧轮廓，如图3-117所示。

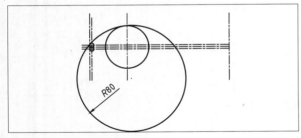

图 3-116　绘制半径为 80 的辅助圆

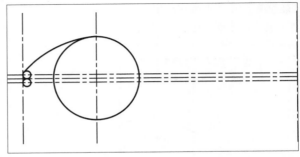

图 3-117　修剪后的图形

步骤 07 绘制鱼背。执行"偏移"命令，将直径为64的辅助圆的中心线向右偏移108，效果如图3-118所示。

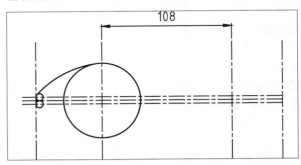

图 3-118　偏移辅助线

步骤 08 单击"绘图"面板"圆弧"下拉列表中的"起点，端点，半径"按钮，如图3-119所示。

图 3-119　"绘图"面板中的"起点，端点，半径"按钮

步骤 09 以所得中心线的交点A为起点、鱼头圆弧的端点B为终点，绘制半径为150的圆弧，效果如图3-120所示。

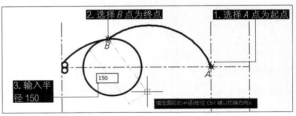

图 3-120　绘制鱼背

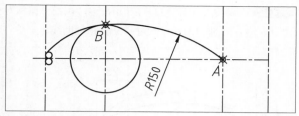

图 3-120　绘制鱼背（续）

步骤 10 在命令行中输入O并按Enter键，执行"偏移"命令，将鱼背弧线向上偏移10，得到背鳍的轮廓，如图3-121所示。

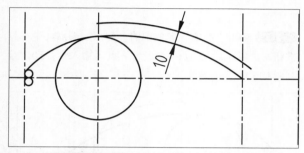

图 3-121　背鳍的轮廓线

步骤 11 再次执行"偏移"命令，将直径为64的辅助圆的中心线向右偏移10和75，效果如图3-122所示。

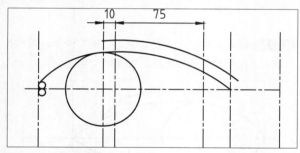

图 3-122　偏移辅助线

步骤 12 输入L并按Enter键，执行"直线"命令，以C点为起点，绘制水平夹角为60°的线段，与背鳍的轮廓线相交，如图3-123所示。

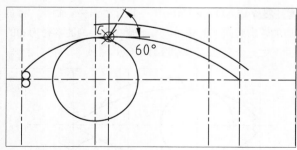

图 3-123　绘制线段

步骤 13 输入C并按Enter键，执行"圆"命令，以D点

为圆心，绘制半径为50的圆，如图3-124所示。

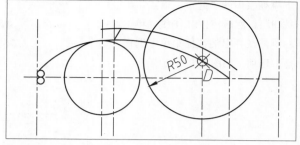

图 3-124　绘制半径为 50 的辅助圆

步骤 14 将背鳍的轮廓线向下偏移50，与步骤13所绘制的半径为50的圆产生一个交点E，如图3-125所示。

步骤 15 以交点E为圆心，绘制半径为50的圆，即可得到背鳍尾端的半径为50的圆弧部分，如图3-126所示。

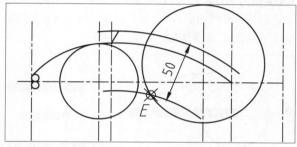

图 3-125　偏移背鳍的轮廓线

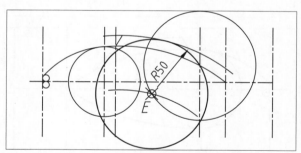

图 3-126　绘制半径为 50 的辅助圆

步骤 16 输入TR并按Enter键，执行"修剪"命令，将多余的圆弧修剪掉，并删除多余辅助线，得到图3-127所示的背鳍图形。

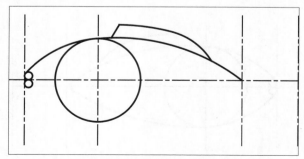

图 3-127　修剪图形得到完整的背鳍图形

步骤 17 单击"绘图"面板"圆弧"下拉列表中的"起点，端点，半径"按钮，然后按住Shift键并单击鼠标右键，在弹出的快捷菜单中选择"切点"选项，如图3-128所示。

图 3-128　选择"切点"选项

步骤 18 在辅助圆上捕捉切点F，以该点为圆弧的起点；捕捉辅助线的交点G，以该点为圆弧的终点，接着输入半径180，得到鱼腹，如图3-129所示。

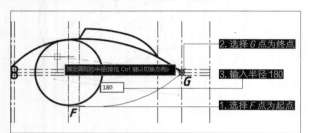

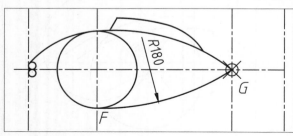

图 3-129　绘制鱼腹

步骤 19 按照上述方法，分别捕捉鱼嘴下方与辅助圆上的切点F，绘制一条圆弧，得到鱼头下侧轮廓，如图3-130所示。

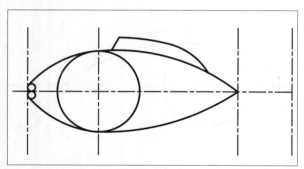

图 3-130　绘制鱼头下侧轮廓

步骤 20 在命令行中输入O并按Enter键，执行"偏移"命令，然后按图3-131所示尺寸重新偏移辅助线。

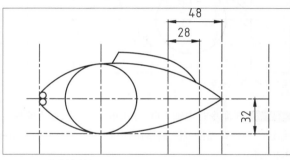

图 3-131　偏移辅助线

步骤 21 单击"绘图"面板中的"起点，端点，半径"按钮，以H点为起点、K点为终点，输入半径50，绘制图3-132所示的圆弧。

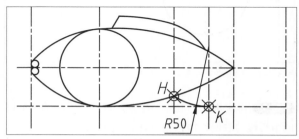

图 3-132　绘制腹鳍

步骤 22 输入C并按Enter键，执行"圆"命令，以K点为圆心，绘制半径为20的圆，如图3-133所示。

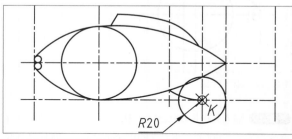

图 3-133　绘制半径为 20 的辅助圆

步骤 23 输入O并按Enter键，执行"偏移"命令，将鱼腹的轮廓线向下偏移20，与步骤22所绘制的半径为20的圆产生一个交点L，如图3-134所示。

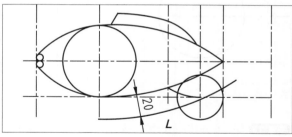

图 3-134　偏移鱼腹轮廓线

步骤 24 以交点L为圆心，绘制半径为20的圆，得到腹鳍上侧的圆弧部分，如图3-135所示。

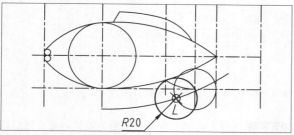

图 3-135 绘制半径为 20 的辅助圆

步骤 25 输入TR并按Enter键，执行"修剪"命令，将多余的圆弧修剪掉，并删除多余辅助线，得到图3-136所示的腹鳍图形。

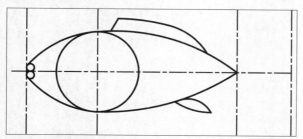

图 3-136 绘制腹鳍

步骤 26 单击"修改"面板中的"偏移"按钮，将水平中心线向上下两侧各偏移36，如图3-137所示。

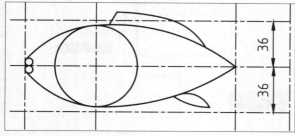

图 3-137 偏移中心线

步骤 27 单击"绘图"面板中的"射线"按钮，以中心线的交点M为起点，分别绘制角度为82°、-82°的两条射线，如图3-138所示。

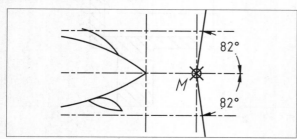

图 3-138 绘制射线

步骤 28 单击"绘图"面板中的"起点，端点，半径"按钮，以交点N为起点、交点P为终点，输入半径60，绘制图3-139所示的圆弧。

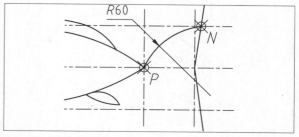

图 3-139 绘制鱼尾上半部分

步骤 29 用相同的方法，绘制鱼尾下半部分，然后使用"修剪"和"删除"命令，修剪多余的辅助线，效果如图3-140所示。

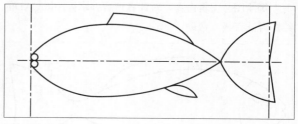

图 3-140 鱼尾

步骤 30 单击"修改"面板中的"圆角"按钮，输入圆角半径为15，为鱼尾和鱼身创建圆角，效果如图3-141所示。

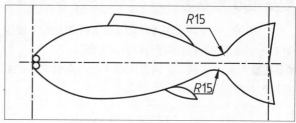

图 3-141 绘制圆角

步骤 31 绘制鱼眼。将水平中心线向上偏移10，再将左侧竖直中心线向右偏移21，以所得交点为圆心，绘制直径为7的圆，得到鱼眼，如图3-142所示。

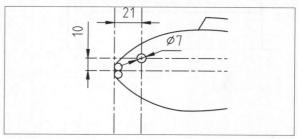

图 3-142 绘制鱼眼

步骤 32 绘制鱼鳃。以中心线的左侧交点为圆心，绘制半径为35的圆，然后修剪鱼身之外的部分，得到鱼鳃，如图3-143所示。

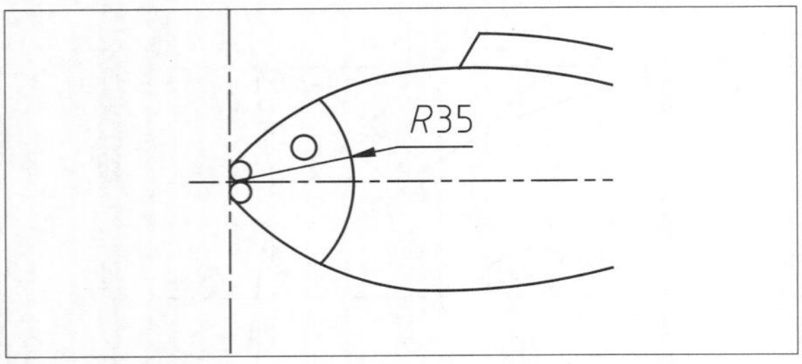

图 3-143 绘制鱼鳃

步骤 33 删除多余辅助线，得到最终的鱼图形，如图3-144所示。

本例综合应用了“圆弧”“圆”“直线”“偏移”“修剪”等绘图与编辑命令，对读者理解并掌握AutoCAD的绘图方法有极大帮助。

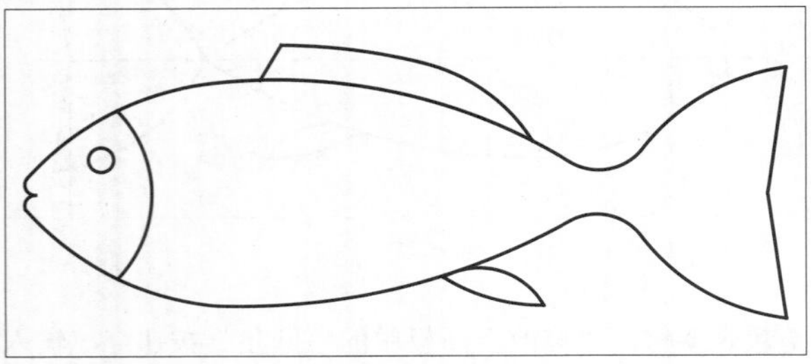

图 3-144 最终的鱼图形

实战 150 镜像图形

“镜像”命令用于将图形沿指定轴（镜像线）镜像复制，常用于绘制结构规则且对称的图形。

步骤 01 打开“实战150 镜像图形.dwg”素材文件，素材图形如图3-145所示。

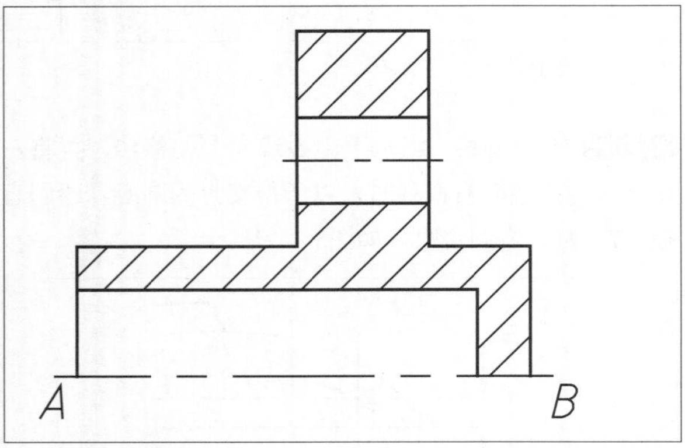

图 3-145 素材图形

步骤 02 单击“修改”面板中的“镜像”按钮，如图3-146所示，执行“镜像”命令。

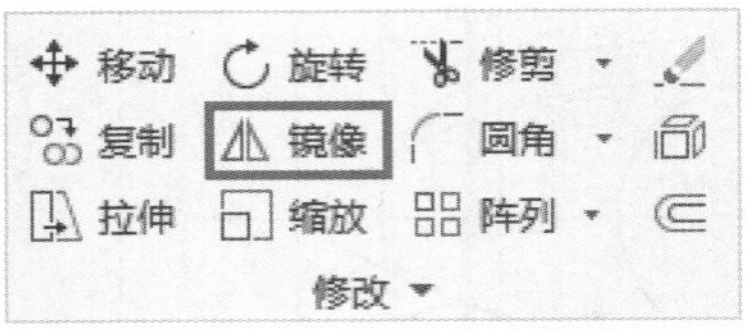

图 3-146 “修改”面板中的“镜像”按钮

步骤 03 选择中心线上方所有图形为镜像对象，然后以水平中心线为镜像线，镜像复制图形，如图3-147所示。命令行提示如下。

```
命令: _mirror
        //执行“镜像”命令
选择对象: 指定对角点: 找到 19 个
        //框选水平中心线上方的所有图形
选择对象: ↙
        //按Enter键完成对象选择
指定镜像线的第一点:
        //选择水平中心线的端点A
指定镜像线的第二点:
        //选择水平中心线另一个端点B
要删除源对象吗? [是(Y)/否(N)] <N>:N↙
        //选择不删除源对象，按Enter键完成镜像操作
```

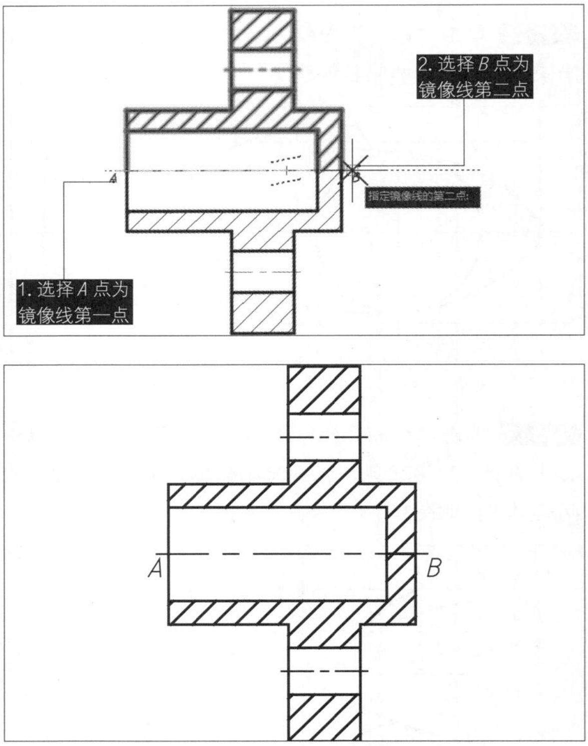

图 3-147 镜像图形

3.3 图案填充

图案填充是指用某种图案填满图形中指定的区域。图案可描述对象材料的特性，还可增强了图形的可识别性。使用 AutoCAD 的图案和渐变色填充功能，可以方便地对图形进行填充，以区别图形的各个组成部分。图案填充相关按钮位于"绘图"面板的右下角，如图 3-148 所示。

与以往版本的 AutoCAD 不同，在 AutoCAD 2022 中，是通过"图案填充创建"选项卡来创建填充的。在 AutoCAD 中执行"图案填充"命令后，将显示"图案填充创建"选项卡，如图 3-149 所示。选择填充图案，在要填充的区域中单击，生成效果预览，然后在空白处单击或单击"关闭"面板中的"关闭图案填充创建"按钮即可创建填充。

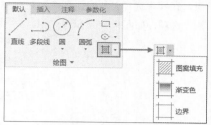

图 3-148　图案填充相关按钮

图 3-149　"图案填充创建"选项卡

实战 151　创建图案填充

在实际的制图工作中，常常使用不同的填充图案来区分相近的图形或表示不同的工程材料。

步骤 01 打开"实战151 创建图案填充.dwg"素材文件，素材图形如图3-150所示。

步骤 02 单击"绘图"面板中的"图案填充"按钮，打开"图案填充创建"选项卡，单击"图案"面板中的按钮，展开列表框，选择其中的AR-SAND图案，如图3-151所示。

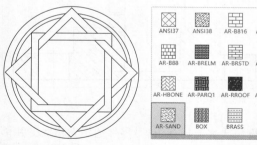

图 3-150　素材图形　　　图 3-151　选择 AR_SAND 图案

步骤 03 在绘图区需要填充图案的区域内单击（表示图案将要填充到该区域内），然后按Enter键确认，结果如图3-152所示。

步骤 04 在命令行中输入H并按Enter键，打开"图案填充创建"选项卡，单击"图案"面板中的按钮，展开列表框，选择其中的ACAD_TSO 03W100图案，填充图形，如图3-153所示。

图 3-152　填充 AR—SAND 图案　　　图 3-153　填充 IS003W100 图案

实战 152　忽略孤岛进行填充

已定义好的填充区域内的封闭区域被称为"孤岛"。在 AutoCAD 2022 中，用户可以忽略孤岛直接对图形进行填充。

步骤 01 打开"实战152 忽略孤岛进行填充.dwg"素材文件，素材图形如图3-154所示。

图 3-154　素材图形

步骤 02 单击"绘图"面板中的"图案填充"按钮▒，打开"图案填充创建"选项卡，展开"选项"面板中的下拉列表，在其中选择"忽略孤岛检测"选项，如图3-155所示。

图3-155 选择"忽略孤岛检测"选项

步骤 03 在绘图区的矩形内部（圆形外部）区域单击，按Enter键确认，得到忽略孤岛检测的填充图案，如图3-156所示。

步骤 04 如果没有选择"忽略孤岛检测"选项，则填充效果如图3-157所示，读者可以自行试验。

图3-156 忽略孤岛检测的填充效果　　图3-157 未忽略孤岛检测的填充效果

实战 153 修改填充比例

图案填充创建完成后，可以随时对其进行修改，如根据大小修改图案填充的比例。

步骤 01 打开"实战153 修改填充比例.dwg"素材文件，如图3-158所示，可见剖面线填充过于密集。

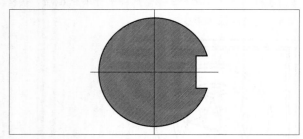

图3-158 素材文件

步骤 02 将十字光标置于填充图案上并单击，打开"图案填充创建"选项卡，然后在"特性"面板的"填充图案比例"文本框中输入新的填充比例10，如图3-159所示。

图3-159 输入新的填充比例

步骤 03 按Enter键确认操作，按Esc键退出"图案填充创建"选项卡，完成修改。修改填充比例之后的图形如图3-160所示。

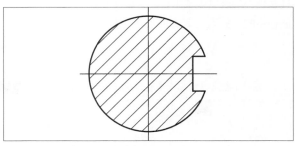

图3-160 修改填充比例之后的图形

实战 154 修改填充角度

相接触的两个不同对象，其填充图案必须互不相同。最常见的不同是填充图案的角度各异，多用于机械装配图中。

步骤 01 打开"实战154 修改填充角度.dwg"素材文件，如图3-161所示，图中有一个典型的装配体，但两个零件的填充线相同，容易产生混淆。

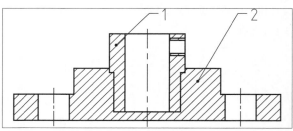

图3-161 素材文件

步骤 02 将十字光标置于1号零件的填充图案上并单击，打开"图案填充创建"选项卡，然后在"特性"面板的"图案填充角度"文本框中输入新的填充角度，如图3-162所示。

图案		图案填充透明度	0
□ ByLayer	▼	角度	90
▨ 无	▼	▨ 10.0000	
	特性 ▼		

图3-162 输入新的填充角度

步骤 03 按Enter键确认操作，按Esc键退出"图案填充创建"选项卡，完成修改。修改填充角度之后的图形如图3-163所示。

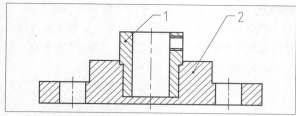

图 3-163　修改填充角度之后的图形

实战 155　修改填充图案

除了可以在创建的时候设置好填充图案，还可以在绘图过程中随时根据需要修改填充图案。

步骤 01 打开"实战155 修改填充图案.dwg"素材文件，素材图形如图3-164所示。

步骤 02 将十字光标置于填充图案上并单击，打开"图案填充创建"选项卡，在"图案"面板中选择新的填充图案ANSI31，在"特性"面板中设置角度与填充比例，如图3-165所示。

步骤 03 按Enter键确认操作，按Esc键退出"图案填充创建"选项卡，完成修改。更改填充图案之后的图形如图3-166所示。

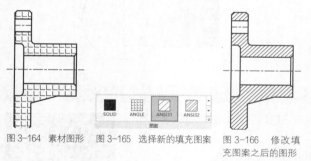

图 3-164　素材图形　　图 3-165　选择新的填充图案　　图 3-166　修改填充图案之后的图形

实战 156　修剪填充图案

"修剪"命令也可以用于对填充图案执行修剪操作，修剪后填充图案的属性不变。

步骤 01 打开"实战156 修剪填充图案.dwg"素材文件，如图3-167所示。

步骤 02 单击"修改"面板中的"修剪"按钮，裁剪掉圆形区域内的填充图案，结果如图3-168所示。命令行提示如下。

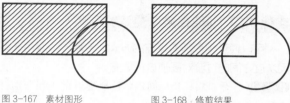

```
命令:_trim
当前设置:投影=UCS,边=无
选择剪切边...
选择对象或<全部选择>:找到1个
        //选择圆
选择对象:↙
        //按Enter键结束选择
选择要修剪的对象,或按住 Shift 键选择要延伸的对象,或
[栏选(F)/窗交(C)/投影(P)/边(E)/放弃(U)]:
        //单击图形区域内的填充图案
选择要修剪的对象,或按住 Shift 键选择要延伸的对象,或
[栏选(F)/窗交(C)/投影(P)/边(E)/放弃(U)]:↙
        //按Enter键结束命令
```

　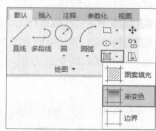

图 3-167　素材图形　　　图 3-168　修剪结果

实战 157　创建渐变色填充

在 AutoCAD 2022 中，除了填充图案，还可以使用渐变色填充来创建前景色或双色渐变色。渐变色填充为在两种颜色之间，或者一种颜色的不同灰度之间进行颜色的过渡。

步骤 01 打开"实战157 创建渐变色填充.dwg"素材文件，素材图形如图3-169所示。

步骤 02 单击"绘图"面板中的"渐变色"按钮，如图3-170所示，执行"渐变色填充"命令。

图 3-169　素材图形　　图 3-170　"绘图"面板中的"渐变色"按钮

步骤 03 打开"图案填充创建"选项卡，如图3-171所示。利用该选项卡可以在指定对象上创建具有渐变色彩的填充图案，选项卡各面板的功能与之前介绍的一致。

图 3-171　渐变色填充的"图案填充创建"选项卡

步骤 04 在"图案"面板中选择填充方式，在"特性"面板中选择颜色，在要填充的区域内单击，创建渐变色填充，效果如图3-172所示。

图 3-172　创建渐变色填充

实战 158　创建单色渐变填充

可以通过单色渐变填充的方式，使用一种颜色在不同灰度之间的过渡对图形进行填充。

步骤 01 打开"实战158 创建单色渐变填充.dwg"素材文件，素材图形如图3-173所示。

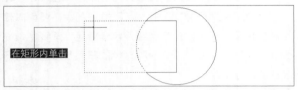

图 3-175　创建单色渐变填充

实战 159　修改渐变色填充

除了可以对渐变色填充的颜色进行修改之外，还可以对它的渐变方式进行更改，从而创建出各种渐变效果。

步骤 01 打开"实战159 修改渐变色填充.dwg"素材文件，素材图形如图3-176所示。

步骤 02 将十字光标置于填充图案上并单击，打开"图案填充创建"选项卡，在"图案"面板中选择新的渐变方式GR_SPHER，在"特性"面板中设置渐变色，如图3-177所示。

步骤 02 单击"绘图"面板中的"渐变色"按钮，打开"图案填充创建"选项卡，单击"特性"面板中的"渐变明暗"按钮，此时左侧的"颜色"栏只有一栏可用，选择蓝色，如图3-174所示。

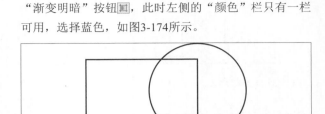

图 3-173　素材图形

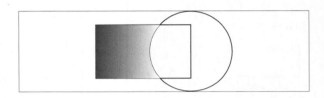

图 3-174　设置颜色

步骤 03 在矩形内单击填充区域，再按Enter键，创建填充，结果如图3-175所示。

图 3-176　素材图形

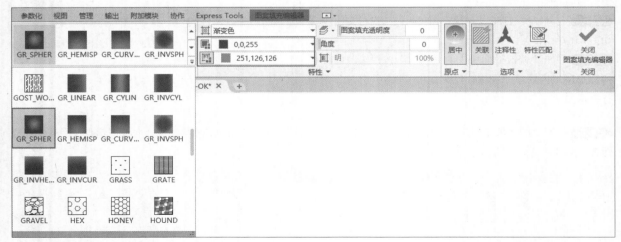

图 3-177　修改渐变方式

步骤 03 修改后的效果如图3-178所示。

图 3-178　修改后的效果

实战160　填充室内平面图　★重点★

在进行室内平面图的设计时，可以根据不同区域的装修方式创建不同的图案填充，让设计图的内容更加丰富。

步骤 01 打开"实战160 填充室内平面图.dwg"素材文件，其中已绘制好了室内平面图，如图3-179所示。

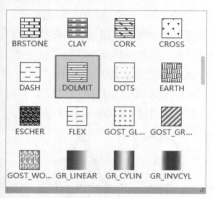

图 3-179　素材图形

步骤 02 单击"绘图"面板中的"图案填充"按钮，打开"图案填充创建"选项卡，单击"图案"面板中的按钮，展开列表框，选择其中的DOLMIT图案，如图3-180所示。

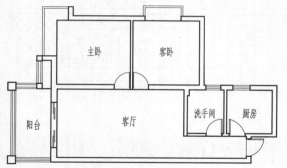

图 3-180　选择 DOLMIT 图案

步骤 03 在"特性"面板中将"填充图案比例"改为18，在"原点"面板中单击按钮，设置填充区域的左上角点为新的原点，如图3-181所示。

图 3-181　设置填充比例与原点

步骤 04 单击"拾取点"按钮，回到绘图区，在主卧区域内单击（表示图案将要填充到该区域内），然后按Enter键确认，结果如图3-182所示。

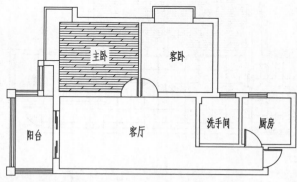

图 3-182　填充主卧

步骤 05 用同样的方法为客卧填充地砖图案，如图3-183所示。

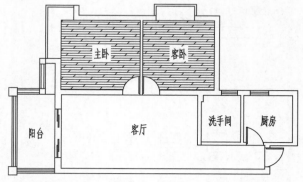

图 3-183　填充客卧

步骤 06 使用"图案填充"功能，打开"图案填充创建"选项卡，单击"图案"面板中的按钮，展开列表框，选择其中的NET图案，修改"填充图案比例"为200，填充客厅，结果如图3-184所示。

步骤 07 执行"图案填充"命令，选择ANGLE图案，修改"填充图案比例"为50，填充阳台，结果如图3-185所示。

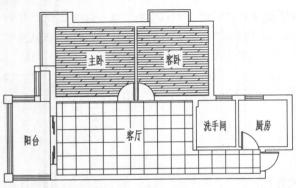

图 3-184　填充客厅

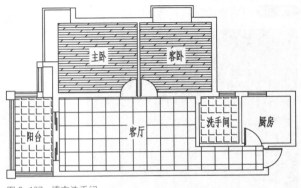

图 3-187　填充洗手间

步骤 09 使用"图案填充"功能,打开"图案填充创建"选项卡,单击"图案"面板中的 ⯆ 按钮,展开列表框,选择其中的ANSI37图案,修改"填充图案比例"为100,填充厨房,结果如图3-188所示。至此,室内平面图填充完成。

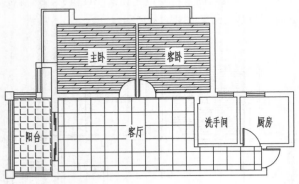

图 3-185　填充阳台

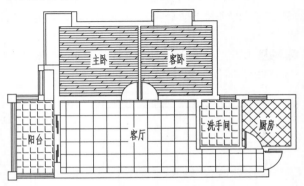

图 3-188　填充厨房

3.4 利用夹点编辑图形

"夹点"指的是图形对象上的一些特征点,如端点、顶点、中点、中心点等,图形的位置和形状通常是由夹点的位置决定的。

在夹点模式下,图形对象以蓝色线高亮显示,图形上的特征点(如端点、圆心、象限点等)将显示为蓝色的小方框 ■ ,如图 3-189 所示。这样的小方框称为夹点。夹点有未激活和被激活两种状态。以蓝色小方框显示的夹点处于未激活状态,单击某个未激活的夹点,该夹点以红色小方框显示,表示该夹点被激活,称为热夹点。以热夹点为基点,可以对图形对象进行拉伸、平移、复制、缩放和镜像等操作。按住 Shift 键可以同时激活多个夹点。

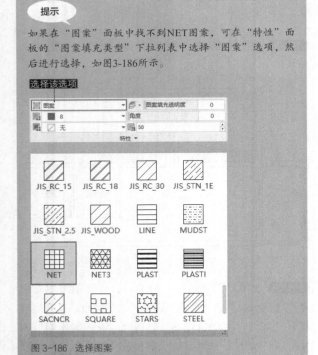

图 3-186　选择图案

步骤 08 以同样的方式为洗手间填充地砖图案,如图3-187所示。

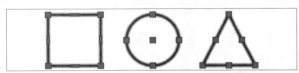

图 3-189　不同对象的夹点

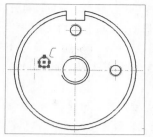

图 3-193　选择螺纹孔 C　　　　图 3-194　利用夹点移动对象

实战 161　利用夹点拉伸图形

在不执行任何命令的情况下选择对象，然后单击其中的一个夹点，系统会自动将其作为拉伸的基点，即进入"拉伸"模式。

步骤 01 打开"实战161 利用夹点拉伸图形.dwg"素材文件，如图3-190所示。

步骤 02 选择键槽的底边 AB，显示其夹点，如图3-191所示。

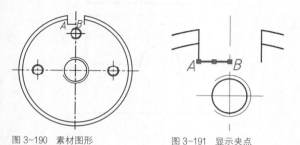

图 3-190　素材图形　　　　　　图 3-191　显示夹点

步骤 03 单击激活右侧夹点 B，可见 B 夹点变为红色，然后配合"端点捕捉"功能拉伸线段至右侧边线端点，如图3-192所示。

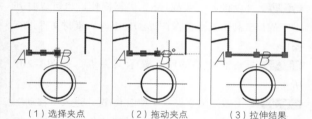

（1）选择夹点　　　（2）拖动夹点　　　（3）拉伸结果

图 3-192　利用夹点拉伸对象

> **提示**
>
> 对于某些夹点，拖动时只能移动而不能拉伸，如文字、块、线段中点、圆心、椭圆中心和点对象上的夹点。

实战 162　利用夹点移动图形

在不执行任何命令的情况下选择对象，然后单击其中一个夹点，按 Enter 键，系统会自动将其作为移动的基点，即进入"移动"模式。

步骤 01 可以接着"实战161"进行操作，也可以打开"实战161 利用夹点拉伸图形-OK.dwg"素材文件进行操作。

步骤 02 框选左侧螺纹孔 C，显示其夹点，如图3-193所示。

步骤 03 单击激活圆心夹点，按 Enter 键，进入"移动"模式，配合"对象捕捉"功能移动圆至左侧辅助线交点处，如图3-194所示。

实战 163　利用夹点旋转图形

在不执行任何命令的情况下选择对象，然后单击其中一个夹点，连按两次 Enter 键，系统会自动将其作为旋转的基点，即进入"旋转"模式。

步骤 01 可以接着"实战162"进行操作，也可以打开"实战162 利用夹点移动图形-OK.dwg"素材文件进行操作。

步骤 02 框选左侧螺纹孔 C，显示其夹点，如图3-195所示。

步骤 03 单击激活圆心夹点，连按两次 Enter 键，进入"旋转"模式，在命令行中输入-45，如图3-196所示，将螺纹线调整为正确的方向。

步骤 04 使用相同的方法对其他螺纹孔进行调整，效果如图3-197所示。

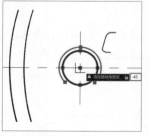

图 3-195　选择螺纹孔 C

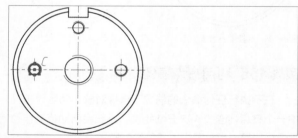
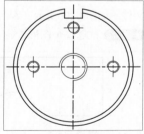

图 3-196　利用夹点旋转对象　　　图 3-197　旋转之后的效果

实战 164　利用夹点缩放图形

在不执行任何命令的情况下选择对象，然后单击其中一个夹点，连按 3 次 Enter 键，系统会自动将其作为缩放的基点，即进入"缩放"模式。

步骤 01 可以接着"实战163"进行操作，也可以打开"实战163 利用夹点旋转图形-OK.dwg"素材文件进行操作。

步骤 02 框选中心的螺纹孔，显示其夹点，如图3-198所示。

步骤 03 单击激活圆心夹点，连按3次Enter键，注意命令行提示，进入"缩放"模式，设置比例因子为2，缩放螺纹孔，如图3-199所示。命令行提示如下。

```
** MOVE **
          //进入"移动"模式
指定移动点 或 [基点(B)/复制(C)/放弃(U)/退出(X)]:↙
** ROTATE (多个) **
          //进入"旋转"模式
指定移动点 或 [基点(B)/复制(C)/放弃(U)/退出(X)]:↙
** 比例缩放 **
          //进入"缩放"模式
指定比例因子或 [基点(B)/复制(C)/放弃(U)/参照(R)/退出(X)]:
2↙      //指定比例因子
```

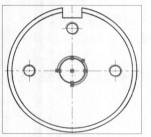 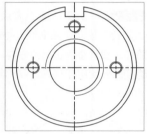

图 3-198 选择中心的螺纹孔　　图 3-199 利用夹点缩放对象

实战 165 利用夹点镜像图形

在不执行任何命令的情况下选择对象，然后单击其中一个夹点，连按 4 次 Enter 键，系统会自动将其作为镜像线的第一点，即进入"镜像"模式。

步骤 01 打开"实战165 利用夹点镜像图形.dwg"素材文件，如图3-200所示。

步骤 02 框选整个图形，显示其夹点，如图3-201所示。

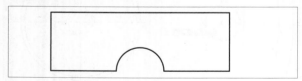

图 3-200 素材图形

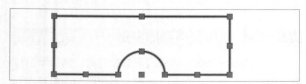

图 3-201 选择整个图形

步骤 03 单击左下角的夹点，连按4次Enter键，注意命令行提示，进入"镜像"模式，水平向右移动并指定一点，创建镜像图形，如图3-202所示。

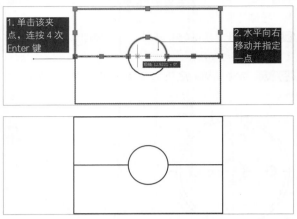

图 3-202 利用夹点镜像图形

实战 166 利用夹点复制图形

选中夹点后按 Enter 键，进入"移动"模式，然后在命令行中输入 C，即可进入"复制"模式。

步骤 01 可以接着"实战165"进行操作，也可以打开"实战165 利用夹点镜像图形-OK.dwg"素材文件进行操作。

步骤 02 框选正中心的圆，显示其夹点，如图3-203所示。

步骤 03 单击激活圆心夹点，按Enter键，进入"移动"模式，然后在命令行中输入C，选择"复制"选项，接着将所选择的圆复制至外围矩形的4个角点，如图3-204所示。命令行提示如下。

```
** MOVE **
          //进入"移动"模式
指定移动点 或 [基点(B)/复制(C)/放弃(U)/退出(X)]:C↙
          //选择"复制"选项
** MOVE (多个) **
          //进入"复制"模式
指定移动点 或 [基点(B)/复制(C)/放弃(U)/退出(X)]:↙
          //指定放置点，并按Enter键完成操作
```

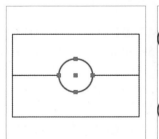 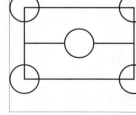

图 3-203 选择圆　　图 3-204 利用夹点复制对象

3.5　本章小结

　　本章介绍了编辑二维图形的方法，包括图形的编辑与重复、图案填充及通过夹点编辑图形。通过学习并掌握这些知识，读者能够补充绘图技巧，加快绘图速度。

　　其中，图形的编辑为重点内容，如移动图形、旋转图形及缩放图形等。在绘图的过程中，需要频繁地进行编辑操作以更改图形或者创建新图形。假如不了解编辑图形的方法，绘图工作将无法进行。

　　此外，创建图形副本可以避免重复绘制相同的图形，节省绘图时间。填充图案不仅能标示重点区域，还能表现材料类型。设置填充角度、填充比例及填充图案，可以得到不同的填充效果。

　　利用夹点编辑图形与使用命令编辑图形相比，难度更高。但是，只要掌握了编辑命令的使用方法，就可以在此基础上运用夹点来进行编辑操作。

3.6　课后习题

一、理论题

1. "移动"命令对应的工具按钮是（　　）。

A. ✛　　　　　　　　B. ⬚　　　　　　　　C. ↻　　　　　　　　D. ✎

2. 执行"旋转"命令时，输入 C，可以（　　）并旋转图形。

A. 移动　　　　　　　B. 修剪　　　　　　　C. 复制　　　　　　　D. 拉长

3. 参照缩放图形时，需要指定（　　）长度和（　　）长度。

A. 基本、对照　　　　B. 参照、新的　　　　C. 原有、更新　　　　D. 历史、当前

4. 打断图形时，在命令行输入（　　），可以指定第一个打断点。

A. R　　　　　　　　B. T　　　　　　　　C. F　　　　　　　　D. W

5. 除了执行"删除"命令删除图形，还可以按（　　）键删除图形。

A. Esc　　　　　　　B. Tab　　　　　　　C. Delete　　　　　　D. Shift

6. 创建倒角时，如果要保留原轮廓线，需要在命令行中输入（　　），进入（　　）模式。

A. R、半径　　　　　B. T、不修剪　　　　C. E、旋转　　　　　D. X、删除

7. 执行"路径阵列"命令复制图形时，必须要有（　　）。

A. 路径　　　　　　　B. 圆心　　　　　　　C. 旋转角度　　　　　D. 移动基点

8. "镜像"命令对应的工具按钮是（　　）。

A. ⚠　　　　　　　　B. ⊂　　　　　　　　C. 品　　　　　　　　D. ⟊

9. 执行"图案填充"命令后，在命令行中输入（　　），可以打开"图案填充和渐变色"对话框。

A. R　　　　　　　　B. W　　　　　　　　C. T　　　　　　　　D. G

10. 激活图形夹点后，连按（　　）次 Enter 键可以进入"缩放"模式。

A. 2　　　　　　　　B. 3　　　　　　　　C. 4　　　　　　　　D. 5

二、操作题

1. 执行"直线""圆""偏移""修剪""复制"等命令，绘制沉头螺钉示意图，如图3-205所示。

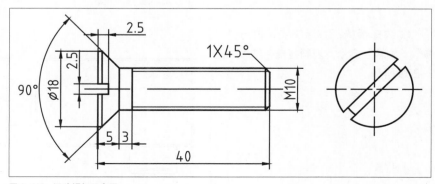

图 3-205　沉头螺钉示意图

2.执行"修剪"命令或者"打断"命令，修剪图形，完善装饰图案，如图3-206所示。

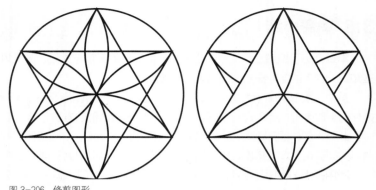

图 3-206　修剪图形

3.执行"矩形阵列"命令，复制墙面装饰图案，如图 3-207 所示。

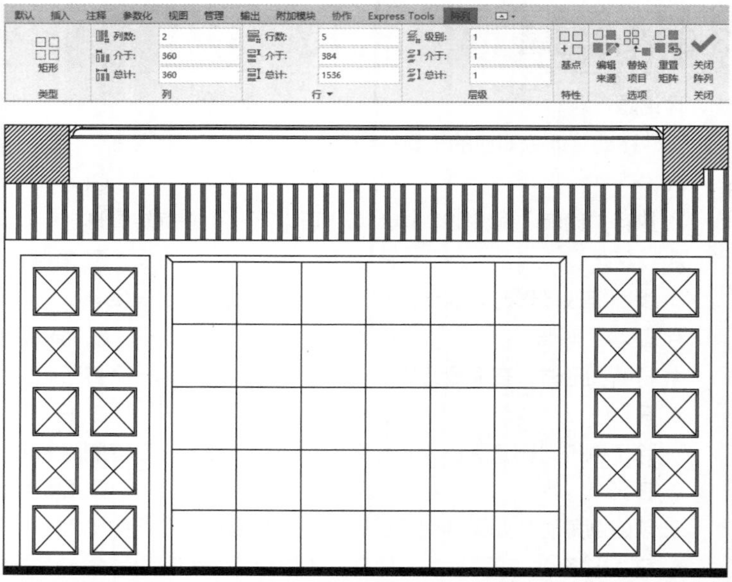

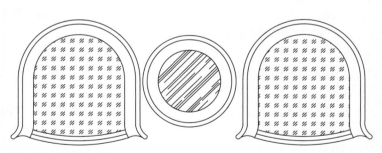

图 3-207　阵列图形

4.执行"图案填充"命令，为组合桌椅填充图案，如图 3-208 所示。填充参数请查看配套资源中的"操作题－填充图案.dwg"文件。

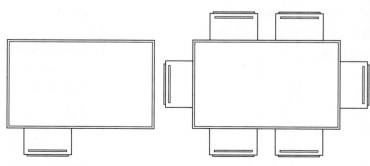

图 3-208　填充组合桌椅

5.选择餐椅，激活夹点，执行"镜像""旋转"命令，复制餐椅，结果如图3-209 所示。

图 3-209　复制餐椅

第 **4** 章

图形的标注

本章内容概述 ————————————————————————————————————

使用AutoCAD进行绘图时，要明确一点：图形中的线条长度并不代表物体的真实尺寸，一切数值应以标注为准。无论是零件加工还是建筑施工，依据的是图纸中标注的尺寸值，因而尺寸标注是绘图中非常重要的部分。一些成熟的设计师在现场或无法使用AutoCAD的场合，会直接用笔在纸上手绘出一张草图，图不一定要画得好看，但记录的数据要力求准确。

对于不同的对象，其定位所需的尺寸类型也不同。AutoCAD 2022提供了一套完整的尺寸标注命令，可以标注直径、半径、角度、线段及圆心位置等对象，还可以标注引线、形位公差等辅助说明。

本章知识要点 ————————————————————————————————————

- 尺寸标注的组成
- 引线标注
- 创建尺寸标注
- 编辑标注

4.1 尺寸标注的组成

尺寸标注在 AutoCAD 中是一个复合体,以块的形式存储在图形中。对于不同的对象,其定位所需的尺寸类型也不同。因此在了解标注命令之前,需要先了解标注的组成。在 AutoCAD 中,一个完整的尺寸标注由"尺寸界线""尺寸线""尺寸箭头""尺寸文字"4 个要素构成,如图 4-1 所示。AutoCAD 的尺寸标注命令和样式设置,都是围绕着这 4 个要素进行的。

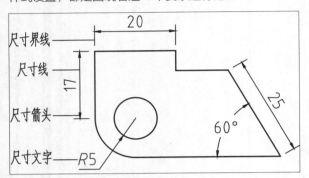

图 4-1 尺寸标注的组成要素

各组成要素的作用与含义分别如下。

◆ 尺寸界线: 尺寸界线表示所标注尺寸的起止范围,一般从图形的轮廓线、轴线或对称中心线处引出。

◆ 尺寸箭头: 尺寸箭头也称为标注符号,显示在尺寸线的两端,用于指定标注的起始位置,AutoCAD 默认使用闭合的填充箭头作为标注符号。此外,AutoCAD 还提供了多种箭头符号,以满足不同行业的绘图需要,如建筑制图的箭头以 45° 的粗短斜线表示,而机械制图的箭头以实心三角形箭头表示等。

◆ 尺寸线: 表明标注的方向和范围,通常与所标注对象平行,放在两条延伸线之间,一般情况下为线段,但在标注角度时,尺寸线呈圆弧形。

◆ 尺寸文字: 表明标注图形的实际尺寸,通常位于尺寸线上方或中断处。在进行尺寸标注时,AutoCAD 会自动生成所标注对象的尺寸数值,也可以对标注的文字进行修改、添加等编辑操作。

实战 167 新建标注样式

标注样式用来控制标注的外观,如箭头样式、文字的大小和尺寸公差等。在同一个 AutoCAD 文档中,可以同时定义多个不同的标注样式。

步骤 01 启动AutoCAD 2022,新建一个空白文档。

步骤 02 在"默认"选项卡中,单击"注释"面板中的"标注样式"按钮 ,如图4-2所示;或在"注释"选

项卡的"标注"面板中单击右下角的"标注样式"按钮 ,如图4-3所示。

图 4-2 "注释"面板中的"标注样式"按钮

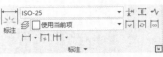

图 4-3 "标注"面板中的"标注样式"按钮

步骤 03 执行"标注样式"命令后,系统弹出"标注样式管理器"对话框,如图4-4所示。

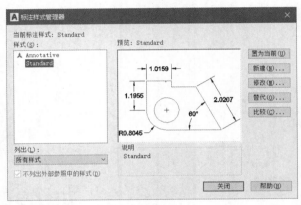

图 4-4 "标注样式管理器"对话框

步骤 04 单击"新建"按钮,系统弹出"创建新标注样式"对话框。新建标注样式时,可以在"新样式名"文本框中输入新样式的名称,如"尺寸标注样式",如图4-5所示。在"基础样式"下拉列表中选择一种基础样式,新的样式将在该样式的基础上进行修改。

图 4-5 "创建新标注样式"对话框

> **提示**
>
> 如果勾选其中的"注释性"复选框,则可将标注定义成可注释对象。

步骤 05 设置了新样式的名称、基础样式和适用范围后,单击该对话框中的"继续"按钮,系统弹出"新建标注样式:尺寸标注样式"对话框,可以设置标注中的线、符号和箭头、文字、换算单位等内容,如图4-6所示。

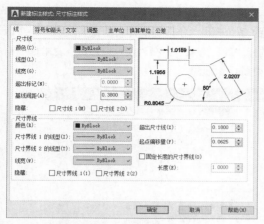

图 4-6　"新建标注样式：尺寸标注样式"对话框

实战 168　设置尺寸线超出

尺寸线超出一般指尺寸线超出尺寸界线的部分（水平方向超出）。当尺寸线的箭头采用倾斜、建筑标记、小点、积分或无标记等样式时，便可以设置尺寸线超出延伸线的长度。

步骤 01　启动AutoCAD 2022，打开"实战168 设置尺寸线超出.dwg"素材文件，素材图形如图4-7所示。

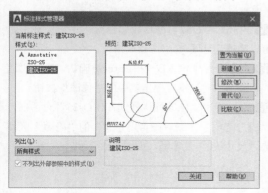

图 4-7　素材图形

步骤 02　建筑标记中尺寸线应该超出尺寸界线一定范围。因此可在"默认"选项卡中单击"注释"面板上的"标注样式"按钮，打开"标注样式管理器"对话框，单击其中的"修改"按钮，如图4-8所示。

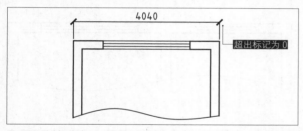

图 4-8　"标注样式管理器"对话框

步骤 03　系统弹出"修改标注样式：建筑ISO-25"对话框，选择"线"选项卡，然后在"超出标记"文本框中输入1，如图4-9所示。

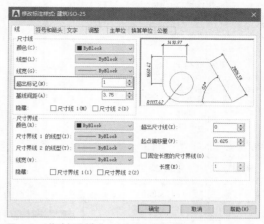

图 4-9　"修改标注样式：建筑 ISO-25"对话框

步骤 04　单击"确定"按钮，返回绘图区，可见图形标注的尺寸线超出了尺寸界线，如图4-10所示。

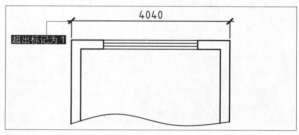

图 4-10　尺寸线超出尺寸界线的效果

实战 169　设置尺寸界线超出

尺寸界线超出是指尺寸界线超出尺寸线的部分（竖直方向超出），一般与尺寸线超出配合使用。

步骤 01　可以接着"实战168"进行操作，也可以打开"实战168 设置尺寸线超出-OK.dwg"素材文件进行操作。

步骤 02　在命令行中输入D，按Enter键确认，同样可以打开"标注样式管理器"对话框，单击其中的"修改"按钮。

步骤 03　系统弹出"修改标注样式：建筑ISO-25"对话框，选择"线"选项卡，然后在"超出尺寸线"文本框中输入1，如图4-11所示。

步骤 04　单击"确定"按钮，返回绘图区，可见图形标注的尺寸界线超出了尺寸线，如图4-12所示。

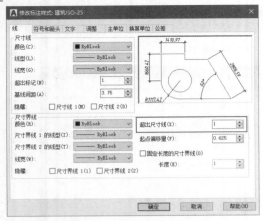

图 4-11 "修改标注样式：建筑 ISO-25"对话框

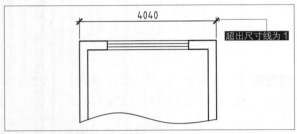

图 4-12 尺寸界线超出尺寸线的效果

> **提示**
>
> 建筑标注中"超出标记"与"超出尺寸线"的数值一般设置为相同大小。

实战 170 设置标注的起点偏移

为了区分尺寸标注和被标注的对象，应使尺寸界线与标注对象互不接触，可以通过设置"起点偏移量"来实现该效果。此方法在室内平面图的标注中使用较多。

步骤 01 启动AutoCAD 2022，打开"实战170 设置标注的起点偏移.dwg"素材文件，素材图形表现的是室内平面图的局部，如图4-13所示。

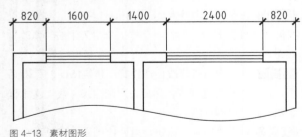

图 4-13 素材图形

步骤 02 在"默认"选项卡中，单击"注释"面板中的"标注样式"按钮，打开"标注样式管理器"对话

框，单击其中的"修改"按钮。

步骤 03 系统弹出"修改标注样式：建筑ISO-25"对话框，选择"线"选项卡，在"起点偏移量"文本框中输入5，如图4-14所示。

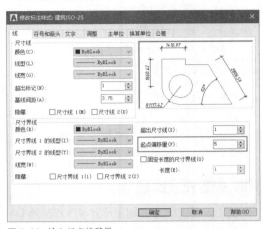

图 4-14 输入起点偏移量

步骤 04 单击"确定"按钮，返回绘图区，可见图形标注均从起点处向上偏移了一定距离，如图4-15所示。

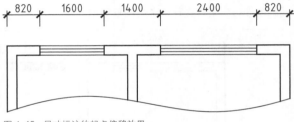

图 4-15 尺寸标注的起点偏移效果

实战 171 隐藏尺寸线

有时图形对象与尺寸标注会互相重叠，这样不利于工作人员查看图纸，因此可以将尺寸线隐藏。

步骤 01 启动AutoCAD 2022，打开"实战171 隐藏尺寸线.dwg"素材文件，其中是一个活塞零件的半剖图，如图4-16所示。

步骤 02 内孔尺寸Ø32与图形轮廓重叠，不方便观察，因此可以隐藏尺寸线。

步骤 03 在命令行中输入D，按Enter键确认，打开"标注样式管理器"对话框，单击其中的"修改"按钮。

步骤 04 系统弹出"修改标注样式：ISO-25"对话框，选择"线"选项卡，然后在"尺寸线"的"隐藏"区域中勾选"尺寸线2"复选框，如图4-17所示。

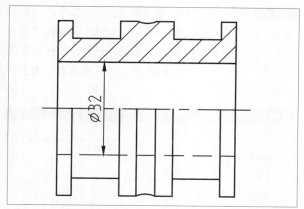

图 4-16　素材图形

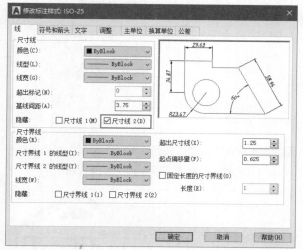

图 4-17　勾选"尺寸线 2"复选框

步骤 05 单击"确定"按钮，返回绘图区，Ø32尺寸线如图4-18所示。如果同时勾选"尺寸线1"复选框，则图形如图4-19所示。

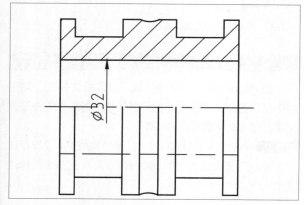

图 4-18　隐藏一侧尺寸线之后的图形

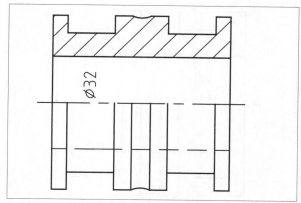

图 4-19　隐藏两侧尺寸线之后的图形

实战 172　隐藏尺寸界线

在"实战 171"中，没有对尺寸界线进行隐藏，因此在图 4-18 中可见尺寸的下方仍残存部分尺寸界线。

步骤 01 可以接着"实战171"进行操作，也可以打开"实战171 隐藏尺寸线-OK.dwg"素材文件进行操作。

步骤 02 在命令行中输入D，按Enter键确认，打开"标注样式管理器"对话框，单击其中的"修改"按钮。

步骤 03 系统弹出"修改标注样式：ISO-25"对话框，选择"线"选项卡，然后在"尺寸界线"的"隐藏"区域中勾选"尺寸界线1"和"尺寸界线2"复选框，如图4-20所示。

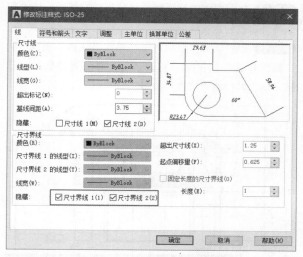

图 4-20　勾选"尺寸界线1"和"尺寸界线2"复选框

步骤 04 单击"确定"按钮，返回绘图区，可见Ø32标注下方的尺寸界线也被隐藏，如图4-21所示。

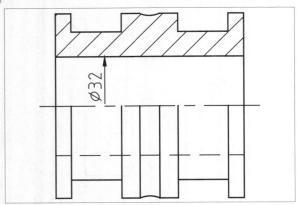

图 4-21 隐藏尺寸界线后的图形

提示

如果要隐藏尺寸线，要注意隐藏相对应的尺寸界线。

实战 173 设置标注箭头

通常情况下，尺寸线的两个箭头应一致。但为了适应不同类型的图形标注需要，AutoCAD 2022 设置了20 多种箭头样式。

步骤 01 启动AutoCAD 2022，打开"实战173 设置标注箭头.dwg"素材文件，如图4-22所示，图中是别墅的立面图。

步骤 02 立面图中的尺寸标注宜使用建筑标准，因此箭头符号需改为建筑标记。

步骤 03 在"默认"选项卡中，单击"注释"面板中的"标注样式"按钮，打开"标注样式管理器"对话框，单击其中的"修改"按钮。

图 4-22 素材图形

步骤 04 系统弹出"修改标注样式：ISO-25"对话框，选择"符号和箭头"选项卡，在"箭头"区域的"第一个""第二个"下拉列表中分别选择"建筑标记"选项，在"箭头大小"文本框中输入2，指定箭头大小，如图4-23所示。

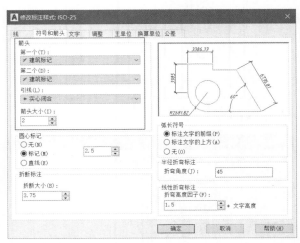

图 4-23 设置箭头符号和大小

步骤 05 单击"确定"按钮，返回绘图区，可见图形中标注的箭头符号均变为建筑标记，如图4-24所示。

图 4-24 修改箭头符号之后的图形

实战 174 设置标注文字

在 AutoCAD 2022 中，在"修改标注样式"对话框中可以选择文字样式，也可以单独设置文字的外观、文字位置和文字的对齐方式等。

步骤 01 启动AutoCAD 2022，打开"实战174 设置标注文字.dwg"素材文件，如图4-25所示，可见图中的标注文字过小。

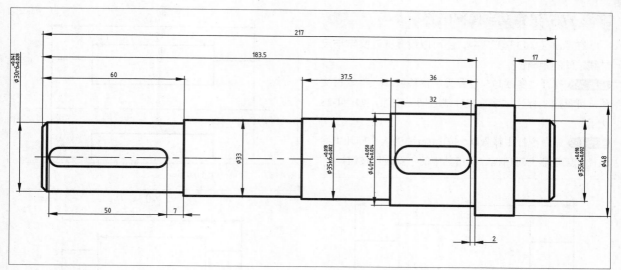

图 4-25 素材文件

步骤 02 在命令行中输入D，按Enter键确认，打开"标注样式管理器"对话框，单击其中的"修改"按钮。

步骤 03 系统弹出"修改标注样式：ISO-25"对话框，选择"文字"选项卡，在"文字高度"文本框中输入新的高度5，如图4-26所示。

步骤 04 单击"确定"按钮，返回绘图区，可见标注文字明显增大，便于观看，如图4-27所示。

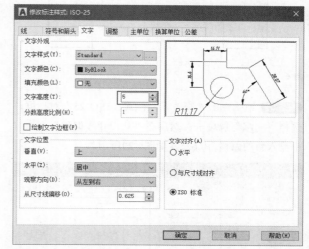

图 4-26 设置新的文字高度

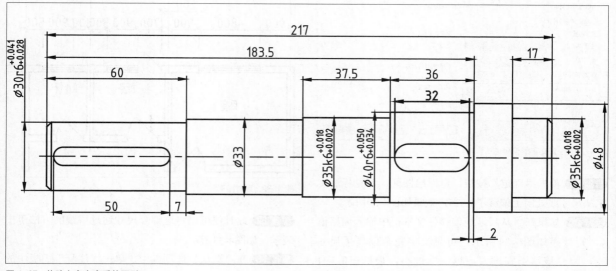

图 4-27 修改文字高度后的图形

实战 175 设置文字偏移值

在 AutoCAD 2022 中，还可以设置标注文字与尺寸线之间的距离。

步骤 01 打开"实战175 设置文字偏移值.dwg"素材文件，可见图中标注文字与尺寸线之间无空隙，如图4-28所示。

步骤 02 在命令行中输入D，按Enter键确认，打开"标注样式管理器"对话框，单击其中的"修改"按钮。

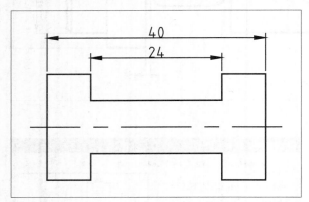

图 4-28 素材文件

步骤 03 系统弹出"修改标注样式：ISO-25"对话框，选择"文字"选项卡，然后在"从尺寸线偏移"文本框中输入新的偏移值0.625，如图4-29所示。

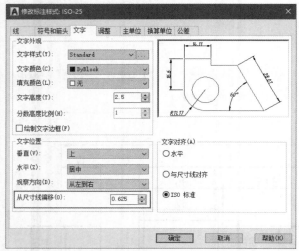

图 4-29 设置文字的偏移值

步骤 04 单击"确定"按钮，返回绘图区，可见标注文字从尺寸线处向上偏移了0.625，效果如图4-30所示。

步骤 05 如果在"从尺寸线偏移"文本框中输入偏移值4，则效果如图4-31所示，可见文字完全偏离了尺寸线，因此该值不宜过大，也不宜过小，最好在0.5~1内，一般设置为0.625。

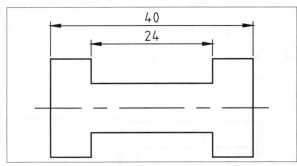

图 4-30 文字偏移值为 0.625

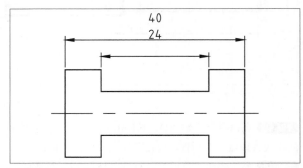

图 4-31 文字偏移距离为 4

实战 176 设置标注的引线

在建筑、室内的平面图绘制过程中，经常会出现大量尺寸标注相邻的情况。如果其中有的尺寸字号过小或被遮挡，难免会显示不清楚，这时便可以设置带引线的标注来进行表示。

步骤 01 打开"实战176 设置标注的引线.dwg"素材文件，如图4-32所示，可见图中的标注排列得相当紧密，而且右侧的3个500的尺寸部分被遮盖，有碍审阅。

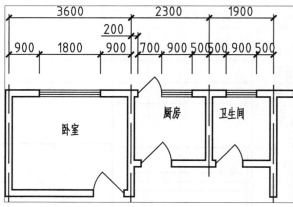

图 4-32 素材图形

步骤 02 此时便可以将这部分尺寸通过引线的方法引出表示，如图4-33所示。

步骤 03 在"默认"选项卡中，单击"注释"面板中的"标注样式"按钮，打开"标注样式管理器"对话框，单击其中的"修改"按钮。

步骤 04 系统弹出"修改标注样式：建筑ISO-25"对话框，选择"调整"选项卡，在"文字位置"区域中选择"尺寸线上方，带引线"单选按钮，如图4-34所示。

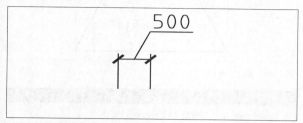

图 4-33 引出尺寸线标注尺寸

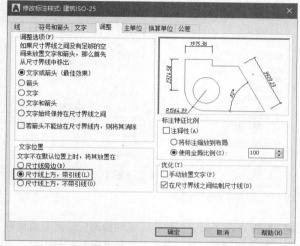

图 4-34 选择"尺寸线上方，带引线"单选按钮

步骤 05 单击"确定"按钮，返回绘图区，可见图形标注并没有发生明显变化，但如果对其进行编辑操作，便会发现不同。

步骤 06 将十字光标置于第一个500尺寸处并单击，单击其中的中点夹点，将标注文字拉伸至与左侧200尺寸同一高度，如图4-35所示。

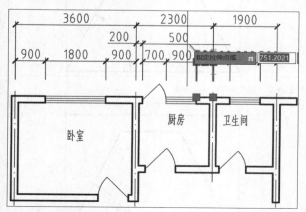

图 4-35 拉伸标注文字

步骤 07 使用相同的方法，对其他的500尺寸进行拉伸，最终效果如图4-36所示。

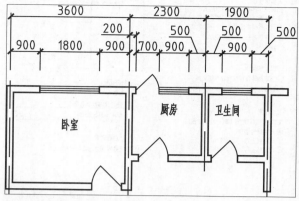

图 4-36 拉伸其他标注文字

实战 177 设置全局比例

在 AutoCAD 2022 中，如果图纸标注中的文字和箭头都过小，那么可以通过设置全局比例的方式来进行调整。

步骤 01 打开"实战177 设置全局比例.dwg"素材文件，如图4-37所示，可见图中的标注文字和箭头符号均过小。

步骤 02 在命令行中输入D，按Enter键确认，打开"标注样式管理器"对话框，单击其中的"修改"按钮。

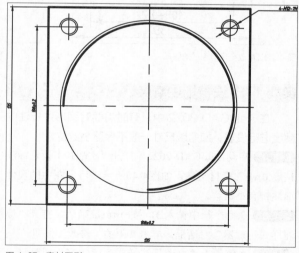

图 4-37 素材图形

步骤 03 系统弹出"修改标注样式：ISO-25"对话框，选择"调整"选项卡，然后在"使用全局比例"文本框中输入新的比例值3.5，如图4-38所示。

步骤 04 单击"确定"按钮，返回绘图区，可见图形中的标注文字和箭头符号均被放大，如图4-39所示。

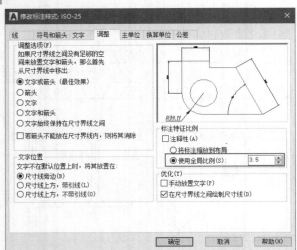

图 4-38 设置全局比例

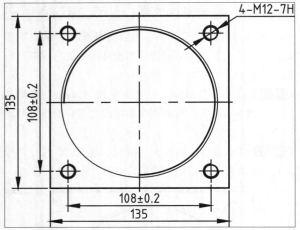

图 4-39 修改全局比例后的图形

实战 178 设置标注精度

在 AutoCAD 2022 中，有时需要对图形中标注的精度进行设置，如角度尺寸一般不保留小数位。

步骤 01 启动AutoCAD 2022，打开"实战178 设置标注精度.dwg"素材文件，如图4-40所示，可见图中的尺寸标注带有小数位。

步骤 02 在命令行中输入D，按Enter键确认，打开"标注样式管理器"对话框，单击其中的"修改"按钮。

步骤 03 系统弹出"修改标注样式：ISO-25"对话框，选择"主单位"选项卡，在"角度标注"区域中设置"精度"为0，如图4-41所示。

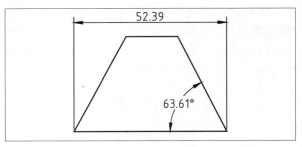

图 4-40 素材文件

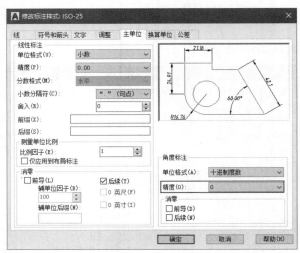

图 4-41 设置角度标注的精度

步骤 04 单击"确定"按钮，返回绘图区，可见角度标注小数点后的数值被四舍五入，效果如图4-42所示。

步骤 05 如果在"主单位"选项卡中设置"线性标注"区域中的"精度"为0，则效果如图4-43所示。但一般线性标注都需要保留两位小数，所以不推荐对其进行修改。

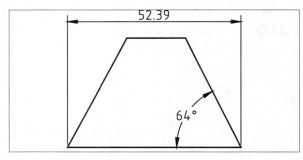

图 4-42 修改角度标注的精度

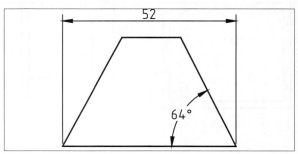

图 4-43 修改线性标注的精度

实战 179　标注尾数消零

如果图形的尺寸本身为一个整数（如 123），但精度设置了保留两位小数，那么会显示"123.00"，这显然不符合工程制图的规范，因此可以设置尾数消零来去除整数位后面的 0。

步骤 01 打开"实战179 标注尾数消零.dwg"素材文件，图中标注了线性尺寸150.00，如图4-44所示。

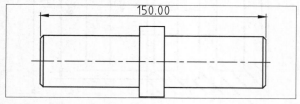

图 4-44　素材文件

步骤 02 在命令行中输入D，按Enter键确认，打开"标注样式管理器"对话框，单击其中的"修改"按钮。

步骤 03 系统弹出"修改标注样式：ISO-25"对话框，选择"主单位"选项卡，在"消零"区域中勾选"后续"复选框，如图4-45所示。

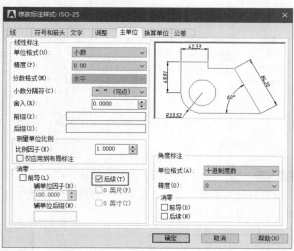

图 4-45　勾选"后续"复选框

步骤 04 单击"确定"按钮，返回绘图区，可见线性标注的小数点位后被消零，效果如图4-46所示。

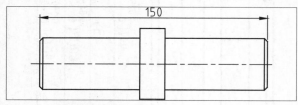

图 4-46　尾数消零的效果

实战 180　设置标注的单位换算　★进阶★

在设计工作中有时会碰到国外的图纸，此时就必须注意图纸上的尺寸是"公制"还是"英制"。1 in（英寸）≈ 25.4 mm（毫米），因此英制尺寸换算为公制尺寸需放大 25.4 倍，公制尺寸换算为英制尺寸需缩小为原来的 1/25.4（约 0.0393701）。

步骤 01 打开"实战180 设置标注的单位换算.dwg"素材文件，其中已绘制好了一个法兰零件图形，并且添加了公制尺寸标注，如图4-47所示。

步骤 02 单击"注释"面板中的"标注样式"按钮，打开"标注样式管理器"对话框，选择当前正在使用的"ISO-25"标注样式，单击"修改"按钮，如图4-48所示。

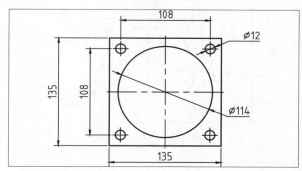

图 4-47　素材文件

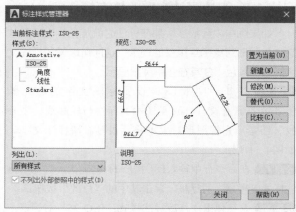

图 4-48　"标注样式管理器"对话框

步骤 03 打开"修改标注样式：ISO-25"对话框，切换到"换算单位"选项卡，勾选"显示换算单位"复选框，然后在"换算单位倍数"文本框中输入0.0393701，即毫米换算至英寸的比例值，在"位置"区域选择换算尺寸的放置位置，如图4-49所示。

步骤 04 单击"确定"按钮，返回绘图区，可见在原标注区域的指定位置添加了带方括号的数值，该值即为英制尺寸，如图4-50所示。

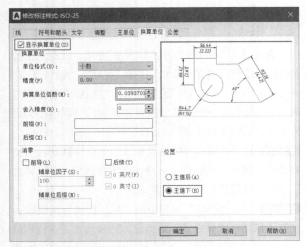

图 4-49 设置尺寸换算单位

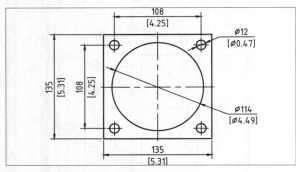

图 4-50 添加换算尺寸之后的标注

实战181 设置标注文字的填充颜色 ★进阶★

如果图中内容很多，那在标注时就难免会出现尺寸文字与图形对象相互重叠的现象，这时可以设置标注文字的填充颜色，使其在图中突出显示。

步骤 01 打开"实战181 设置标注文字的填充颜色.dwg"素材文件，可见图中的标注与轮廓线、中心线、图案填充等图形对象重叠，很难看清标注文字，如图4-51所示。

步骤 02 在命令行中输入D，按Enter键确认，打开"标注样式管理器"对话框，单击其中的"修改"按钮。

步骤 03 系统弹出"修改标注样式：ISO-25"对话框，选择"文字"选项卡，在"填充颜色"下拉列表中选择"背景"选项，如图4-52所示。

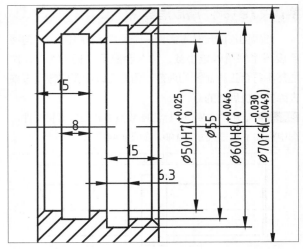

图 4-51 素材文件

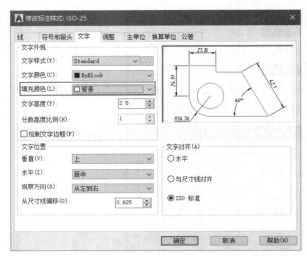

图 4-52 选择"背景"选项

步骤 04 单击"确定"按钮，返回绘图区，可见各图形对象在标注文字处自动被"打断"，标注文字得以突出显示，效果如图4-53所示。

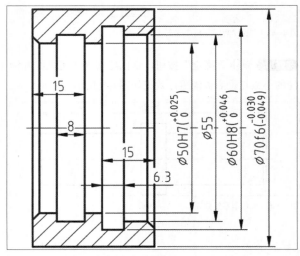

图 4-53 设置标注文字填充颜色后的效果

4.2 创建尺寸标注

为了使用户能够更方便、快捷地标注图纸中各个方向和形式的尺寸，AutoCAD 2022 提供了智能标注、线性标注、基线标注、角度标注和弧长标注等多种标注方法。掌握这些标注方法可以为各种图形灵活地添加尺寸标注，使其成为生产制造或施工的依据。

下面对 AutoCAD 2022 中的各种标注方法进行说明。

实战 182　创建智能标注

"智能标注"命令为 AutoCAD 2022 的新增功能，用于根据选定的对象自动创建相应的标注。例如选择一条线段，则创建线性标注；选择一段圆弧，则创建半径标注。其可以看作以前"快速标注"命令的加强版。

步骤 01 打开"实战182 创建智能标注.dwg"素材文件，其中已绘制好了示例图形，如图4-54所示。

步骤 02 在"默认"选项卡中，单击"注释"面板中的"标注"按钮，如图4-55所示，执行"智能标注"命令。

步骤 03 移动十字光标至图形上方的水平线段，系统将自动生成线性标注，如图4-56所示。

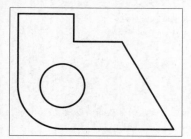

图 4-54　素材文件

图 4-55　"注释"面板中的"标注"按钮

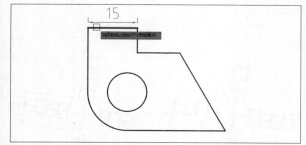

图 4-56　标注水平尺寸

步骤 04 放置好步骤03创建的尺寸，即可继续执行"智能标注"命令。选择图形左侧的竖直线段，即可得到图4-57所示的竖直尺寸。

步骤 05 放置好竖直尺寸，接着选择左下角的圆弧段，

即可创建半径标注，如图4-58所示。

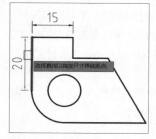

图 4-57　标注竖直尺寸　　图 4-58　标注半径尺寸

步骤 06 放置好半径尺寸，继续执行"智能标注"命令。选择图形底边的水平线，然后不要放置标注，直接选择右侧的斜线，即可创建角度标注，如图4-59所示。

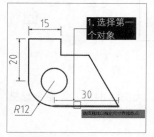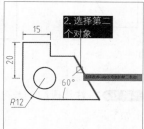

图 4-59　标注角度尺寸

步骤 07 放置角度标注之后，移动十字光标至右侧的斜线，得到图4-60所示的对齐标注。

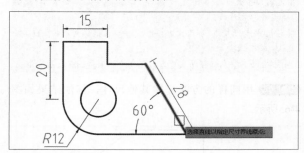

图 4-60　标注对齐尺寸

步骤 08 按Enter键结束"智能标注"命令，最终标注结果如图4-61所示。读者也可自行使用"线性""半径"等传统命令来创建标注，以比较两种方法之间的异同，选择自己习惯的一种。

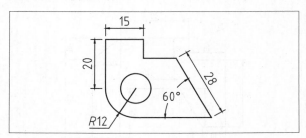

图 4-61　最终效果

实战 183 标注线性尺寸

　　"线性标注"命令用于标注对象的水平或垂直尺寸。即使标注对象是倾斜的，仍生成水平或竖直方向的标注。

步骤 01 打开"实战183 标注线性尺寸.dwg"素材文件，如图4-62所示。

步骤 02 单击"注释"面板中的"线性"按钮，如图4-63所示，执行"线性"标注命令。

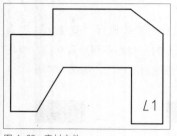

图 4-62　素材文件

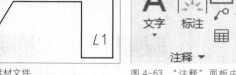

图 4-63　"注释"面板中的"线性"按钮

步骤 03 标注线段L1的长度，如图4-64所示。命令行提示如下。

```
命令: _dimlinear
//调用"线性标注"命令
指定第一个尺寸界线原点或 <选择对象>:
//捕捉并单击线段L1上端点
指定第二条尺寸界线原点:
//捕捉并单击线段L1下端点
指定尺寸线位置或[多行文字(M)/文字(T)/角度(A)/水平(H)/垂直(V)/旋转(R)]:
//向右拖动十字光标移动尺寸线，在合适位置单击以放置尺寸线
```

步骤 04 用同样的方法标注其他尺寸，标注结果如图4-65所示。

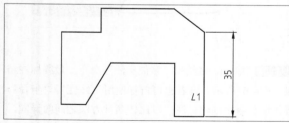

图 4-64　标注线段L1的长度

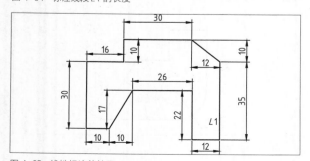

图 4-65　线性标注的结果

实战 184 标注对齐尺寸

　　在对线段进行标注时，如果该线段的倾斜角度未知，那么使用"线性标注"命令仅能得到水平尺寸，而无法得出线段的绝对长度。这时可以使用"对齐标注"命令来获取准确的测量值。

步骤 01 打开"实战184 标注对齐尺寸.dwg"素材文件，如图4-66所示。

步骤 02 单击"注释"面板中的"已对齐"按钮，如图4-67所示，执行"对齐标注"命令。

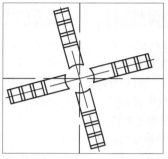

图 4-66　素材文件

图 4-67　"注释"面板中的"已对齐"按钮

步骤 03 标注尺寸如图4-68所示。命令行提示如下。

```
命令: _dimaligned
//调用"对齐标注"命令
指定第一个尺寸界线原点或 <选择对象>:
//捕捉并单击线段L1上任意一点
指定第二条尺寸界线原点:
//捕捉并单击中心线L2上的垂足
指定尺寸线位置或
[多行文字(M)/文字(T)/角度(A)]:
//拖动十字光标，在合适的位置单击以放置尺寸线
标注文字 = 50
```

步骤 04 按同样的方法标注其他对齐尺寸，如图4-69所示。

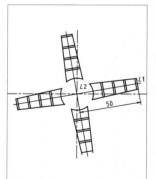

图 4-68　标注对齐尺寸

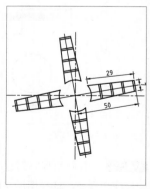

图 4-69　对齐标注的结果

实战 185　标注角度尺寸

利用"角度标注"命令不仅可以标注两条成一定角度的线段或 3 个点之间的夹角，还可以标注圆弧的圆心角。

步骤 01 打开"实战185 标注角度尺寸.dwg"素材文件，如图4-70所示。

步骤 02 在"注释"选项卡中，单击"标注"面板中的"角度"按钮△，执行"角度标注"命令，如图4-71所示。

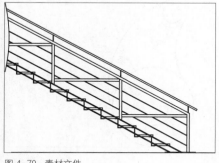

图 4-70　素材文件

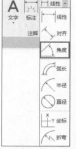

图 4-71　"注释"面板中的"角度"按钮

步骤 03 分别选择楼梯倾角的两条边线进行标注，如图4-72所示。命令行提示如下。

```
命令:_dimangular
                    //调用"角度标注"命令
选择圆弧、圆、直线或 <指定顶点>:
                    //选择线段L1
选择第二条直线:
                    //选择线段L2
指定标注弧线位置或 [多行文字(M)/文字(T)/角度(A)/象限点(Q)]:
                    //指定尺寸线位置
```

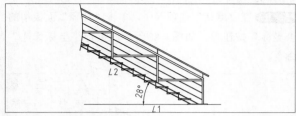

图 4-72　角度标注结果

实战 186　标注弧长尺寸

弧长是圆弧沿其曲线方向的长度，即展开长度。"弧长标注"命令用于标注圆弧、椭圆弧或者其他弧线的长度。

步骤 01 打开"实战186 标注弧长尺寸.dwg"素材文件，如图4-73所示。

步骤 02 在"注释"选项卡中，单击"标注"面板中的"弧长"按钮，如图4-74所示，执行"弧长标注"命令。

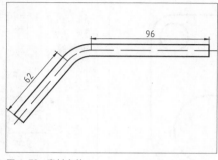

图 4-73　素材文件

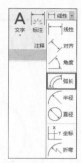

图 4-74　"注释"面板中的"弧长"按钮

步骤 03 标注连接处的弧长，如图4-75所示。命令行提示如下。

```
命令:_dimarc
                    //调用"弧长标注"命令
选择弧线段或多段线圆弧段:
                    //选择圆弧S1
指定弧长标注位置或 [多行文字(M)/文字(T)/角度(A)/部分(P)/引线(L)]:
                    //指定尺寸线的位置
```

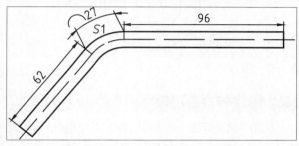

图 4-75　弧长标注结果

实战 187　标注半径尺寸

利用"半径标注"命令可以快速标注圆或圆弧的半径大小，系统会自动在标注值前添加半径符号"R"。

步骤 01 打开"实战187 标注半径尺寸.dwg"素材文件，如图4-76所示。

步骤 02 在"注释"选项卡中，单击"标注"面板中的"半径"按钮，如图4-77所示。

步骤 03 标注圆弧半径，如图4-78所示。命令行提示如下。

```
命令:_dimradius
                    //调用"半径标注"命令
选择圆弧或圆:
                    //选择标注对象
指定尺寸线位置或 [多行文字(M)/文字(T)/角度(A)]:
                    //指定标注的位置
```

图 4-76　素材文件

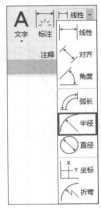

图 4-77　"注释"面板中的"半径"按钮

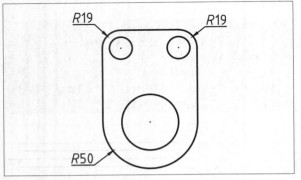

图 4-78　半径标注结果

实战 188　标注直径尺寸

利用"直径标注"命令可以标注圆或圆弧的直径大小，系统会自动在标注值前添加直径符号"∅"。

步骤 01 打开"实战188 标注直径尺寸.dwg"素材文件，如图4-79所示。

步骤 02 在"注释"选项卡中，单击"标注"面板中的"直径"按钮◎，执行"直径标注"命令，如图4-80所示。

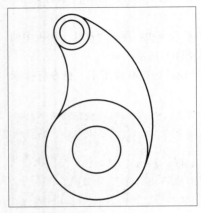

图 4-79　素材文件

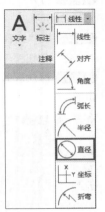

图 4-80　"注释"面板中的"直径"按钮

步骤 03 标注圆和圆弧的直径，如图4-81所示。命令行提示如下。

```
命令: _dimdiameter
                    //调用"直径标注"命令
选择圆弧或圆:
                    //选择圆的边线
指定尺寸线位置或 [多行文字(M)/文字(T)/角度(A)]:
                    //指定标注的位置
……                //重复"直径标注"命令，标注其他圆的
直径
```

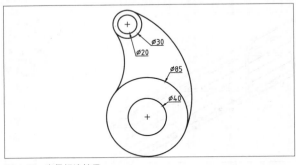

图 4-81　直径标注结果

> **提示**
> "半径标注"命令适用于对非整圆图形对象进行标注，如倒圆、圆弧等；而"直径标注"命令则适用于对整圆图形进行标注，如孔、轴等。

实战 189　标注坐标尺寸　　　　★进阶★

"坐标"标注是一类特殊的引注，用于标注某些点相对于 UCS 坐标原点的 X 和 Y 坐标。

步骤 01 打开"实战189 标注坐标尺寸.dwg"素材文件，如图4-82所示。

步骤 02 在"默认"选项卡中，单击"注释"面板中的"坐标"按钮凵，如图4-83所示，执行"坐标标注"命令。

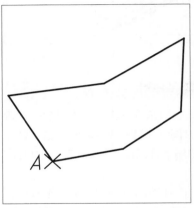

图 4-82　素材文件

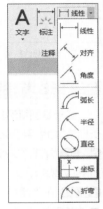

图 4-83　"注释"面板中的"坐标"按钮

步骤 03 标注顶点*A*的*X*坐标，如图4-84所示。命令行提示如下。

```
命令: _dimordinate
        //调用"坐标标注"命令
指定点坐标:
        //选择A点
指定引线端点或 [X 基准(X)/Y 基准(Y)/多行文字(M)/文字(T)/
角度(A)]: X↙
        //选择标注X坐标
指定引线端点或 [X 基准(X)/Y 基准(Y)/多行文字(M)/文字(T)/
角度(A)]: //拖动十字光标，在合适位置放置标注
标注文字 = 120
```

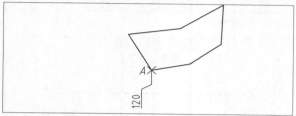

图 4-84　坐标标注结果

实战 190　折弯标注尺寸

当图形本身很小，却具有非常大的半径时，半径标注的尺寸线就会显得过长。这时可以使用"折弯标注"命令来注释图形，以免出现标注尺寸偏移图形太多的情况。该标注方式与"半径""直径"标注方式基本相同，但需要指定一个位置代替圆或圆弧的圆心。

步骤 01 打开"实战190 折弯标注尺寸. dwg"素材文件，如图4-85所示。

步骤 02 在"注释"选项卡中，单击"标注"面板中的"折弯"按钮，如图4-86所示，执行"折弯标注"命令。

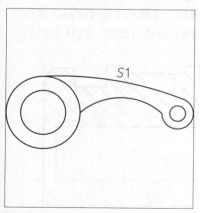

图 4-85　素材文件

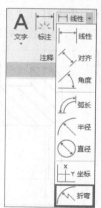

图 4-86　"注释"面板中的"折弯"按钮

步骤 03 标注圆弧的半径，如图4-87所示。命令行提示如下。

```
命令: _dimjogged
        //调用"折弯标注"命令
选择圆弧或圆:
        //选择圆弧S1
指定图示中心位置:
        //指定图示中心位置，即标注的端点
标注文字 = 150
指定尺寸线位置或[多行文字(M)/文字(T)/角度(A)]:
        //指定尺寸线位置
指定折弯位置:
        //指定折弯位置，完成标注
```

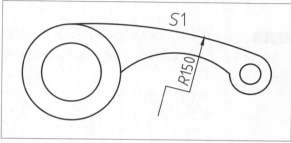

图 4-87　折弯标注结果

提示

如果直接对半径为150的圆弧进行"半径"标注，则会出现图4-88所示的结果。可见"半径"标注由于圆心的位置太远，会出现过长的尺寸线。

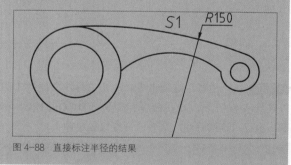

图 4-88　直接标注半径的结果

实战 191　连续标注尺寸

"连续标注"是以指定的尺寸界线（必须以"线性""坐标"或"角度"标注界限）为基线进行标注，但"连续标注"所指定的基线仅作为与该尺寸标注相邻的连续标注尺寸的基线，以此类推，下一个尺寸标注都以前一个标注与其相邻的尺寸界线为基线进行标注。

步骤 01 打开"实战191 连续标注尺寸.dwg"素材文件，如图4-89所示。

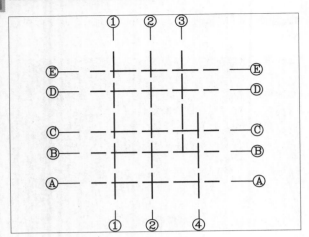

图 4-89　素材图形

步骤 02 在命令行中输入DLI并按Enter键，执行"线性标注"命令，为轴线添加第一个尺寸标注，如图4-90所示。

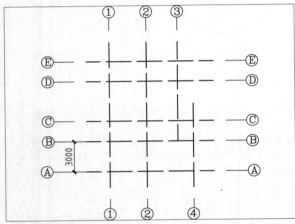

图 4-90　线性标注

步骤 03 在"注释"选项卡中，单击"标注"面板中的"连续"按钮，或在命令行中输入DCO并按Enter键，执行"连续标注"命令，命令行提示如下。

```
命令: DCO↙
//调用"连续标注"命令
选择连续标注:
//选择标注
指定第二条尺寸界线原点或 [放弃(U)/选择(S)] <选择>:
//指定第二条尺寸界线原点
标注文字 = 2100
指定第二条尺寸界线原点或 [放弃(U)/选择(S)] <选择>:
标注文字 = 4000
//按Esc键退出绘制，连续标注的结果如图4-91所示
```

步骤 04 用相同的方法继续标注轴线，结果如图4-92所示。

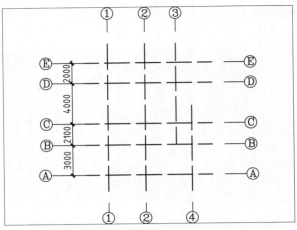

图 4-91　连续标注

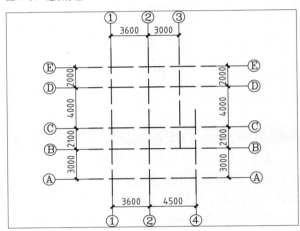

图 4-92　标注结果

实战 192　基线标注尺寸

"基线标注"命令用于以同一尺寸界线为基准的一系列尺寸标注，即从某一点引出的尺寸界线作为第一条尺寸界线，依次进行多个对象的尺寸标注。

步骤 01 打开"实战192 基线标注尺寸.dwg"素材文件，其中已绘制好活塞的半边剖面图，如图4-93所示。

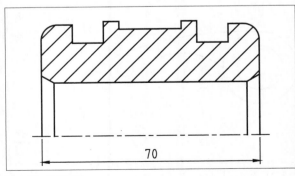

图 4-93　素材图形

步骤 02 单击"注释"面板中的"线性"按钮，在活塞上端添加一个水平标注，如图4-94所示。

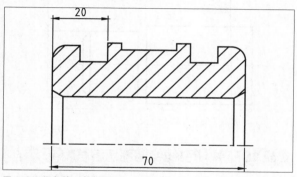

图 4-94 添加第一个水平标注

步骤 03 切换至"注释"选项卡，单击"标注"面板中的"基线"按钮，系统自动以步骤02中创建的标注为基准。接着依次选择活塞图上各沟槽的右侧端点，以定位尺寸，如图4-95所示。

步骤 04 退出"基线标注"命令，切换到"默认"选项卡，再次执行"线性标注"命令，依次将各沟槽的定型尺寸补齐，如图4-96所示。

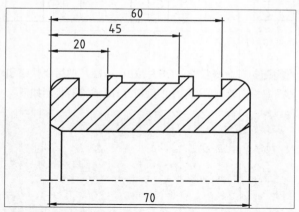

图 4-95 基线标注定位尺寸

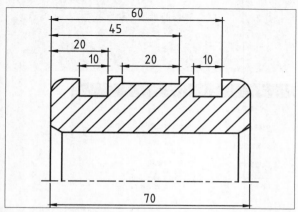

图 4-96 补齐沟槽的定型尺寸

实战 193 创建圆心标记 ★进阶★

除了可以通过"对象捕捉"功能捕捉圆心，还可以通过创建圆心标记来标注圆和圆弧的圆心位置。

步骤 01 打开"实战193 创建圆心标记.dwg"素材文件，其中已经绘制好了一个圆，如图4-97所示。

步骤 02 在"注释"选项卡中，单击"中心线"面板中的"圆心标记"按钮，如图4-98所示，执行"圆心标记"命令。

图 4-97 素材文件　图 4-98 单击"圆心标记"按钮

步骤 03 选择素材中的圆，即可创建圆心标记，如图4-99所示。命令行提示如下。

```
命令: _dimcenter
                                    //调用"圆心标记"命令
选择圆弧或圆:
                                    //选择圆
```

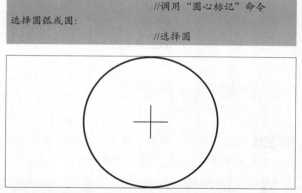

图 4-99 创建的圆心标记

4.3 引线标注

引线标注由箭头、引线、基线、多行文字和图块组成，用于在图纸上引出说明文字。AutoCAD 中的引线标注包括"快速引线"和"多重引线"。

实战 194 快速引线标注形位公差

在产品设计及工程施工时很难做到分毫不差，因此绘图时必须考虑形位公差标注。最终产品不仅有尺寸误差，而且还有形状上的误差和位置上的误差。通常将形状误差和位置误差统称为"形位误差"，这类误差会影响产品的功能，因此设计时应规定相应的"公差"，并使用规定的标准符号标注在图样上。

步骤 01 打开"实战194 快速引线标注形位公差.dwg"素材文件，如图4-100所示。

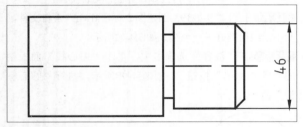

图 4-100 素材文件

步骤 02 在命令行输入LE并按Enter键，调用"快速引线"命令，在命令行输入S，选择"设置"选项，系统弹出"引线设置"对话框，选择"注释类型"为"公差"，如图4-101所示。

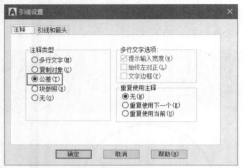

图 4-101 "引线设置"对话框

步骤 03 单击"确定"按钮，关闭"引线设置"对话框，根据命令行提示操作，命令行提示如下。

```
指定第一个引线点或 [设置(S)] <设置>:
        //选择尺寸线的上端点
指定下一点:
        //在竖直方向的合适位置确定转折点
指定下一点:
        //水平向左拖动十字光标，在合适位置单击
```

步骤 04 引线确定之后，系统弹出"形位公差"对话框，选择公差类型并输入公差值，如图4-102所示。

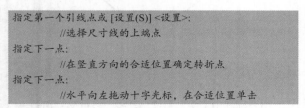

图 4-102 "形位公差"对话框

步骤 05 单击"确定"按钮，标注结果如图4-103所示。

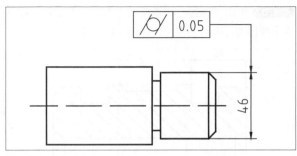

图 4-103 添加形位公差的效果

实战 195 快速引线绘制剖切符号

除了用来标注形位公差，"快速引线"命令还可以用来绘制一些箭头类符号，如剖切图中的剖切符号。

步骤 01 打开"实战195 快速引线绘制剖切符号.dwg"素材文件，如图4-104所示。

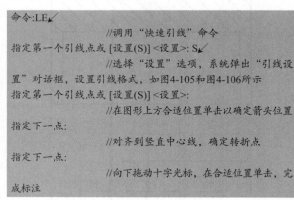

图 4-104 素材文件

步骤 02 在命令行输入LE并按Enter键，调用"快速引线"命令，绘制剖视图中的剖切符号。命令行提示如下。

```
命令:LE↙
        //调用"快速引线"命令
指定第一个引线点或 [设置(S)] <设置>: S↙
        //选择"设置"选项，系统弹出"引线设置"对话框，设置引线格式，如图4-105和图4-106所示
指定第一个引线点或 [设置(S)] <设置>:
        //在图形上方合适位置单击以确定箭头位置
指定下一点:
        //对齐到竖直中心线，确定转折点
指定下一点:
        //向下拖动十字光标，在合适位置单击，完成标注
```

图 4-105 设置注释类型

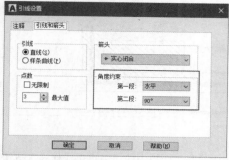

图 4-106　设置引线角度

步骤 03 绘制的剖切符号如图4-107所示。

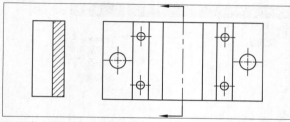

图 4-107　绘制的剖切符号

实战 196　创建多重引线样式

与尺寸、多线样式类似，用户可以在文档中创建多种不同的多重引线样式。这样在进行引线标注时，就可以方便地修改或切换标注样式。

步骤 01 启动AutoCAD 2022，新建一个空白文档。

步骤 02 在"默认"选项卡中，单击"注释"面板中的"多重引线样式"按钮 ，如图4-108所示。或者在"注释"选项卡的"引线"面板中单击右下角的 按钮，如图4-109所示。

图 4-108　"注释"面板中的"多重引线样式"按钮

图 4-109　单击按钮

步骤 03 系统弹出"多重引线样式管理器"对话框，如图4-110所示。

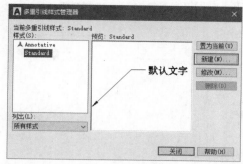

图 4-110　"多重引线样式管理器"对话框

步骤 04 单击"新建"按钮，弹出"创建新多重引线样式"对话框，输入新样式的名称为"引线标注"，如图4-111所示。

图 4-111　"创建新多重引线样式"对话框

步骤 05 单击"继续"按钮，系统弹出"修改多重引线样式：引线标注"对话框，如图4-112所示。

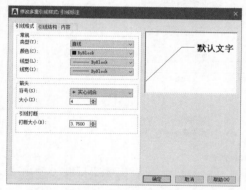

图 4-112　"修改多重引线样式：引线标注"对话框

步骤 06 在"引线格式"选项卡中，选择箭头符号为直角，设置箭头大小为0.5，设置"打断大小"为2，如图4-113所示。

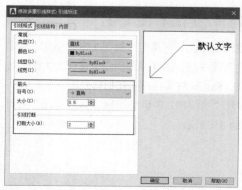

图 4-113　"引线格式"选项卡

步骤 07 在"引线结构"选项卡中，设置"最大引线点数"为3、"设置基线距离"为1，如图4-114所示。

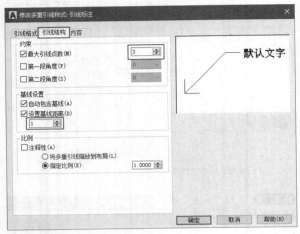

图 4-114 "引线结构"选项卡

步骤 08 在"内容"选项卡中，设置"文字高度"为2.5，如图4-115所示。

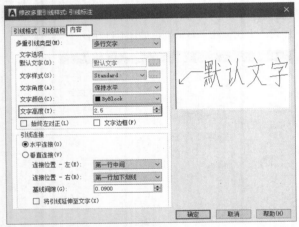

图 4-115 "内容"选项卡

步骤 09 单击"确定"按钮，关闭"修改多重引线样式：引线标注"对话框。关闭"多重引线样式管理器"对话框，完成创建。

实战 197 多重引线标注图形

与快速引线相比，多重引线有更丰富的格式，且命令调用更为方便快捷，因此多重引线适合作为大量引线的标注方式，例如标注零件序号和材料说明。

步骤 01 打开"实战197 多重引线标注图形.dwg"素材文件，如图4-116所示。

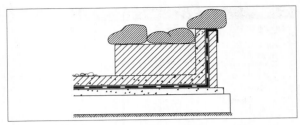

图 4-116 素材文件

步骤 02 单击"注释"面板中的"多重引线样式"按钮，打开"多重引线样式管理器"对话框，如图4-117所示。

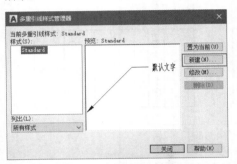

图 4-117 "多重引线样式管理器"对话框

步骤 03 单击"新建"按钮，系统弹出"创建新多重引线样式"对话框，输入新样式名称为"园林景观引线标注样式"，如图4-118所示。

图 4-118 输入新样式名称

步骤 04 单击"继续"按钮，系统弹出"修改多重引线样式：园林景观引线标注样式"对话框，在"引线格式"选项卡中，设置箭头的"符号"为"无"、箭头"大小"为4，如图4-119所示。

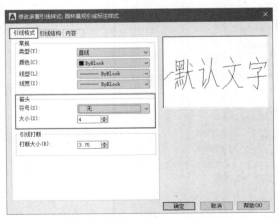

图 4-119 "引线格式"选项卡

步骤 05 在"引线结构"选项卡中，设置"设置基线距离"为100，如图4-120所示。

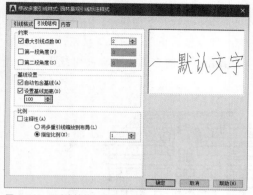

图 4-120 "引线结构"选项卡

步骤 06 在"内容"选项卡中，设置"文字高度"为100，如图4-121所示。

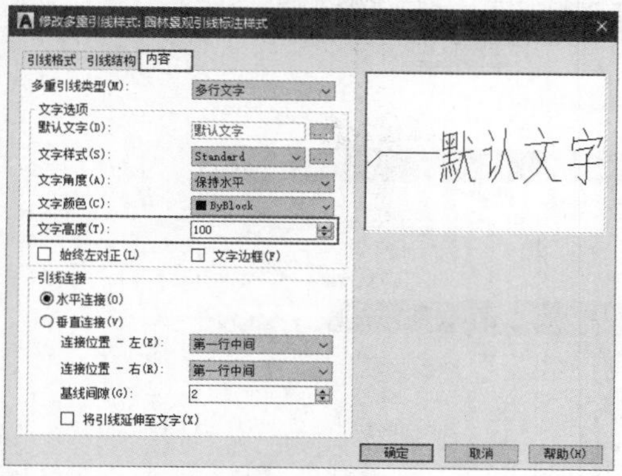

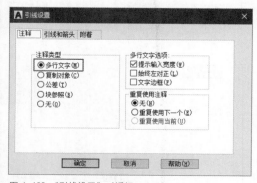

图 4-121 "内容"选项卡

步骤 07 单击"确定"按钮，关闭"修改多重引线样式：园林景观引线标注样式"对话框。关闭"多重引线样式管理器"对话框，完成创建。

步骤 08 在命令行输入LE并按Enter键，调用"快速引线"命令，在命令行输入S，选择"设置"选项，系统弹出"引线设置"对话框，设置"注释类型"为"多行文字"，如图4-122所示。切换至"引线和箭头"选项卡，设置箭头样式为"无"，如图4-123所示。

图 4-122 "引线设置"对话框

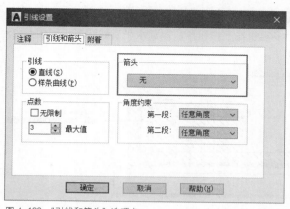

图 4-123 "引线和箭头"选项卡

步骤 09 设置完成后，关闭"引线设置"对话框。继续根据命令行提示标注引线注释，如图4-124所示。命令行提示如下。

```
指定第一个引线点或 [设置(S)] <设置>:
        //指定引线的起点
指定下一点:
        //指定引线的折弯点
指定下一点:
        //指定引线的终点
指定文字宽度 <0>: 600✓
        //设置文本框的宽度范围
输入注释文字的第一行 <多行文字(M)>: 自然山石
        //输入文字内容
输入注释文字的下一行: ✓
        //按Enter键结束文字输入
```

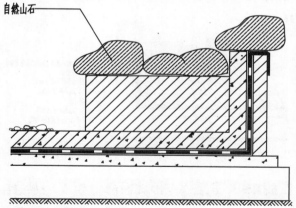

图 4-124 快速引线标注

提示

命令行中的文字宽度用于设置文本范围，并非设置文字大小。快速引线标注的文字大小取决于当前文字样式中的文字高度。

步骤 10 在"注释"选项卡中，单击"引线"面板中的"多重引线"按钮，添加水平引线注释，如图4-125所示。

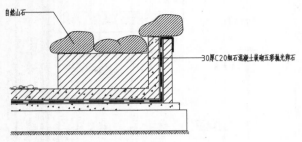

图 4-125 标注第一条多重引线

步骤 11 重复执行"多重引线"命令，以第一条多重引线上的某一点为起点，向下引出第二条多重引线，并添加文字，如图4-126所示。

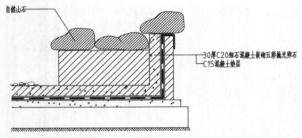

图 4-126 添加第二条多重引线注释

步骤 12 用同样的方法添加其他引线注释，如图4-127所示。

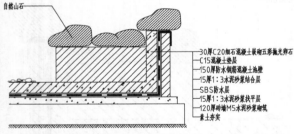

图 4-127 添加其他引线注释

实战 198 多重引线标注标高 ★进阶★

在建筑设计中，常使用"标高"来表示建筑物各部分的高度。"标高"是建筑物某一部位相对于基准面（"标高"的 0 点）的竖向高度，是建筑物竖向定位的依据。在施工图中用一个小小的等腰直角三角形（三角形的尖端或向上或向下，上面带有数值，即所指部位的高度，单位为米）作为"标高"的符号。在 AutoCAD 中，可以灵活设置"多重引线样式"来创建专门用于标注标高的多重引线，从而大大提高施工图的绘制效率。

步骤 01 打开"实战198 多重引线标注标高.dwg"素材

文件，其中已经绘制好了楼层的立面图和名称为"标高"的属性图块，如图4-128所示。

步骤 02 在"默认"选项卡中，单击"注释"面板下拉列表中的"多重引线样式"按钮，打开"多重引线样式管理器"对话框，单击"新建"按钮，在弹出的对话框中设置新样式的名称为"标高引线"，如图4-129所示。

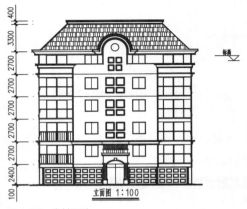

图 4-128 素材图形

图 4-129 设置新样式的名称

步骤 03 单击"继续"按钮，打开"修改多重引线样式：标高引线"对话框，在"引线格式"选项卡中设置箭头"符号"为"无"，如图4-130所示。在"引线结构"选项卡中取消勾选"自动包含基线"复选框，如图4-131所示。

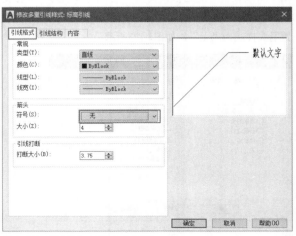

图 4-130 设置箭头"符号"为"无"

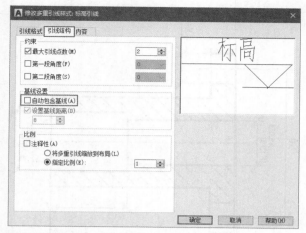

图 4-131 取消勾选"自动包含基线"复选框

步骤 04 切换至"内容"选项卡,在"多重引线类型"下拉列表中选择"块"选项,然后在"源块"下拉列表中选择"用户块"选项,即用户自己创建的图块,如图4-132所示。

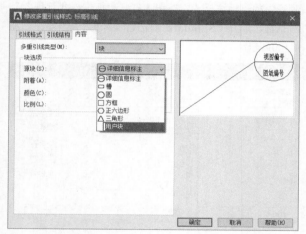

图 4-132 "内容"选项卡

步骤 05 系统自动打开"选择自定义内容块"对话框,"从图形块中选择"下拉列表中提供了图形中所有的图块,在其中选择素材图形中已创建好的"标高"图块,如图4-133所示。

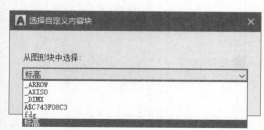

图 4-133 选择"标高"图块

步骤 06 选择完毕后自动返回"修改多重引线样式:标高引线"对话框,在"内容"选项卡的"附着"下拉列表中选择"插入点"选项,如图4-134所示。

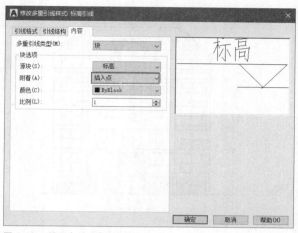

图 4-134 设置多重引线的附着点

步骤 07 单击"确定"按钮完成引线设置,返回"多重引线样式管理器"对话框,将"标高引线"样式置为当前,如图4-135所示。

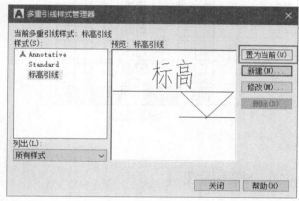

图 4-135 将"标高引线"样式置为当前

步骤 08 返回绘图区后,在"默认"选项卡中,单击"注释"面板中的"引线"按钮,执行"多重引线"命令,从左侧标注的最下方尺寸界线端点开始,水平向左引出第一条引线,单击以放置引线,打开"编辑属性"对话框,输入标高值"0.000",即基准标高,如图4-136所示。

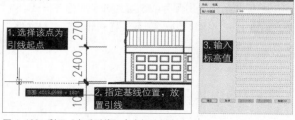

图 4-136 利用"多重引线"命令标注标高

步骤 09 标注效果如图4-137所示。按相同的方法，对其余位置进行标注，快速创建该立面图的所有标高，最终效果如图4-138所示。

图 4-137 标注第一个标高

图 4-138 标注其余标高

4.4 编辑标注

在创建尺寸标注后，如果未达到预期的效果，可以直接对尺寸标注进行编辑，如修改尺寸标注文字的内容、调整标注文字的位置、更新标注和关联标注等，而不必删除所标注的尺寸对象再重新进行标注。

实战 199 更新标注样式

更新标注时可以用当前标注样式更新标注对象，也可以将标注系统变量保存或恢复为选定的标注样式。

步骤 01 打开"实战199 更新标注样式.dwg"素材文件，如图4-139所示。

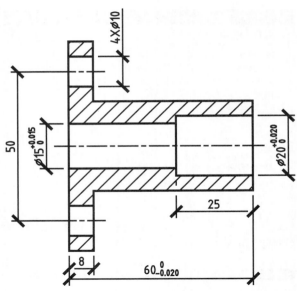

图 4-139 素材文件

步骤 02 在"默认"选项卡中，单击"注释"面板下拉列表中的"标注样式"按钮，打开"标注样式管理器"对话框，选择"Standard"样式，将其置为当前，如图4-140所示。

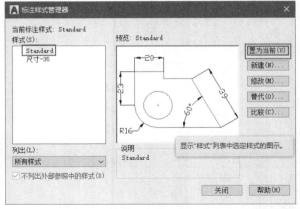

图 4-140 将"Standard"样式置为当前

步骤 03 在"注释"选项卡中，单击"标注"面板中的"更新"按钮，如图4-141所示，执行"更新标注"命令。

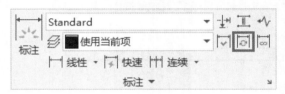

图 4-141 "标注"面板中的"更新"按钮

步骤 04 将标注的尺寸样式更新为当前样式，如图4-142所示。命令行提示如下。

```
命令: _dimstyle
                //调用"更新标注"命令
当前标注样式: Standard  注释性: 否
输入标注样式选项
[注释性(AN)/保存(S)/恢复(R)/状态(ST)/变量(V)/应用(A)/?] <
恢复>: _apply
选择对象: 找到 1 个
选择对象: 找到 1 个, 总计 2 个
选择对象: 找到 1 个, 总计 3 个
选择对象: 找到 1 个, 总计 4 个
选择对象: 找到 1 个, 总计 5 个
选择对象: 找到 1 个, 总计 6 个
选择对象: 找到 1 个, 总计 7 个
                //选择所有的尺寸标注
选择对象: ↙
                //按Enter键结束选择, 完成标注更新
```

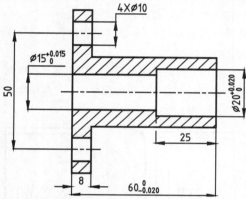

图 4-142　更新标注的结果

实战 200　编辑尺寸标注

利用"编辑标注"命令可以一次性修改一个或多个尺寸标注对象的文字内容、方向、位置及倾斜尺寸界线。

步骤 01 打开"实战200 编辑尺寸标注.dwg"素材文件, 如图4-143所示。

步骤 02 修改标注值。在命令行中输入DED并按Enter键, 将值修改为53, 如图4-144所示。命令行提示如下。

```
命令: DED↙
                //执行"编辑标注"命令
输入标注编辑类型 [默认(H)/新建(N)/旋转(R)/倾斜(O)] <默认
>: N↙          //选择"新建"选项, 系统弹出文本框和
文字格式编辑器, 输入53, 按Ctrl+Enter组合键完成输入
选择对象: 找到 1 个
                //选中标注尺寸52.2
选择对象: ↙
                //确定修改
```

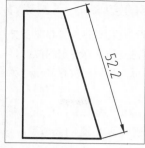

图 4-143　素材文件　　图 4-144　修改标注值

步骤 03 旋转标注。在命令行中输入DED并按Enter键, 将旋转角度设置为90°, 如图4-145所示。命令行提示如下。

```
命令: DED↙
                //执行"编辑标注"命令
输入标注编辑类型 [默认(H)/新建(N)/旋转(R)/倾斜(O)] <默认
>: R↙          //选择"旋转"选项
指定标注文字的角度: 90↙
                //输入旋转角度
选择对象: 找到 1 个
                //选中标注尺寸
选择对象: ↙
                //确定旋转
```

步骤 04 倾斜尺寸界线。在命令行中输入DED并按Enter键, 将尺寸界线调整到水平, 如图4-146所示, 命令行提示如下。

```
命令: DED↙
                //执行"编辑标注"命令
输入标注编辑类型 [默认(H)/新建(N)/旋转(R)/倾斜(O)] <默认
>: O↙          //选择"倾斜"选项
选择对象: 找到 1 个
                //选中尺寸界线
选择对象: ↙
                //按Enter键结束选择
输入倾斜角度 (按 Enter表示无): 0↙
                //输入倾斜角度
```

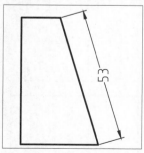
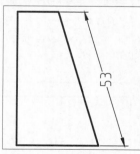

图 4-145　旋转结果　　图 4-146　倾斜结果

实战 201 调整标注文字的位置

使用"编辑标注文字"命令可以修改文字的对齐方式和文字的旋转角度，调整标注文字在标注上的位置。

步骤 01 打开"实战201 调整标注文字的位置.dwg"素材文件，如图4-147所示。

步骤 02 在功能区中选择"注释"选项卡，单击"标注"面板中的"居中对正"按钮，如图4-148所示。

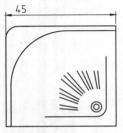

图 4-147 素材文件

图 4-148 "标注"面板中的"居中对正"按钮

步骤 03 在绘图区中的线性标注文字45上单击，即可将该标注文字居中对正，效果如图4-149所示。

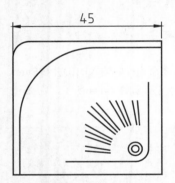

图 4-149 调整标注文字的位置

延伸讲解：调整标注文字位置的效果

在"标注"面板中，单击位置按钮，可以调整标注文字的位置，说明如下。

"左对齐"按钮：将标注文字放置于尺寸线的左边，如图4-150 所示。

"右对齐"按钮：将标注文字放置于尺寸线的右边，如图 4-151 所示。

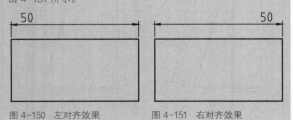

图 4-150 左对齐效果　　图 4-151 右对齐效果

"居中对正"按钮：将标注文字放置于尺寸线的中心，如图 4-152 所示。

"文字角度"按钮：用于修改标注文字的旋转角度，与"DIMEDIT"命令的"旋转"选项的效果相同，如图4-153所示。

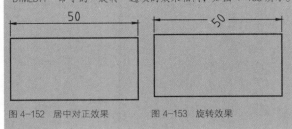

图 4-152 居中对正效果　　图 4-153 旋转效果

实战 202 编辑标注文字的内容

在 AutoCAD 2022 中，尺寸标注中的标注文字也是文字的一种，因此可以对其进行单独修改。

步骤 01 打开"实战202 编辑标注文字的内容.dwg"素材文件，如图4-154所示。

步骤 02 在弧度尺寸标注文字上双击，切换至"文字编辑器"选项卡，同时标注变为可编辑状态，在其中输入"圆弧处理"，如图4-155所示。

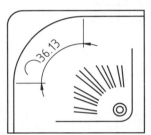 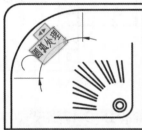

图 4-154 素材文件　　图 4-155 输入新的标注文字

步骤 03 在绘图区的空白处单击，使标注退出可编辑状态，完成修改，效果如图4-156所示。

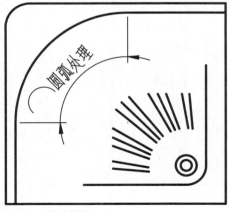

图 4-156 修改的效果

实战203 打断标注

如果图形中孔系繁多，结构复杂，那么图形的定位尺寸、定形尺寸就相当丰富，而且互相交叉，对观察图形有一定影响。这时可以使用"标注打断"命令来优化标注的显示效果。

步骤 01 打开"实战203 打断标注.dwg"素材文件，如图4-157所示，可见各标注相互交叉，有些尺寸被遮挡。

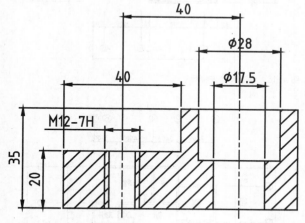

图 4-157　素材图形

步骤 02 在"注释"选项卡中，单击"标注"面板中的"打断"按钮，如图4-158所示，执行"标注打断"命令。

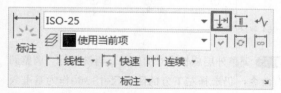

图 4-158　"标注"面板中的"打断"按钮

步骤 03 在命令行中输入M，选择"多个"选项，接着选择最上方的尺寸40，连按两次Enter键，完成打断标注的选取，结果如图4-159所示。命令行提示如下。

```
命令: _dimbreak
选择要添加/删除断的标注或 [多个(M)]: M↙
        //选择"多个"选项
选择标注: 找到 1 个
        //选择最上方的尺寸40为要打断的尺寸
选择标注: ↙
        //按Enter键完成选择
选择要折断标注的对象或 [自动(A)/删除(R)] <自动>: ↙
        //按Enter键完成要显示的标注选择，即所有其他标注
1 个对象已修改
```

步骤 04 根据相同的方法继续进行标注打断操作，最终结果如图4-160所示。

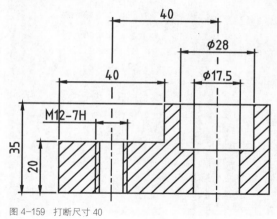

图 4-159　打断尺寸 40

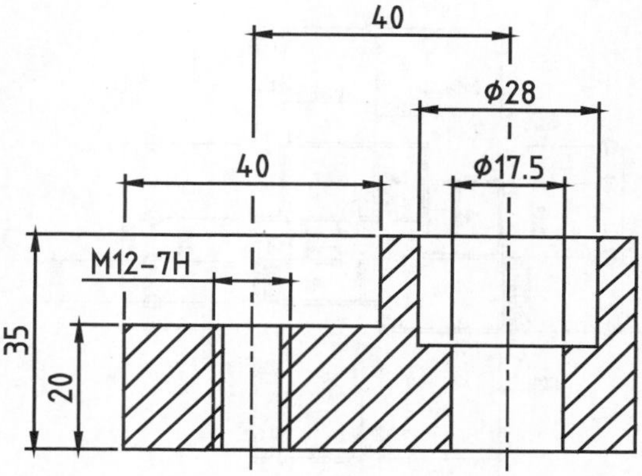

图 4-160　最终效果

实战204 调整标注间距

在建筑等工程类图纸中，墙体及其轴线尺寸均需要整列或整排地对齐。但是，有些时候尺寸会因为标注关联点的设置问题，而出现移位的情况，这时就需要将尺寸逐一对齐。这种情况在打开外来图纸时尤其常见。如果手动地去一个一个调整标注，则效率十分低下，这时可以借助"调整间距"命令来快速整理图形。

步骤 01 打开"实战204 调整标注间距.dwg"素材文件，如图4-161所示，图形中各尺寸出现了移位，并不整齐。

步骤 02 水平对齐底部尺寸。在"注释"选项卡中，单击"标注"面板中的"调整间距"按钮，选择左下方的阳台尺寸1300作为基准标注，然后依次选择右侧的尺寸5700、900、3900、1200作为要调整间距的标注，指定间距值为0，则所选尺寸都统一水平对齐至尺寸1300处，如图4-162所示。命令行提示如下。

```
命令:_Dimspace
选择基准标注:
                        //选择尺寸1300
选择要产生间距的标注:找到 1 个
                        //选择尺寸5700
选择要产生间距的标注:找到 1 个, 总计 2 个
                        //选择尺寸900
选择要产生间距的标注:找到 1 个, 总计 3 个
                        //选择尺寸3900
选择要产生间距的标注:找到 1 个, 总计 4 个
                        //选择尺寸1200
选择要产生间距的标注:✓
                        //按Enter键,结束选择
输入值或 [自动(A)] <自动>:0✓
                        //输入间距值0,按Enter键得
到水平对齐的结果
```

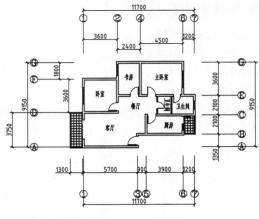

图 4-163　垂直对齐右侧尺寸

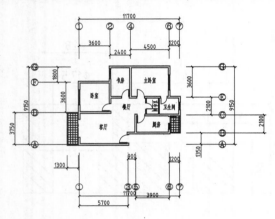

图 4-161　素材图形

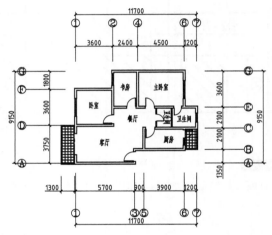

图 4-164　对齐其余尺寸

步骤 05 调整外层总长尺寸的间距。再次执行"调整间距"命令,仍选择左下方的阳台尺寸1300作为基准尺寸,然后选择下方的总长尺寸11700为要调整间距的尺寸,指定间距值为1300,效果如图4-165所示。

步骤 06 按相同的方法,调整所有的外层总长尺寸的间距,最终结果如图4-166所示。

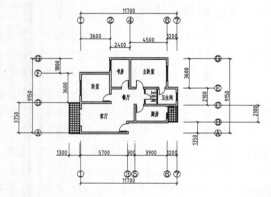

图 4-162　水平对齐底部尺寸

步骤 03 垂直对齐右侧尺寸。选择右下方的尺寸1350为基准尺寸,然后选择该尺寸上方的尺寸2100、2100、3600,指定间距值为0,将所选尺寸垂直对齐,如图4-163所示。

步骤 04 对齐其余尺寸。按相同的方法对齐其余尺寸,最外层的总长尺寸除外,效果如图4-164所示。

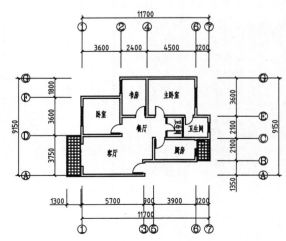

图 4-165　调整外层总长尺寸的间距

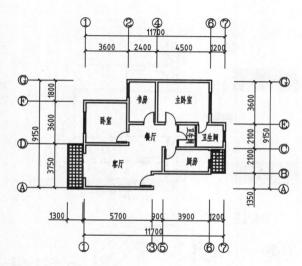

图 4-166　最终结果

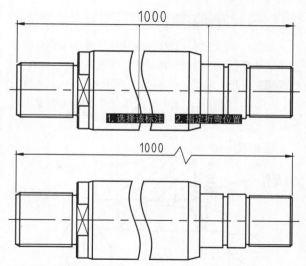

图 4-169　折弯线性标注

实战 205　折弯线性标注

在标注细长杆件打断图形的长度尺寸时，可以使用"折弯标注"命令，在线性标注的尺寸线上生成折弯符号。

步骤 01　打开"实战205 折弯线性标注.dwg"素材文件，如图4-167所示。

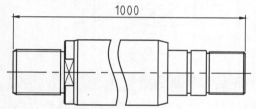

图 4-167　素材图形

步骤 02　在"注释"选项卡中，单击"标注"面板中的"折弯标注"按钮 ，如图4-168所示，执行"折弯标注"命令。

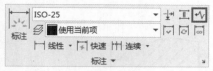

图 4-168　"标注"面板中的"折弯标注"按钮

步骤 03　选择需要添加折弯的线性标注或对齐标注，然后指定折弯位置，如图4-169所示。命令行提示如下。

```
命令:_dimjogline
            //执行"折弯标注"命令
选择要添加折弯的标注或 [删除(R)]:
                //选择要折弯的标注1000
指定折弯位置 (或按 ENTER 键):
                //指定折弯位置，结束命令
```

实战 206　翻转标注箭头

当尺寸界线内的空间狭窄时，可使用"翻转箭头"命令将尺寸箭头翻转到尺寸界线之外，使尺寸标注更清晰。

步骤 01　打开"实战206 翻转标注箭头.dwg"素材文件，如图4-170所示。

步骤 02　选中需要翻转箭头的标注，标注会以夹点形式显示，将十字光标移到尺寸线夹点上，弹出快捷菜单，选择其中的"翻转箭头"选项，如图4-171所示。

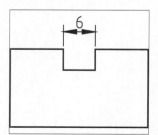
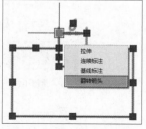

图 4-170　素材图形　　　图 4-171　选择"翻转箭头"选项

步骤 03　翻转一侧的箭头，如图4-172所示。

步骤 04　使用同样的操作翻转另一侧的箭头，如图4-173所示。

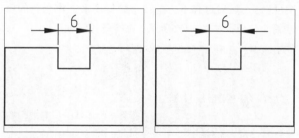

图 4-172　翻转一侧的箭头　　图 4-173　翻转另一侧的箭头

AutoCAD 2022实战从入门到精通

实战 207 添加多重引线

使用"添加引线"命令可以将引线添加至现有的多重引线对象，从而创建一对多的引线效果。

步骤 01 打开"实战207 添加多重引线.dwg"素材文件，如图4-174所示，其中已经创建好了若干多重引线标注。

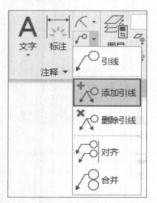

图 4-174　素材文件

步骤 02 在"默认"选项卡中，单击"注释"面板中的"添加引线"按钮，如图4-175所示，执行"添加引线"命令。

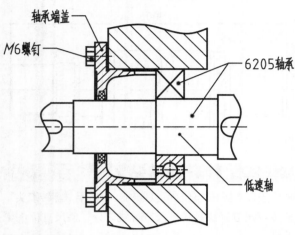

图 4-175　"注释"面板中的"添加引线"按钮

步骤 03 执行命令后，直接选择要添加引线的多重引线M6螺钉，然后选择下方的一个螺钉图形，作为新的引线箭头位置，如图4-176所示。命令行提示如下。

```
选择多重引线:
                           //选择要添加引线的多重引线
找到 1 个
指定引线箭头位置或 [删除引线(R)]:↵
                           //在下方的螺钉图形中指定新
的引线箭头位置，按Enter键完成操作
```

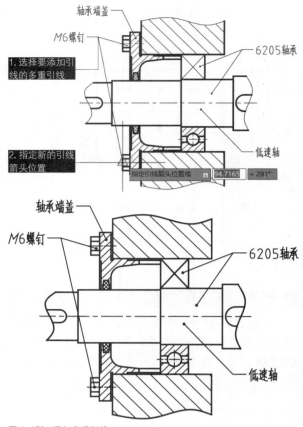

图 4-176　添加多重引线

实战 208 删除多重引线

"删除引线"命令用于将引线从现有的多重引线对象中删除，即将使用"添加引线"命令创建的引线删除。

步骤 01 可以接着"实战207"进行操作，也可以打开"实战207 添加多重引线-OK.dwg"素材文件进行操作。可见图中右侧的"6205轴承"标注有一条多余的引线，如图4-177所示。

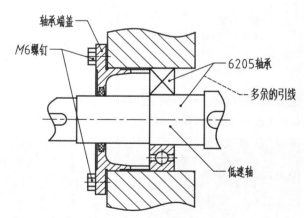

图 4-177　要删除的多余引线

步骤 02 在"默认"选项
卡中，单击"注释"面板
中的"删除引线"按钮，
如图4-178所示，执行"删
除引线"命令。

图 4-178 "注释"面板中的"删除引线"按钮

步骤 03 直接选择要删除的引线，再按Enter键即可删除，如图4-179所示。命令行提示如下。

```
命令: _aimleadereditremove
            //执行"删除引线"命令
选择多重引线:
            //选择"6205轴承"多重引线
找到 1 个
指定要删除的引线或 [添加引线(A)]:
            //选择多余的那条引线
指定要删除的引线或 [添加引线(A)]: ↙
            //按Enter键结束命令
```

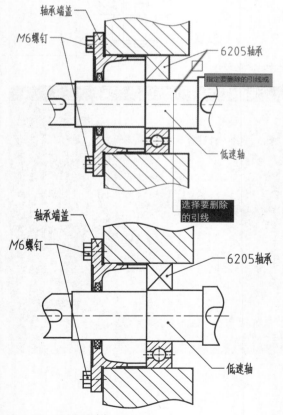

图 4-179 删除多重引线

实战 209 对齐多重引线

使用"对齐引线"命令可以将选定的多重引线对齐，并将其按一定的间距进行排列，因此该命令非常适合用来对齐装配图中的零件序号。

步骤 01 打开"实战209 对齐多重引线.dwg"素材文件，如图4-180所示，可见图中已经对各零件创建好了多重引线标注，但没有整齐排列标注。

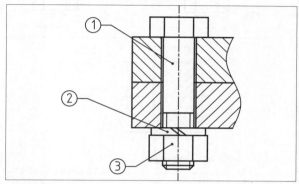

图 4-180 素材文件

步骤 02 在"默认"选项卡中，单击"注释"面板中的"对齐"按钮，如图4-181所示，执行"对齐引线"命令。

图 4-181 "注释"面板中的"对齐"按钮

步骤 03 执行命令后，选择所有要对齐的多重引线，然后按Enter键确认。根据提示指定基准多重引线①，其余多重引线将对齐至该多重引线，如图4-182所示。命令行提示如下。

```
命令: _mleaderalign
            //执行"对齐引线"命令
选择多重引线:指定对角点:找到 6 个
            //选择所有要对齐的多重引线
选择多重引线:↙
            //按Enter键完成选择
当前模式:使用当前间距
            //显示当前的对齐设置
选择要对齐到的多重引线或 [选项(O)]:
            //选择作为对齐基准的多重引线①
指定方向:
            //移动十字光标指定对齐方向，单击，完成对齐并
结束命令
```

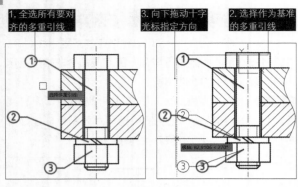

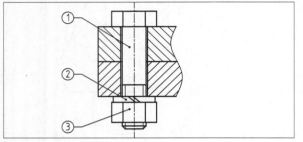

图 4-182　对齐多重引线

实战 210　合并多重引线

使用"合并引线"命令可以将包含"块"的多重引线组织成一行或一列，并使用单引线显示结果。该命令多用于绘制机械行业中的装配图。

在装配图中，有时会遇到若干个零部件成组出现的情况，如一个螺栓配有两个弹性垫圈和一个螺母。如果都一一对应一条多重引线来表示，画面就会显得非常凌乱，因此对于一组紧固件及装配关系清楚的零件组，可采用公共指引线来标注，如图 4-183 所示。

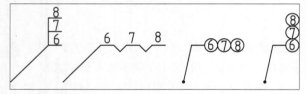

图 4-183　零件组的编号形式

步骤 01 可以接着"实战209"进行操作，也可以打开"实战209 对齐多重引线-OK.dwg"素材文件进行操作。

步骤 02 在"默认"选项卡中，单击"注释"面板中的"合并"按钮/8，如图4-184所示，执行"合并引线"命令。

图 4-184　单击"合并"按钮

步骤 03 执行命令后，选择所有要合并的多重引线，然后按Enter键确认。根据提示选择多重引线的排列方式，或直接单击放置多重引线，如图4-185所示。命令行提示如下。

```
命令：_mleadercollect
                        //执行"合并引线"命令
选择多重引线：指定对角点：找到 3 个
                        //选择所有要合并的多重引线
选择多重引线：↙
                        //按Enter键完成选择
指定收集的多重引线位置或 [垂直(V)/水平(H)/缠绕(W)] <水平>：
                        //选择引线排列方式，或单击放置多重引线
```

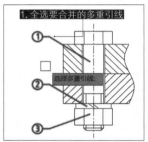
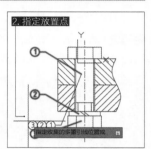

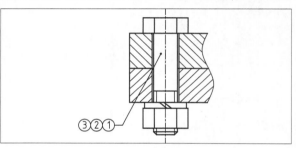

图 4-185　合并多重引线

🔍 延伸讲解：合并引线的注意事项

对多重引线应用"合并引线"命令时，其注释的内容必须是"块"，如图 4-186 所示。如果是多行文字，则无法操作。

最终的引线序号应按顺序依次排列，不能出现数字颠倒、错位的情况。错位现象的出现是用户在操作时没有按顺序选择多重引线所致，因此无论是单独点选，还是一次性框选，都需要考虑选择各引线的先后顺序，如图 4-187 所示。

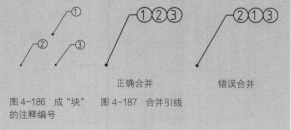

图 4-186　成"块"　　图 4-187　合并引线
的注释编号

4.5　本章小结

　　本章介绍了创建图形标注的方法，包括尺寸标注、文字标注及引线标注。其中，尺寸标注又可细分为线性标注、对齐标注、半径标注等；文字标注可分为单行文字标注、多行文字标注；引线标注不仅可以创建包含箭头与文字的标注，也可创建包含图块的标注。

　　通过对标注进行编辑操作，可以更改标注的显示样式，包括文字、尺寸线、尺寸界线等。在"修改标注样式"对话框中重定义参数，关闭对话框后在绘图区中观察修改结果。可以反复修改，直到满意为止。

　　课后习题包括两种类型，即理论题和操作题，可以帮助读者从理论到实践，掌握创建与编辑标注的方法。

4.6　课后习题

一、理论题

　　1. "标注样式"命令对应的工具按钮是（　　）。

A. ⟑　　　　　　　　B. A,　　　　　　　　C. ▦　　　　　　　　D. ⟲

　　2. "线性标注"命令是（　　）。

A. DCO　　　　　　　B. DIM　　　　　　　C. DLI　　　　　　　D. DCI

　　3. "连续标注"命令对应的工具按钮是（　　）。

A. ⊢⊣　　　　　　　　B. ⊬⊬⊬　　　　　　　C. ⊩　　　　　　　　D. ⊔

　　4. 在命令行输入 LE 并按 Enter 键，执行"快速引线"命令，此时输入（　　），可以打开"引线设置"对话框。

A. D　　　　　　　　B. T　　　　　　　　C. S　　　　　　　　D. X

　　5. 在"修改多重引线样式"对话框中，可选择（　　）选项卡，在其中选择箭头的类型，并设置其大小。

A. "引线格式"　　　　B. "引线结构"　　　　C. "内容"　　　　　D. "文字"

　　6. 在命令行中输入 DED 并按 Enter 键，此时输入（　　），可以指定标注文字的旋转角度。

A. E　　　　　　　　B. C　　　　　　　　C. R　　　　　　　　D. T

　　7. 执行"打断标注"命令时，在命令行中输入（　　），可以同时选择多个标注进行编辑。

A. T　　　　　　　　B. M　　　　　　　　C. F　　　　　　　　D. Y

　　8. 选择尺寸标注，将十字光标移到尺寸线的夹点上，弹出快捷菜单，选择其中的（　　）选项，可以调整标注箭头的方向。

A. "翻转箭头"　　　　B. "拉伸"　　　　　　C. "基线标注"　　　　D. "连续标注"

　　9. "多重引线"命令是（　　）。

A. MLE　　　　　　　B. MCE　　　　　　　C. MLD　　　　　　　D. MAE

　　10. 要为引线标注添加箭头，可以单击（　　）按钮执行操作。

A. ✕⟋　　　　　　　B. ✢⟋　　　　　　　C. ⟋⊿　　　　　　　D. ⟋⊿

二、操作题

　　1. 执行"标注样式"命令，自定义样式名称，并设置箭头类型与大小、文字样式与大小等参数，如图 4-188 所示。详细的样式参数请参考配套资源中的"操作题 – 创建尺寸标注样式 .dwg"文件。

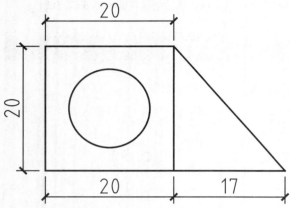

图 4-188　创建标注样式

2. 根据已学知识，以"操作题－尺寸标注"样式为基础，创建"角度"标注样式，如图 4-189 所示。详细的样式参数请参考配套资源中的"操作题－创建角度标注 .dwg"文件。

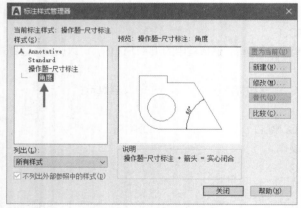

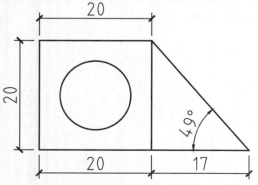

图 4-189　创建角度标注

3. 执行"线性标注""连续标注"命令，为立面图创建尺寸标注，如图 4-190 所示。

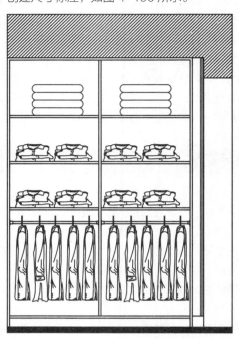

过道B面立面图　　1:50

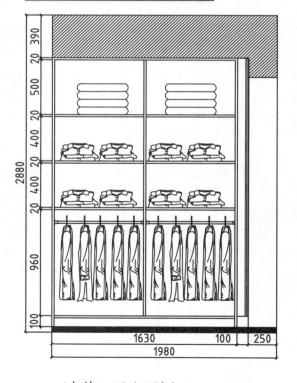

过道B面立面图　　1:50

图 4-190　创建尺寸标注

4. 执行"多重引线"命令，为立面图添加材料标注，如图 4-191 所示。

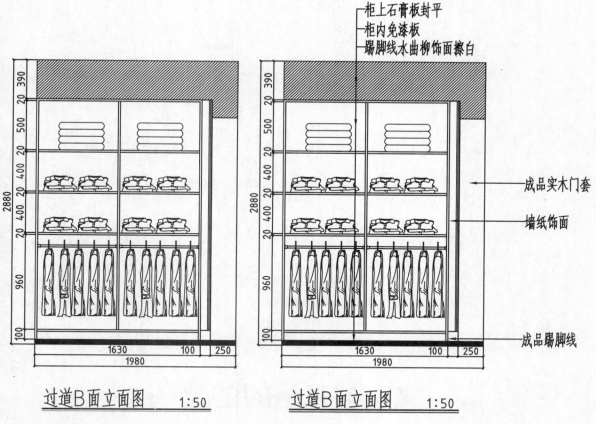

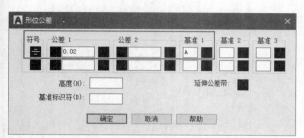

图 4-191 添加材料标注

5. 在命令行输入 LE 并按 Enter 键，调用"快速引线"命令，设置形位公差的参数，为零件图添加形位公差标注，如图 4-192 所示。

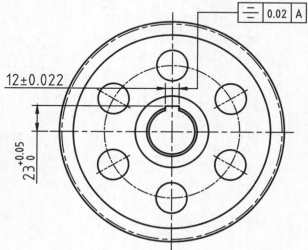

图 4-192 添加形位公差标注

第 **5** 章

文字与表格的创建

本章内容概述 ——

文字和表格是图纸的重要组成部分，用于说明用图形难以表达的信息，例如机械图纸中的技术要求、材料明细表，建筑图纸中的安装施工说明、图纸目录表等。本章介绍AutoCAD中文字、表格的创建和编辑方法。

本章知识要点 ——

● 创建与编辑文字   ● 创建与编辑表格

5.1 文字的创建与编辑

　　文字注释是设计图中很重要的内容，进行各种设计时，不仅要绘制出图形，还需要在图形中添加一些注释性的文字。这样可以对难以理解的图形加以说明，使设计图的表达更加清晰。

实战 211 创建文字样式

　　文字样式是同一类文字的格式设置的集合，包括字体、字高、显示效果等。文字样式要根据国家制图标准和实际情况来设置。

步骤 01 单击快速访问工具栏中的"新建"按钮，新建图形文件。

步骤 02 在"默认"选项卡中，单击"注释"面板中的"文字样式"按钮 A，系统弹出"文字样式"对话框，如图5-1所示。

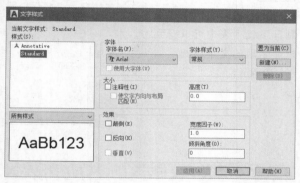

图 5-1　"文字样式"对话框

步骤 03 单击"新建"按钮，弹出"新建文字样式"对话框，在"样式名"文本框中输入"国标文字"，如图5-2所示。

图 5-2　"新建文字样式"对话框

步骤 04 单击"确定"按钮，"样式"列表框中新增"国标文字"文字样式，如图5-3所示。

步骤 05 在"字体"区域的"字体名"下拉列表中选择"gbenor.shx"字体，勾选"使用大字体"复选框，在"大字体"下拉列表中选择"gbcbig.shx"字体。其他选项保持默认设置，如图5-4所示。

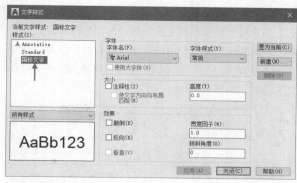

图 5-3　新建文字样式

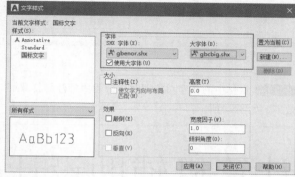

图 5-4　更改设置

步骤 06 单击"应用"按钮，然后单击"置为当前"按钮，将"国标文字"置为当前文字样式。

步骤 07 单击"关闭"按钮，完成"国标文字"文字样式的创建。创建完成的样式可用于"多行文字""单行文字"等文字创建命令，也可以用作标注、动态图块中的文字样式。

实战 212 应用文字样式

　　在创建的多种文字样式中，只能有一种文字样式作为当前的文字样式，系统默认创建的文字均使用当前文字样式。因此要应用文字样式，应先将其设置为当前文字样式。

步骤 01 打开"实战212 应用文字样式.dwg"素材文件，如图5-5所示，文件中已预先创建好了多种文字样式。

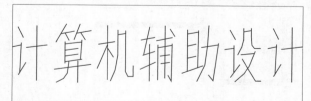

图 5-5　素材文件

步骤 02 默认情况下，Standard文字样式是当前文字样式，用户可以根据需要更换为其他的文字样式。

步骤 03 选择素材文件中的文字，然后在"注释"面板的"文字样式控制"下拉列表中选择要置为当前样式的文字样式，如图5-6所示。

图5-6　切换文字样式为"标注"

步骤 04 素材中的文字对象即时更改为"标注"样式的效果，如图5-7所示。

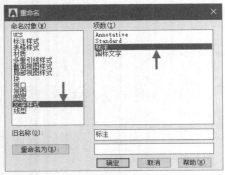

图5-7　更改样式后的文字

实战 213　重命名文字样式

当需要更改文字样式名称时，可以对其进行重命名。除了在创建文字样式的时候进行重命名外，还可以使用"重命名"命令来完成。

步骤 01 可以接着"实战 212"进行操作，也可以打开"实战212 应用文字样式-OK.dwg"素材文件进行操作。

步骤 02 在命令行输入RENAME并按Enter键，弹出"重命名"对话框。在"命名对象"列表框中选择"文字样式"，然后在"项数"列表框中选择要重命名的文字样式，这里选择"标注"，如图5-8所示。

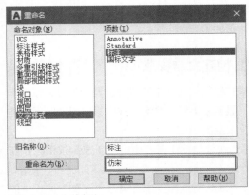

图5-9　输入新的名称

步骤 03 在"重命名为"文本框中输入新的名称"仿宋"，如图5-9所示。单击"重命名为"按钮，"项数"列表框中的名称完成修改，最后单击"确定"按钮关闭该对话框。

步骤 04 文字样式的名称修改成功，在"文字样式控制"下拉列表中可以看到重命名后的文字样式，如图5-10所示。

图5-10　重命名后的文字样式

实战 214　删除文字样式

文字样式会占用一定的系统存储空间，可以删除一些不需要的文字样式，以节约存储空间。

步骤 01 可以接着"实战 213"进行操作，也可以打开"实战213 重命名文字样式-OK.dwg"素材文件进行操作。

步骤 02 在命令行中输入STYLE并按Enter键，弹出"文字样式"对话框，选择要删除的文字样式，单击"删除"按钮，如图5-11所示。

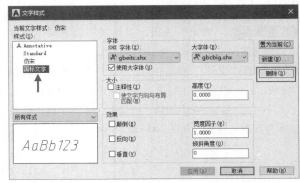

图5-8　"重命名"对话框

图5-11　选择要删除的文字样式

步骤 03 在弹出的"acad警告"对话框中单击"确定"按钮，如图5-12所示。返回"文字样式"对话框，单击"关闭"按钮即可完成文字样式的删除。

图 5-12　"acad 警告"对话框

> **提示**
>
> 当前的文字样式不能被删除。如果要删除当前文字样式，可以先将别的文字样式置为当前文字样式，然后再对其进行删除。

实战 215　创建单行文字

单行文字输入完成后，可以不退出命令，而直接在另一个需要输入文字的地方单击，同样会出现文字输入框。因此在需要进行多次单行文字标注的图形中使用此方法，可以大大节省时间。

步骤 01 打开"实战215 创建单行文字.dwg"素材文件，其中已经绘制好了多个植物平面图例，如图5-13所示。

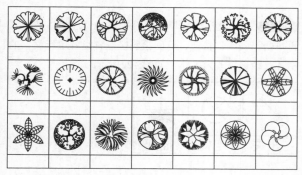

图 5-13　素材文件

步骤 02 在"默认"选项卡中，单击"注释"面板"文字"下拉列表中的"单行文字"按钮 A，如图5-14所示，执行"单行文字"命令。

图 5-14　"注释"面板中的"单行文字"按钮

步骤 03 根据命令行提示输入文字"桃花心木"，如图5-15所示。命令行提示如下。

```
命令: _text
当前文字样式:  "Standard"   文字高度: 2.5000  注释性: 否
对正: 左
指定文字的起点或 [对正(J)/样式(S)]: J↵
                      //选择"对正"选项
输入选项 [左(L)/居中(C)/右(R)/对齐(A)/中间(M)/布满(F)/左上
(TL)/中上(TC)/右上(TR)/左中(ML)/正中(MC)/右中(MR)/左下
(BL)/中下(BC)/右下(BR)]: TL↵
                      //选择"左上"对齐方式
指定文字的左上点:
                      //选择表格的左上角点
指定高度 <2.5000>: 600↵
                      //输入文字高度为600
指定文字的旋转角度 <0>:↵
                      //文字旋转角度为0
                      //输入文字"桃花心木"
```

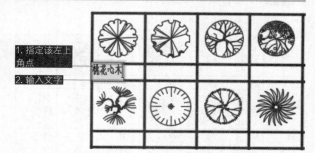

1. 指定该左上角点
2. 输入文字

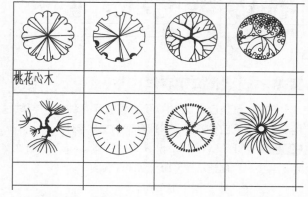

图 5-15　创建第一个单行文字

步骤 04 输入完成后，可以不退出命令，直接在右边的框格中单击，同样会出现文本输入框，输入第二个单行文字"麻楝"（楝：音liàn），如图5-16所示。

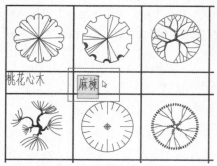

图 5-16　创建第二个单行文字

步骤 05 按相同方法，在各个框格中输入植物名称，效果如图5-17所示。

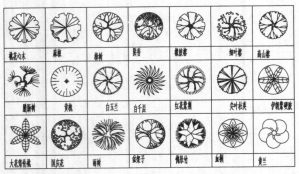

图 5-17　创建其余单行文字

步骤 06 使用"移动"命令或夹点，将各单行文字对齐，最终结果如图5-18所示。

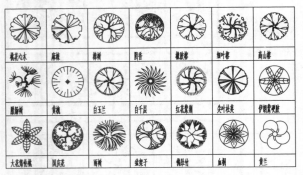

图 5-18　对齐所有单行文字

实战 216　设置文字字体

在 AutoCAD 2022 中，系统配置了多种文字字体，用户可以根据自身需要，设置合理的文字字体。

步骤 01 打开"实战216 设置文字字体.dwg"素材文件，其中已经创建了图5-19所示的注释文字。

图 5-19　素材文件

步骤 02 在"默认"选项卡中，单击"注释"面板中的"文字样式"按钮 A，如图5-20所示，执行"文字样式"命令。

图 5-20　"注释"面板中的"文字样式"按钮

步骤 03 系统自动打开"文字样式"对话框，然后在"字体"区域"字体名"下拉列表中选择"黑体"选项，如图5-21所示。

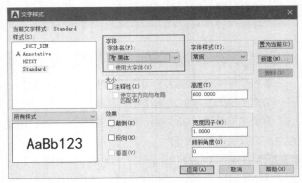

图 5-21　设置新的字体

步骤 04 在"文字样式"对话框中单击"应用"按钮，再单击"关闭"按钮，返回绘图区，可见各单行文字的字体已经被修改为黑体，如图5-22所示。

图 5-22　重新设置字体之后的效果

实战 217　设置文字高度

在 AutoCAD 2022 中，文字的高度决定了文字的大小和清晰度，用户可以根据需要设置文字的高度。

步骤 01 可以接着"实战 216"进行操作，也可以打开"实战216 设置文字字体-OK.dwg"素材文件进行操作。

步骤 02 双击"开关"标注文字，进入编辑模式，在"样式"面板中设置字高为300并按Enter键，在空白位置单击退出编辑模式，修改结果如图5-23所示。

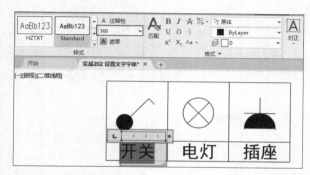

图 5-23 设置新的字高

步骤 03 重复上述操作，修改其余文字的字高，最终效果如图5-24所示。

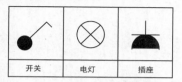

图 5-24 重新设置字高之后的文字效果

实战 218 设置文字效果

在 AutoCAD 2022 中创建文字样式之后，用户可以随时在"文字样式"对话框的"效果"区域中设置单行文字的显示效果。

步骤 01 可以接着"实战 217"进行操作，也可以打开"实战217 设置文字高度-OK.dwg"素材文件进行操作。

步骤 02 在命令行中输入STYLE并按Enter键，弹出"文字样式"对话框，然后在"效果"区域勾选"反向"复选框，如图5-25所示。

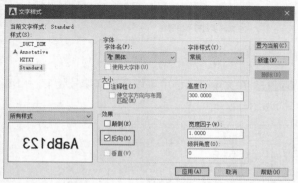

图 5-25 勾选"反向"复选框

步骤 03 在"文字样式"对话框中单击"应用"按钮，再单击"关闭"按钮，返回绘图区，可见各单行文字变为反向显示，效果如图5-26所示。

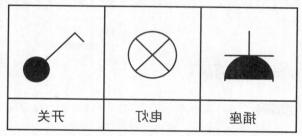

图 5-26 反向显示的文字

实战 219 创建多行文字

"多行文字"又称为段落文字，是一种更易于管理的文字对象，可以由两行及以上的文字组成，而且各行文字都作为一个整体进行处理。

步骤 01 打开"实战219 创建多行文字.dwg"素材文件，如图5-27所示。

步骤 02 在"默认"选项卡中，单击"注释"面板"文字"下拉列表中的"多行文字"按钮A，如图5-28所示，执行"多行文字"命令。

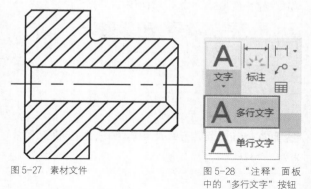

图 5-27 素材文件

图 5-28 "注释"面板中的"多行文字"按钮

步骤 03 系统弹出"文字编辑器"选项卡，然后移动十字光标指定多行文字的范围，操作之后绘图区会显示一个文本输入框，如图5-29所示。命令行提示如下。

```
命令: _mtext
                    //调用"多行文字"命令
当前文字样式:"Standard" 文字高度: 2.5 注释性: 否
指定第一角点:
                    //在绘图区合适位置拾取一点
指定对角点或 [高度(H)/对正(J)/行距(L)/旋转(R)/样式(S)/宽度(W)/栏(C)]:
                    //指定对角点
```

图 5-29 "文字编辑器"选项卡与文本输入框

步骤 04 在文本输入框内输入文字，每输入一行后按Enter键，输入下一行，输入结果如图5-30所示。

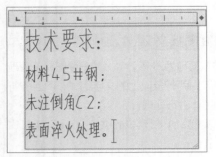

图 5-30 输入文字

步骤 05 选中"技术要求："，然后在"样式"面板中修改文字高度为3.5，如图5-31所示。

图 5-31 修改文字高度

步骤 06 按Enter键执行修改操作，修改文字高度后的效果如图5-32所示。

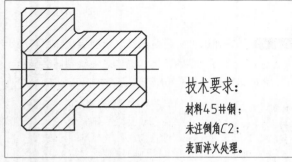

图 5-32 创建的不同字高的多行文字

实战 220 为多行文字添加编号

"多行文字"编辑功能十分强大，能完成许多Word 软件能完成的专业文档编辑工作，如本例中为多行文字中各段落添加编号。

步骤 01 可以接着"实战 219"进行操作，也可以打开"实战219 创建多行文字-OK.dwg"素材文件进行操作。

步骤 02 双击已经创建好的多行文字，进入编辑模式，打开"文字编辑器"选项卡，然后选中"技术要求："下面的3行说明文字，如图5-33所示。

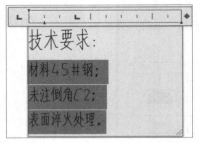

图 5-33 框选要编号的文字

步骤 03 在"文字编辑器"选项卡中，打开"段落"面板中的"项目符号和编号"下拉列表，选择编号方式为"以数字标记"，如图5-34所示。

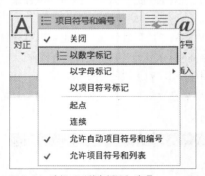

图 5-34 选择"以数字标记"选项

步骤 04 在文本输入框中可以预览到编号效果，如图5-35所示。

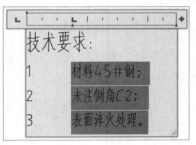

图 5-35 添加编号的初步效果

步骤 05 调整文字的对齐标尺，减少文字的缩进量，如图5-36所示。

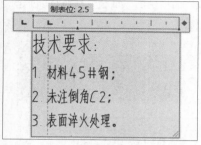

图 5-36　减少文字的缩进量

步骤 06 单击"关闭"面板上的"关闭文字编辑器"按钮，或按Ctrl+Enter组合键完成多行文字编号的创建，最终效果如图5-37所示。

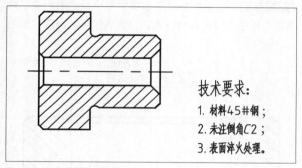

图 5-37　添加编号的多行文字

实战 221　添加特殊字符

有些特殊字符在键盘上没有对应键，如指数、文字上方或下方的线、角度（°）、直径（∅）等。这些特殊字符不能从键盘上直接输入，需要使用软件自带的特殊字符功能来添加。在单行文字和多行文字中都可以插入特殊字符。

1　在单行文字中添加特殊字符

步骤 01 打开"实战221 添加特殊字符.dwg"素材文件，其中已经创建了两个标高尺寸，如图5-38所示。其中"0.000"是单行文字，"1500"为多行文字。

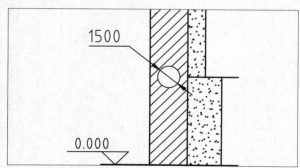

图 5-38　素材文件

步骤 02 单行文字的可编辑性较弱，只能通过输入控制符的方式插入特殊字符。

步骤 03 双击"0.000"，进入单行文字的编辑模式，然后移动光标至文字前端，输入控制符"%%p"，如图5-39所示。

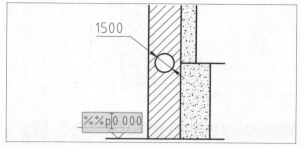

图 5-39　输入控制符

步骤 04 输入完毕后系统自动将其转换为相应的特殊字符，如图5-40所示。在绘图区的空白区域单击即可退出编辑模型。

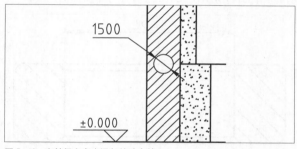

图 5-40　在单行文字中添加特殊字符

2　在多行文字中添加特殊字符

与单行文字相比，在多行文字中添加特殊字符的方式更灵活。除了使用控制符的方法外，还可以在"文字编辑器"选项卡中进行编辑。

步骤 01 双击"1500"，进入多行文字的编辑模式，同时打开"文字编辑器"选项卡，将光标移动至文字前端，然后单击"插入"面板上的"符号"按钮，在下拉列表中选择"直径%%c"选项，如图5-41所示。

图 5-41　选择"直径%%c"
选项

步骤 02 上述操作完毕后，便会在"1500"文字之前创建一个直径符号"∅"，如图5-42所示。

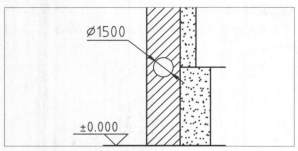

图5-42 在多行文字中添加特殊符号

实战 222 创建堆叠文字

可以通过输入分隔符号，创建堆叠文字。堆叠文字在机械绘图中应用很多，可以用来创建尺寸公差、分数等。

步骤 01 打开"实战222 创建堆叠文字.dwg"素材文件，如图5-43所示，其中已经标注好了所需的尺寸。

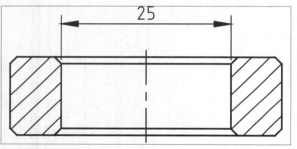

图5-43 素材图形

步骤 02 添加直径符号。双击尺寸25，打开"文字编辑器"选项卡，然后将光标移动至25之前，输入"%%C"，为其添加直径符号，如图5-44所示。

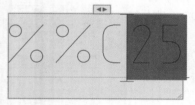

图5-44 添加直径符号

步骤 03 输入公差文字。再将光标移动至25的后方，依次输入"K7 +0.006^-0.015"，如图5-45所示。

图5-45 输入公差文字

步骤 04 创建尺寸公差。按住鼠标左键不放并向后拖动，选中"+0.006^-0.015"文字，然后单击"文字编辑器"选项卡"格式"面板中的"堆叠"按钮，创建尺寸公差，如图5-46所示。

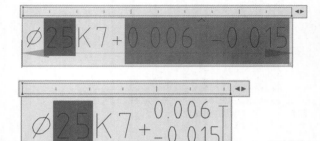

图5-46 创建尺寸公差

步骤 05 在"文字编辑器"选项卡中单击"关闭文字编辑器"按钮，退出编辑模式，得到修改后的图形，如图5-47所示。

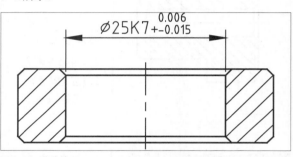

图5-47 修改结果

🔍 **延伸讲解：其他分隔符号的运用**

除了本例用到的"^"分隔符号，还有"/""#"两个分隔符号，效果如图5-48所示。需要注意的是，这些分隔符号必须是英文格式的符号。

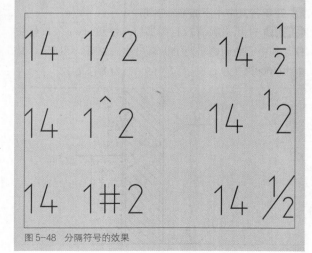

图5-48 分隔符号的效果

实战 223 添加文字背景

为了使文字清晰地显示在复杂的图形中，可以为文字添加不透明的背景。

步骤 01 打开"实战223 添加文字背景.dwg"素材文件，如图5-49所示。

图 5-49　素材文件

步骤 02 双击文字，系统弹出"文字编辑器"选项卡，单击"样式"面板中的"遮罩"按钮 **A** 遮罩，系统弹出"背景遮罩"对话框，在其中设置参数，如图5-50所示。

图 5-50　"背景遮罩"对话框

步骤 03 单击"确定"按钮关闭对话框，效果如图5-51所示。

图 5-51　最终效果

实战 224 对齐多行文字

除了为多行文字添加编号、背景，还可以通过对齐工具来设置多行文字的对齐方式。

步骤 01 打开"实战224 对齐多行文字.dwg"素材文件，如图5-52所示。

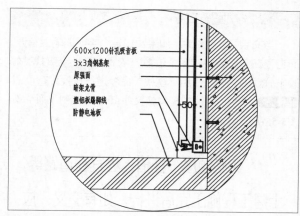

图 5-52　素材文件

步骤 02 选中多行文字，然后在命令行输入ED并按Enter键，系统弹出"文字编辑器"选项卡，进入文字编辑模式。

步骤 03 选中各行文字，然后单击"段落"面板中的"右对齐"按钮 三，将文字的对齐方式调整为右对齐，如图5-53所示。

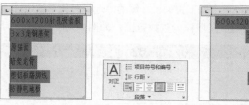

图 5-53　右对齐多行文字

步骤 04 在第二行文字前单击，将光标移动到此位置，然后单击"插入"面板中的"符号"按钮，在下拉列表中选择"角度\U+2248"选项，添加角度符号。

步骤 05 单击"文字编辑器"选项卡中的"关闭文字编辑器"按钮 ✔，完成文字的编辑。最终效果如图5-54所示。

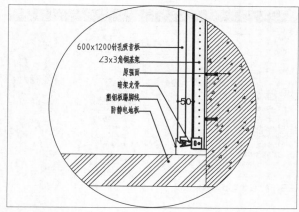

图 5-54　最终效果

实战 225 替换文字

当文字标注完成后，如果发现某个字或词输入有误，而它存在于注释中的多个位置，依靠人工逐个查找并修改十分烦琐，可以使用"查找"命令进行查找和替换。

步骤 01 打开"实战225 替换文字.dwg"素材文件，如图5-55所示。

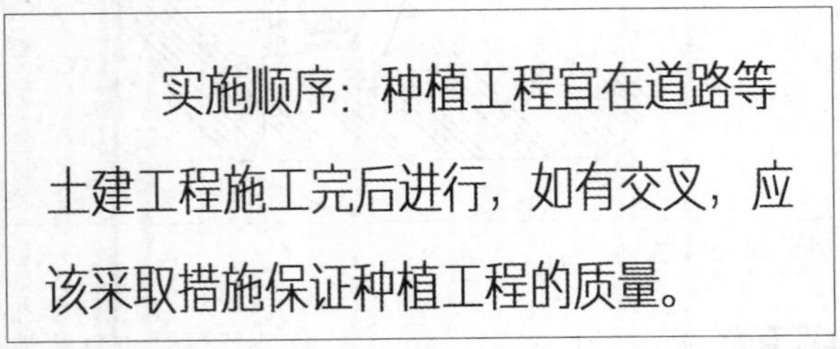

实施顺序: 种植工程宜在道路等土建工程施工完后进行，如有交叉，应该采取措施保证种植工程的质量。

图 5-55 素材文件

步骤 02 在命令行输入FIND并按Enter键，打开"查找和替换"对话框。在"查找内容"文本框中输入"实施"，在"替换为"文本框中输入"施工"。

步骤 03 在"查找位置"下拉列表中选择"整个图形"选项，也可以单击该下拉列表右侧的"选择对象"按钮，选择一个图形区域作为查找范围，如图5-56所示。

图 5-56 "查找和替换"对话框

步骤 04 单击对话框左下角的"更多选项"按钮，展开折叠的对话框。在"搜索选项"区域取消勾选"区分大小写"复选框，在"文字类型"区域取消勾选"块属性值"复选框，如图5-57所示。

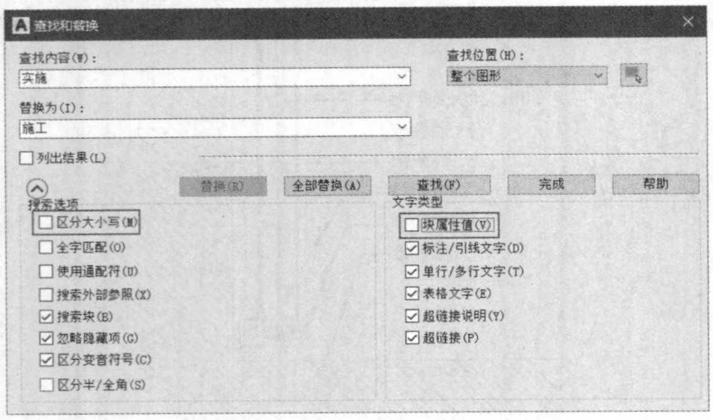

图 5-57 设置查找与替换选项

步骤 05 单击"全部替换"按钮，将当前文字中所有符合查找条件的字符全部替换。在弹出的"查找和替换"对话框中单击"确定"按钮，关闭对话框，结果如图5-58所示。

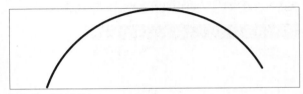

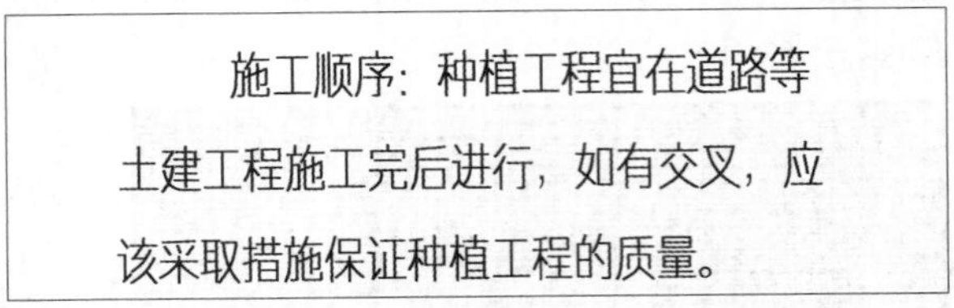

施工顺序: 种植工程宜在道路等土建工程施工完后进行，如有交叉，应该采取措施保证种植工程的质量。

图 5-58 替换结果

实战 226 创建弧形文字 ★进阶★

很多时候需要对文字进行一些特殊处理，如创建弧形文字，即所输入的文字沿指定的圆弧均匀分布。要实现这个效果可以手动输入文字后再以阵列的方式完成操作，但在 AutoCAD 中还有一种更为快捷的方法。

步骤 01 打开"实战226 创建弧形文字.dwg"素材文件，其中已经创建好了一段圆弧，如图5-59所示。

图 5-59 素材文件

步骤 02 在命令行中输入命令ARCTEXT并按Enter 键确认，选择圆弧，弹出"ArcAlignedText Workshop-Create"对话框。

步骤 03 在对话框中设置字体样式，输入文字内容，即可在圆弧上创建弧形文字，如图5-60所示。

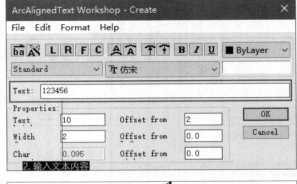

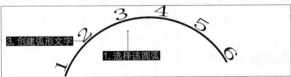

图 5-60 创建弧形文字

实战 227 将文字正常显示 ★进阶★

有时在打开文件后，文字和符号显示为问号"？"，或有些字体不显示；打开文件时提示"缺少 SHX 文件"或"未找到字体"；出现上述情况均是因为字体库出现了问题，可能是系统中缺少显示该文字的字体文件、指定的字体不支持全角标点符号或文字样式已被删除，有的特殊文字需要特定的字体才能正确显示。

步骤 01 打开"实战227 将文字正常显示.dwg"素材文件，其中的文字显示为问号，内容不明，如图5-61所示。

图 5-61 素材文件

步骤 02 选择问号，单击鼠标右键，在弹出的快捷菜单中选择"特性"选项，系统弹出"特性"面板。在"特性"面板"文字"区域中，可以查看和修改文字的"内容""样式""高度"等特性。将"样式"修改为"宋体"，如图5-62所示。

图 5-62 修改文字样式

步骤 03 文字得到正确显示，如图5-63所示。

建筑剖面图

图 5-63 正常显示的文字

5.2 表格的创建与编辑

表格在各类设计图中的运用非常普遍，主要用来展示与图形相关的标准信息、数据信息、材料和装配信息等内容。不同类型的图形（如机械图形、工程图形、电子的线路图形等），对应的制图标准也不相同，这就需要设置符合产品设计要求的表格样式，并利用表格快速、清晰、醒目地反映设计思想及创意。

使用 AutoCAD 的表格功能能够自动地创建和编辑表格，其操作方法与 Word、Excel 相似。

实战 228 创建表格样式

与文字类似，AutoCAD 中的表格也有一定样式，包括表格内文字的字体、颜色、高度，以及表格的行高、行距等。在插入表格之前，应先创建所需的表格样式。

步骤 01 单击快速访问工具栏中的"新建"按钮，新建图形文件。

步骤 02 在"默认"选项卡中，单击"注释"面板中的"表格样式"按钮，如图5-64所示。

图 5-64 "注释"面板中的"表格样式"按钮

步骤 03 系统弹出"表格样式"对话框，如图5-65所示。

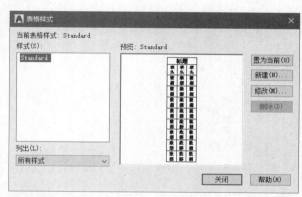

图 5-65 "表格样式"对话框

步骤 04 在该对话框中，可进行将表格样式置为当前、修改表格样式、删除表格样式和新建表格样式操作。单击"新建"按钮，系统弹出"创建新的表格样式"对话框，如图5-66所示。

图 5-66 "创建新的表格样式"对话框

步骤 05 在"新样式名"文本框中输入表格样式名称，在"基础样式"下拉列表中选择一个表格样式为新的表格样式提供默认设置，单击"继续"按钮，系统弹出"新建表格样式：Standard副本"对话框，如图5-67所示，在该对话框中可以对样式进行具体设置。

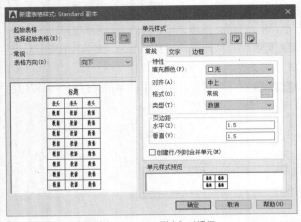

图 5-67　"新建表格样式：Standard 副本"对话框

步骤 06 单击"新建表格样式"对话框中的"管理单元样式"按钮，弹出图5-68所示"管理单元样式"对话框，在该对话框里可以对单元样式进行添加、删除和重命名操作。

图 5-68　"管理单元样式"对话框

实战 229 编辑表格样式

在 AutoCAD 2022 中，表格样式是用来控制表格基本性质和间距的一组设置。当插入表格对象时，系统使用当前的表格样式。

步骤 01 打开"实战229 编辑表格样式.dwg"素材文件，其中已经创建好了一个表格，如图5-69所示。

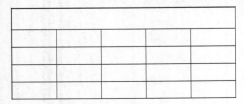

图 5-69　素材文件

步骤 02 在"默认"选项卡中，单击"注释"面板中的"表格样式"按钮，打开"表格样式"对话框，然后选择"样式"列表框中的Standard样式，再单击"修改"按钮，如图5-70所示。

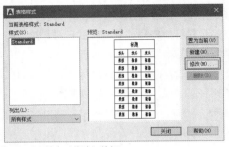

图 5-70　单击"修改"按钮

步骤 03 系统打开"修改表格样式：Standard"对话框，单击其中的"选择一个表格作为此表格的起始表格"按钮，如图5-71所示。

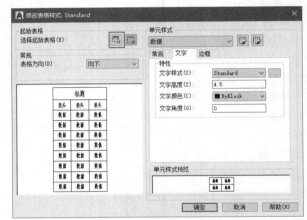

图 5-71　"修改表格样式：Standard"对话框

步骤 04 在绘图区选择素材中的表格，然后打开"常规"选项卡，在"页边距"区域的"水平""垂直"文本框中分别输入10和20，如图5-72所示。

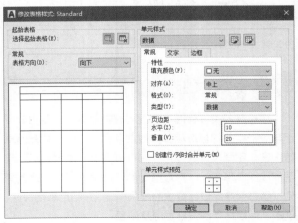

图 5-72　设置新的页边距

步骤 05 依次单击对话框中的"确定"和"关闭"按钮，返回绘图区，可见素材中的表格变为图5-73所示的样式。

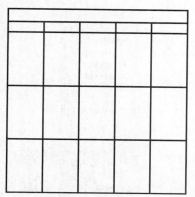

图 5-73 修改样式之后的表格

实战 230 创建表格

在 AutoCAD 中，可以使用"表格"工具创建表格，也可以直接使用线段绘制表格。如果要使用"表格"工具创建表格，则必须先创建表格样式。

步骤 01 打开"实战230 创建表格.dwg"素材文件，如图5-74所示，其中已经绘制好了零件图。

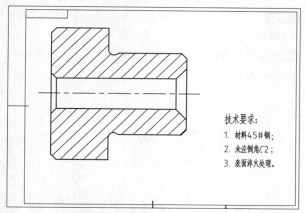

技术要求：
1. 材料45#钢；
2. 未注倒角C2；
3. 表面淬火处理。

图 5-74 素材文件

步骤 02 在"默认"选项卡中，单击"注释"面板中的"表格样式"按钮，系统弹出"表格样式"对话框，单击"新建"按钮，系统弹出"创建新的表格样式"对话框，在"新样式名"文本框中输入"标题栏"，如图5-75所示。

步骤 03 单击"继续"按钮，系统弹出"新建表格样式：标题栏"对话框，在"表格方向"下拉列表中选择"向上"选项，在"常规"选项卡中设置"对齐"为"中上"，如图5-76所示。

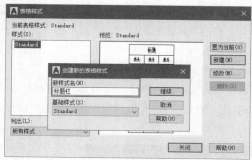

图 5-75 输入表格样式名

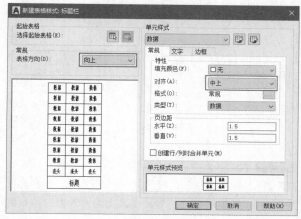

图 5-76 设置表格方向和对齐方式

步骤 04 切换至选择"文字"选项卡，设置"文字高度"为4；单击"文字样式"右侧的按钮，在弹出的"文字样式"对话框中修改文字样式为"宋体"，如图5-77所示；"边框"选项卡保持默认设置。

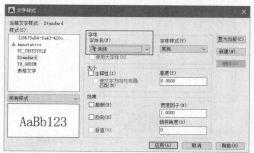

图 5-77 设置文字高度与字体

步骤 05 单击"确定"按钮，返回"表格样式"对话框，选择新创建的"标题栏"样式，然后单击"置为当前"按钮，如图5-78所示。单击"关闭"按钮，完成表格样式的创建。

步骤 06 返回绘图区，在"默认"选项卡中，单击"注释"面板中的"表格"按钮，如图5-79所示，执行"创建表格"命令。

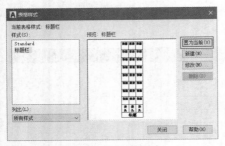

图 5-78 将"标题栏"样式置为当前

图 5-79 "注释"面板中的"表格"按钮

步骤 07 系统弹出"插入表格"对话框，设置"插入方式"为"指定窗口"，设置"列数"为7、"数据行数"为2，设置所有行的单元样式均为"数据"，如图5-80所示。

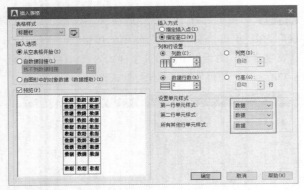

图 5-80 设置参数

步骤 08 单击"插入表格"对话框中的"确定"按钮，在绘图区单击以确定表格的左下角点，向右拖动十字光标，在合适的位置单击以确定表格的右下角点，创建的表格如图5-81所示。

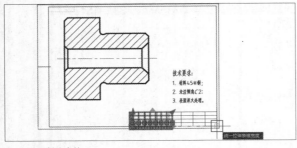

图 5-81 创建表格

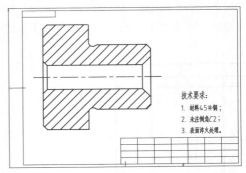

图 5-81 创建表格（续）

提示

在设置行数的时候需要看清楚对话框中输入的是"数据行数"，这里的"数据行数"是指去掉标题与表头后的行数，即"最终行数=输入的数据行数+2"。

实战 231 调整行高

在 AutoCAD 中创建表格后，用户可以随时根据需要调整表格的高度，以满足设计的要求。

步骤 01 可以接着"实战 230"进行操作，也可以打开"实战230 创建表格-OK.dwg"素材文件进行操作。

步骤 02 由于"实战230"中的表格是手动创建的，因此尺寸难免不精确，这时可以适当地调整行高。

步骤 03 在表格的左上方单击，使表格处于全选状态，如图5-82所示。

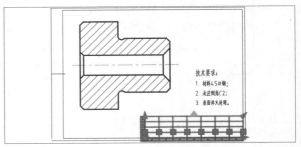

图 5-82 选择整个表格

步骤 04 在空白处单击鼠标右键，弹出快捷菜单，选择其中的"特性"选项，如图5-83所示。

图 5-83 在快捷菜单中选择"特性"选项

步骤 05 系统弹出该表格对应的"特性"面板，在"表格"区域的"表格高度"文本框中输入32，即每行高度为8，如图5-84所示。

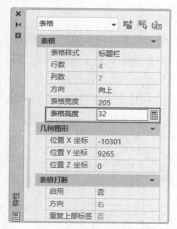

图 5-84 设置表格高度

步骤 06 按Enter键确认，关闭"特性"面板，效果如图5-85所示。

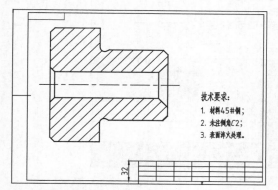

图 5-85 更改表格高度的结果

实战 232 调整列宽

除了行高，还可以随时调整列宽，方法与上例相似。因此在创建表格时并不需要在一开始就精确地设置行高和列宽。

步骤 01 可以接着"实战231"进行操作，也可以打开"实战231调整行高-OK.dwg"素材文件进行操作。

步骤 02 同行高一样，表格的原始列宽也是手动拉伸所得，因此可以适当地调整列宽。

步骤 03 在表格的左上方单击，使表格处于全选状态，接着在空白处单击鼠标右键，弹出快捷菜单，选择其中的"特性"选项。

步骤 04 系统弹出该表格的"特性"面板，在"表格"区域的"表格宽度"文本框中输入175，即每列宽25，如图5-86所示。

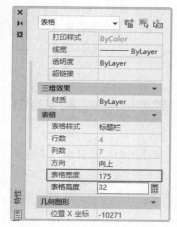

图 5-86 设置表格宽度

步骤 05 按Enter键确认，关闭"特性"面板，接着将表格移动至原位置，效果如图5-87所示。

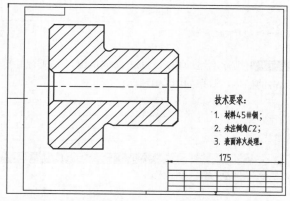

图 5-87 更改表格宽度的结果

实战 233 合并单元格

AutoCAD 2022 中的表格操作与 Office 软件类似，如合并单元格操作，只需选中单元格，然后在"表格单元"选项卡中单击相关按钮即可。

步骤 01 可以接着"实战232"进行操作，也可以打开"实战232调整列宽-OK.dwg"素材文件进行操作。

步骤 02 本例参考图5-88所示的表格进行编辑。

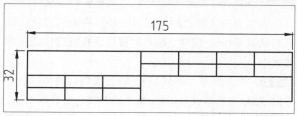

图 5-88 参考表格

步骤 03 在素材文件的表格中选择左上角的6个单元格（A3、A4、B3、B4、C3、C4），如图5-89所示。

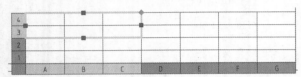

图 5-89 选择单元格

步骤 04 选择单元格后，功能区中自动弹出“表格单元”选项卡，在“合并”面板中单击“合并单元”按钮，然后在下拉列表中选择“合并全部”选项，如图5-90所示。

合并全部
按行合并
按列合并

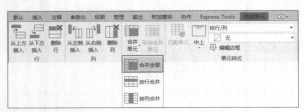

图 5-90 选择“合并全部”选项

步骤 05 执行上述操作后，按Esc键退出，完成合并单元格的操作，效果如图5-91所示。

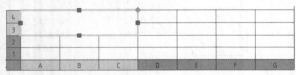

图 5-91 合并左上角单元格的效果

步骤 06 按相同的方法，对右下角的8个单元格（D1、D2、E1、E2、F1、F2、G1、G2）进行合并，效果如图5-92所示。

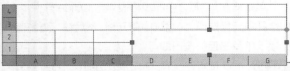

图 5-92 合并右下角单元格的效果

实战 234 输入文字

表格创建完毕之后，即可在表格中输入文字，输入方法同 Office 软件，输入时要注意根据表格调整字体大小。

步骤 01 可以接着“实战233”进行操作，也可以打开“实战233 合并单元格-OK.dwg”素材文件进行操作。

步骤 02 典型标题栏的文本内容如图5-93所示，本例便按此内容进行输入。

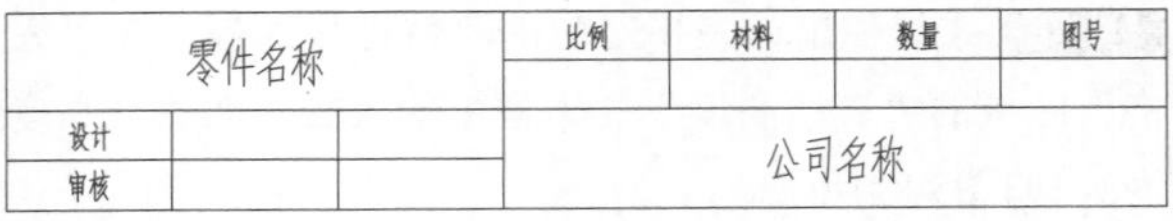

零件名称
比例
材料
数量
图号
设计
审核
公司名称

图 5-93 典型标题栏的文本内容

步骤 03 在左上角大单元格内双击，功能区中自动弹出“文字编辑器”选项卡，且单元格处于可编辑状态，然后输入文字“气塞盖”，如图5-94所示。可以在“文字编辑器”选项卡的“样式”面板中设置字高为8，如图5-95所示。

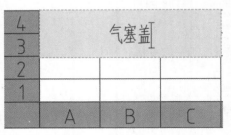

气塞盖

图 5-94 输入文本

注释性
样式
气塞盖
设计
审核

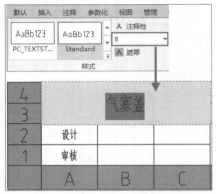

图 5-95 调整字高

步骤 04 按方向键“→”，将光标移至右侧要输入文本的单元格（D4），然后在其中输入“比例”，字高默认为4，如图5-96所示。

气塞盖
比例

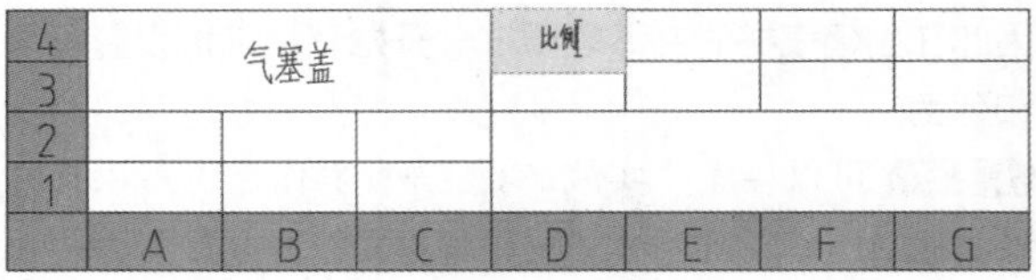

图 5-96 输入 D4 单元格中的文字

步骤 05 按相同的方法，输入其他单元格的文字，最后单击“文字编辑器”选项卡中的“关闭文字编辑器”按钮，完成文字的输入，最终效果如图5-97所示。

气塞盖	比例	材料	数量	图号
设计		麓山图文		
审核				

图 5-97　最终效果

实战 235　插入行

在 AutoCAD 2022 中，使用"表格单元"选项卡中的相关按钮，可以根据需要添加表格的行。

步骤 01 打开"实战235 插入行.dwg"素材文件，如图5-98所示，其中已经创建好了一个表格。

工程名称				图号
子项名称				比例
设计单位	监理单位			设计
建设单位	制图			负责人
施工单位	审核			日期

图 5-98　素材表格

步骤 02 表格的第一行应该为表头，可以通过"插入行"命令来新添加一行。

步骤 03 选择表格的第一行，功能区中弹出"表格单元"选项卡，在"行"面板中单击"从上方插入"按钮，如图5-99所示。

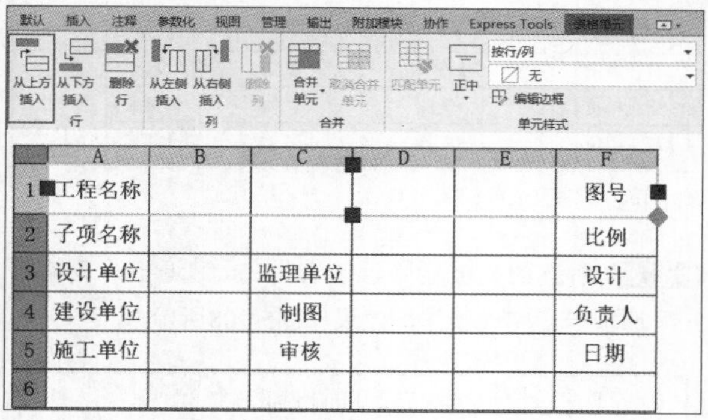

图 5-99　单击"从上方插入"按钮

步骤 04 执行上述操作后，即可在所选行上方新添加一行，样式与所选行一致。按Esc键退出"表格单元"选项卡，完成行的添加，效果如图5-100所示。

步骤 05 选择新插入的行，在"表格单元"选项卡的"合并"面板中，选择"合并单元"下拉列表中的"合并全部"选项，合并该行，效果如图5-101所示。

工程名称				图号
子项名称				比例
设计单位	监理单位			设计
建设单位	制图			负责人
施工单位	审核			日期

图 5-100　新添加的行

工程名称				图号
子项名称				比例
设计单位	监理单位			设计
建设单位	制图			负责人
施工单位	审核			日期

图 5-101　合并单元格

步骤 06 双击合并后的行，进入编辑模式后输入"××工程项目部"，设置字高为20，创建表头，最终效果如图5-102所示。

××工程项目部				
工程名称				图号
子项名称				比例
设计单位	监理单位			设计
建设单位	制图			负责人
施工单位	审核			日期

图 5-102　在新添加的行中输入文字

实战 236　删除行

在 AutoCAD 2022 中，使用"表格单元"选项卡中的相关按钮，可以根据需要删除表格的行。

步骤 01 可以接着"实战 235"进行操作，也可以打开"实战235 插入行-OK.dwg"素材文件进行操作。

步骤 02 表格中的最后一行是多余的，因此可以选中该行，功能区中弹出"表格单元"选项卡，在其中的"行"面板中单击"删除行"按钮，如图5-103所示。

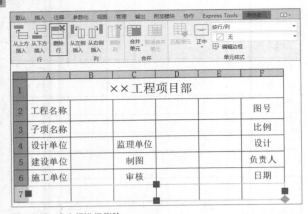

图 5-103 选中行进行删除

步骤 03 所选的行被删除，接着按Esc键退出"表格单元"选项卡，完成操作，效果如图5-104所示。

××工程项目部				
工程名称			图号	
子项名称			比例	
设计单位	监理单位		设计	
建设单位	制　图		负责人	
施工单位	审核		日期	

图 5-104 删除行之后的效果

实战 237 插入列

在 AutoCAD 2022 中，使用"表格单元"选项卡中的相关按钮，可以根据需要增加表格的列。

步骤 01 可以接着"实战236"进行操作，也可以打开"实战236 删除行-OK.dwg"素材文件进行操作。

步骤 02 表格的最右侧缺少一列，因此可以选中当前表格中的最右一列（列F），功能区中弹出"表格单元"选项卡，在其中的"列"面板中单击"从右侧插入"按钮，如图5-105所示。

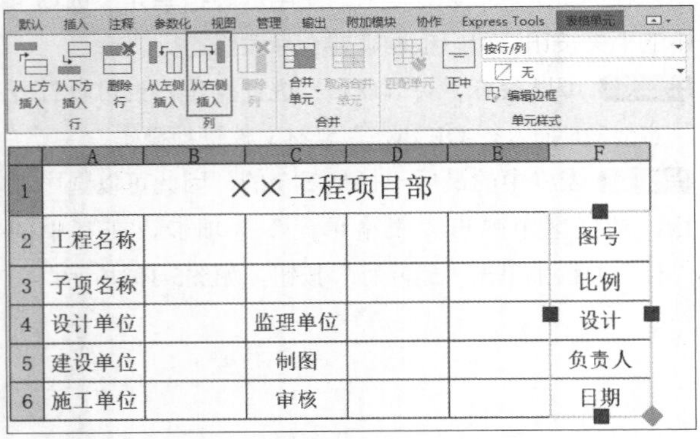

图 5-105 单击"从右侧插入"按钮

步骤 03 执行上述操作后，即可在所选列右侧新添加一列，样式与所选列一致。按Esc键退出"表格单元"选项卡，完成列的添加，效果如图5-106所示。

××工程项目部				
工程名称			图号	
子项名称			比例	
设计单位	监理单位		设计	
建设单位	制图		负责人	
施工单位	审核		日期	

图 5-106 新添加的列

实战 238 删除列

在 AutoCAD 2022 中，使用"表格单元"选项卡中的相关按钮，可以根据需要删除表格的列。

步骤 01 可以接着"实战 237"进行操作，也可以打开"实战237 插入列-OK.dwg"素材文件进行操作。

步骤 02 表格中间多出了一列（列D或列E），因此可以选中多出的一列，然后在"表格单元"选项卡的"列"面板中单击"删除列"按钮，如图5-107所示。

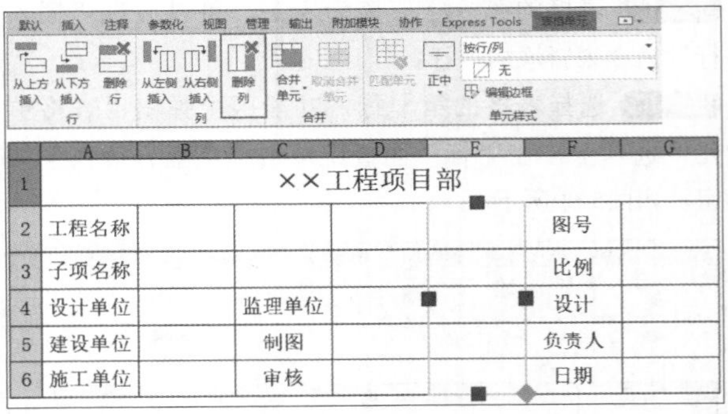

图 5-107 选中列进行删除

步骤 03 所选的列被删除，接着按Esc键退出"表格单元"选项卡，完成操作，效果如图5-108所示。

××工程项目部			
工程名称		图号	
子项名称		比例	
设计单位	监理单位	设计	
建设单位	制图	负责人	
施工单位	审核	日期	

图 5-108 删除列之后的效果

实战 239 插入图块

在 AutoCAD 2022 中，除了在表格中输入文字，还可以在其中插入图块，用来创建图纸中的具体图例表格。

步骤 01 打开"实战239 插入图块.dwg"素材文件，如图5-109所示，其中已经创建好了一个表格。如果直接使用"移动"命令将图块放置在表格上，效果并不理想。因此本例将使用"表格单元"选项卡中"插入"面板中的"块"按钮来插入图块。

图 5-109 素材文件

步骤 02 选中要插入图块的单元格。单击选择"迎春花"右侧的空白单元格（B1），系统将弹出"表格单元"选项卡，单击"插入"面板上的"块"按钮，如图5-110所示。

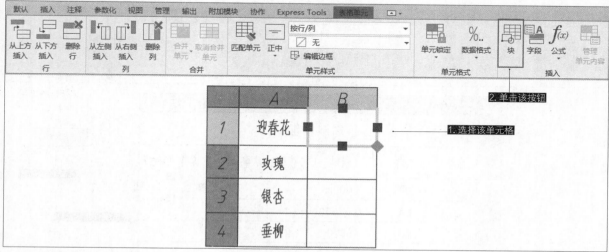

图 5-110 选择要插入图块的单元格

步骤 03 系统自动弹出"在表格单元中插入块"对话框，然后在对话框的"名称"下拉列表中选择要插入的块文件"迎春花"，在"全局单元对齐"下拉列表中选择对齐方式为"正中"，如图5-111所示。

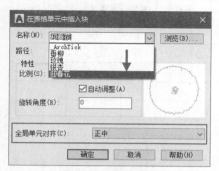

图 5-111 选择要插入的块和对齐方式

步骤 04 在对话框的右侧可以预览到块的图形，单击"确定"按钮，即可退出对话框完成图块的插入，如图5-112所示。

步骤 05 按相同的方法，将其余的图块插入表格中，最终效果如图5-113所示。

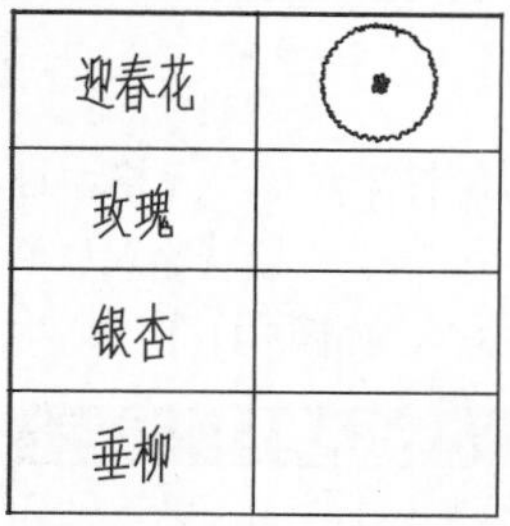

图 5-112 图块插入单元格中 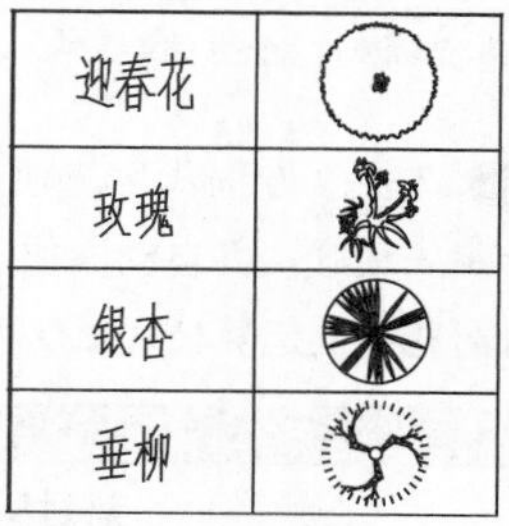 图 5-113 最终效果

提示

在表格单元中插入图块时，图块可以自动适应单元格的大小，也可以调整单元格以适应图块的大小，并且可以将多个图块插入同一个单元格中。

实战 240 插入公式

在 AutoCAD 2022 中，如果遇到了复杂的计算，用户便可以使用表格自带的公式功能进行计算，效果同Excel。

步骤 01 打开“实战240 插入公式.dwg”素材文件，如图5-114所示，其中已经创建好了一张材料明细表。

材料明细表					
序号	名称	材料	数量	单重（kg）	总重（kg）
1	活塞杆	40Cr	1	7.6	
2	缸头	QT-400	1	2.3	
3	活塞	6020	2	1.7	
4	底端法兰	45	2	2.5	
5	缸筒	45	1	4.9	

图 5-114　素材文件

步骤 02 可见“总重”一列为空白，已知“总重＝单重×数量”，因此可以在表格中创建公式来进行计算，一次性得出该列的值。

步骤 03 选中“总重”下方的第一个单元格（F3），在弹出的“表格单元”选项卡中，单击“插入”面板中的“公式”按钮，在下拉列表中选择“方程式”选项，如图5-115所示。

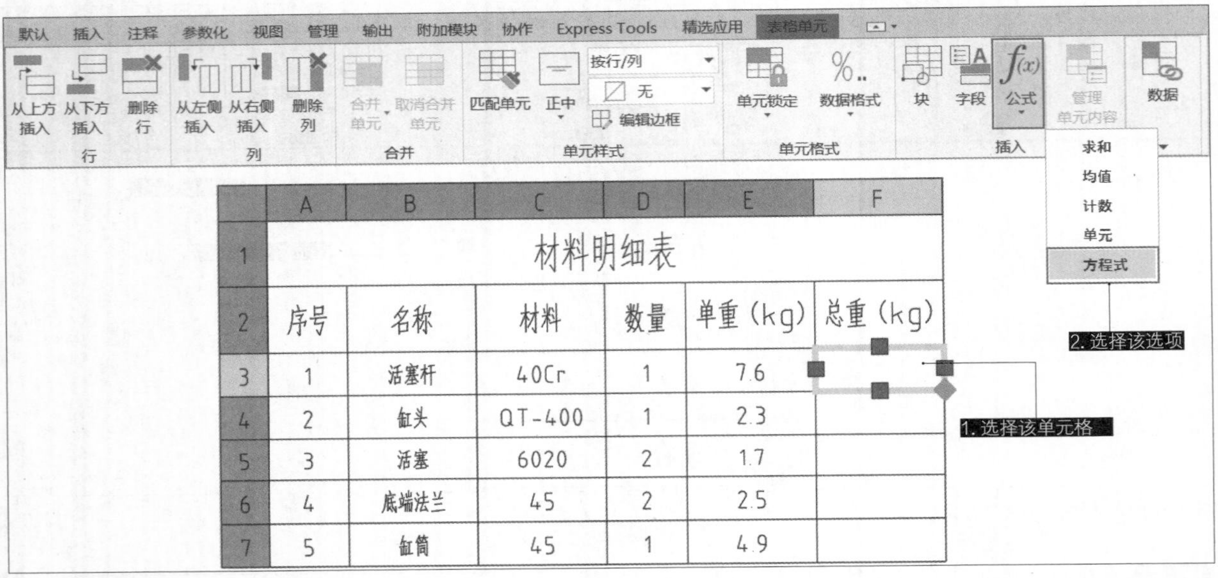

图 5-115　选择要插入公式的单元格

步骤 04 选择“方程式”选项后，将激活该单元格，进入文字编辑模式，并自动添加一个“=”。接着输入与单元格标号相关的运算公式“D3*E3”，如图5-116所示。

	A	B	C	D	E	F
1	材料明细表					
2	序号	名称	材料	数量	单重（kg）	总重（kg）
3	1	活塞杆	40Cr	1	7.6	=D3×E3
4	2	缸头	QT-400	1	2.3	
5	3	活塞	6020	2	1.7	
6	4	底端法兰	45	2	2.5	
7	5	缸筒	45	1	4.9	

图 5-116　在单元格中输入公式

步骤 05 按Enter键，得到计算结果，如图5-117所示。

材料明细表					
序号	名称	材料	数量	单重（kg）	总重（kg）
1	活塞杆	40Cr	1	7.6	7.6
2	缸头	QT-400	1	2.3	
3	活塞	6020	2	1.7	
4	底端法兰	45	2	2.5	
5	缸筒	45	1	4.9	

图 5-117　计算结果

> **提示**
>
> 注意乘号使用数字键盘上的“*”。

步骤 06 按相同的方法，在其他单元格中插入公式，得到最终的计算结果如图5-118所示。

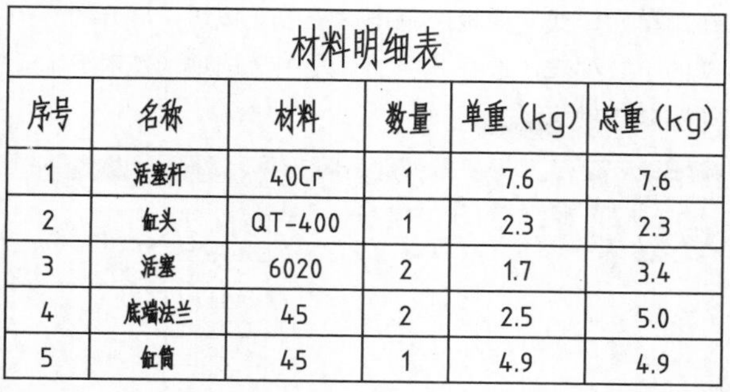

材料明细表					
序号	名称	材料	数量	单重（kg）	总重（kg）
1	活塞杆	40Cr	1	7.6	7.6
2	缸头	QT-400	1	2.3	2.3
3	活塞	6020	2	1.7	3.4
4	底端法兰	45	2	2.5	5.0
5	缸筒	45	1	4.9	4.9

图 5-118　最终的计算结果

延伸讲解：利用公式快速计算表格数据的方法

除了“实战 240”中介绍的方法之外，还可以使用 Excel 中的方法，直接拖动已输入公式的单元格，将输入的公式按顺序赋给其他单元格，可以快速得到计算结果，操作步骤如下。

步骤 01 选中已经输入公式的单元格，然后单击右下角的◆按钮，如图5-119所示。

	A	B	C	D	E	F
1	材料明细表					
2	序号	名称	材料	数量	单重（kg）	总重（kg）
3	1	活塞杆	40Cr	1	7.6	7.6
4	2	缸头	QT-400	1	2.3	
5	3	活塞	6020	2	1.7	
6	4	底端法兰	45	2	2.5	
7	5	缸筒	45	1	4.9	

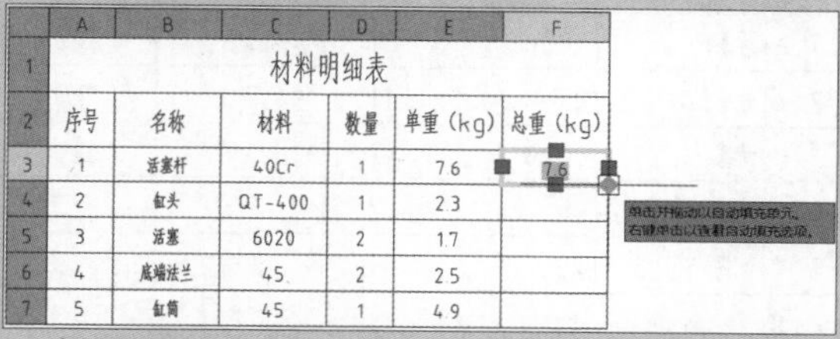

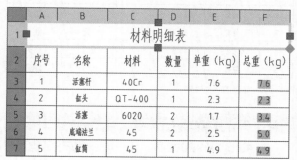

图 5-119　激活夹点

步骤 02 向下拖动鼠标指针，使公式覆盖其他单元格，如图5-120所示。

	A	B	C	D	E	F
1	材料明细表					
2	序号	名称	材料	数量	单重（kg）	总重（kg）
3	1	活塞杆	40Cr	1	7.6	7.6
4	2	缸头	QT-400	1	2.3	
5	3	活塞	6020	2	1.7	
6	4	底端法兰	45	2	2.5	
7	5	缸筒	45	1	4.9	

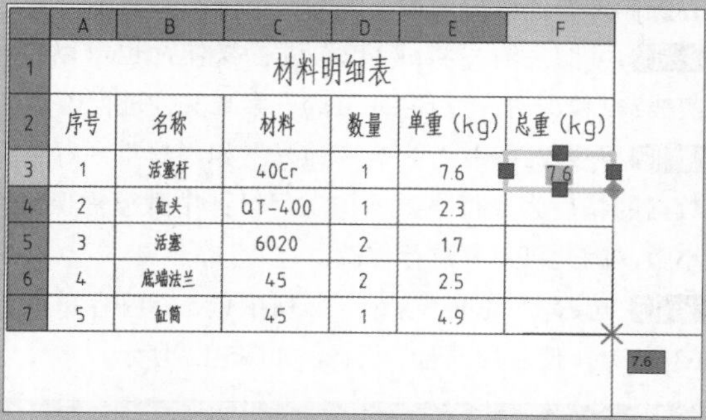

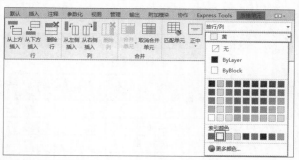

图 5-120　向下拖动鼠标指针

步骤 03 单击以确定覆盖，即可将F3单元格的公式按顺序覆盖至F4～F7单元格，得到的计算结果如图5-121所示。

材料明细表					
序号	名称	材料	数量	单重（kg）	总重（kg）
1	活塞杆	40Cr	1	7.6	7.6
2	缸头	QT-400	1	2.3	2.3
3	活塞	6020	2	1.7	3.4
4	底端法兰	45	2	2.5	5.0
5	缸筒	45	1	4.9	4.9

图 5-121　得到的计算结果

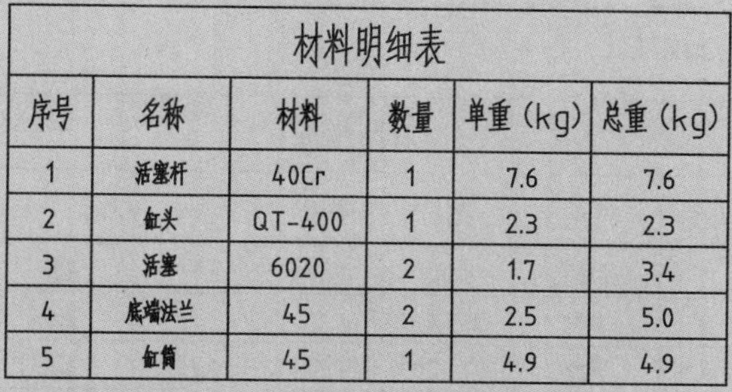

实战 241　修改表格的底纹

表格创建完成之后，可以随时对表格的底纹进行编辑，用以创建特殊的填色。

步骤 01 可以接着“实战240”进行操作，也可以打开“实战240 插入公式-OK.dwg”素材文件进行操作。

步骤 02 选择第一行“材料明细表”作为要添加底纹的单元格，该行呈选中状态，如图5-122所示。

	A	B	C	D	E	F
1	材料明细表					
2	序号	名称	材料	数量	单重（kg）	总重（kg）
3	1	活塞杆	40Cr	1	7.6	7.6
4	2	缸头	QT-400	1	2.3	2.3
5	3	活塞	6020	2	1.7	3.4
6	4	底端法兰	45	2	2.5	5.0
7	5	缸筒	45	1	4.9	4.9

图 5-122　选择要添加底纹的单元格

步骤 03 功能区中自动弹出“表格单元”选项卡，然后在“单元样式”面板的“表格单元背景色”下拉列表中选择颜色为“黄”，如图5-123所示。

图 5-123　选择底纹颜色

步骤 04 按Esc键退出"表格单元"选项卡，效果如图5-124所示。

材料明细表

序号	名称	材料	数量	单重（kg）	总重（kg）
1	活塞杆	40Cr	1	7.6	7.6
2	缸头	QT-400	1	2.3	2.3
3	活塞	6020	2	1.7	3.4
4	底端法兰	45	2	2.5	5.0
5	缸筒	45	1	4.9	4.9

图 5-124 所选单元格的底纹被设置为黄色

步骤 05 按相同的方法，将"序号""名称"等所在行的底纹设置为绿色，效果如图5-125所示。

材料明细表

序号	名称	材料	数量	单重（kg）	总重（kg）
1	活塞杆	40Cr	1	7.6	7.6
2	缸头	QT-400	1	2.3	2.3
3	活塞	6020	2	1.7	3.4
4	底端法兰	45	2	2.5	5.0
5	缸筒	45	1	4.9	4.9

图 5-125 创建的底纹效果

实战 242 修改对齐方式

在 AutoCAD 2022 中，用户可以根据设计需要调整表格中内容的对齐方式。

步骤 01 可以接着"实战241"进行操作，也可以打开"实战241 修改表格的底纹-OK.dwg"素材文件进行操作。

步骤 02 选择"名称"和"材料"两列中的10个内容单元格（B3~B7、C3~C7），使之处于选中状态，如图5-126所示。

	A	B	C	D	E	F
1			材料明细表			
2	序号	名称	材料	数量	单重（kg）	总重（kg）
3	1	活塞杆	40Cr	1	7.6	7.6
4	2	缸头	QT-400	1	2.3	2.3
5	3	活塞	6020	2	1.7	3.4
6	4	底端法兰	45	2	2.5	5.0
7	5	缸筒	45	1	4.9	4.9

图 5-126 选择要修改对齐方式的单元格

步骤 03 功能区中自动弹出"表格单元"选项卡，然后

在"单元样式"面板中单击"正中"按钮，展开对齐方式的下拉列表，选择其中的"左中"选项（左对齐），如图5-127所示。

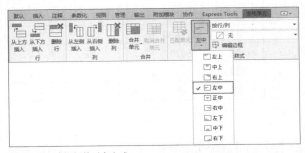

图 5-127 选择新的对齐方式

步骤 04 所选单元格的内容按新的对齐方式对齐，效果如图5-128所示。

材料明细表

序号	名称	材料	数量	单重（kg）	总重（kg）
1	活塞杆	40Cr	1	7.6	7.6
2	缸头	QT-400	1	2.3	2.3
3	活塞	6020	2	1.7	3.4
4	底端法兰	45	2	2.5	5.0
5	缸筒	45	1	4.9	4.9

图 5-128 修改对齐方式后的表格

实战 243 修改单位精度

AutoCAD 2022 中的表格功能十分强大，除了常规的操作外，还可以设置不同的显示内容和显示精度。

步骤 01 可以接着"实战242"进行操作，也可以打开"实战242 修改对齐方式-OK.dwg"素材文件进行操作。

步骤 02 可见表格中"单重（kg）"和"总重（kg）"列数据的精度为一位小数，但工程设计中数据需保留两位小数，因此可对其进行修改。

步骤 03 选择"单重（kg）"列中的5个内容单元格（E3~E7），使之处于选中状态，如图5-129所示。

	A	B	C	D	E	F
1			材料明细表			
2	序号	名称	材料	数量	单重（kg）	总重（kg）
3	1	活塞杆	40Cr	1	7.6	7.6
4	2	缸头	QT-400	1	2.3	2.3
5	3	活塞	6020	2	1.7	3.4
6	4	底端法兰	45	2	2.5	5.0
7	5	缸筒	45	1	4.9	4.9

图 5-129 选择要修改单位精度的单元格

步骤 04 功能区中自动弹出"表格单元"选项卡，然后在"单元格式"面板中单击"数据格式"按钮，展开其下拉列表，选择最后的"自定义表格单元格式"选项，如图5-130所示。

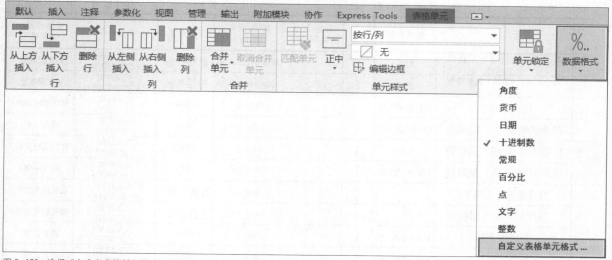

图 5-130 选择"自定义表格单元格式"选项

步骤 05 系统弹出"表格单元格式"对话框，然后在"精度"下拉列表中选择"0.00"选项，该选项表示保留两位小数，如图5-131所示。

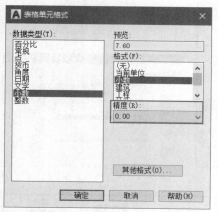

图 5-131 "表格单元格式"对话框

步骤 06 单击"确定"按钮，返回绘图区，可见表格中"单重（kg）"列中的内容已更新，如图5-132所示。

材料明细表

序号	名称	材料	数量	单重（kg）	总重（kg）
1	活塞杆	40Cr	1	7.60	7.6
2	缸头	QT-400	1	2.30	2.3
3	活塞	6020	2	1.70	3.4
4	底端法兰	45	2	2.50	5.0
5	缸筒	45	1	4.90	4.9

图 5-132 修改"单重（kg）"列的精度

步骤 07 按相同的方法，选择"总重（kg）"列中的5个内容单元格（F3~F7），将其显示精度修改为两位小数，效果如图5-133所示。

材料明细表

序号	名称	材料	数量	单重（kg）	总重（kg）
1	活塞杆	40Cr	1	7.60	7.60
2	缸头	QT-400	1	2.30	2.30
3	活塞	6020	2	1.70	3.40
4	底端法兰	45	2	2.50	5.00
5	缸筒	45	1	4.90	4.90

图 5-133 修改显示精度后的表格效果

> **提示**
>
> 本例不可以直接选取10个单元格，因为"总重（kg）"列中的单元格内容为函数运算结果，与"单重"列中的文本性质不同，因此AutoCAD无法将它们一起识别。

实战 244 通过 Excel 创建表格

如果要统计的数据过多，设计师会优先使用 Excel 进行处理，然后再将其导入 AutoCAD 中生成表格。在一般公司中，这类表格数据都由其他部门制作，设计人员无须自行整理。

步骤 01 打开"实战244 电气设施统计表.xls"素材文件，如图5-134所示，其中有一个已用Excel创建好的电气设施的统计表格。

电 气 设 备 设 施 一 览 表

统计：×××	统计日期：2012年3月22日	审核：×××	审核日期：2012年3月22日

序号	名　称	规格型号	重量/原值（吨/万元）	制造/投用（时间）	主体材质	操作条件	安装地点 / 使用部门
1	吸氨泵、碳化泵、浓氨泵（TH01）	MNS	1	2010.04/2010.08	敷铝锌板	交流控制（AC380V/220V）	碳化配电室/
2	离心机1#-3#主机、辅机控制（TH02）	MNS	1	2010.04/2010.08	敷铝锌板	交流控制（AC380V/220V）	碳化配电室/
3	防爆控制箱	XBK-B24D24G	1	2010.07	铸铁	交流控制（AC220V）	碳化值班室内/
4	防爆照明(动力）配电箱	CBP51-7KXXG	1	2010.11	铸铁	交流控制（AC380V）	碳化二楼/
5	防爆动力(电磁）启动箱	BXG	1	2010.07	铸铁	交流控制（AC380V）	碳化值班室内/
6	防爆照明(动力）配电箱	CBP51-7KXXG	1	2010.11	铸铁	交流控制（AC380V）	碳化一楼/
7	碳化循环水控制柜		1	2010.11	普通钢板	交流控制（AC380V）	碳化配电室内/
8	碳化深水泵控制柜		1	2011.04	普通钢板	交流控制（AC380V）	碳化配电室内/
9	防爆控制箱	XBK-B12D12G	1	2010.07	铸铁	交流控制（AC380V）	碳化二楼/
10	防爆控制箱	XBK-B30D30G	1	2010.07	铸铁	交流控制（AC380V）	碳化二楼/

图5-134　素材文件

步骤 02 将表格主体A3：I13单元格区域复制到剪贴板。

步骤 03 打开AutoCAD，新建空白文档，选择"编辑"菜单中的"选择性粘贴"选项，打开"选择性粘贴"对话框，选择其中的"AutoCAD图元"选项，如图5-135所示。

步骤 04 单击"确定"按钮，表格即转化成AutoCAD中的表格，如图5-136所示，然后便可以编辑其中的文字，非常方便。

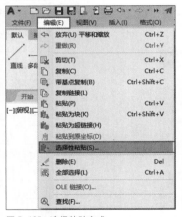

图5-135　选择粘贴方式

序号	名　称	规格型号	重量/原值（吨/万元）	制造/投用　（时间）	主体材质	操作条件	安装地点/使用部门
1.0000	吸氨泵、碳化泵、浓氨泵（TH01）	MNS	1.0000	2010.04/2010.08	敷铝锌板	交流控制（AC380V/220V）	碳化配电室/
2.0000	离心机1#-3#主机、辅机控制（TH02）	MNS	1.0000	2010.04/2010.08	敷铝锌板	交流控制（AC380V/220V）	碳化配电室/
3.0000	防爆控制箱	XBK-B24D24G	1.0000	2010.07	铸铁	交流控制（AC220V）	碳化值班室内/
4.0000	防爆照明(动力)配电箱	CBP51-7KXXG	1.0000	2010.11	铸铁	交流控制（AC380V）	碳化二楼/
5.0000	防爆动力(电磁)启动箱	BXG	1.0000	2010.07	铸铁	交流控制（AC380V）	碳化值班室内/
6.0000	防爆照明(动力)配电箱	CBP51-7KXXG	1.0000	2010.11	铸铁	交流控制（AC380V）	碳化一楼/
7.0000	碳化循环水控制柜		1.0000	2010.11	普通钢板	交流控制（AC380V）	碳化配电室内/
8.0000	碳化深水泵控制柜		1.0000	2011.04	普通钢板	交流控制（AC380V）	碳化配电室内/
9.0000	防爆控制箱	XBK-B12D12G	1.0000	2010.07	铸铁	交流控制（AC380V）	碳化二楼/
10.0000	防爆控制箱	XBK-B30D30G	1.0000	2010.07	铸铁	交流控制（AC380V）	碳化二楼/

图5-136　粘贴为AutoCAD表格

5.3 本章小结

本章介绍了创建与编辑文字和表格的方法，包括创建文字样式、添加文字标注、创建表格样式、绘制表格等。文字样式包括多项参数，如字体、字高、宽度、旋转角度等。文字标注有与其对应的文字样式，修改文字样式参数，系统将自动更新文字标注在绘图区中的显示效果。

绘制表格前，可以先设置对齐方式、文字样式及边框样式。创建表格后，自动进入编辑模式，这时可以在单元格中输入文字，完成后退出编辑模式。单击单元格，进入“表格单元”选项卡，这时可以编辑表行、表列、单元格等，也可以重定义单元格文字的对齐方式。 此外，还可以在单元格中插入图块或利用公式进行计算。

5.4 课后习题

一、理论题

1.“文字样式”命令是（　　）。

A. ST　　B. AT　　C. RT　　D. BT

2.（　　）的文字样式不能被删除。

A. 表格　　B. 尺寸标注　　C. 当前　　D. 引线标注

3. 在数字前输入（　　），可以添加直径符号。

A. %%d　　B. %%c　　C. %%p　　D. %%b

4.“单行文字”命令对应的工具按钮是（　　）。

A. 　　B. 　　C. 　　D.

5. 在（　　）对话框中，可以查看当前视图所包含的表格样式。

A.“创建新的表格样式”　　B.“新建表格样式”

C.“管理单元格式”　　D.“表格样式”

6. 在（　　）面板中调整表格的行高和列宽。

A.“属性”　　B.“特性”　　C.“样式”　　D.“管理”

7. 合并表格单元格的方式不包括（　　）。

A. 全部合并　　B. 部分合并　　C. 按行合并　　D. 按列合并

8. 将 Excel 表格导入 AutoCAD 中，在（　　）对话框中选择粘贴后的表格类型。

A.“表格样式”　　B.“选择性粘贴”

C.“表格属性”　　D.“粘贴选项”

二、操作题

1. 执行“单行文字”命令，为电路图添加标注文字，如图 5-137 所示。

2. 执行“多行文字”命令，创建并编辑技术要求文字，如图 5-138 所示。

3. 执行“表格”命令，绘制表格并输入植物信息，如图 5-139 所示。

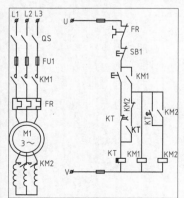

图 5-137　为电路图添加标注文字

技术要求

1. 10kV双电源同时供电，采用高压计量，装计量表2套。

2. 一主一备供电方式：正常运行时，主供电源供电，联络开关合上，备供电源进线开关断开；主供电源失压时，备供电源将自动投入；主供电源恢复电压时，手动断开备供电源，手动合上主供电源。（运行中是否实现自投功能按供电部门审核意见确定。）

3. 两路电源进线开关装设电气联锁（二合一），只能同时合上一个开关。

4. 进线柜装设定时限过流、速断、零序（可选）、失压跳闸保护。备供进线柜设置主供失压自投。

5. 联络柜装设定时限过流、速断跳闸保护。

6. 变压器出线柜装设定时限过流、速断、零序、干变超温跳闸保护，高温发信。

7. 所有设备均应接地良好。

8. 可根据实际情况需要，在开关柜内选择安装局部放电在线监测装置。

9. 高压系统设计应经过当地供电部门审查通过后方可实施。

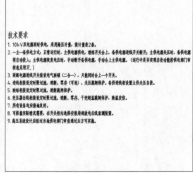

图 5-138　创建并编辑技术要求文字

序号	名称	规格	单位	数量
1	桂花	H220-240,P150-200	株	15
2	湿地松	Ø6-7	株	5
3	樱花	Ø4-5	株	10
4	红枫	Ø3-4	株	5
5	桃树	Ø4-5	株	3
6	山茶	H150-180，P70-90	株	11
7	苏铁	P120-150	株	1
8	芭蕉	Ø10以下	株	12
9	棕榈	H180-220	株	6
10	枇杷	H200-250,P100-120	株	5
11	红玉兰	Ø6-7	株	11
12	杨梅	Ø8-10	株	3
13	泡桐	Ø10-12	株	1
14	石榴	H180-210,P80-100	株	5
15	加那利海枣	H100-120,P80-100	株	6
16	红花继木球	P80-100	株	11
17	金叶女贞球	P80-100	株	6

图 5-139　绘制表格

第 **6** 章

图块与参照

本章内容概述 ────────────────────────────────────

在实际制图过程中，常常需要用到同样的图形，例如机械设计中的粗糙度符号，室内设计中的门、床、电器等。如果每次都重新绘制，不但会浪费大量的时间，还会降低工作效率。因此，AutoCAD提供了图块的功能，用户可以将一些经常使用的图形对象定义为图块，当需要重新利用这些图形时，只需要以合适的比例将相应的图块插到指定的位置即可。

在设计过程中，有时会反复调用图形文件、样式、图块、标注、线型等内容，为了提高效率，AutoCAD提供了设计中心这一资源管理工具，用于对这些资源进行分门别类的管理。

本章知识要点 ────────────────────────────────────

- 创建与编辑图块
- 引用与管理外部参照

6.1　图块的创建与编辑

　　AutoCAD 中的图块包括内部图块、外部图块、属性图块、动态图块这几种类型，根据不同的情况选用不同的图块，不仅能更好地表现设计效果，而且能提高工作效率。本节介绍创建与编辑图块的方法。

实战 245　创建内部图块　★重点★

　　内部图块是存储在图形文件内部的块，只能在存储文件中使用，不能在其他图形文件中使用。

步骤 01 打开"实战245 创建内部图块.dwg"素材文件，如图6-1所示。

步骤 02 选中所有的图形，然后在"默认"选项卡的"块"面板中单击"创建"按钮，如图6-2所示，执行"创建块"命令。

图 6-1　素材文件

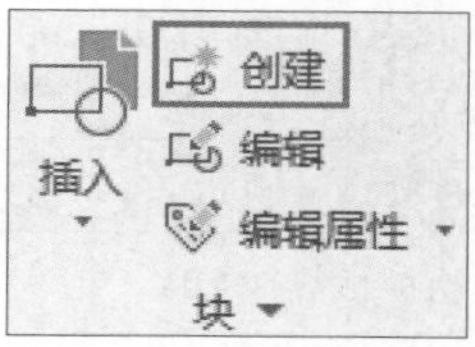

图 6-2　"块"面板中的"创建"按钮

步骤 03 系统打开"块定义"对话框，在"名称"文本框中输入图块名称"台灯"，如图6-3所示。

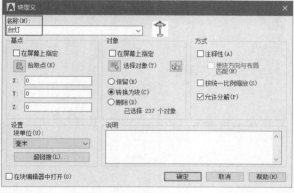

图 6-3　"块定义"对话框

步骤 04 单击"基点"区域中的"拾取点"按钮，系统回到绘图区，单击台灯底座中点位置，这表示定义图块的插入基点为台灯底座的中点，如图6-4所示。

图 6-4　拾取点

步骤 05 系统返回"块定义"对话框，"基点"区域中将会显示刚才捕捉的插入基点的坐标。

步骤 06 将"块单位"设置为"毫米"，在"说明"文本框中输入文字说明"室内设计图库"，如图6-5所示。单击"确定"按钮，完成内部图块的定义。

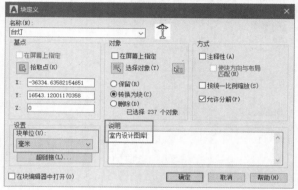

图 6-5　定义内部图块

步骤 07 在绘图区选中台灯，可以看出台灯已经被定义为图块，并且在插入基点位置显示夹点，如图6-6所示。

图 6-6　创建内部图块的效果

实战 246　创建外部图块

　　外部图块是以外部文件的形式存在的块，它可以被任何文件引用。使用"写块"命令可以将选定的对象输出为外部图块，并将其保存到单独的图形文件中。下面举例说明创建外部图块的方法。

步骤 01 打开"实战246 创建外部图块.dwg"素材文件，如图6-7所示。

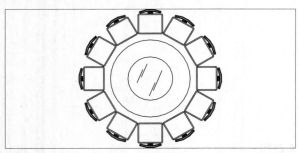

图6-7 素材文件

步骤 02 在命令行输入WBLOCK并按Enter键，打开"写块"对话框，如图6-8所示。

图6-8 "写块"对话框

步骤 03 单击"写块"对话框中的"选择对象"按钮，在绘图区框选所有图形并按Enter键确认；在"基点"区域中单击"拾取点"按钮，在绘图区捕捉圆心作为图块的插入基点，如图6-9所示。

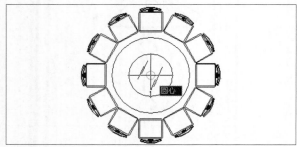

图6-9 捕捉圆心为基点

步骤 04 系统将返回"写块"对话框，单击"文件名和路径"文本框右侧的 按钮，打开"浏览图形文件"对话框，在其中设置图块的保存路径和图块名称，最后单击"保存"按钮，如图6-10所示。

图6-10 保存图块

步骤 05 在"对象"区域选择"转换为块"单选按钮，设置"插入单位"为"毫米"，单击"确定"按钮，如图6-11所示。至此，整个"餐桌"外部图块创建完成。

图6-11 设置块参数

步骤 06 在绘图区选中餐桌，可以看出餐桌已经被定义为图块，并且在插入基点位置显示夹点，如图6-12所示。

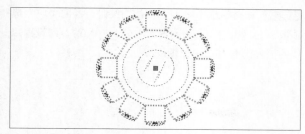

图 6-12　选择图块

> **提示**
>
> 所谓"内部图块"和"外部图块"，其实就是临时图块与永久图块。

实战 247　插入内部图块

块定义完成后，就可以插入与块定义关联的块实例了。如果是内部图块，则可以在图形中直接调用。

步骤 01 打开"实战247 插入内部图块.dwg"素材文件，其中已经绘制好了室内平面图，如图6-13所示。

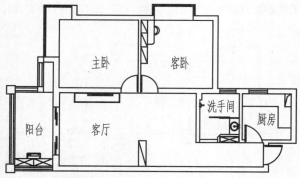

图 6-13　素材文件

步骤 02 在"默认"选项卡中，单击"块"面板中的"插入"按钮，展开下拉列表，选择"床"图块，如图6-14所示。

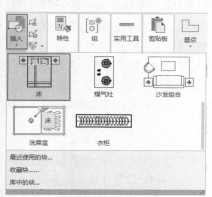

图 6-14　选择图块

步骤 03 在主卧中的合适位置插入"床"图块，比例为1，如图6-15所示。

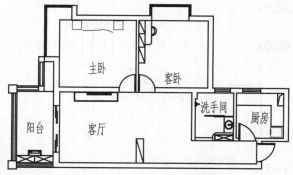

图 6-15　在主卧中插入"床"图块

步骤 04 重复执行"插入"命令，展开下拉列表，选择"床"图块，设置旋转"角度"为-90°，比例为1，在客卧中的合适位置插入"床"图块，如图6-16所示。

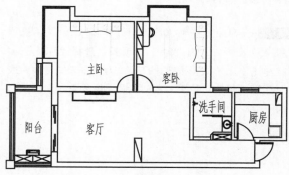

图 6-16　在客卧中插入"床"图块

步骤 05 用同样的方法依次插入"沙发组合""冰箱""便池""餐桌""煤气灶""洗菜盆""衣柜"图块，最终效果图如图6-17所示。

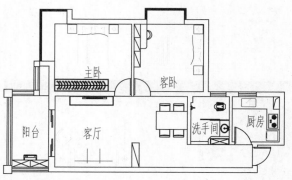

图 6-17　最终效果

实战 248　插入外部图块

一张设计图中可能没有包含所有需要的图形，因此有些时候需调用外部图块来辅助绘图。

步骤 01 可以接着"实战247"进行操作，也可以打开"实战247 插入内部图块-OK.dwg"素材文件进行操作。

步骤 02 如果要求将客厅中的餐桌换成大型聚餐用的组合餐桌，可以使用插入外部图块的方法来完成。

步骤 03 选择客厅右侧的餐桌图块，按Delete键将其删除，如图6-18所示。

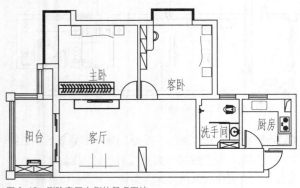

图 6-18　删除客厅右侧的餐桌图块

步骤 04 在命令行中输入INSERT并按Enter键，执行"插入"命令，打开"块"选项板，选择"库"选项卡，单击右上角的按钮，打开"为块库选择文件夹或文件"对话框，定位至"第6章\组合餐桌.dwg"，如图6-19所示。

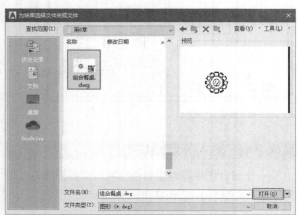

图 6-19　选择外部图块

步骤 05 在对话框中单击"打开"按钮，返回"块"选项板，在"比例"右侧的各文本框中输入0.7，即设置图块的插入比例为0.7，如图6-20所示。

图 6-20　设置插入比例

步骤 06 在客厅的合适位置指定点，插入外部图块的效果如图6-21所示。

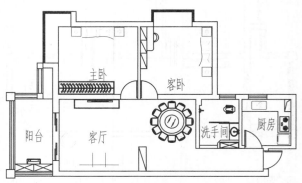

图 6-21　插入外部图块的效果

实战 249 创建图块属性　★重点★

图块包含的信息可以分为两类：图形信息和非图形信息。块属性指的是图块的非图形信息，例如机械设计中为零件表面定义的粗糙度，零件的每个表面粗糙度信息都不一样。块属性必须和图块结合在一起使用，在图纸上显示为块实例的标签或说明。单独的属性是没有意义的。

步骤 01 打开"实战249 创建图块属性.dwg"素材文件，其中已经绘制好了粗糙度符号，如图6-22所示。

步骤 02 在"默认"选项卡中，单击"块"面板中的"定义属性"按钮，如图6-23所示，执行"定义属性"命令。

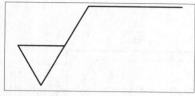

图 6-22　素材文件

图 6-23　"块"面板中的"定义属性"按钮

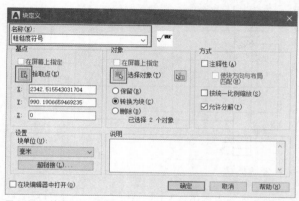

图 6-26　"块定义"对话框

步骤 03 系统自动打开"属性定义"对话框，在"标记"文本框中输入"粗糙度"，设置"文字高度"为2，如图6-24所示。

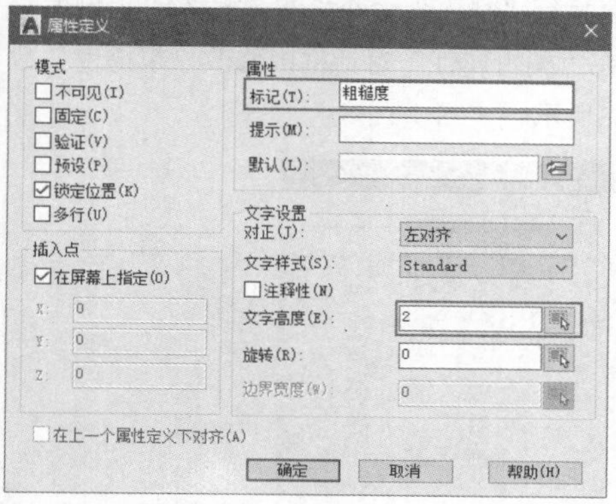

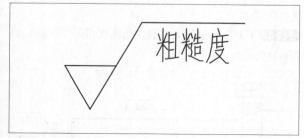

图 6-24　"属性定义"对话框

步骤 04 系统返回绘图区后，定义的图块属性标记会随十字光标出现，在绘图区适当位置单击，放置粗糙度符号，如图6-25所示。

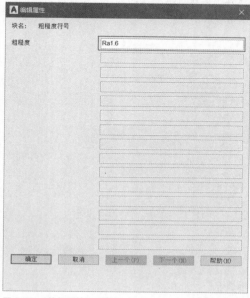

图 6-27　"编辑属性"对话框

步骤 07 单击"确定"按钮，"粗糙度符号"属性图块创建完成，如图6-28所示。

图 6-25　创建好的粗糙度符号效果

步骤 05 在"默认"选项卡中，单击"块"面板中的"创建"按钮，系统弹出"块定义"对话框。在"名称"文本框中输入"粗糙度符号"；单击"拾取点"按钮，拾取三角形的下角点作为基点；单击"选择对象"按钮，选择整个粗糙度符号图形和属性定义，如图6-26所示。

步骤 06 单击"确定"按钮，系统弹出"编辑属性"对话框，可以在其中更改属性值，如图6-27所示。

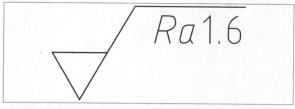

图 6-28　"粗糙度符号"属性图块

实战 250　插入属性图块

在一些比较特殊的情况下，使用带属性的图块可以提高绘图效率，如插入包含不同信息的粗糙度符号。

步骤 01 打开"实战250 插入属性图块.dwg"素材文件，如图6-29所示。

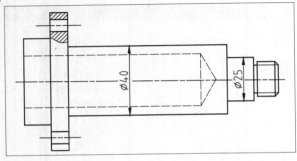

图 6-29 素材文件

步骤 02 在命令行中输入I并按Enter键，执行"插入"命令，系统弹出"块"选项板，选择"粗糙度符号"图块，如图6-30所示。

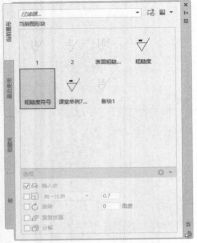

图 6-30 选择图块

步骤 03 在绘图区中指定插入点，系统弹出"编辑属性"对话框，设置参数，如图6-31所示。

图 6-31 "编辑属性"对话框

步骤 04 单击"确定"按钮，在Ø40轮廓线上单击，插入粗糙度符号，如图6-32所示。

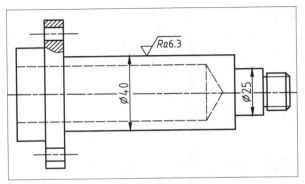

图 6-32 插入粗糙度符号

步骤 05 重复执行"插入"命令，再次插入"粗糙度符号"图块，在"编辑属性"对话框中修改"粗糙度"数值，如图6-33所示。

图 6-33 修改"粗糙度"数值

步骤 06 在Ø25轮廓线上放置"粗糙度符号"图块，如图6-34所示。

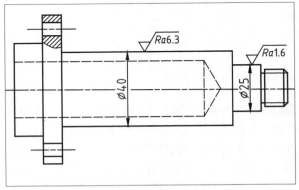

图 6-34 最终效果

实战 251 修改图块属性

属性图块创建完毕后，可以在"增强属性编辑器"对话框中修改图块的属性值和属性文字的样式。

步骤 01 可以接着"实战250"进行操作，也可以打开"实战250 插入属性图块-OK.dwg"素材文件进行操作。

步骤 02 如果觉得尺寸Ø25部位的粗糙度设得太高，可以通过修改图块属性的方法来对其进行修改。

步骤 03 直接双击Ø25轮廓线上的粗糙度符号，打开"增强属性编辑器"对话框，选择"属性"选项卡，在"值"文本框中指定新值Ra3.2，如图6-35所示。

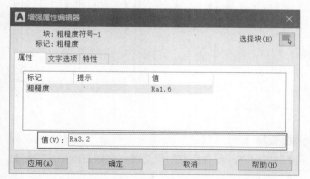

图 6-35　指定新值

步骤 04 单击"确定"按钮，完成修改，修改粗糙度数值之后的图形如图6-36所示。

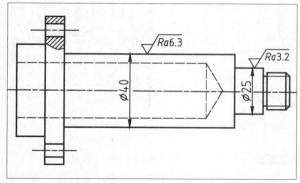

图 6-36　修改结果

实战 252 重定义图块属性

在"块属性管理器"对话框中，可以修改所有图块的块属性定义，更新相应的所有的块实例。但重定义图块属性仅能更新块属性定义，不能修改属性值。

步骤 01 可以接着"实战251"进行操作，也可以打开"实战251 修改图块属性-OK.dwg"素材文件进行操作。

步骤 02 在命令行中输入BATTMAN并按Enter键，系统自动弹出"块属性管理器"对话框，对话框中显示了已附加到图块的所有块属性列表，如图6-37所示。

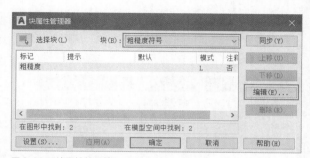

图 6-37　"块属性管理器"对话框

步骤 03 在对话框的"块"下拉列表中选择"粗糙度符号"选项，对话框下侧会自动显示图形中该图块的数量，然后单击对话框中的"编辑"按钮，进入"编辑属性"对话框，如图6-38所示。

图 6-38　"编辑属性"对话框

步骤 04 在对话框中选择"文字选项"选项卡，修改文字高度为3、对正方式为"左对齐"，如图6-39所示。

图 6-39　"文字选项"选项卡

步骤 05 切换到"特性"选项卡，在"图层"下拉列表中选择"文本层"选项，如图6-40所示。

图 6-40　"特性"选项卡

步骤 06 单击"确定"按钮，完成属性的修改，返回"块属性管理器"对话框，单击下方的"应用"按钮，如图6-41所示。

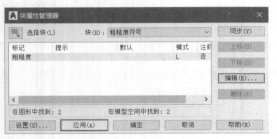

图 6-41　单击"应用"按钮

步骤 07 单击"确定"按钮，关闭对话框，操作结果如图6-42所示。

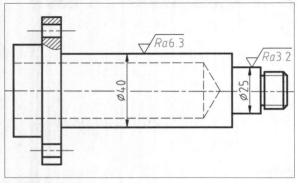

图 6-42　操作结果

实战 253　重定义图块外形

除了可以对图块的属性值重新定义外，还可以对图块的外形进行重定义。只要对一个图块的外形进行了修改，文件中所有相同的图块的外形都会自动更新。

步骤 01 打开"实战253 重定义图块外形.dwg"素材文件，可见主卧和客卧中分别添置了相同的"床"图块图形，但客卧中的床头柜图形与其他家具图形有重叠部分，如图6-43所示。

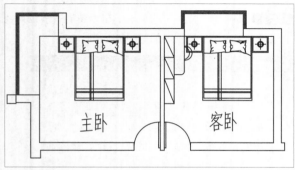

图 6-43　素材文件

步骤 02 单击"修改"面板中的"分解"按钮，选择主卧室内的"床"图块，将其分解，拾取某些线段即可看出图形是否已被分解，如图6-44所示。

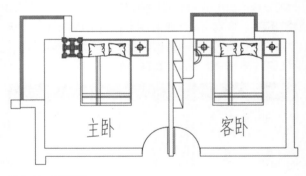

图 6-44　分解效果

步骤 03 单击"默认"选项卡"修改"面板中的"删除"按钮，配合夹点编辑功能，将床左侧的床头柜删除，结果如图6-45所示。

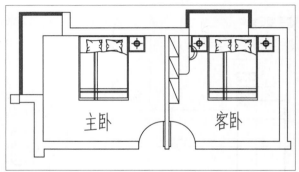

图 6-45　删除左侧床头柜

步骤 04 在"默认"选项卡的"块"面板中单击"创建"按钮，执行"创建块"命令，系统打开"块定义"对话框。

步骤 05 在"名称"文本框中输入图块名称"床"（与原图块名相同），然后重新选择主卧室中的床图形，指定新的基点，将其创建为新的"床"图块，如图6-46所示。

图 6-46　创建新的"床"图块

步骤 06 单击"确定"按钮，系统弹出"块-重新定义块"对话框，提示原图块被重定义，选择"重新定义块"选项，更新所有相同的实例，如图6-47所示。

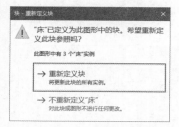

图 6-47 "块 – 重新定义块"对话框

步骤 07 返回绘图区可见客卧中的"床"图块外形自动得到更新，删除左侧床头柜图形后的"床"图块与其他家具图形不发生重叠，效果如图6-48所示。

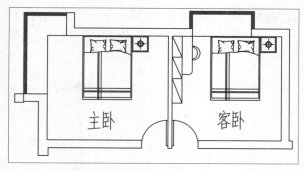

图 6-48 自动更新图块外形的效果

实战 254 创建动态图块

在 AutoCAD 2022 中，可以为普通图块添加动作，将其转换为动态图块。对于动态图块，可以直接通过移动动态夹点来调整图块大小、角度，从而避免频繁地输入参数或调用命令（如缩放、旋转、镜像命令等），使图块的操作更加便捷。

步骤 01 打开"实战254 创建动态图块.dwg"素材文件，图形中已经创建了一个门的普通图块，如图6-49所示。

步骤 02 在命令行中输入BE并按Enter键，系统弹出"编辑块定义"对话框，选择"门"图块，如图6-50所示。

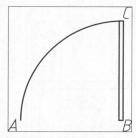

图 6-49 素材图形

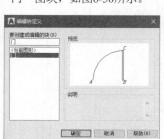

图 6-50 "编辑块定义"对话框

步骤 03 单击"确定"按钮，进入块编辑模式，系统弹出"块编辑器"选项卡，同时弹出"块编写选项板"选项板，如图6-51所示。

步骤 04 为块添加线性参数。选择"块编写选项板"选项板的"参数"选项卡，单击"线性"按钮，为门的宽度添加一个线性参数，如图6-52所示。命令行提示如下。

```
命令: _BParameter 线性
指定起点或 [名称(N)/标签(L)/链(C)/说明(D)/基点(B)/选项板(P)/值集(V)]:
        //选择圆弧端点A
指定端点:
        //选择矩形端点B
指定标签位置:
        //向下拖动十字光标，在合适位置放置线性参数标签
```

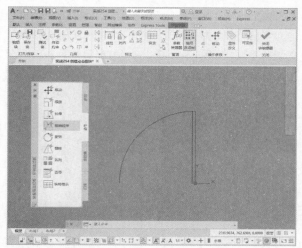

图 6-51 块编辑界面

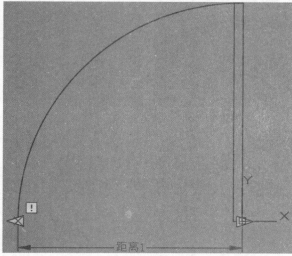

图 6-52 添加线性参数

步骤 05 为线性参数添加缩放动作。切换到"块编写选项板"选项板的"动作"选项卡，单击"缩放"按钮，为线性参数添加缩放动作，如图6-53所示。命令行提示如下。

```
命令:_BActionTool 缩放
选择参数:
                //选择上一步添加的线性参数
指定动作的选择集
选择对象:找到 1 个
选择对象:找到 1 个,总计 2 个
                //依次选择门图形包含的全部轮廓线,包
括一条圆弧和一个矩形
选择对象:
                //按Enter键结束选择,完成动作的创建
```

步骤 06 为块添加旋转参数。切换到"块编写选项板"选项板的"参数"选项卡，单击"旋转"按钮，添加一个旋转参数，如图6-54所示。命令行提示如下。

```
命令:_BParameter 旋转
指定基点或 [名称(N)/标签(L)/链(C)/说明(D)/选项板(P)/值集
(V)]:
                //选择矩形角点B作为旋转基点
指定参数半径:
                //选择矩形角点C,定义参数半径
指定默认旋转角度或 [基准角度(B)] <0>: 90↙
                //设置默认旋转角度为90°
指定标签位置:
                //移动参数标签,在合适位置单击以放置标签
```

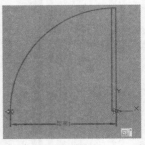

图 6-53　添加缩放动作　　　　图 6-54　添加旋转参数

步骤 07 为旋转参数添加旋转动作。切换到"块编写选项板"选项板的"动作"选项卡，单击"旋转"按钮，为旋转参数添加旋转动作，如图6-55所示。命令行提示如下。

```
命令:_BActionTool 旋转
选择参数:
                //选择创建的角度参数
指定动作的选择集
选择对象:找到 1 个
                //选择矩形作为动作对象
选择对象:
                //按Enter键结束选择,完成动作的创建
```

步骤 08 在"块编辑器"选项卡中，单击"打开/保存"面板中的"保存块"按钮，保存对块的编辑。单击"关闭块编辑器"按钮 关闭块编辑器，返回绘图区，此时单击创建的动态图块，该块上出现3个夹点，如图6-56所示。

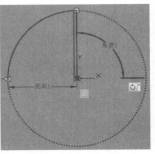
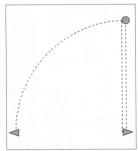

图 6-55　添加旋转动作　　　　图 6-56　夹点

步骤 09 拖动三角形夹点可以修改门的大小，如图6-57所示；而拖动圆形夹点可以修改门的打开角度，如图6-58所示。门符号动态图块创建完成。

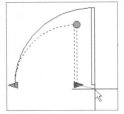
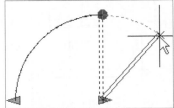

图 6-57　拖动三角形夹点　　　　图 6-58　拖动圆形夹点

实战 255　在块编辑器中编辑动态图块 ★进阶★

进入块编辑器之后，可以使用与编辑普通图形对象相同的方法编辑动态图块，还可以添加属性定义、约束、动态参数等。

步骤 01 打开"实战255 在块编辑器中编辑动态图块.dwg"素材文件，如图6-59所示。

步骤 02 在命令行输入I并按Enter键，调用"插入"命令，插入"双头螺柱.dwg"外部图块，单击"修改"面板中的"移动"按钮，将其放置在中心线位置，如图6-60所示。

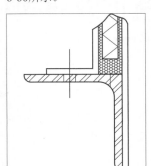

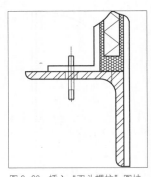

图 6-59　素材图形　　　　图 6-60　插入"双头螺柱"图块

步骤 03 选中插入的"双头螺柱"图块，然后在"默认"选项卡中，单击"块"面板中的"编辑"按钮，系统弹出"编辑块定义"对话框，如图6-61所示。单击"确定"按钮，进入块编辑器。

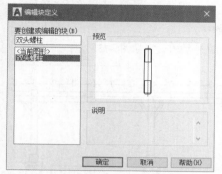

图 6-61　"编辑块定义"对话框

步骤 04 如果"块编写选项板"选项板没有打开，单击"管理"面板中的"编写选项板"按钮，将其打开。

步骤 05 在"块编写选项板"选项板中，切换到"参数"选项卡，单击"线性"按钮，为螺柱的无螺纹段添加一个线性参数，如图6-62所示。

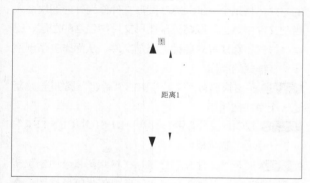

图 6-62　添加的线性参数

步骤 06 在"块编写选项板"选项板中，切换到"动作"选项卡，单击"拉伸"按钮，为螺柱添加一个拉伸动作，如图6-63所示。命令行提示如下。

```
命令: _BActionTool 拉伸
选择参数:
//选择创建的线性参数
指定要与动作关联的参数点或输入 [起点(T)/第二点(S)] <起点>:
//选择线性参数的一个节点，如图6-64所示
指定拉伸框架的第一个角点或 [圈交(CP)]:
//对齐到图6-65所示的水平位置，作为拉伸第一个角点
指定对角点:
        //拖动十字光标，指定对角点，如图6-66所示
指定要拉伸的对象
选择对象:指定对角点:找到 13 个，总计 13 个
//选择拉伸框架内的所有图形对象
```

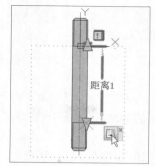
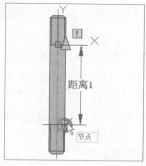

图 6-63　添加的拉伸动作　　图 6-64　选择节点

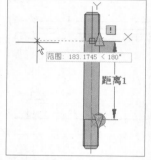
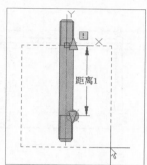

图 6-65　指定第一个角点　　图 6-66　指定对角点

步骤 07 单击"块编辑器"选项卡中的"关闭块编辑器"按钮，系统弹出提示对话框，如图6-67所示。选择"将更改保存到双头螺柱"选项，回到绘图区。

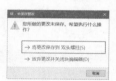

图 6-67　提示对话框

步骤 08 单击"双头螺柱"图块，图块上出现夹点，如图6-68所示。拖动三角形夹点可以修改螺柱的长度，结果如图6-69所示。

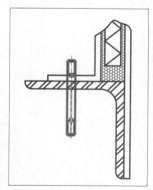
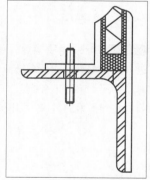

图 6-68　动态图块的夹点　　图 6-69　调整螺柱长度的效果

提示

在块编辑器中进行的编辑操作只对当前文件中的块起作用，也就是说没有修改外部图块文件。

实战 256 参照编辑图块 ★进阶★

在位编辑块是指不进入块编辑器，而是在原图形中直接编辑图块。对于需要以图形中其他对象作为参考的图块，"在位编辑块"功能十分有用。例如插入一个门图块之后，该门的宽度需要以门框的宽度作为参考，如果进入块编辑器编辑该图块，将会隐藏其他图形对象，无法做到实时参考。

步骤 01 打开"实战256 参照编辑图块.dwg"素材文件，如图6-70所示。

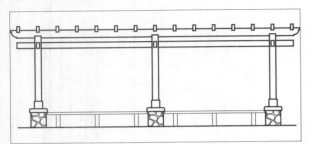

图 6-70 素材图形

步骤 02 选中任意一个"廊柱"图块，然后单击鼠标右键，在快捷菜单中选择"在位编辑块"选项，系统弹出"参照编辑"对话框，如图6-71所示。

图 6-71 "参照编辑"对话框

步骤 03 单击"参照编辑"对话框中的"确定"按钮，进入在位编辑模式，系统弹出"编辑参照"面板，如图6-72所示。调用"直线""偏移""镜像"等命令，绘制廊柱到横梁的斜撑，如图6-73所示。

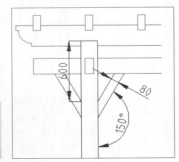

图 6-72 "编辑参照"面板 　　图 6-73 绘制斜撑

步骤 04 单击"编辑参照"面板上的"保存修改"按钮，系统弹出提示对话框，如图6-74所示，单击"确定"按钮完成图块的编辑。

图 6-74 提示对话框

步骤 05 廊柱的在位编辑效果如图6-75所示。

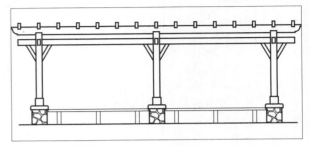

图 6-75 在位编辑效果

实战 257 设计中心插入图块 ★进阶★

前面介绍了利用"插入"命令插入图块的方法，而利用设计中心插入图块功能更方便。可以直接使用拖曳的方式，将某个 AutoCAD 图形文件作为外部图块插入当前文件中，也可以将外部图形文件中包含的图层、线型、样式、图块等对象插入当前文件，从而省去了创建图层、样式的操作。

步骤 01 单击快速访问工具栏中的"新建"按钮□，新建一个空白文档。

步骤 02 按Ctrl+2组合键，打开"DESIGNCENTER"（设计中心）选项板。

步骤 03 展开"文件夹"标签，在树状图目录中定位至"第6章"素材文件夹，该文件夹中包含的所有图形文件都显示在内容区，如图6-76所示。

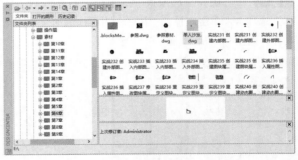

图 6-76 浏览文件夹

步骤 04 在内容区选择"长条沙发.dwg"文件并单击鼠标右键，弹出快捷菜单，选择"插入为块"选项，如图6-77所示。系统弹出"插入"对话框，如图6-78所示。

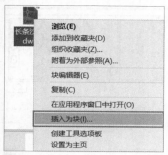

图 6-77　选择"插入为块"选项

图 6-78　"插入"对话框

步骤 05 单击"确定"按钮，将该图形作为一个图块插入当前文件，如图6-79所示。

步骤 06 在内容区选择同文件夹的"单人沙发.dwg"文件，将其拖动到绘图区，根据命令行提示插入单人沙发，如图6-80所示。命令行提示如下。

```
命令：_INSERT
输入块名或 [?] <单人沙发>：
单位：毫米　转换：1
指定插入点或 [基点(B)/比例(S)/X/Y/Z/旋转(R)]：
                      //选择图块的插入点
输入 X 比例因子，指定对角点，或 [角点(C)/XYZ(XYZ)]
<1>：↙                //使用默认的X比例因子
输入 Y 比例因子或 <使用 X 比例因子>：↙
                      //使用默认的Y比例因子
指定旋转角度 <0>：↙
                      //使用默认的旋转角度
```

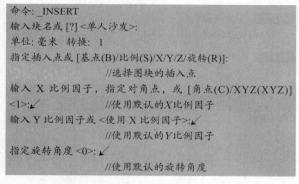

图 6-79　插入长条沙发

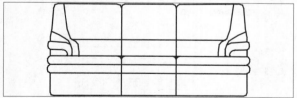

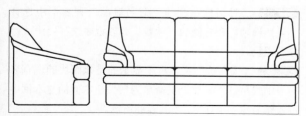

图 6-80　插入单人沙发

步骤 07 在命令行输入M并按Enter键，将刚插入的"单人沙发"图块移动到合适位置，然后使用"镜像"命令镜像得到一个与之对称的单人沙发，结果如图6-81所示。

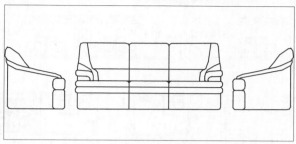

图 6-81　移动和镜像单人沙发的结果

步骤 08 在"DESIGNCENTER"选项板左侧切换到"打开的图形"标签，树状图中显示当前打开的图形文件，选择"块"项目，内容区显示当前文件中的两个图块，如图6-82所示。

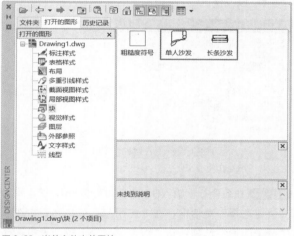

图 6-82　当前文件中的图块

实战 258 统计图块数量　　　★进阶★

室内、园林等设计图纸中通常有非常多的图块，若要人工统计图块数量，则工作效率很低，且准确度不高。这时可以使用"快速选择"命令来进行统计。

步骤 01 打开"实战258 统计图块数量.dwg"素材文件，如图6-83所示。

步骤 02 在需要统计的图块上双击，系统弹出"编辑块定义"对话框，在"要创建或编辑的块"区域选择"普通办公电脑"选项，如图6-84所示。

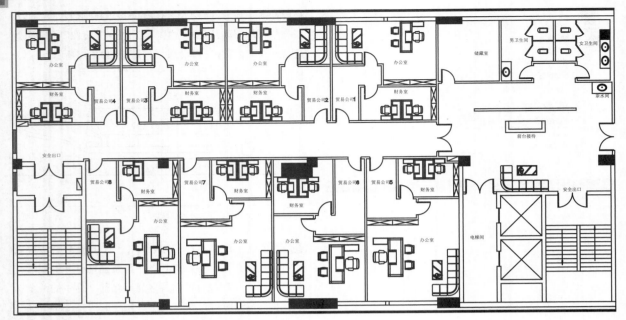

图 6-83　素材文件

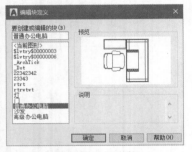

图 6-84　"编辑块定义"对话框

步骤 03 在命令行中输入QSELECT并按Enter键，弹出"快速选择"对话框，在"应用到"下拉列表中选择"整个图形"选项，在"对象类型"下拉列表中选择"块参照"选项，在"特性"列表框中选择"名称"选项，在"值"下拉列表中选择"普通办公电脑"选项，指定"运算符"为"=等于"，如图6-85所示。

步骤 04 设置完成后单击对话框中的"确定"按钮，命令行里就会显示找到对象的数量，如图6-86所示，即有15台普通办公电脑。

图 6-85　"快速选择"对话框

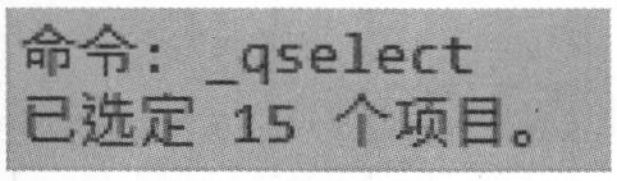

命令: _qselect
已选定 15 个项目。

图 6-86　对象的数量

实战 259　图块的重命名

创建图块后，对其进行重命名的方法有多种。如果是外部图块文件，可直接在保存目录中对该图块文件进行重命名；如果是内部图块，可使用重命名命令（RENAME 或 REN）来更改图块的名称。

步骤 01 单击快速访问工具栏中的"打开"按钮，打开"实战259 图块的重命名.dwg"素材文件。

步骤 02 在命令行中输入REN并按Enter键，系统弹出"重命名"对话框，如图6-87所示。

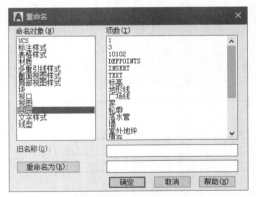

图 6-87　"重命名"对话框

步骤 03 在对话框左侧的"命名对象"列表框中选择"块"选项，在右侧的"项数"列表框中选择"中式吊灯"图块。

步骤 04 "旧名称"文本框中显示的是该图块的现有名称"中式吊灯"，在"重命名为"按钮右侧的文本框中输入新名称"吊灯"，如图6-88所示。

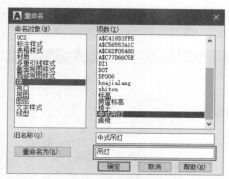

图 6-88 选择需重命名的对象并输入新名称

步骤 05 单击"重命名为"按钮确定操作，重命名图块完成，如图6-89所示。

图 6-89 重命名完成效果

实战 260 图块的删除

图形中如果有用不到的图块，最好将其删除，否则过多的图块文件会占用系统的内存，使得绘图时软件反应变慢。

步骤 01 单击快速访问工具栏中的"打开"按钮 🗁，打开"实战260 图块的删除.dwg"素材文件。

步骤 02 单击应用程序按钮 A·，在弹出的菜单中选择"图形实用工具"中的"清理"选项，如图6-90所示；系统自动弹出"清理"对话框，如图6-91所示。

图 6-90 选择"清理"选项

图 6-91 "清理"对话框

步骤 03 单击"可清除项目"按钮，在"命令项目未使用"列表框中双击"块"选项，展开此项，将显示当前图形文件中的所有内部图块，如图6-92所示。

步骤 04 选择要删除的"DP006"图块，然后单击"全部清理"按钮，删除后的效果如图6-93所示。

图 6-92 双击"块"选项

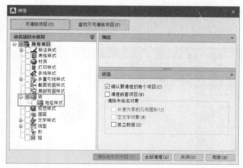

图 6-93 删除后的效果

6.2 外部参照的引用与管理

AutoCAD 将外部参照作为一种图块类型定义，使用它也可以提高绘图效率。但外部参照与图块有一些重要的区别，将图形作为图块插入时，它存储在图形中，不随原始图形的改变而更新；将图形作为外部参照插入时，会将该参照图形链接到当前图形，对参照图形所做的任何修改都会显示在当前图形中。一个图形可以作为外部参照同时插入多个图形中，同样也可以将多个图形作为外部参照插入单个图形中。

实战 261 附着 DWG 外部参照

据统计，如果要参考某一现成的 DWG 图纸来进行绘制，绝大多数设计师会打开该 DWG 文件，然后使用 Ctrl+C、Ctrl+V 组合键直接将图形复制到新创建的图纸上。这种方法方便、快捷，但缺点就是新建的图纸与原来的 DWG 文件没有关联，如果参考的 DWG 文件有所更改，则新建的图纸不会同时更新。而如果采用外部参照的方式插入参考用的 DWG 文件，则可以实时更新。下面通过一个例子来进行介绍。

步骤 01 打开"实战261 附着DWG外部参照.dwg"素材文件，如图 6-94所示。

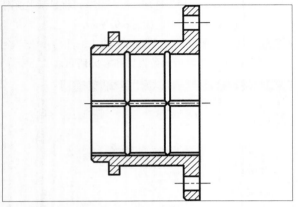

图 6-94　素材图形

步骤 02 在"插入"选项卡中，单击"参照"面板中的"附着"按钮，系统弹出"选择参照文件"对话框。在"文件类型"下拉列表中选择"图形（*.dwg）"选项，选择"参照素材.dwg"文件，如图 6-95所示。

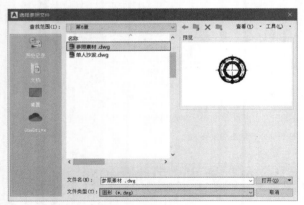

图 6-95　"选择参照文件"对话框

步骤 03 单击"打开"按钮，系统弹出"附着外部参照"对话框，所有选项保持默认设置，如图 6-96所示。

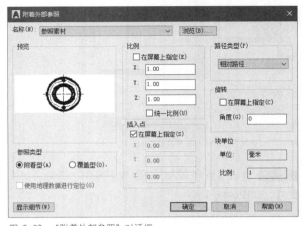

图 6-96　"附着外部参照"对话框

步骤 04 单击"确定"按钮，在绘图区指定端点并调整位置，即可附着外部参照，如图 6-97所示。

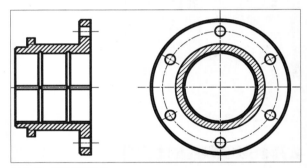

图 6-97　附着参照效果

步骤 05 插入的参照图形为该零件的右视图，此时就可以结合现有图形和参照图形绘制零件的其他视图，或者进行标注。

步骤 06 可以先按Ctrl+S组合键进行保存，然后退出该文件；接着打开同文件夹内的"参照素材.dwg"文件，并删除其中的4个小孔，如图6-98所示，再按Ctrl+S组合键进行保存，然后退出。

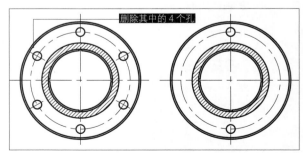

图 6-98　对参照文件进行修改

步骤 07 此时重新打开"实战261 附着DWG外部参照.dwg"文件，会出现图6-99所示的参照提示，同时参照的图形得到了实时更新，这样可以保证设计的准确性。最终效果如图6-100所示。

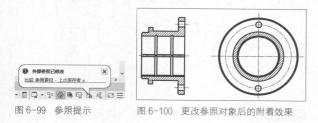

图 6-99 参照提示　　图 6-100 更改参照对象后的附着效果

步骤 08 单击"比较参照素材-上次保存者x"链接，进入比较模式，可以观察参照图形被修改前的样式，如图6-101所示。

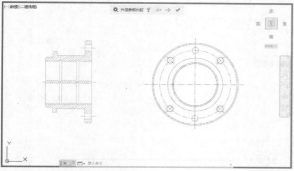

图 6-101 比较模式

实战 262 附着图片外部参照

　　在AutoCAD 2022中，附着图片参照与外部参照一样，其图形由一些称为像素的小方块或称为点的矩形栅格组成，附着后的图形像图块一样为一个整体，用户可以对其进行多次重新附着。

步骤 01 打开"实战262 附着图片外部参照.dwg"素材文件，其中已经绘制好了一个鱼图形，如图6-102所示。

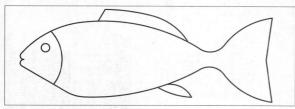

图 6-102 素材图形

步骤 02 在"插入"菜单中选择"光栅图像参照"选项，执行"光栅图像参照"命令，如图6-103所示。

图 6-103 选择"光栅图像参照"选项

步骤 03 系统自动打开"选择参照文件"对话框，然后定位至"第6章"素材文件夹，选择其中的"鱼画法.png"文件，如图6-104所示。

图 6-104 选择文件

步骤 04 单击对话框中的"打开"按钮，弹出"附着图像"对话框，在"缩放比例"区域中设置缩放比例为1.5，如图6-105所示。

图 6-105 "附着图像"对话框

步骤 05 单击"确定"按钮，在命令行提示下指定图片的放置点，即可附着该图片参照，效果如图6-106所示。

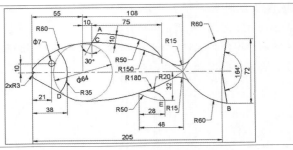

图 6-106　将图片插入 AutoCAD 中的效果

实战 263　附着 DWF 外部参照

　　DWF 是一种从 DWG 格式文件创建的高压缩的文件格式。在 AutoCAD 中，用户可以将 DWF 文件作为参考底图附着至图形文件上。

步骤 01　启动AutoCAD 2022，新建一个空白文档。

步骤 02　在"插入"菜单中选择"DWF参考底图"选项，执行"DWF参照"命令，如图6-107所示。

图 6-107　选择"DWF 参考底图"选项

步骤 03　系统自动弹出"选择参照文件"对话框，在"第6章"素材文件夹中选择"实战263 附着DWF外部参照.dwf"文件，如图6-108所示。

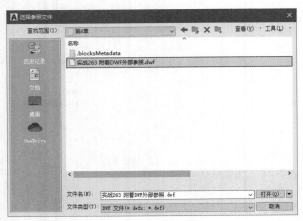

图 6-108　"选择参照文件"对话框

步骤 04　单击对话框中的"打开"按钮，弹出"附着DWF参考底图"对话框，所有选项皆保持默认设置，如图6-109所示。

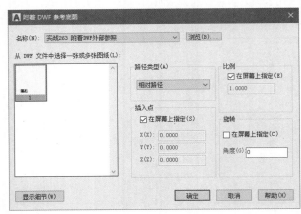

图 6-109　"附着 DWF 参考底图"对话框

步骤 05　在左侧的图形框中可以预览DWF文件，单击"确定"按钮，在命令行提示下指定图片的放置点，即可附着该DWF参照，效果如图6-110所示。

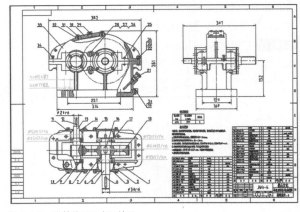

图 6-110　附着的 DWF 底图效果

实战 264　附着 PDF 外部参照

　　在 AutoCAD 2022 中，用户可以附着 PDF 文件进行辅助绘图。如果 PDF 文件有多页，则一次只能附着一页，因此要注意其与附着 DWF 参照的区别。

步骤 01 启动AutoCAD 2022，新建一个空白文档。

步骤 02 在"插入"菜单中选择"PDF参考底图"选项，如图6-111所示。

图 6-111　选择"PDF参考底图"选项

步骤 03 系统自动弹出"选择参照文件"对话框，在"第6章"素材文件夹中选择"实战264 附着PDF外部参照.pdf"文件，如图6-112所示。

图 6-112　"选择参照文件"对话框

步骤 04 单击对话框中的"打开"按钮，弹出"附着PDF参考底图"对话框，所有选项皆保持默认设置，如图6-113所示。

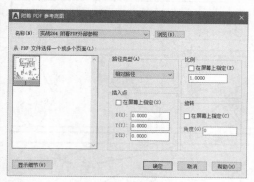

图 6-113　"附着 PDF 参考底图"对话框

步骤 05 在左侧的图形框中选择一个参考底图，单击"确定"按钮，在命令行提示下指定图片的放置点，即可附着该PDF参照，效果如图6-114所示。

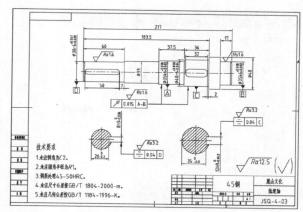

图 6-114　附着的 PDF 底图效果

实战 265 编辑外部参照

在图形中插入外部参照之后，可以根据需要对外部参照进行管理、编辑、剪裁和绑定等操作。

步骤 01 可以接着"实战261"进行操作，也可以打开"实战261 附着DWG外部参照-OK.dwg"素材文件进行操作，如图6-115所示，可见附着图形淡化显示。

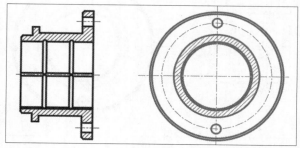

图 6-115　素材图形

步骤 02 切换至"插入"选项卡，单击"参照"面板中的"编辑参照"按钮，如图6-116所示，执行"编辑参照"命令。

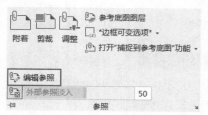

图 6-116　"参照"面板中的"编辑参照"按钮

步骤 03 选择绘图区中的参照图形进行编辑，弹出"参照编辑"对话框，在对话框中可以设置是否编辑参照图形中的参照对象，即嵌套对象，如图6-117所示。

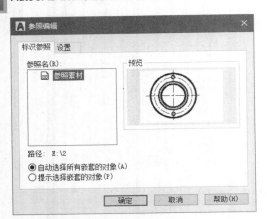

图 6-117　"参照编辑"对话框

步骤 04 在对话框中单击"确定"按钮，即可进入外部参照的编辑模式，此时绘图区中可见原参照图形正常显示，而原图形淡化显示，如图6-118所示，可执行绘图或编辑命令对参照图形修改。

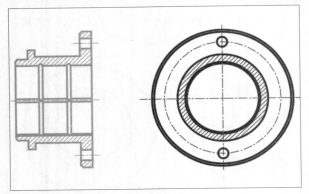

图 6-118　编辑模式下的外部参照图形

步骤 05 在功能区中多出了"编辑参照"面板，如图6-119所示。待参照图形修改完毕后，单击其中的"保存修改"按钮，即可完成外部参照图形的编辑。

图 6-119　"编辑参照"面板

实战 266 剪裁外部参照

在 AutoCAD 2022 中，剪裁外部参照可以去除多余的参照部分，而无须更改原参照图形。

步骤 01 单击快速访问工具栏中的"打开"按钮，打开"实战266 剪裁外部参照.dwg"素材文件，如图6-120所示。

步骤 02 在"插入"选项卡中，单击"参照"面板中的"剪裁"按钮，根据命令行的提示修剪参照，如图6-121所示。命令行提示如下。

```
命令: _xclip
                    //调用"剪裁"命令
选择对象: 找到 1 个
                    //选择外部参照
选择对象:
输入剪裁选项
[开(ON)/关(OFF)/剪裁深度(C)/删除(D)/生成多段线(P)/新建边
界(N)] <新建边界>: ON↙
                    //选择"开"选项
输入剪裁选项
[开(ON)/关(OFF)/剪裁深度(C)/删除(D)/生成多段线(P)/新建边
界(N)] <新建边界>: n↙
                    //选择"新建边界"选项
外部模式 - 边界外的对象将被隐藏。
指定剪裁边界或选择反向选项:
[选择多段线(S)/多边形(P)/矩形(R)/反向剪裁(I)] <矩形>: p↙
                    //选择"多边形"选项
指定第一点:
                    //拾取A、B、C、D点以指定剪裁边界,
如图6-120所示
指定下一点或 [放弃(U)]:
指定下一点或 [放弃(U)]:
指定下一点或 [放弃(U)]: ↙
                    //按Enter键,完成修剪
```

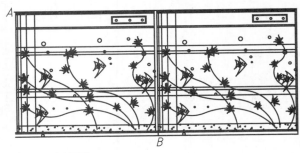

图 6-120　素材图形

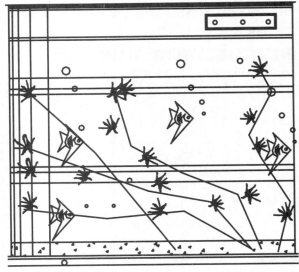

图 6-121　剪裁后的效果

实战 267 卸载外部参照

如果要隐藏外部参照图形，可以使用"卸载"命令对指定的外部参照进行卸载。

步骤 01 打开"实战267 卸载外部参照.dwg"素材文件，图中已加载了螺钉图形，如图6-122所示。

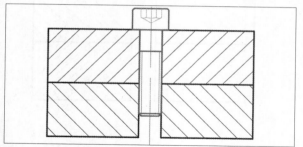

图6-122　素材图形

步骤 02 切换至"插入"选项卡，然后单击"参照"面板中的"外部参照"按钮 ，如图6-123所示。

图6-123　"参照"面板中的"外部参照"按钮

步骤 03 系统打开"外部参照"选项板，选择其中的"外部参照"选项，然后单击鼠标右键，在弹出的快捷菜单中选择"卸载"选项，如图6-124所示。

步骤 04 在绘图区中可见素材文件中的螺钉图形消失了，如图6-125所示。

图6-124　选择"卸载"选项

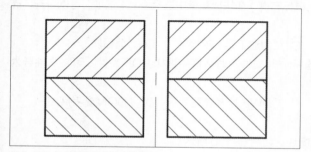

图6-125　卸载外部参照之后的图形

实战 268 重载外部参照

被卸载的外部参照图形并没有被删除，仍然保留在原文件中，可以执行"重载"命令将其还原。

步骤 01 可以接着"实战267"进行操作，也可以打开"实战267 卸载外部参照-OK.dwg"素材文件进行操作。

步骤 02 切换至"插入"选项卡，然后单击"参照"面板中的"外部参照"按钮 。

步骤 03 在弹出的"外部参照"选项板中可见"实战253 外部参照"选项右侧显示"已卸载"，选择该选项并单击鼠标右键，在弹出的快捷菜单中选择"重载"选项，如图6-126所示。

图6-126　选择"重载"选项

步骤 04 在绘图区中可见素材文件中的螺钉图形重新显示，如图6-127所示。

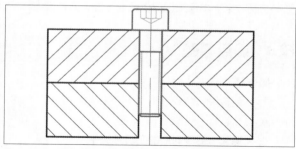

图6-127　重载外部参照之后的图形

实战 269 拆离外部参照

要从图形中完全删除外部参照，需要执行"拆离"命令而不是"卸载"命令。因为删除外部参照不会删除与其关联的信息，只有使用"拆离"命令，才能删除与外部参照有关的所有信息。

步骤 01 可以接着"实战268"进行操作，也可以打开"实战268 重载外部参照-OK.dwg"素材文件进行操作。

步骤 02 切换至"插入"选项卡，然后单击"参照"面板中的"外部参照"按钮 。

步骤 03 系统打开"外部参照"选项板，选择其中的"实战253 外部参照"选项，然后单击鼠标右键，在弹出的快捷菜单中选择"拆离"选项，如图6-128所示。

步骤 04 无论是绘图区中素材文件上的螺钉，还是"外部参照"选项板中的"实战253 外部参照"选项，均被彻底删除，如图6-129所示。

  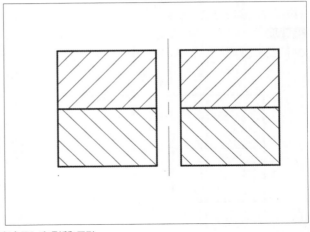

图 6-128　选择"拆离"选项　　　　图 6-129　拆离外部参照之后的"外部参照"选项板和图形

6.3　本章小结

　　本章介绍了图块与参照的相关知识，包括创建图块、插入图块，以及附着参照、编辑参照等操作。在绘制机械图纸、建筑图纸时，有些图形会被反复使用来表现设计效果。可以将这些被频繁使用的图形创建为图块，存储在计算机中，需要的时候调用。还可以通过调整角度、比例、基点等参数，定义插入图块的效果。

　　合理地运用外部参照，如图片、PDF 文件等，可以为绘图提供参考。绘图结束后，直接删除参照文件，不会影响绘图效果。本章末尾提供课后习题，方便读者练习。

6.4　课后习题

一、操作题

　　1."创建块"命令是（　　）。

　　A. D　　　　　　　　　　B. R　　　　　　　　　　C. B　　　　　　　　　　D. T

　　2."插入"命令对应的工具按钮是（　　）。

　　A. 　　　　　　　　　　B. 　　　　　　　　　　C. 　　　　　　　　　　D.

　　3. 按（　　）组合键，可以打开"DESIGNCENTER"选项板。

　　A. Ctrl+1　　　　　　　B. Ctrl+2　　　　　　　C. Ctrl+3　　　　　　　D. Ctrl+4

　　4. 在"DESIGNCENTER"选项板中选择图块，单击鼠标右键，在快捷菜单中选择（　　）选项，可以打开"插入"对话框。

　　A."插入为块"　　　　　B."块编辑器"　　　　　C."创建工具选项板"　　　D."编辑块"

　　5. 在"插入"菜单中选择（　　）选项，在打开的"选择参照文件"对话框中选择 PDF 文件，可将文件导入 AutoCAD 中作为参照文件。

　　A."DWG 参照"　　　　　B."PDF 参考底图"　　　C."DWF 参考底图"　　　D."DGN 参考底图"

二、操作题

　　1. 执行"创建块"命令，将立面组合餐桌图形创建成图块，如图 6-130 所示。

图 6-130　创建组合餐桌图块

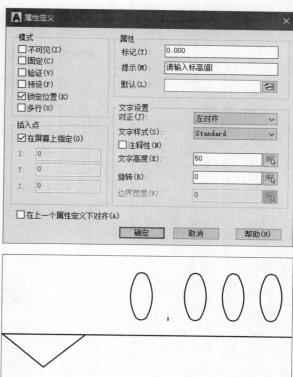

图 6-131　创建标高属性图块

2. 执行"定义属性"命令，创建标高属性图块，如图 6-131 所示。

第 **7** 章

图层的创建与管理

本章内容概述

图层是AutoCAD提供给用户的组织图形的强有力工具。在AutoCAD中，图形对象必须绘制在某个图层上，它可以是默认的图层，也可以是用户自己创建的图层。利用图层的特性，如颜色、线宽、线型等，可以非常方便地区分不同的对象。此外，AutoCAD还提供了大量的图层管理功能（如打开/关闭、冻结/解冻、锁定/解锁等），便于用户组织图层。

本章知识要点

● 创建图层   ● 管理图层

7.1　图层的创建

为了根据图形的相关属性对图形进行分类，AutoCAD 引入了"图层（Layer）"的概念。可把线型、线宽、颜色和状态等属性相同的图形对象放进同一个图层，以便管理。

在绘图前指定每一个图层的线型、线宽、颜色和状态等属性，可使凡具有与之相同属性的图形对象都自动归入该图层中。在绘图时只需要指定每个图形对象的几何数据和其所在的图层即可。这样既简化了绘图过程，又便于图形管理。用户可以根据不同的特征、类别或用途，将图形对象分类组织到不同的图层中。同一个图层中的图形对象具有许多相同的外观属性，如线宽、颜色、线型等。

实战 270　新建图层　★重点★

新建和设置图层操作在"图层特性管理器"选项板中进行，包括组织图层结构及设置图层属性和状态。

步骤 01 单击快速访问工具栏中的"新建"按钮，新建一个空白文档。

步骤 02 在"默认"选项卡中，单击"图层"面板中的"图层特性"按钮，如图7-1所示，执行"图层特性"命令。

图 7-1　"图层"面板中的"图层特性"按钮

步骤 03 系统弹出"图层特性管理器"选项板，单击"新建图层"按钮，新建一个图层。系统默认以"图层1"为新建图层的名称，如图7-2所示。

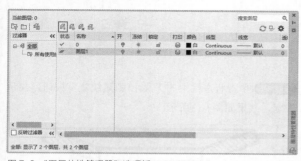

图 7-2　"图层特性管理器"选项板

步骤 04 使用鼠标右键单击"图层1"，在弹出的快捷菜单中选择"重命名图层"选项，更改名称为"中心线"，如图7-3所示。

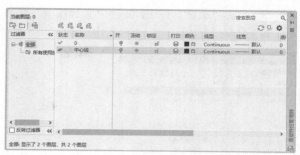

图 7-3　重命名图层

步骤 05 单击"颜色"属性项，弹出"选择颜色"对话框，如图7-4所示，选择红色。

图 7-4　"选择颜色"对话框

步骤 06 单击"确定"按钮，返回"图层特性管理器"选项板，如图7-5所示。

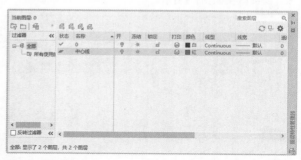

图 7-5　设置颜色完成

步骤 07 单击"线型"属性项，弹出"选择线型"对话框。单击"加载"按钮，在弹出的"加载或重载线型"对话框中选择CENTER线型，如图7-6所示。

图 7-6　"加载或重载线型"对话框

步骤 08 单击"确定"按钮，返回"选择线型"对话框。再次选择CENTER线型，如图7-7所示。

图 7-7 "选择线型"对话框

步骤 09 单击"确定"按钮，返回"图层特性管理器"选项板。设置线型的效果如图7-8所示。

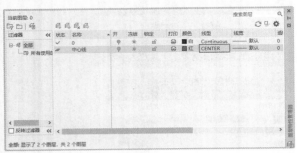

图 7-8 设置线型的效果

步骤 10 按照同样的方法，新建"虚线"图层，设置颜色为洋红色，设置线型为DASHED。新建"轮廓线"图层，设置颜色为白色，线型为Continuous，线宽为0.3毫米，最终效果如图7-9所示。

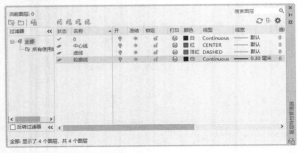

图 7-9 新建并设置其他图层

> **提示**
>
> 若先选择一个图层再新建另一个图层，则新图层与被选择的图层具有相同的颜色、线型、线宽等属性。

实战 271 修改图层线宽

线宽是控制线条显示和打印宽度的图层特性，在绘图过程中可以根据设计要求随时对其进行修改。

步骤 01 打开"实战271 修改图层线宽.dwg"素材文件，如图7-10所示。

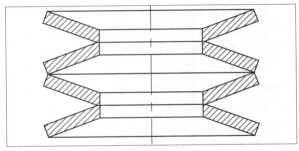

图 7-10 素材图形

步骤 02 单击"图层"面板中的"图层特性"按钮，打开"图层特性管理器"选项板，单击"轮廓线层"图层对应的"线宽"属性项，如图7-11所示。

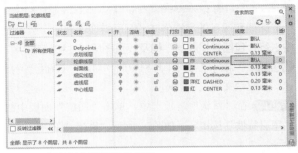

图 7-11 "图层特性管理器"选项板

步骤 03 系统弹出"线宽"对话框，将线宽值修改为"0.30mm"，如图7-12所示，关闭"图层特性管理器"选项板。

图 7-12 "线宽"对话框

步骤 04 单击状态栏中的"显示/隐藏线宽"按钮，显示线宽，效果如图7-13所示。

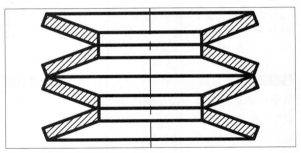

图 7-13 修改线宽后的图形效果

实战 272　修改图层颜色

除了可以在创建图层的时候设置好颜色特性外，还可以在绘图过程中根据设计要求随时修改图层颜色。

步骤 01 可以接着"实战271"进行操作，也可以打开"实战271 修改图层线宽-OK.dwg"素材文件进行操作。

步骤 02 单击"图层"面板中的"图层特性"按钮，系统弹出"图层特性管理器"选项板，单击"剖面线"图层对应的"颜色"属性项，如图7-14所示。

图 7-14　"图层特性管理器"选项板

步骤 03 弹出"选择颜色"对话框，在其中将"颜色"设置为"白"（颜色索引：7），如图7-15所示。

图 7-15　选择新的图层颜色

步骤 04 单击"确定"按钮，返回"图层特性管理器"选项板，即可看到"剖面线"图层的"颜色"属性项已被更改，效果如图7-16所示。

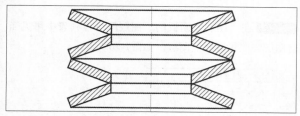

图 7-16　修改颜色后的图形效果

实战 273　修改图层线型

除了可以在创建图层的时候设置好线型特性外，还可以在绘图过程中根据设计要求随时修改图层线型。

步骤 01 可以接着"实战272"进行操作，也可以打开"实战272 修改图层颜色-OK.dwg"素材文件进行操作。

步骤 02 在"默认"选项卡中，单击"图层"面板中的"图层特性"按钮，系统弹出"图层特性管理器"选项板，单击"轮廓线层"图层对应的"线型"属性项，如图7-17所示。

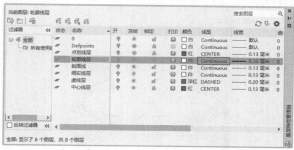

图 7-17　"图层特性管理器"选项板

步骤 03 弹出"选择线型"对话框，单击"加载"按钮，弹出"加载或重载线型"对话框，选择DASHDOT线型，如图7-18所示。

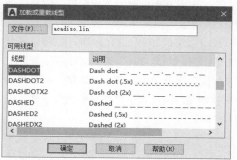

图 7-18　加载线型

步骤 04 单击"确定"按钮，返回"选择线型"对话框，选择DASHDOT线型，如图7-19所示。

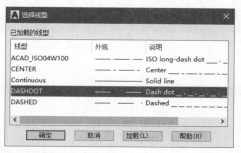

图 7-19　选择 DASHDOT 线型

步骤 05 单击"确定"按钮，返回"图层特性管理器"选项板，可看出"轮廓线层"图层的"线型"属性项被修改，如图7-20所示。

步骤 06 关闭"图层特性管理器"选项板，效果如图7-21所示。

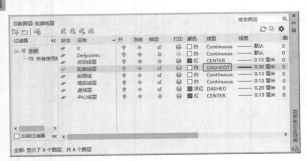

图 7-20　修改结果

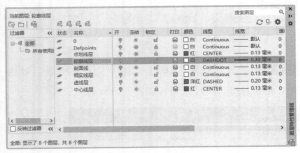

图 7-21　修改线型后的图形效果

实战 274　重命名图层

在 AutoCAD 2022 中，默认创建的新图层名称为"图层 1"。除了可以在创建时对图层名进行设置，还可以在绘图过程中根据设计要求随时修改图层名。

步骤 01 可以接着"实战273"进行操作，也可以打开"实战273 修改图层线型-OK.dwg"素材文件进行操作。

步骤 02 在"默认"选项卡中，单击"图层"面板中的"图层特性"按钮，系统弹出"图层特性管理器"选项板，如图7-22所示。

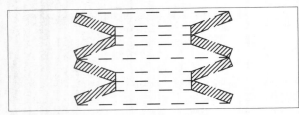

图 7-22　"图层特性管理器"选项板

步骤 03 选择"轮廓线层"图层并单击鼠标右键，在弹出的快捷菜单中选择"重命名图层"选项，如图7-23所示。

图 7-23　选择"重命名图层"选项

步骤 04 系统自动返回"图层特性管理器"选项板，可见"轮廓线层"图层名变为可编辑状态，将其修改为"虚线轮廓"，如图7-24所示。

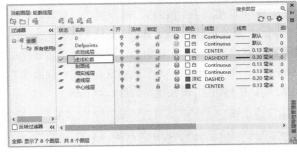

图 7-24　修改图层名

7.2　图层的管理

在 AutoCAD 中，可以对图层进行隐藏、冻结及锁定等管理操作。这样在使用 AutoCAD 绘制复杂的图形对象时，就可以有效地减少误操作，提高绘图效率。

实战 275　设置当前图层

当前图层是当前工作状态使用的图层。设定某一图层为当前图层之后，接下来所绘制的对象都将位于该图层中。如果要在其他图层中绘图，就需要更改当前图层。

步骤 01 打开"实战275 设置当前图层.dwg"素材文件，其中已经创建好了一个简单图形，如图7-25所示。

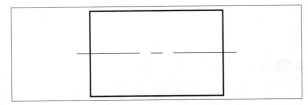

图 7-25　素材图形

步骤 02 在"图层"面板的"图层"下拉列表中可见当前图层为"轮廓线"图层，如图7-26所示。

图 7-26　当前图层为"轮廓线"图层

步骤 03 此时如果添加标注，则会显示"轮廓线"图层的效果，标注效果不太好（太粗），如图7-27所示。

步骤 04 在"图层"面板的"图层"下拉列表中选择"标注线"图层，将其设置为当前图层，如图7-28所示。

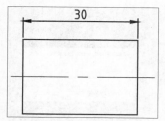

图 7-27　不太好的标注效果

图 7-28　将"标注线"图层置为当前图层

步骤 05 再次添加标注，则可见标注变为合适的显示效果，如图7-29所示。

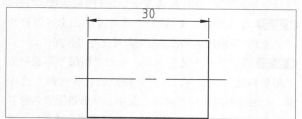

图 7-29　合适的标注效果

提示

还可以通过如下方法将图层置为当前图层。

命令行：在命令行中输入CLAYER命令，然后输入图层名称，即可将该图层置为当前图层。

"图层特性管理器"选项板：在"图层特性管理器"选项板中选择目标图层，单击"置为当前"按钮🗹。被置为当前图层的图层左侧会出现 ✓ 符号。

功能区：在"默认"选项卡中，单击"图层"面板中的"置为当前"按钮🗹，即可将所选图形对象的图层置为当前图层，如图7-30所示。

图 7-30　"图层"面板中的"置为当前"按钮

实战 276　转换对象图层

在绘制图形时，为了使图形信息更清晰、有序，并使图形更加便于修改、观察及打印，常需要在各个图层之间进行转换。

步骤 01 打开"实战276 转换对象图层.dwg"素材文件，如图7-31所示。

步骤 02 选择两个圆作为转换图层的对象，如图7-32所示。

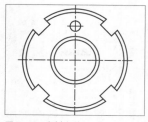

图 7-31　素材文件

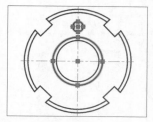

图 7-32　选择对象

步骤 03 在"默认"选项卡中，在"图层"面板的"图层"下拉列表中选择"虚线层"图层，如图7-33所示。

步骤 04 图形对象由"粗实线层"图层转换到"虚线层"图层，效果如图7-34所示。

图 7-33　选择"虚线层"图层 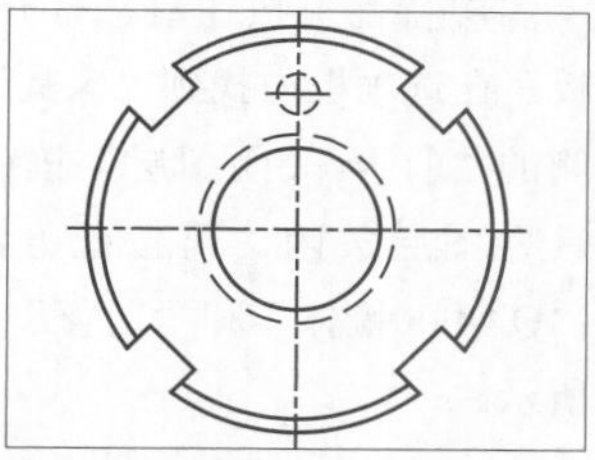　　图 7-34　最终效果

实战 277　关闭图层

在绘图的过程中可以将暂时不用的图层关闭，被关闭的图层中的图形对象将不可见，并且不能被选择、编辑、修改及打印。

步骤 01 打开"实战277 关闭图层.dwg"素材文件，其中已经绘制好了一个室内平面图，如图7-35所示；该图形中的图层都打开了，如图7-36所示。

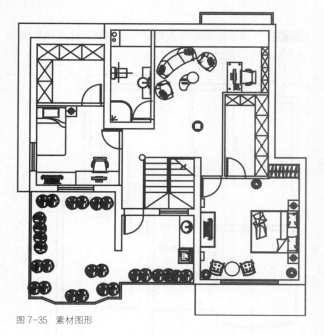

图 7-35　素材图形

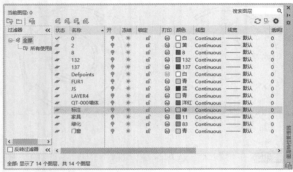

图 7-36　素材图形中的图层

步骤 02 在"默认"选项卡中，单击"图层"面板中的"图层特性"按钮，打开"图层特性管理器"选项板。在选项板内找到"家具"图层，单击该图层名称右侧的"打开/关闭图层"按钮，此按钮变成，"家具"图层关闭。再按此方法关闭其他图层，只保留"QT-000墙体"和"门窗"图层的开启状态，如图7-37所示。

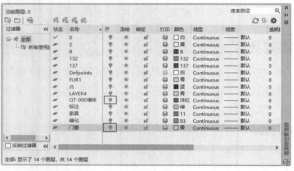

图 7-37　关闭图层

步骤 03 关闭"图层特性管理器"选项板，此时图形仅包含墙体和门窗，效果如图7-38所示。

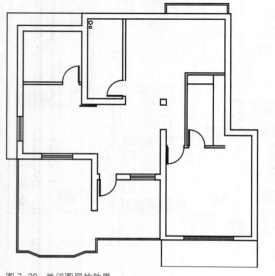

图 7-38　关闭图层的效果

提示

当关闭的图层为"当前图层"时，将弹出图7-39所示的确认对话框，此时选择"关闭当前图层"选项即可，关闭当前图层后所有操作皆不可见。

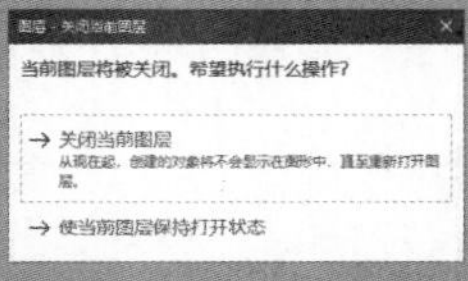

图 7-39　确定对话框

实战 278 打开图层

如果要恢复关闭的图层，可以单击图层名称右侧的"打开/关闭图层"按钮，该按钮变为即表示图层打开。

步骤 01 可以接着"实战277"进行操作，也可以打开"实战277 关闭图层-OK.dwg"素材文件进行操作。

步骤 02 在"默认"选项卡中，单击"图层"面板中的"图层特性"按钮，打开"图层特性管理器"选项板。在选项板内找到"家具"图层，单击该图层名称右侧的"打开/关闭图层"按钮，此时按钮变成，"家具"图层打开，如图7-40所示。

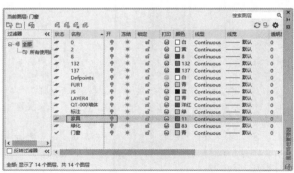

图 7-40　打开"家具"图层

步骤 03 关闭"图层特性管理器"选项板，此时图形在墙体和门窗的基础上添加了家具，效果如图7-41所示。

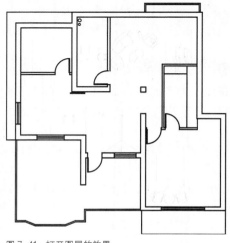

图 7-41　打开图层的效果

实战 279 冻结图层

将长期不需要显示的图层冻结，可以提高系统的运行速度，从而缩短图形刷新的时间，因为这些图层不会被加载到内存中。AutoCAD 不会在冻结的图层上显示、打印或重生成对象。

步骤 01 打开"实战279 冻结图层.dwg"素材文件，其中已经绘制好了一个完整图形，但图形上方还有绘制过程中遗留的辅助图，如图7-42所示。

步骤 02 在"默认"选项卡中，打开"图层"面板中的"图层"下拉列表，选择"Defpoints"图层，单击该图层名称左侧的"冻结"按钮，按钮变成，"Defpoints"图层冻结，如图7-43所示。

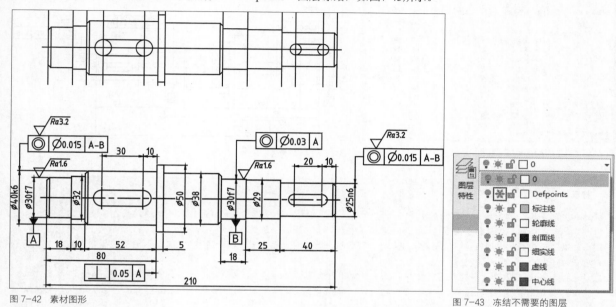

图 7-42 素材图形

图 7-43 冻结不需要的图层

步骤 03 冻结"Defpoints"图层之后的图形如图7-44所示，可见上方的辅助图形已被隐藏。

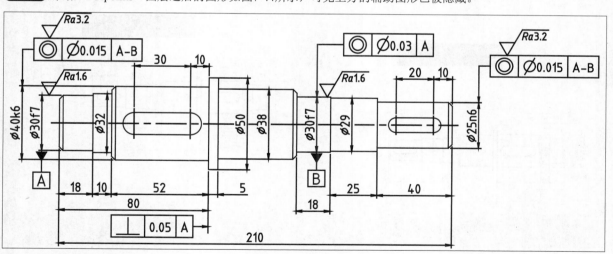

图 7-44 冻结"Defpoints"图层之后的图形

实战 280 解冻图层

如果要恢复冻结的图层，可以单击该图层对应的"冻结"按钮，该按钮变为即表示图层解冻。

步骤 01 可以接着"实战279"进行操作，也可以打开"实战279 冻结图层-OK.dwg"素材文件进行操作。

步骤 02 在"默认"选项卡中，单击"图层"面板中的"图层特性"按钮，打开"图层特性管理器"选项板。在选项板内找到"Defpoints"图层，单击该图层名称左侧的"冻结"按钮❄️，此时按钮变成❄️，"Defpoints"图层解冻，如图7-45所示。

步骤 03 关闭"图层特性管理器"选项板，此时图形恢复为原来的效果，如图7-46所示。

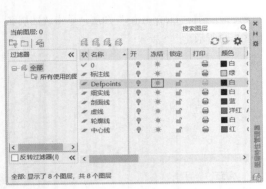

图 7-45 解冻"Defpoints"图层

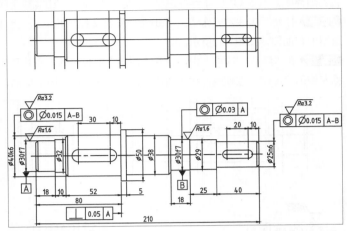

图 7-46 图层解冻的效果

提示

冻结和关闭图层，都能使该图层上的对象全部被隐藏，看似效果一样，其实有所不同。被关闭的图层，不能显示、不能编辑、不能打印，但仍然存在于图形当中，刷新图形时仍会计算该图层上的对象，可以理解为该图层被"忽视"；而被冻结的图层，除了不能显示、不能编辑、不能打印之外，还会被认为不再属于图形，刷新图形时也不会再计算该图层上的对象，可以理解为该图层被"无视"。

冻结图层和关闭图层的一个典型区别就是刷新图形时的处理差别，以"实战280"为例，如果关闭"Defpoints"图层，双击鼠标中键进行范围缩放时，则效果如图7-47所示，辅助图虽然已经被隐藏，但图形上方仍空出了它的区域；如果冻结"Defpoints"图层，则效果如图7-48所示，相当于删除了辅助图形。

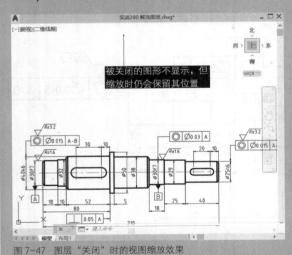

图 7-47 图层"关闭"时的视图缩放效果

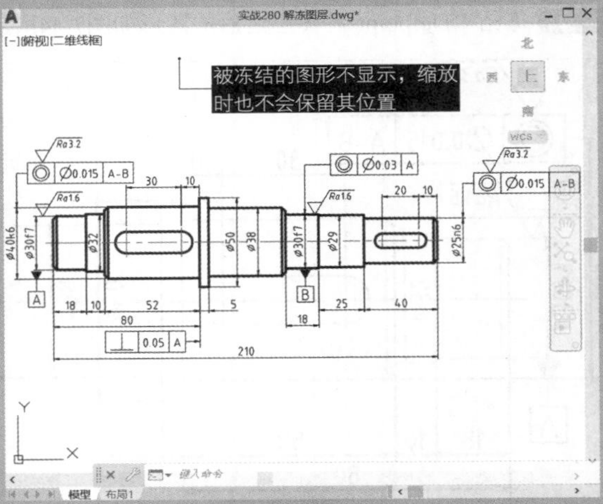

图 7-48 图层"冻结"时的视图缩放效果

实战 281　隔离图层　★重点★

在 AutoCAD 2022 中，使用"隔离图层"命令可以关闭除选定对象所在图层之外的所有图层。

步骤 01 打开"实战281 隔离图层.dwg"素材文件，其中已经绘制好了室内平面图，如图7-49所示。

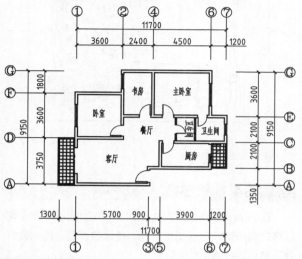

图 7-49　素材图形

步骤 02 在"默认"选项卡中，单击"图层"面板中的"隔离"按钮，如图7-50所示，执行"隔离图层"命令。

图 7-50　"图层"面板中的"隔离"按钮

步骤 03 此时十字光标变为拾取状态，选择室内平面图中的墙体线，如图7-51所示。

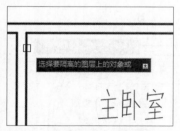

图 7-51　选择要隔离的图层上的对象

步骤 04 选择完毕后按Enter键确认，即可将除墙体线所在图层之外的所有图层一次性关闭，效果如图7-52所示。

示。可见，"隔离图层"命令在需要单独显示某图层的情况下比"关闭图层"命令更为适用。

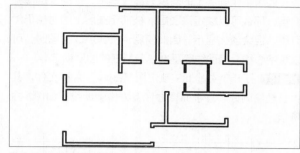

图 7-52　隔离图层后的效果

实战 282　取消图层隔离

在 AutoCAD 2022 中，使用"取消隔离"命令可以将图形恢复为隔离图层之前的状态，且保留隔离图层后对图层所做的更改。

步骤 01 可以接着"实战281"进行操作，也可以打开"实战281 隔离图层-OK.dwg"素材文件进行操作。

步骤 02 在"默认"选项卡中，单击"图层"面板中的"取消隔离"按钮，如图7-53所示，执行"取消隔离"命令。

图 7-53　"图层"面板中的"取消隔离"按钮

步骤 03 图形即刻恢复为隔离图层之前的状态，如图7-54所示。

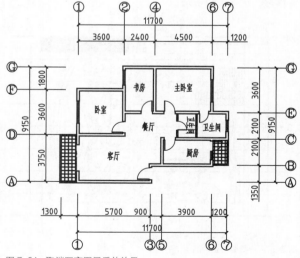

图 7-54　取消隔离图层后的效果

实战 283 锁定图层

如果某个图层上的对象只需要显示，不需要选择和编辑，那么可以锁定该图层。被锁定图层上的对象仍然可见，但会淡化显示。因此使用 AutoCAD 绘图时，可以将中心线、辅助线等基准线条所在的图层锁定。

步骤 01 打开"实战283 锁定图层.dwg"素材文件，其中已经绘制好了总平面图与许多方格辅助线，如图7-55所示。

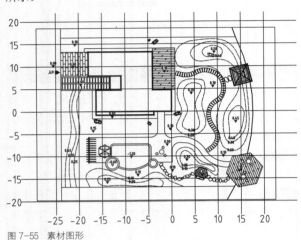

图 7-55　素材图形

步骤 02 在"默认"选项卡中，单击"图层"面板中的"锁定"按钮 🔒，如图7-56所示，执行"锁定图层"命令。

图 7-56　"图层"面板中的"锁定"按钮

步骤 03 此时十字光标变为拾取状态，选择平面图中的方格线，如图7-57所示。

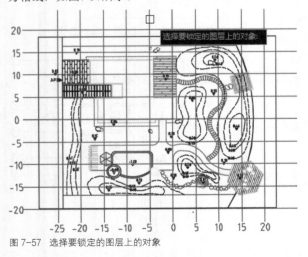

图 7-57　选择要锁定的图层上的对象

步骤 04 选择完毕后按Enter键确认，即可将方格线所在的图层全部锁定，效果如图7-58所示。被锁定后的方格

线将淡化显示，无法被编辑、修改和删除。

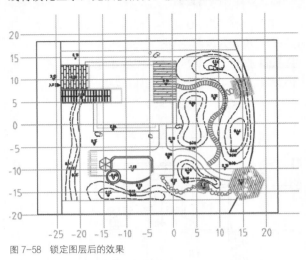

图 7-58　锁定图层后的效果

实战 284 解锁图层

在 AutoCAD 2022 中，使用"解锁图层"命令可以将之前所有锁定的图层解锁，使这些图层上的对象恢复正常，能被编辑与修改。

步骤 01 可以接着"实战283"进行操作，也可以打开"实战283 锁定图层-OK.dwg"素材文件进行操作。

步骤 02 在"默认"选项卡中，单击"图层"面板中的"解锁"按钮 🔒，如图7-59所示，执行"解锁图层"命令。

图 7-59　"图层"面板中的"解锁"按钮

步骤 03 单击该按钮后选择要解锁的图层上的对象，如图7-60所示。

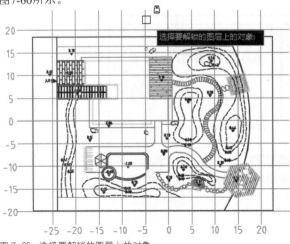

图 7-60　选择要解锁的图层上的对象

步骤 04 单击即可解锁图层，效果如图7-61所示。

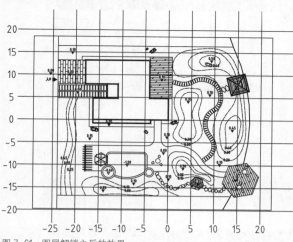

图 7-61　图层解锁之后的效果

实战 285　图层过滤

图层的过滤就是指按照图层的颜色、线型、线宽等特性，过滤出一类具有相同特性的图层，方便用户查看与选择。

步骤 01 打开"实战285 图层过滤.dwg"素材文件，其中已经创建了多个图层。

步骤 02 在"默认"选项卡中，单击"图层"面板中的"图层特性"按钮，系统弹出"图层特性管理器"选项板，如图7-62所示。

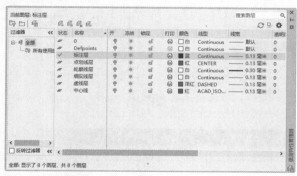

图 7-62　"图层特性管理器"选项板

步骤 03 单击"图层特性管理器"选项板左上角的"新建特性过滤器"按钮，系统弹出"图层过滤器特性"对话框，如图7-63所示。

步骤 04 将"特性过滤器1"重命名为"虚线层"，设置"线型"属性项为DASHED，如图7-64所示，在"过滤器预览"区域可以看到过滤出的图层。

图 7-63　"图层过滤器特性"对话框

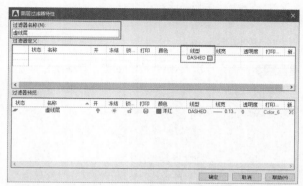

图 7-64　设置过滤器

步骤 05 单击"确定"按钮，返回"图层特性管理器"选项板，即可看到新建的过滤器与过滤后的图层，如图7-65所示。

图 7-65　设置"虚线层"过滤器后的效果

实战 286　特性匹配图层

"特性匹配"功能如同 Office 软件中的格式刷功能，可以把一个图形对象（源对象）的特性赋给另外一个（或一组）图形对象（目标对象），使这些图形对象的部分或全部特性和源对象相同。

步骤 01 打开"实战286 特性匹配图层.dwg"素材文件，如图7-66所示。

步骤 02 选择轴线Ⓔ，编辑其特性，将线型比例设置为200，如图7-67所示。

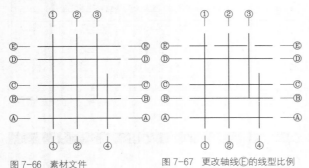

图7-66 素材文件　　　　　图7-67 更改轴线Ⓔ的线型比例

步骤 03 在命令行输入MA并按Enter键，将轴线Ⓔ的特性应用到其他轴线上，如图7-68所示。命令行提示如下。

```
命令: MA↙
                //调用"特性匹配"命令
选择源对象:
                //选择轴线Ⓔ作为源对象
当前活动设置: 颜色 图层 线型 线型比例 线宽 透明度 厚度 打
印样式 标注 文字 图案填充 多段线 视口 表格 材质 阴影显示
多重引线
选择目标对象或 [设置(S)]:
选择目标对象或 [设置(S)]:
选择目标对象或 [设置(S)]:
选择目标对象或 [设置(S)]:
选择目标对象或 [设置(S)]:
选择目标对象或 [设置(S)]:
选择目标对象或 [设置(S)]:
选择目标对象或 [设置(S)]:
                //依次单击其他8条轴线，完成特性匹配
```

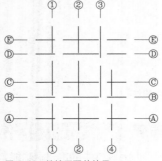

图7-68 特性匹配的效果

> **提示**
>
> 通常源对象可供匹配的特性很多，执行"特性匹配"命令的过程中，在命令行选择"设置"选项，系统会弹出图7-69所示的"特性设置"对话框。在该对话框中，可以设置哪些特性允许匹配、哪些特性不允许匹配。

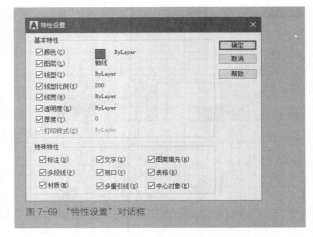

图7-69 "特性设置"对话框

实战 287 保存图层状态　　★进阶★

如果每次都调整所有的图层状态和特性，可能要花费很长的时间。实际上，可以保存并恢复图层状态集，也就是保存并恢复某个图形的所有图层的特性和状态。保存图层状态集之后，可随时恢复其状态。

步骤 01 新建一个空白文档，创建好所需的图层并设置好它们的各项特性。

步骤 02 在"图层特性管理器"选项板中单击"图层状态管理器"按钮，打开"图层状态管理器"对话框，如图7-70所示。

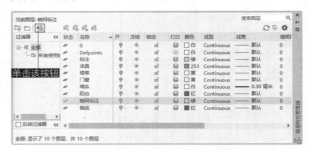

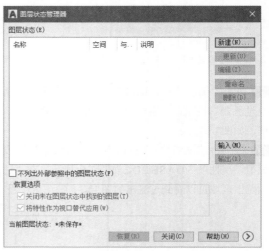

图7-70 打开"图层状态管理器"对话框

步骤 03 在对话框中单击"新建"按钮，系统弹出"要保存的新图层状态"对话框，在该对话框的"新图层状态名"文本框中输入新图层状态的名称，如图7-71所示，用户也可以输入说明文字进行说明。单击"确定"按钮。

图 7-71　"要保存的新图层状态"对话框

步骤 04 系统返回"图层状态管理器"对话框，这时单击对话框右下角的⊙按钮，展开其余选项，在"要恢复的图层特性"区域内勾选要保存的图层状态和特性，如图7-72所示。

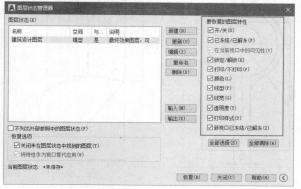

图 7-72　勾选要保存的图层状态和特性

提示

没有保存的图层状态和特性在后面进行恢复图层状态操作的时候就不会恢复。例如，如果仅保存图层的开/关状态，然后在绘图时修改了图层的开/关状态和颜色，那么在恢复图层状态时，仅开/关状态可以被还原，而颜色仍为修改后的颜色。如果要使得图形与保存图层状态时完全一样（就图层来说），可以勾选"关闭未在图层状态中找到的图层"复选框，这样，在恢复图层状态时，在图层状态已保存之后新建的所有图层都会被关闭。

7.3　本章小结

本章介绍了创建与管理图层的方法，包括新建图层、设置图层属性等。以建筑图纸为例，其中包含轴线、墙体、门窗、楼梯等各种图形，利用图层可以高效地管理这些图形。设置图层的颜色、线型、线宽，以及开／关、冻结／解冻、解锁／锁定等特性，可以影响图层中的图形，便于在绘图过程中观察和编辑图形。

章末的课后习题可以帮助读者巩固本章所学知识。

7.4　课后习题

一、理论题

1. 在命令行中输入（　　）并按 Enter 键，可以打开"图层特性管理器"选项板。

A. LE　　　　　　　B. LA　　　　　　　C. LD　　　　　　　D. LP

2. 在"图层特性管理器"选项板中选择图层，按（　　）键，可进入"重命名"模式。

A. F1　　　　　　　B. F3　　　　　　　C. F2　　　　　　　D. F4

3. 在"图层特性管理器"选项板中，图层名称前显示（　　），表示该图层为当前图层。

A. ✓　　　　　　　B. 💡　　　　　　　C. ☀　　　　　　　D. 🔓

4. （　　）图层后，位于该图层上的所有图形在绘图区中淡化显示，并且无法被编辑、修改和删除。

A. 冻结　　　　　　B. 锁定　　　　　　C. 关闭　　　　　　D. 打开

5. 执行（　　）操作，可以把源对象的特性赋给目标对象，使两个对象的部分或全部特性相同。

A. 复制　　　　　　B. 特性匹配　　　　C. 过滤　　　　　　D. 锁定

二、操作题

1. 在"图层特性管理器"选项板中创建图层，如图 7-73 所示。

2. 设置上一题创建的图层的属性，包括颜色、线型与线宽，如图 7-74 所示。

图 7-73　创建图层

图 7-74　设置图层属性

3. 执行"特性匹配"命令，匹配蝶形螺母外轮廓线，使之全部位于同一图层，并以相同的样式显示，如图 7-75 所示。

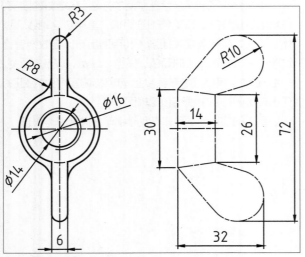

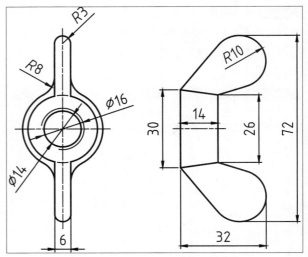

图 7-75　匹配图层

第 **8** 章

图形约束与信息查询

本章内容概述

图形约束是AutoCAD 2010新增的功能，这一功能大大改变了在AutoCAD中绘制图形的思路和方式。图形约束能够使设计工作更加方便，也是今后设计领域的发展趋势。常用的图形约束有几何约束和尺寸约束两种。其中，几何约束用于控制对象的关系，尺寸约束用于控制对象的距离、长度、角度和半径。

计算机辅助设计系统不可缺少的一个功能就是对图形对象的点坐标、距离、周长、面积等属性的查询。AutoCAD 2022提供了用于查询图形对象的面积、距离、坐标、周长、体积等的工具。

本章知识要点

● 创建与编辑约束

● 查询信息

8.1　约束的创建与编辑

　　常用的图形约束有几何约束和尺寸约束两种。其中几何约束用于控制对象的位置关系，包括重合、共线、平行、垂直、同心、相切、相等、对称、水平和竖直等；尺寸约束用于控制对象的距离、长度、角度和半径，包括对齐约束、水平约束、竖直约束、半径约束、直径约束及角度约束等。

实战 288　创建重合约束

　　重合约束用于约束两点使其重合，或约束一个点使其位于曲线（或曲线的延长线）上。

步骤 01 打开"实战 288 创建重合约束"素材文件，如图 8-1 所示。

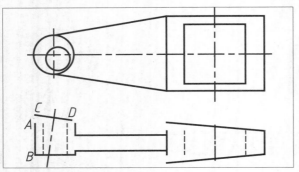

图 8-1　素材图形

步骤 02 在"参数化"选项卡中，单击"几何"面板中的"重合"按钮，如图 8-2 所示，执行"重合约束"命令。

图 8-2　"几何"面板中的"重合"按钮

步骤 03 选择 A 点和 C 点，使线 AB 和线 CD 在 A 点重合，如图 8-3 所示。命令行提示如下。

```
命令：_GcCoincident
        //调用"重合约束"命令
选择第一个点或 [对象(O)/自动约束(A)] <对象>：
        //捕捉并单击A点
选择第二个点或 [对象(O)] <对象>：
        //捕捉并单击C点
```

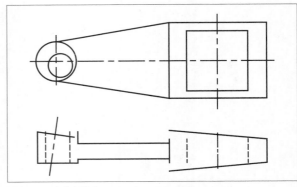

图 8-3　重合约束的效果

实战 289　创建垂直约束

　　垂直约束可使选定的线段彼此垂直，可以应用在两个线段对象之间。

步骤 01 打开"实战289 创建垂直约束"素材文件，如图 8-4 所示。

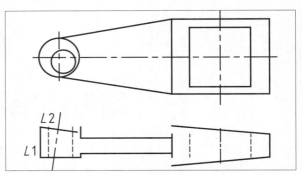

图 8-4　素材图形

步骤 02 在"参数化"选项卡中，单击"几何"面板中的"垂直"按钮，如图 8-5 所示，执行"垂直约束"命令。

图 8-5　"几何"面板中的"垂直"按钮

步骤 03 选择线段 L1 和 L2，使它们相互垂直，如图 8-6 所示。命令行提示如下。

```
命令：_GcPerpendicular
            //调用"垂直约束"命令
选择第一个对象：
            //选择线段L1
选择第二个对象：
            //选择线段L2
```

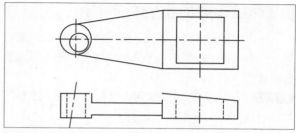
图 8-9 共线约束的效果

实战 291 创建相等约束

相等约束可以使选定圆弧和圆的半径相等，或使选定线段的长度相等。

步骤 01 打开"实战291 创建相等约束.dwg"素材文件，如图8-10所示。

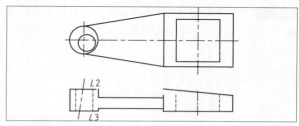
图 8-10 素材图形

步骤 02 在"参数化"选项卡中，单击"几何"面板中的"相等"按钮＝，如图8-11所示，执行"相等约束"命令。

图 8-11 "几何"面板中的"相等"按钮

步骤 03 选择线段L3和L2，创建相等约束，如图8-12所示。命令行提示如下。

```
命令:_GcEqual
        //调用"相等约束"命令
选择第一个对象或 [多个(M)]:
        //选择线段L3
选择第二个对象:
        //选择线段L2
```

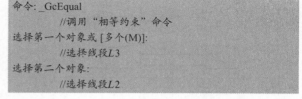
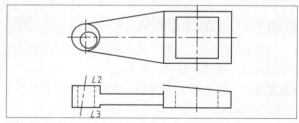
图 8-12 相等约束的效果

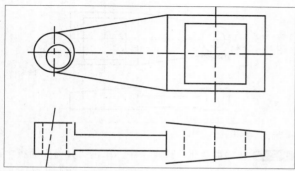
图 8-6 垂直约束的效果

实战 290 创建共线约束

共线约束可以控制两条或多条线段在同一直线方向，常用来创建空间共线的对象。

步骤 01 打开"实战290 创建共线约束.dwg"素材文件，如图8-7所示。

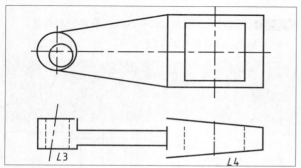
图 8-7 素材图形

步骤 02 在"参数化"选项卡中，单击"几何"面板中的"共线"按钮，如图8-8所示，执行"共线约束"命令。

图 8-8 "几何"面板中的"共线"按钮

步骤 03 选择L3和L4两条线段，使两条线段共线，如图8-9所示。命令行提示如下。

```
命令:_GcCollinear
        //调用"共线约束"命令
选择第一个对象或 [多个(M)]:
        //选择线段L3
选择第二个对象:
        //选择线段L4
```

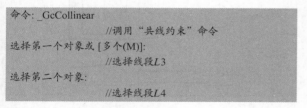

243

实战 292 创建同心约束

同心约束是将两个圆弧、圆或椭圆的圆心约束到同一个中心点，效果相当于为两个圆弧的圆心添加重合约束。

步骤 01 打开"实战292 创建同心约束.dwg"素材文件，如图8-13所示。

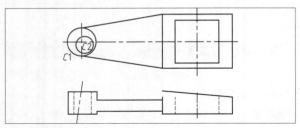

图 8-13 素材图形

步骤 02 在"参数化"选项卡中，单击"几何"面板中的"同心"按钮◎，如图8-14所示，执行"同心约束"命令。

图 8-14 "几何"面板中的"同心"按钮

步骤 03 选择圆C1和C2，使两圆同心，如图8-15所示。命令行提示如下。

```
命令: _GcConcentric
                          //调用"同心约束"命令
选择第一个对象:
                          //选择圆C1
选择第二个对象:
                          //选择圆C2
```

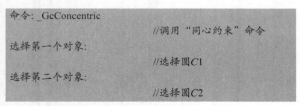

图 8-15 同心约束的效果

实战 293 创建竖直约束

选择任意线段或两点，创建竖直约束，可以使所选线段或两点与当前坐标系 Y 轴平行。

步骤 01 打开"实战293 创建竖直约束.dwg"素材文件，如图8-16所示。

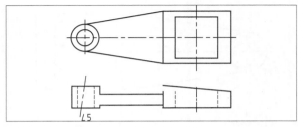

图 8-16 素材图形

步骤 02 在"参数化"选项卡中，单击"几何"面板中的"竖直"按钮刂，如图8-17所示，执行"竖直约束"命令。

图 8-17 "几何"面板中的"竖直"按钮

步骤 03 选择中心线L5，将中心线调整到竖直位置，如图8-18所示。命令行提示如下。

```
命令: _GcVertical
                          //调用"竖直约束"命令
选择对象或 [两点(2P)] <两点>:
                          //选择中心线L5
```

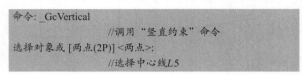

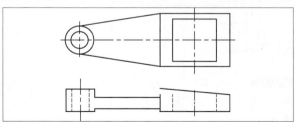

图 8-18 竖直约束的效果

实战 294 创建水平约束

选择任意线段或两点，创建水平约束，可以使所选线段或两点与当前坐标系的 X 轴平行。

步骤 01 打开"实战294 创建水平约束.dwg"素材文件，如图8-19所示。

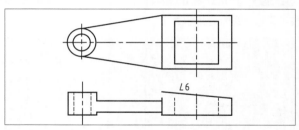

图 8-19 素材图形

步骤 02 在"参数化"选项卡中，单击"几何"面板中的"水平"按钮 ，如图8-20所示，执行"水平约束"命令。

图8-20 "几何"面板中的"水平"按钮

步骤 03 选择线段L6，将其调整到水平位置，如图8-21所示。命令行提示如下。

```
命令:_GcHorizontal
                    //调用"水平约束"命令
选择对象或 [两点(2P)] <两点>:
                    //在线段L6右半部分单击
```

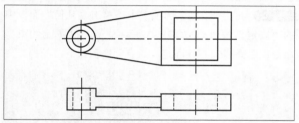

图 8-21 水平约束的效果

实战 295 创建平行约束

平行约束可以将两条线段设置为彼此平行，通常用来编辑相交的线段。

步骤 01 打开"实战295 创建平行约束.dwg"素材文件，如图8-22所示。

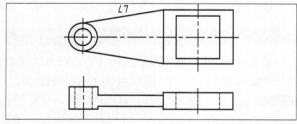

图 8-22 素材图形

步骤 02 在"参数化"选项卡中，单击"几何"面板中的"平行"按钮 ，如图8-23所示，执行"平行约束"命令。

图 8-23 "几何"面板中的"平行"按钮

步骤 03 选择中心辅助线和线段L7，使其相互平行，如图8-24所示。命令行提示如下。

```
命令:_GcParallel
                    //调用"平行约束"命令
选择第一个对象:
                    //选择中心辅助线
选择第二个对象:
                    //选择线段L7
```

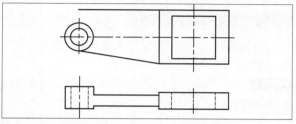

图 8-24 平行约束的效果

实战 296 创建相切约束

相切约束可以使线段和圆弧、圆弧和圆弧相切，但单独的相切约束不能控制切点的精确位置。

步骤 01 打开"实战296 创建相切约束.dwg"素材文件，如图8-25所示。

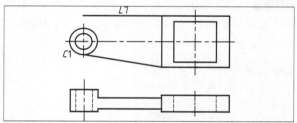

图 8-25 素材图形

步骤 02 在"参数化"选项卡中，单击"几何"面板中的"相切"按钮 ，如图8-26所示，执行"相切约束"命令。

图 8-26 "几何"面板中的"相切"按钮

步骤 03 选择圆C1和线段L7，使它们相切，如图8-27所示。命令行提示如下。

```
命令:_GcTangent
                    //调用"相切约束"命令
选择第一个对象:
                    //选择圆C1
选择第二个对象:
                    //选择线段L7
```

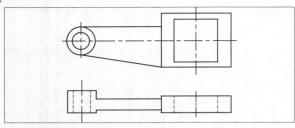

图 8-27　相切约束的效果

实战 297　创建对称约束

对称约束可以使选定的两个对象相对于选定线段对称，类似于"镜像"命令。

步骤 01 打开"实战297 创建对称约束.dwg"素材文件，如图8-28所示。

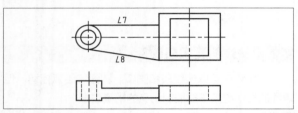

图 8-28　素材图形

步骤 02 在"参数化"选项卡中，单击"几何"面板中的"对称"按钮中，如图8-29所示，执行"对称约束"命令。

图 8-29　"几何"面板中的"对称"按钮

步骤 03 将线段L8约束到与线段L7对称，如图8-30所示。命令行提示如下。

```
命令: _GcSymmetric
                        //调用"对称约束"命令
选择第一个对象或 [两点(2P)] <两点>:
                        //选择线段L7
选择第二个对象:
                        //选择线段L8
选择对称直线:
                        //选择水平中心线
```

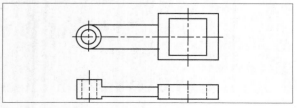

图 8-30　对称约束的效果

实战 298　创建固定约束

在添加约束之前，为了防止某些对象产生不必要的移动，可以先添加固定约束。为对象添加固定约束之后，该对象将不能被移动或修改。

步骤 01 打开"实战298 创建固定约束.dwg"素材文件，如图8-31所示。

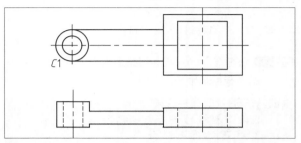

图 8-31　素材图形

步骤 02 在"参数化"选项卡中，单击"几何"面板中的"固定"按钮🔒，如图8-32所示，执行"固定约束"命令，选择圆C1将其固定。命令行提示如下。

```
命令: _GcFix
                        //调用"固定约束"命令
选择点或 [对象(O)] <对象>:
                        //按Enter键，使用默认选项
选择对象:
                        //选择圆C1
```

图 8-32　"几何"面板中的"固定"按钮

实战 299　添加竖直尺寸约束

竖直尺寸约束是线性约束中的一种，用于约束两点之间的竖直距离，约束之后的两点将始终保持该距离。

步骤 01 打开"实战299 添加竖直尺寸约束.dwg"素材文件，如图8-33所示。

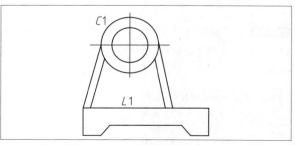

图 8-33　素材图形

步骤 02 在"参数化"选项卡中,单击"标注"面板中的"竖直"按钮⬜,如图8-34所示,执行"竖直尺寸约束"命令。

图 8-34 "标注"面板中的"竖直"按钮

步骤 03 选择圆C1的圆心与素材图形的底边,添加竖直尺寸约束。命令行提示如下。

```
命令:_DcVertical
                //调用"竖直尺寸约束"命令
指定第一个约束点或 [对象(O)] <对象>:
                //捕捉圆C1的圆心
指定第二个约束点:
                //捕捉线段L1左侧端点
指定尺寸线位置:
                //拖动尺寸线,在合适位置单击以放置尺寸线
标注文字 = 18.12
                //该尺寸的当前值
```

步骤 04 在文本框中输入20,按Enter键确认,最终效果如图8-35所示。

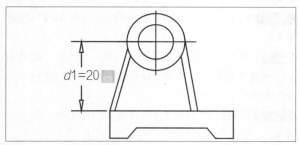

图 8-35 竖直尺寸约束的效果

实战 300 添加水平尺寸约束

水平尺寸约束是线性约束中的一种,用于约束两点之间的水平距离,约束之后的两点将始终保持该距离。

步骤 01 打开"实战300 添加水平尺寸约束.dwg"素材文件。

步骤 02 在"参数化"选项卡中,单击"标注"面板中的"水平"按钮⬜,如图8-36所示,执行"水平尺寸约束"命令。

步骤 03 对底座宽度进行水平尺寸约束。命令行提示如下。

```
命令:_DcHorizontal
                //调用"水平尺寸约束"命令
指定第一个约束点或 [对象(O)] <对象>:
                //捕捉线段L2下端点
指定第二个约束点:
                //捕捉线段L3下端点
指定尺寸线位置:
                //指定尺寸线位置
标注文字 = 35
```

步骤 04 在文本框中输入32,按Enter键确认,最终效果如图8-37所示。

图 8-36 "标注"面板中的"水平"按钮　　图 8-37 水平尺寸约束的效果

实战 301 添加对齐尺寸约束

对齐尺寸约束用于约束两点或两直线之间的距离,可以约束水平距离、竖直尺寸或倾斜尺寸。

步骤 01 打开"实战301 添加对齐尺寸约束.dwg"素材文件。

步骤 02 在"参数化"选项卡中,单击"标注"面板中的"对齐"按钮⬜,如图8-38所示,执行"对齐尺寸约束"命令。

步骤 03 约束两平行线段L4和L5的距离。命令行提示如下。

```
命令:_DcAligned
                //调用"对齐尺寸约束"命令
指定第一个约束点或 [对象(O)/点和直线(P)/两条直线(2L)] <
对象>: 2L↙       //选择"两条直线"选项
选择第一条直线:
                //选择线段L4
选择第二条直线,以使其平行:
                //选择线段L5
指定尺寸线位置:
                //指定尺寸线位置
标注文字 = 2
```

步骤 04 在文本框中输入3,按Enter键确认,最终效果如图8-39所示。

 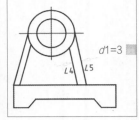

图8-38 "标注"面板中的"对齐"按钮　　图8-39 对齐尺寸约束的效果

束"命令。

步骤 03 约束圆C1的直径尺寸。命令行提示如下。

```
命令: _DcDiameter
                    //调用"直径尺寸约束"命令
选择圆弧或圆:
                    //选择圆C1
标注文字 =16
指定尺寸线位置:
                    //指定尺寸线位置
```

步骤 04 在文本框中输入15，按Enter键确认，最终效果如图8-43所示。

实战 302 添加半径尺寸约束

半径尺寸约束用于约束圆或圆弧的半径，创建方法同"半径"标注，执行命令后选择对象即可。

步骤 01 打开"实战302 添加半径尺寸约束.dwg"素材文件。

步骤 02 在"参数化"选项卡中，单击"标注"面板中的"半径"按钮，如图8-40所示，执行"半径尺寸约束"命令。

步骤 03 约束圆C2的半径尺寸。命令行提示如下。

```
命令: _DcRadius
                    //调用"半径尺寸约束"命令
选择圆弧或圆:
                    //选择圆C2
标注文字 = 5
指定尺寸线位置:
                    //指定尺寸线位置
```

步骤 04 在文本框中输入7，按Enter键确认，最终效果如图8-41所示。

图8-42 "标注"面板中的"直径"按钮　　图8-43 直径尺寸约束的效果

实战 304 添加角度尺寸约束

角度尺寸约束用于约束线段之间的角度或圆弧的包含角，创建方法同"角度"标注，执行命令后选择对象即可。

步骤 01 打开"实战304 添加角度尺寸约束.dwg"素材文件。

步骤 02 在"参数化"选项卡中，单击"标注"面板中的"角度"按钮，如图8-44所示，执行"角度尺寸约束"命令。

步骤 03 约束倾斜线段L4与水平线段L1的夹角。命令行提示如下。

```
命令: _DcAngular
                    //调用"角度尺寸约束"命令
选择第一条直线或圆弧或 [三点(3P)] <三点>:
                    //选择水平线段L1
选择第二条直线:
                    //选择倾斜线段L4
指定尺寸线位置:
                    //指定尺寸线位置
标注文字 = 78
```

步骤 04 在文本框中输入65，按Enter键确认，最终效果如图8-45所示。

  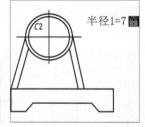

图8-40 "标注"面板中的"半径"按钮　　图8-41 半径尺寸约束的效果

实战 303 添加直径尺寸约束

直径尺寸约束用于约束圆或圆弧的直径，创建方法同"直径"标注，执行命令后选择对象即可。

步骤 01 打开"实战303 添加直径尺寸约束.dwg"素材文件。

步骤 02 在"参数化"选项卡中，单击"标注"面板中的"直径"按钮，如图8-42所示，执行"直径尺寸约

图 8-44 "标注"面板中的"角度"按钮

图 8-45 角度尺寸约束的效果

8.2 信息查询

AutoCAD 提供的查询功能可以查询图形的信息，包括距离、半径、角度、面积、体积、质量特性、状态和时间等，供绘图时参考。

实战 305 查询距离

使用"查询距离"命令可以计算图形中任意两点间的距离及连线的倾斜角度。

步骤 01 打开"实战305 查询距离.dwg"素材文件，如图8-46所示。

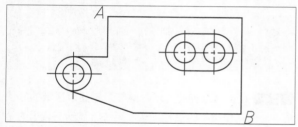

图 8-46 素材图形

步骤 02 在"默认"选项卡中，单击"实用工具"面板中的"距离"按钮，如图8-47所示，执行"查询距离"命令。

图 8-47 "实用工具"面板中的"距离"按钮

步骤 03 选择A、B两点进行查询，结果如图8-48所示。命令行提示如下。

```
命令：_measuregeom
输入选项 [距离(D)/半径(R)/角度(A)/面积(AR)/体积(V)] <距离>：_distance
                              //调用"查询距离"命令
指定第一点：
                              //捕捉A点
指定第二个点或 [多个点(M)]：
                              //捕捉B点
距离 = 79.0016，XY 平面中的倾角 = 143，   与 XY 平面的夹角 = 0
X 增量 = -63.5000，Y 增量 = 47.0000，   Z 增量 = 0.0000
输入选项 [距离(D)/半径(R)/角度(A)/面积(AR)/体积(V)/退出(X)] <距离>：*取消*   //按Esc键退出
```

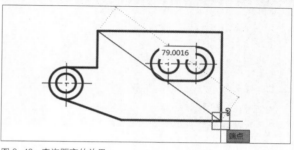

图 8-48 查询距离的效果

实战 306 查询半径

"查询半径"命令用于查询圆、圆弧的半径，执行该命令后选择要查询的对象即可。

步骤 01 可以接着"实战305"进行操作，也可以打开"实战305 查询距离-OK.dwg"素材文件进行操作。

步骤 02 在"默认"选项板中，单击"实用工具"面板中的"半径"按钮，查询圆弧A，如图8-49所示。命令行提示如下。

```
命令：_measuregeom
输入选项 [距离(D)/半径(R)/角度(A)/面积(AR)/体积(V)] <距离>：_radius   //调用"查询半径"命令
选择圆弧或圆：
                  //选择圆弧A
半径 = 9.0
直径 = 18.0
输入选项 [距离(D)/半径(R)/角度(A)/面积(AR)/体积(V)/退出(X)] <半径>：*取消*  //按Esc键退出
```

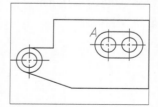
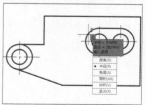

图 8-49 查询半径

实战 307 查询角度

"查询角度"命令用于查询圆、圆弧的角度，执行命令后选择要查询的对象即可。

步骤 01 可以接着"实战306"进行操作，也可以打开"实战306 查询半径-OK.dwg"素材文件进行操作。

步骤 02 在"默认"选项卡中，单击"实用工具"面板中的"角度"按钮，查询线段L1、L2之间的角度，如图8-50所示。命令行提示如下。

```
命令: _measuregeom
输入选项 [距离(D)/半径(R)/角度(A)/面积(AR)/体积(V)] <距
离>: _angle
                            //调用"查询角度"命令
选择圆弧、圆、直线或 <指定顶点>:
                            //选择线段L1
选择第二条直线:
                            //选择线段L2
角度 = 161°
输入选项 [距离(D)/半径(R)/角度(A)/面积(AR)/体积(V)/退出
(X)] <角度>: *取消*
                            //按Esc键退出
```

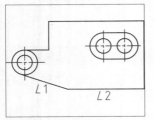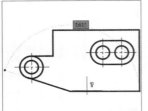

图 8-50 查询角度

实战 308 查询面积　　　　　　　　★重点★

使用 AutoCAD 绘制好室内平面图后，自然就可以通过查询操作来获取室内面积。对于时下的购房者来说，室内面积无疑是一个很重要的考虑因素，在住宅买卖中用得比较多的是住宅的净使用面积（室内面积加阳台面积再减去墙体面积）。

步骤 01 单击快速访问工具栏中的"打开"按钮，打开"实战308 查询面积.dwg"素材文件，如图8-51所示。

步骤 02 在"默认"选项卡中，单击"实用工具"面板中的"面积"按钮，当命令行提示"指定第一个角点或 [对象(O)/增加面积(A)/减少面积(S)/退出(X)] <对象(O)>："时，指定建筑区域的第一个角点，如图8-52所示。

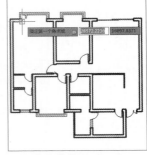

图 8-51 素材文件　　　　图 8-52 指定第一个角点

步骤 03 当命令行提示"指定下一个点或 [圆弧(A)/长度(L)/放弃(U)]："时，指定建筑区域的下一个角点，如图8-53所示。命令行提示如下。

```
命令: _measuregeom
                            //调用"查询面积"命令
输入选项 [距离(D)/半径(R)/角度(A)/面积(AR)/体积(V)] <距
离>: _area
指定第一个角点或 [对象(O)/增加面积(A)/减少面积(S)/退出
(X)] <对象(O)>:         //指定第一个角点
指定下一个点或 [圆弧(A)/长度(L)/放弃(U)]:
                            //指定下一个角点
......
指定下一个点或 [圆弧(A)/长度(L)/放弃(U)/总计(T)] <总计>:
区域 = 107624600.0000，周长 = 48780.8332
                            //查询结果
```

步骤 04 根据命令行的提示，继续指定建筑区域的其他角点，然后按空格键进行确认，系统将显示测量出的结果，在弹出的菜单中选择"退出"选项，退出操作，如图8-54所示。

图 8-53 指定下一角点　　　图 8-54 查询结果

> **提示**
>
> 在建筑项目中，平面图的单位为mm。因此，对于这里查询得到的结果，周长的单位为mm，面积的单位为mm²。$1mm^2 = 0.000001m^2$。

步骤 05 命令行中的"区域"即为所查得的面积，而 AutoCAD默认的面积单位为mm²，因此需转换为常用的 m²，即107624600 mm²≈107.62 m²，该住宅粗算面积为 107m²。

步骤 06 使用相同方法加入阳台面积、减去墙体面积，便得到净使用面积，过程略。

> **提示**
> 可以看出本实战中确定查询区域的方法类似于绘制多段线的步骤，这种方法较为烦琐。如果在命令行选择以"对象"的方式查询面积，只需选择对象边界即可，但选择的对象必须是一个完整的对象，如圆、矩形、多边形或多段线。如果不是完整的对象，则需要先创建面域，使其变成一个整体。

实战 309 查询体积 ★重点★

在实际的机械加工行业中，有时需要对客户所需的产品进行报价，虽然每个公司都有自己专门的方法，但通常都是基于成品质量与加工过程来计算报价的。因此快速、准确地得出零件的成品质量，有利于快捷确定报价。

步骤 01 单击快速访问工具栏中的"打开"按钮，打开"实战309 查询体积.dwg"素材文件，如图8-55所示，其中已经创建了一个零件模型。

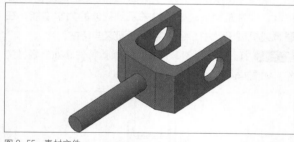

图 8-55 素材文件

步骤 02 在"默认"选项卡中，单击"实用工具"面板中的"面积"按钮，当命令行提示"指定第一个角点或 [对象(O)/增加面积(A)/减少面积(S)/退出(X)] <对象(O)>:"时，选择"对象"选项，如图8-56所示。

`× ↗ ⊨▾ MEASUREGEOM 指定第一个角点或 [对象(O) 增加体积(A) 减去体积(S) 退出(X)] <对象(O)>: 0`

图 8-56 命令行

步骤 03 选择零件模型，即可得到图8-57所示的体积数据。

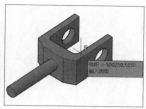

图 8-57 查询体积

> **提示**
> 在机械实战中，零件的单位为mm。因此，这里查询得到的结果，体积的单位为mm³。1 mm³=0.001 cm³=10^{-9}m³。

步骤 04 将该体积乘以零件的材料密度，即可得到的质量。如果本例的模型的制作原料为铁，查得铁密度=7.85g/cm³，而该零件体积为500250.53 mm³≈500.25 cm³，则零件质量=7.85×500.25=3926.9625g≈3.9kg。

实战 310 列表查询

列表查询可以将所选对象的图层、长度、边界坐标等信息在 AutoCAD 文本窗口中列出。

步骤 01 打开"实战310 列表查询.dwg"素材文件，如图8-58所示。

步骤 02 在命令行输入LIST并按Enter键，查询圆A的相关信息。命令行提示如下。

```
命令: LIST↙
        //调用"列表"命令
选择对象: 找到 1 个
        //选择圆A
选择对象:↙
        //按Enter键结束选择，系统打开AutoCAD文本窗口
        //结果如图8-59所示
```

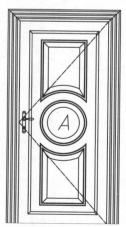

图 8-58 素材文件

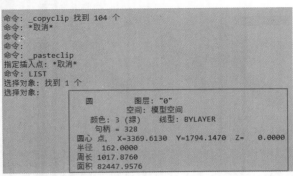

```
命令: _copyclip 找到 104 个
命令: *取消*
命令:
命令:
命令: _pasteclip
指定插入点: *取消*
命令: LIST
选择对象: 找到 1 个
选择对象:
    圆          图层: "0"
              空间: 模型空间
      颜色: 3 (绿)      线型: BYLAYER
        句柄 = 328
    圆心 点,  X=3369.6130  Y=1794.1470  Z=    0.0000
    半径  162.0000
    周长 1017.8760
    面积 82447.9576
```

图 8-59 查询结果

实战 311 查询数控加工点坐标 ★进阶★

在机械行业，经常会看到一些具有曲线外形的零件，如常见的机床手柄。要加工这类零件，就势必需要获取曲线轮廓上的若干点来作为加工、检验尺寸的参考。

步骤 01 打开“实战311 查询数控加工点坐标.dwg”素材文件，其中已经绘制好了一个手柄零件图形，如图8-60所示。

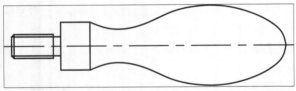

图 8-60 素材文件

步骤 02 定义坐标原点。要得到各加工点的准确坐标，就必须先定义坐标原点，即零件加工中的“对刀点”。在命令行中输入UCS并按Enter键，可见UCS坐标系附于十字光标上，然后将其放置在手柄曲线的起点，如图8-61所示。

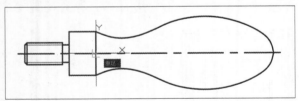

图 8-61 定义坐标原点

步骤 03 执行定数等分。按Enter键放置UCS坐标系，接着单击“绘图”面板中的“定数等分”按钮，选择上方的曲线（上、下两条曲线对称，故选其中一条即可），输入项目数6，按Enter键完成定数等分，如图8-62所示。

步骤 04 获取点坐标。在命令行中输入LIST并按Enter键，选择各等分点，然后按Enter键，即可在命令行中得到坐标，如图8-63所示。

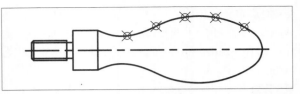

图 8-62 定数等分

步骤 05 这些坐标即为各等分点相对于新指定原点的坐标，可作为加工或质检零件时的参考。

```
命令: LIST
选择对象: 指定对角点: 找到 5 个
选择对象:
                点            图层: "0"
                            空间: 模型空间
                  句柄 = 71c
               于 点,  X=       14  Y=        7  Z=        0
                点            图层: "0"
                            空间: 模型空间
                  句柄 = 71b
               于 点,  X=       28  Y=       12  Z=        0
                点            图层: "0"
                            空间: 模型空间
                  句柄 = 71a
               于 点,  X=       42  Y=       16  Z=        0
                点            图层: "0"
按 ENTER 键继续:
                            空间: 模型空间
                  句柄 = 719
               于 点,  X=       57  Y=       16  Z=        0
                点            图层: "0"
                            空间: 模型空间
                  句柄 = 718
               于 点,  X=       71  Y=       11  Z=        0
```

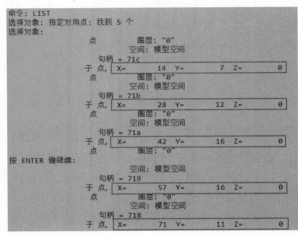

图 8-63 查询坐标的结果

实战 312 查询面域 / 质量特性

面域 / 质量特性也称为截面特性，包括面积、质心位置、惯性矩等，这些特性关系到物体的力学性能，在建筑或机械设计中，经常需要查询这些特性。

步骤 01 打开“实战312 查询面域/质量特性.dwg”素材文件，如图8-64所示。

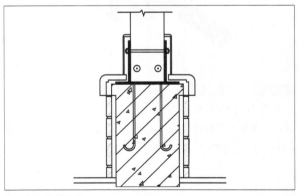

图 8-64 素材文件

步骤 02 在“默认”选项卡中，单击“绘图”面板中的“面域”按钮，用混凝土梁的截面轮廓创建一个面域，如图8-65所示。

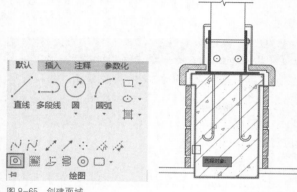

图 8-65 创建面域

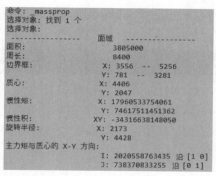

图 8-67 查询面域 / 质量特性的结果

步骤 03 执行"工具"|"查询"|"面域/质量特性"命令，如图8-66所示，查询混凝土梁截面特性。命令行提示如下。

命令：_massprop
//调用"面域/质量特性"查询命令
选择对象：找到 1 个
//选择创建的截面面域，按Enter键，系统弹出AutoCAD文本窗口，如图8-67所示

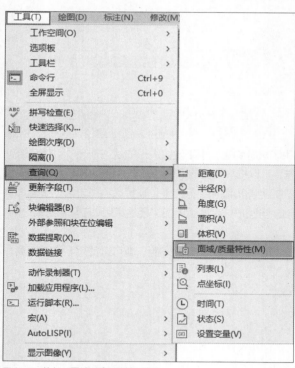

图 8-66 执行"面域 / 质量特性"命令

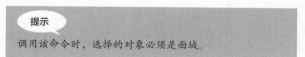

提示

调用该命令时，选择的对象必须是面域。

实战 313 查询系统变量 ★进阶★

系统变量就是控制某些命令工作方式的设置。命令通常用于启动活动或打开对话框，而系统变量则用于控制命令的行为、操作的默认值或用户界面的外观。在某些特殊情况下，如使用他人的计算机、重装系统、误操作等，可能会变更原有软件设置，让用户的操作效率大大降低。这时就可以使用"查询系统变量"命令来恢复原有设置。

步骤 01 新建一个图形文件（新建文件的系统变量是默认值）并打开一个没有问题的图形文件。分别在两个文件中执行"SETVAR"命令，单击命令行中的问号再按Enter键，系统弹出AutoCAD文本窗口，如图8-68所示。

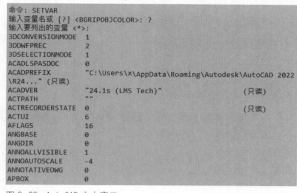

图 8-68 AutoCAD 文本窗口

步骤 02 框选文本窗口中的变量数据，将其复制到Excel文档中。一个图形文件的系统变量位于A列，另一个图形文件的系统变量位于B列，比较有哪些变量不一样，这样可以大大减少查询变量的时间。

步骤 03 在C列输入"＝IF(A1=B1,0,1)"公式，下拉单元格算出所有行的值，这样变量不相同的单元格就会以数字1表示，变量相同的单元格会以0表示，如图8-69所示，再分析变量，查出哪些变量有问题即可。

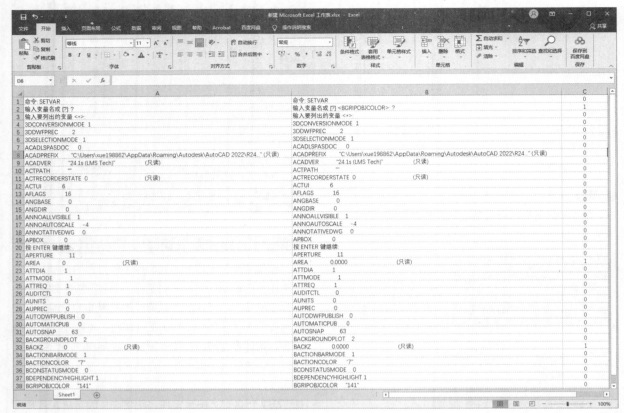

图 8-69　比较系统变量

8.3　本章小结

　　本章介绍了图形约束与信息查询。图形约束包括几何约束和尺寸约束，用来设置图形的状态或尺寸。信息查询包括查询距离、半径、角度、面积等。熟练地运用这两种操作，可以增加绘图的准确性并提高绘图效率。

　　为图形添加几何约束，可以控制该图形以某种形态显示。如为图形添加平行约束，在解除约束之前，该图形就会保持与另一图形的平行关系。尺寸约束的效果与此类似。例如，当圆形或者圆弧添加半径约束后，在解除约束之前，该图形的半径不会发生改变。

　　在需要查询图形信息的时候，就可以使用信息查询命令。如要查询两个图形的间距，就可以使用"查询距离"命令来获得该值。

　　章末的课后习题请读者多加练习，以巩固所学知识。

8.4　课后习题

一、理论题

1. "共线约束"命令对应的按钮是（　　）。

A. 　　　　　B. =　　　　　C. ≺　　　　　D. ↗

2. "竖直尺寸约束"命令对应的按钮是（　　）。

A. ⓐ　　　　　B. ⓐ　　　　　C. ⓐ　　　　　D. ⓐ

3. 创建"角度对约束"时，可以输入（　　）值，以固定图形的角度大小。

A. 长度　　　　　B. 宽度　　　　　C. 角度　　　　　D. 高度

4. 执行"查询距离"命令时，需要依次指定（　　）。

A. 尺寸标注　　B. 第一个点和第二个点　　C. 半径标注　　D. 共线约束

5. 查询面域特性前，需要先创建（　　）。

A. 长方形　　　　　B. 圆形　　　　　C. 面域　　　　　D. 圆柱

二、操作题

1. 执行"同心约束"命令，选择圆形，添加约束，如图 8-70 所示。

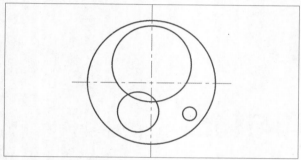 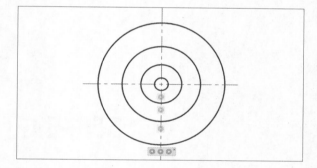

图 8-70　创建同心约束

2. 执行"角度约束"命令，依次指定线段 L1 为第一条线段、线段 L2 为第二条线段，指定角度为 45°，创建角度约束，结果如图 8-71 所示。

3. 执行"查询体积"的命令，在命令行中输入 O，选择"对象"选项，拾取查询对象，实时查看对象的体积，如图 8-72 所示。

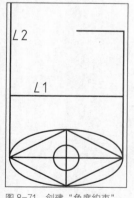 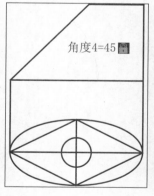  

图 8-71　创建"角度约束"　　　　　　图 8-72　查询对象的体积

第 **9** 章

文件的打印与输出

本章内容概述 ————————————————————————————————

当完成所有的设计和制图工作之后，就需要将图形文件通过绘图仪打印为图样或输出为其他格式的文件。本章主要讲述AutoCAD出图过程中涉及的一些问题，包括模型空间与图样空间的转换、打印样式和打印比例的设置，以及不同格式文件间的交互等。

本章知识要点 ————————————————————————————————

● 打印文件   ● 输出文件

9.1 文件的打印

在 AutoCAD 中绘制的图形通常通过纸质图纸应用到生产和施工中去，因此需要应用 AutoCAD 的图形输出和打印功能。AutoCAD 的绘图和打印操作一般在不同的空间进行，因此本章先介绍模型空间和布局空间，再介绍设置打印样式、设置页面等操作。

在打印文件之前，需要先了解模型空间与布局空间的概念。模型空间和布局空间是 AutoCAD 的两个功能不同的工作空间，单击绘图区下面的标签，可以在模型空间和布局空间之间切换。一个打开的文件中只有一个模型空间和两个默认的布局空间，用户也可创建更多的布局空间。

实战 314 新建布局空间

布局空间是一种图纸空间环境，它模拟图纸页面，提供直观的打印设置，主要用来控制图形的输出，布局空间中显示的图形与打印在图纸页面上的图形完全一样。

步骤 01 单击快速访问工具栏中的"打开"按钮，打开"实战314 新建布局空间.dwg"素材文件，图9-1所示是"布局1"空间显示界面。

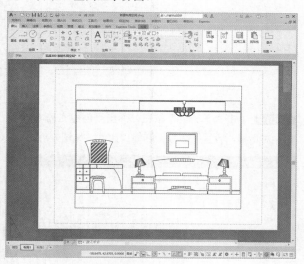

图 9-1 "布局1"空间显示界面

步骤 02 在"布局"选项卡中，单击"布局"面板中的"新建"按钮，新建名为"立面图布局"的布局空间，命令行提示如下。

```
命令:_layout
输入布局选项 [复制(C)/删除(D)/新建(N)/样板(T)/重命名(R)/
另存为(SA)/设置(S)/?] <设置>:_new
输入新布局名 <布局3>:立面图布局
```

步骤 03 完成布局空间的创建，单击"立面图布局"标签，切换至"立面图布局"空间，如图9-2所示。

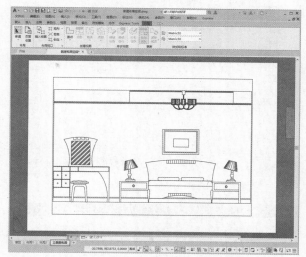

图 9-2 "立面图布局"空间

实战 315 利用向导工具新建布局 ★进阶★

创建布局并将其重命名为合适的名称，可便于用户快速浏览文件，也能快速定位至需要打印的图纸，如立面图、平面图等。本例便通过向导工具来创建这样的布局。

步骤 01 打开"实战315 利用向导工具新建布局.dwg"素材文件，图形显示在"模型"空间，如图9-3所示。

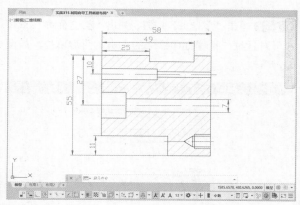

图 9-3 素材文件

步骤 02 执行"工具"|"向导"|"创建布局"命令，系统弹出"创建布局 - 开始"对话框，输入新布局的名称"零件图布局"，如图9-4所示。

步骤 03 单击"下一页"按钮，弹出"创建布局-打印机"对话框，如果没有安装打印机，可以随意选择一种打印机，如图9-5所示。

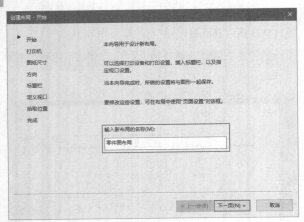

图9-4 "创建布局-开始"对话框

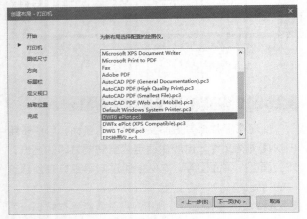

图9-5 "创建布局-打印机"对话框

步骤 04 单击"下一页"按钮,弹出"创建布局-图纸尺寸"对话框,设置打印图纸的大小、图形单位,如图9-6所示。

图9-6 "创建布局-图纸尺寸"对话框

步骤 05 单击"下一页"按钮,弹出"创建布局-方向"对话框,选择"横向"单选按钮,如图9-7所示。

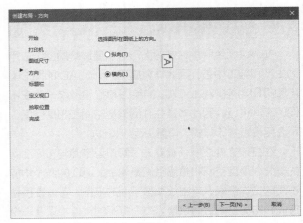

图9-7 "创建布局-方向"对话框

步骤 06 单击"下一页"按钮,弹出"创建布局-标题栏"对话框,选择"无"选项,如图9-8所示。

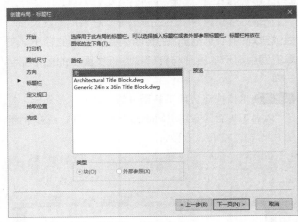

图9-8 "创建布局-标题栏"对话框

步骤 07 单击"下一页"按钮,弹出"创建布局-定义视口"对话框,设置视口数量和视口比例,如图9-9所示。

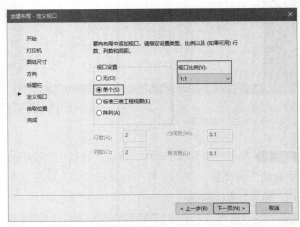

图9-9 "创建布局-定义视口"对话框

步骤 08 单击"下一页"按钮，弹出"创建布局-拾取位置"对话框，如图9-10所示。

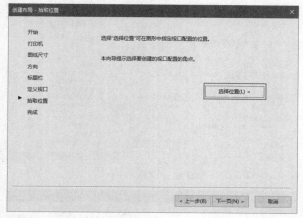

图 9-10　"创建布局－拾取位置"对话框

步骤 09 单击"选择位置"按钮，然后在绘图区中指定两个对角点，指定视口的大小和位置，如图9-11所示。

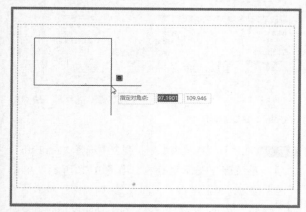

图 9-11　指定视口的大小和位置

步骤 10 指定视口的大小和位置之后，系统弹出"创建布局-完成"对话框，单击"完成"按钮，新建的布局如图9-12所示。

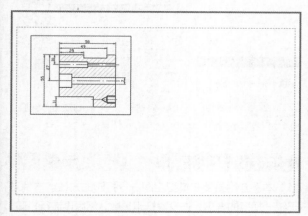

图 9-12　布局效果

实战 316　插入样板布局

AutoCAD 2022 还自带了许多英制或公制的空间样板，因此很多时候可以直接插入这些现成的样板，而无须另外新建。

步骤 01 单击快速访问工具栏中的"新建"按钮，新建一个空白文档。

步骤 02 在"布局"选项卡中，单击"布局"面板中的"从样板"按钮，系统弹出"从文件选择样板"对话框，如图9-13所示，选择"Tutorial-iArch.dwt"样板文件，单击"打开"按钮。

图 9-13　"从文件选择样板"对话框

步骤 03 系统弹出"插入布局"对话框，如图9-14所示，选择布局名称后单击"确定"按钮。

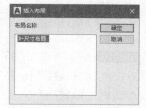

图 9-14　"插入布局"对话框

步骤 04 完成样板布局的插入，切换至新创建的"D-尺寸布局"空间，效果如图9-15所示。

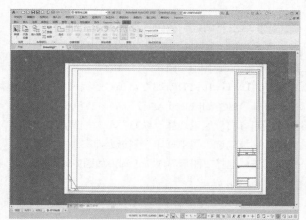

图 9-15　"D-尺寸布局"空间

实战 317 创建页面设置

　　页面设置是出图准备过程中的最后一个步骤,在对要打印的图形进行布局之前,先要对布局的页面进行设置,以确定出图的纸张大小等参数。页面设置包括打印设备、纸张、打印区域、打印方向等参数的设置。页面设置可以命名保存,可以将同一个页面设置应用到多个布局中,也可以在其他图形中输入页面设置的名称并将其应用到当前图形的布局中,这样就避免了在每次打印前都反复进行打印设置的麻烦。

步骤 01 启动AutoCAD 2022,新建一个空白文档。

步骤 02 在命令行中输入PAGESETUP并按Enter键,弹出"页面设置管理器"对话框,如图9-16所示。

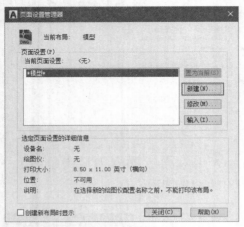

图9-16 "页面设置管理器"对话框

步骤 03 单击"新建"按钮,系统弹出"新建页面设置"对话框,新建一个页面设置,名称设为"A4竖向",设置"基础样式"为"无",如图9-17所示。

图9-17 "新建页面设置"对话框

步骤 04 单击"确定"按钮,系统弹出"页面设置-A4竖向"对话框,如图9-18所示。

步骤 05 在"打印机/绘图仪"区域的"名称"下拉列表中选择"DWG To PDF.pc3",在"图纸尺寸"下拉列表中选择"ISO full bleed A4 (210.00×297.00 毫米)",在"图形方向"区域选择"纵向"单选按钮,在"打印偏移"区域勾选"居中打印"复选框,在"打印范围"下拉列表中选择"图形界限"选项,如图9-19所示。

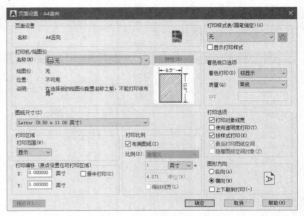

图9-18 "页面设置-A4竖向"对话框

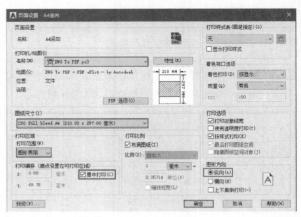

图9-19 设置页面参数

步骤 06 在"打印样式表"下拉列表中选择"acad.ctb"选项,系统弹出提示对话框,如图9-20所示,单击"是"按钮。最后单击"页面设置-A4竖向"对话框中的"确定"按钮,创建 "A4竖向"页面设置的结果如图9-21所示。

图9-20 提示对话框　　图9-21 新建的页面设置

实战 318 打印平面图

　　本例介绍直接在模型空间进行打印的方法。本例基于统一规范的考虑,先设置打印参数,然后再进行打印。读者可以用此方法调整自己常用的打印设置,也可以直接从步骤 07 开始进行快速打印。

步骤 01 单击快速访问工具栏中的"打开"按钮，打开"实战318打印平面图"素材文件，如图9-22所示。

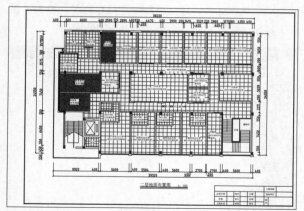

图 9-22　素材文件

步骤 02 单击应用程序按钮，在弹出的菜单中，选择"打印"中的"管理绘图仪"选项，系统弹出"Plotters"窗口，如图9-23所示。

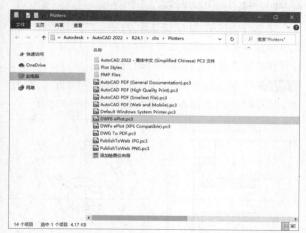

图 9-23　"Plotters"窗口

步骤 03 双击"DWF6 ePlot.pc3"，系统弹出"绘图仪配置编辑器–DWF6 ePlot.pc3"对话框，选择"设备和文档设置"选项卡，选择"修改标准图纸尺寸（可打印区域）"选项，如图9-24所示。

图 9-24　选择"修改标准图纸尺寸（可打印区域）"选项

步骤 04 在"修改标准图纸尺寸"列表框中选择"ISO A2（594.00×420.00...）"选项，如图9-25所示。

图 9-25　选择图纸尺寸

步骤 05 单击"修改"按钮，系统弹出"自定义图纸尺寸–可打印区域"对话框，在其中设置参数，如图9-26所示。

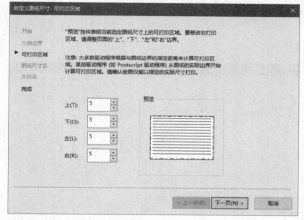

图 9-26　设置参数

步骤 06 单击"下一页"按钮，系统弹出"自定义图纸尺寸–完成"对话框，如图9-27所示，在对话框中单击"完成"按钮，返回"绘图仪配置编辑器–DWF6 ePlot.pc3"对话框，单击"确定"按钮，完成参数设置。

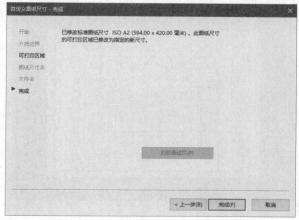

图 9-27　完成参数设置

步骤 07 单击应用程序按钮 **A**，在弹出的菜单中，选择"打印"中的"页面设置"选项，系统弹出"页面设置管理器"对话框，如图9-28所示。

图 9-28 "页面设置管理器"对话框

步骤 08 当前布局为"模型"，单击"修改"按钮，系统弹出"页面设置-模型"对话框，设置参数，如图9-29所示。"打印范围"设置为"窗口"，框选整个素材图形。

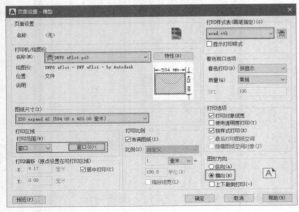

图 9-29 设置参数

步骤 09 单击"预览"按钮，效果如图9-30所示。

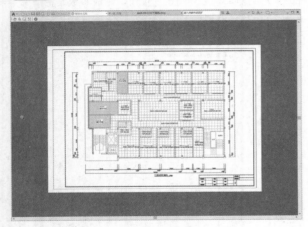

图 9-30 预览效果

步骤 10 如果对效果满意，单击鼠标右键，在弹出的快捷菜单中选择"打印"选项，系统弹出"浏览打印文件"对话框，如图9-31所示，设置保存路径，单击"保存"按钮，保存文件，完成打印平面图的操作。

图 9-31 "浏览打印文件"对话框

实战 319 打印零件图

本例介绍机械零件图的打印方法。本例基于统一规范的考虑，先设置打印参数，然后再进行打印。读者可以用此方法调整自己常用的打印设置。

步骤 01 单击快速访问工具栏中的"打开"按钮，打开"实战319 打印零件图.dwg"素材文件，如图9-32所示。

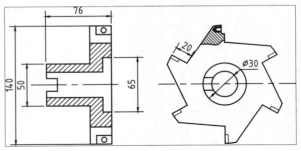

图 9-32 素材文件

步骤 02 将"0图层"设置为当前图层，然后在命令行输入I并按Enter键，插入"A3图框.dwg"，其中块参数的设置如图9-33所示。

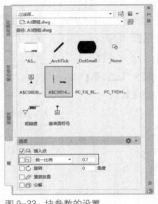

图 9-33 块参数的设置

步骤 03 在命令行输入M并按Enter键，调用"移动"命令，适当调整图框的位置，结果如图9-34所示。

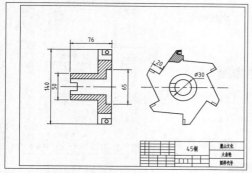

图 9-34　调整图框的位置

步骤 04 执行"文件"|"页面设置管理器"命令，弹出"页面设置管理器"对话框，单击"页面设置"区域中的"新建"按钮，弹出"新建页面设置"对话框，输入新页面设置的名称，如图9-35所示，单击"确定"按钮，新建一个名为"A3横向"的页面设置。

图 9-35　为新页面设置命名

步骤 05 弹出"页面设置-模型"对话框，设置打印机的名称、图纸尺寸、打印范围、打印比例和图形方向等页面参数，如图9-36所示。

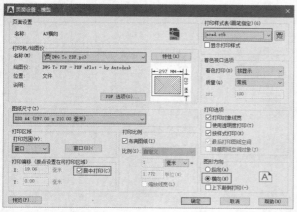

图 9-36　设置页面参数

步骤 06 设置"打印范围"为"窗口"，单击"窗口"按钮，在绘图区以图框的两个对角点定义一个窗口。返回"页面设置-模型"对话框，单击"确定"按钮，完成页面设置。

步骤 07 返回"页面设置管理器"对话框，创建的"A3横向"页面设置在列表框中列出。单击"置为当前"按钮将其置为当前页面设置，如图9-37所示。

图 9-37　设置当前页面设置

步骤 08 执行"文件"|"打印预览"命令，对当前图形进行打印预览，效果如图9-38所示。

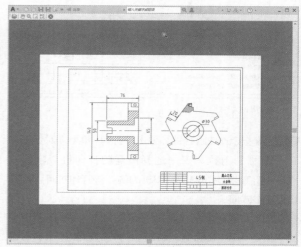

图 9-38　打印预览

步骤 09 单击预览窗口左上角的"打印"按钮，系统弹出"浏览打印文件"对话框，如图9-39所示，选择文件的保存路径。

图 9-39　"浏览打印文件"对话框

步骤 10 单击"浏览打印文件"对话框中的"保存"按钮，保存文件，系统开始打印零件图。完成之后，指定的路径下生成一个PDF格式的文件。

实战 320 单比例打印

单比例打印通常用于打印简单的图形，机械图纸多用此种方式打印。通过本实战，读者可熟悉布局空间的创建、多视口的创建、视口的调整、打印比例的设置、图形的打印等操作。

步骤 01 单击快速访问工具栏中的"打开"按钮，打开"实战320 单比例打印.dwg"素材文件，如图9-40所示。

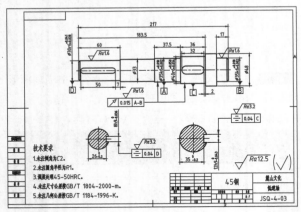

图 9-40 素材文件

步骤 02 按Ctrl+P组合键，弹出"打印-模型"对话框。在"名称"下拉列表中选择所需的打印机，本例以"DWG To PDF.pc3"打印机为例。该打印机可以打印出PDF格式的图形。

步骤 03 设置图纸尺寸。在"图纸尺寸"下拉列表中选择"ISO full bleed A3（420.00 × 297.00 毫米）"选项，如图9-41所示。

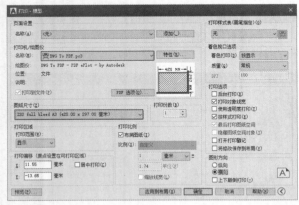

图 9-41 指定打印机和图纸尺寸

步骤 04 设置打印区域。在"打印范围"下拉列表中选择"窗口"选项，单击"窗口"按钮，系统自动返回绘图区，然后在其中框选出要打印的区域，如图9-42所示。

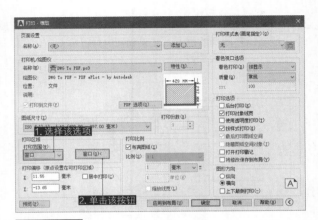

图 9-42 设置打印区域

步骤 05 设置打印偏移。返回"打印-模型"对话框之后，勾选"打印偏移"区域中的"居中打印"复选框，如图9-43所示。

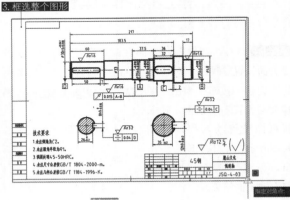

图 9-43 设置打印偏移

步骤 06 设置打印比例。取消勾选"打印比例"区域中的"布满图纸"复选框，然后在"比例"下拉列表中选择"1：1"选项，如图9-44所示。

步骤 07 设置图形方向。本例图框为横向放置，因此在"图形方向"区域中设置打印方向为"横向"，如图9-45所示。

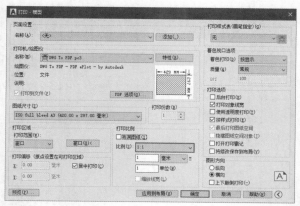

图 9-44　设置打印比例

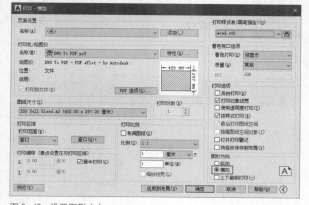

图 9-45　设置图形方向

步骤 08 打印预览。所有参数设置完成后，单击"打印-模型"对话框左下角的"预览"按钮进行打印预览，效果如图9-46所示。

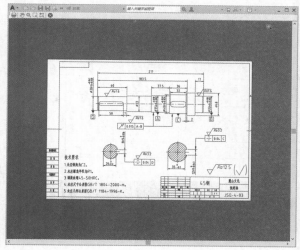

图 9-46　打印预览

步骤 09 打印图形。图形显示无误后，便可以在预览窗口中单击鼠标右键，在弹出的快捷菜单中选择"打印"选项打印图形。

实战 321　多比例打印　　　　　　　　　★进阶★

　　有时图形中可能会出现多种比例关系，如果仍使用单比例打印的方法，难免会使得最终的打印效果不尽如人意。而使用多比例打印则可以将各个不同部分的比例真实显示，从而在一张图纸上显示不同比例的图形。

步骤 01 单击快速访问工具栏中的"打开"按钮，打开"实战321 多比例打印.dwg"素材文件，如图9-47所示。

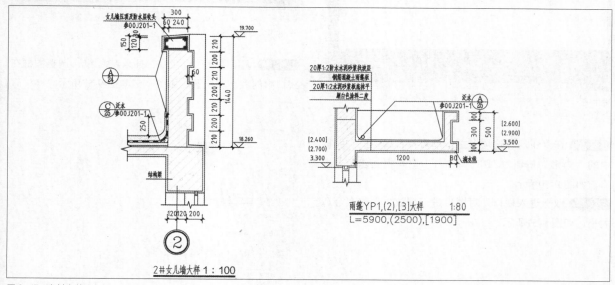

图 9-47　素材文件

步骤 02 切换至"布局1"空间,如图9-48所示。

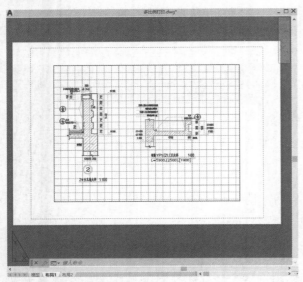

图 9-48 切换至"布局1"空间

步骤 03 选中"布局1"空间中的视口,按Delete键删除,如图9-49所示。

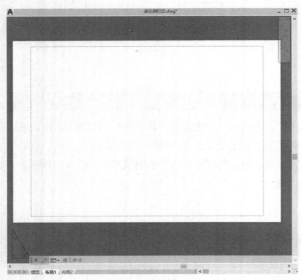

图 9-49 删除视口

步骤 04 在"布局"选项卡中,单击"布局视口"面板中的"矩形"按钮 ，在"布局1"空间中创建两个视口,如图9-50所示。

步骤 05 双击进入视口,对图形进行缩放,调整至合适大小,如图9-51所示。

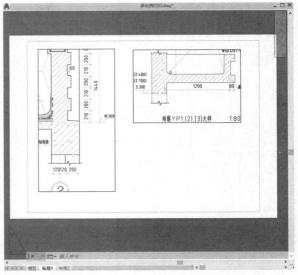

图 9-50 创建视口

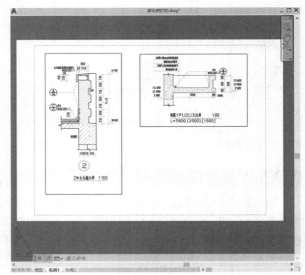

图 9-51 缩放图形

步骤 06 调用"插入"命令,插入A3图框,调整图框在视口中的大小和位置,如图9-52与图9-53所示。

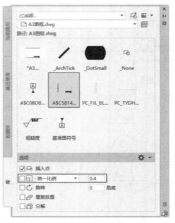

图 9-52 选择图框

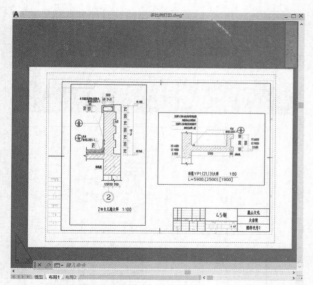

图 9-53　插入 A3 图框

步骤 07 单击应用程序按钮 **A**，在弹出的菜单中选择"打印"中的"管理绘图仪"选项，系统弹出"Plotters"窗口，如图 9-54 所示。

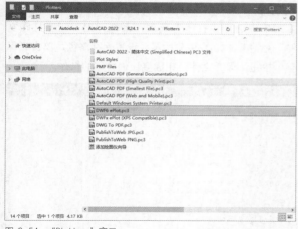

图 9-54　"Plotters"窗口

步骤 08 双击"DWF6 ePlot.pc3"，系统弹出"绘图仪配置编辑器–DWF6 ePlot.pc3"对话框，选择"设备和文档设置"选项卡，选择"修改标准图纸尺寸（可打印区域）"选项，如图 9-55 所示。

图 9-55　选择"修改标准图纸尺寸（可打印区域）"选项

步骤 09 在"修改标准图纸尺寸"列表框中选择"ISO A3（420.00×297.00...）"选项，如图 9-56 所示。

图 9-56　选择图纸尺寸

步骤 10 单击"修改"按钮，系统弹出"自定义图纸尺寸–可打印区域"对话框，在其中设置参数，如图 9-57 所示。

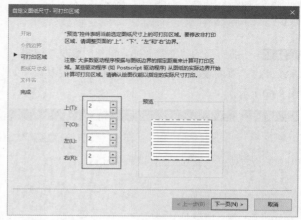

图 9-57　设置参数

步骤 11 单击"下一页"按钮，系统弹出"自定义图纸尺寸–完成"对话框，如图 9-58 所示，在对话框中单击"完成"按钮，返回"绘图仪配置编辑器–DWF6 ePlot.pc3"对话框，单击"确定"按钮，完成参数设置。

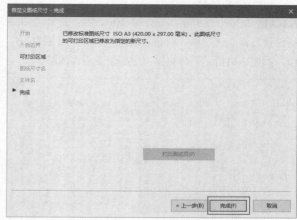

图 9-58　完成参数设置

步骤 12 单击应用程序按钮 **A·**，在弹出的菜单中选择"打印"中的"页面设置"选项，系统弹出"页面设置管理器"对话框，如图 9-59 所示。

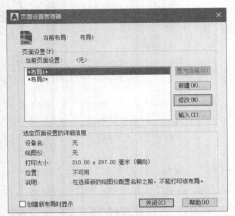

图 9-59 "页面设置管理器"对话框

步骤 13 当前布局为"布局1"，单击"修改"按钮，系统弹出"页面设置 - 布局1"对话框，设置参数，如图 9-60 所示。

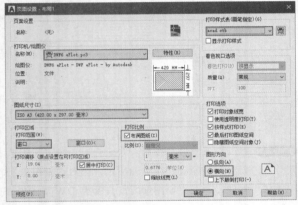

图 9-60 设置参数

步骤 14 在命令行中输入LA并按Enter键，打开"图层特性管理器"选项板，新建"视口"图层并设置为不打印，如图 9-61 所示，再将视口边框转变成该图层。

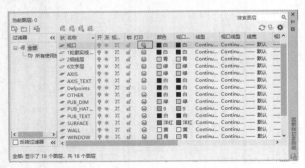

图 9-61 新建"视口"图层

步骤 15 单击快速访问工具栏中的"打印"按钮，系统弹出"打印–布局1"对话框，单击"预览"按钮，效果如图 9-62 所示。

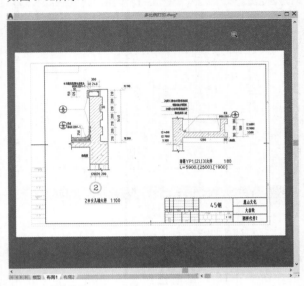

图 9-62 预览效果

步骤 16 如果对效果满意，单击鼠标右键，在弹出的快捷菜单中选择"打印"选项，系统弹出"浏览打印文件"对话框，如图 9-63 所示，设置保存路径，单击"保存"按钮，保存文件，完成多比例打印的操作。

图 9-63 "浏览打印文件"对话框

9.2 文件的输出

AutoCAD 拥有强大、方便的绘图功能，有时候我们利用其绘图后，需要将绘图的结果用于其他程序。在这种情况下，我们需要将 AutoCAD 图形文件输出为通用格式的图像文件，如 JPG、PDF 等格式。

实战 322　输出 DXF 文件

DXF 是 Autodesk 公司开发的用于 AutoCAD 与其他软件之间进行 CAD 数据交换的 CAD 数据文件格式。将 AutoCAD 图形文件输出为 DXF 文件后，就可以用其他的建模软件中打开，如 UG、Creo、草图大师等。DXF 文件适用于 AutoCAD 的二维草图输出。

步骤 01 打开"实战322 输出DXF文件.dwg"素材文件，如图9-64所示。

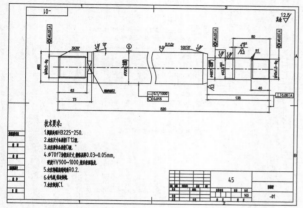

图 9-64　素材文件

步骤 02 按Ctrl+Shift+S组合键，打开"图形另存为"对话框，选择输出路径，在"文件类型"下拉列表中选择"AutoCAD 2000/LT2000 DXF（*.dxf）"选项，如图9-65所示。

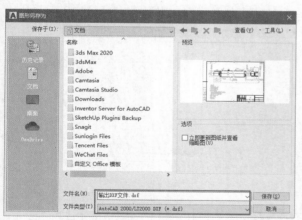

图 9-65　"图形另存为"对话框

步骤 03 单击"保存"按钮，即可输出DXF文件。在建模软件中导入生成的"输出DXF文件.dxf"文件，具体方法请见各软件有关资料，在UG中导入DXF文件的效果如图9-66所示。

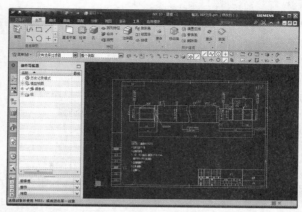

图 9-66　在 UG 中导入的 DXF 文件

实战 323　输出 STL 文件

STL 文件是一种平版印刷文件，可以将实体数据以三角形网格面形式保存，一般用来转换 AutoCAD 的三维模型。除了专业的三维建模，AutoCAD 2022 所提供的三维建模命令也可以让用户创建出自己想要的模型，并通过输出为 STL 文件来进行 3D 打印。

步骤 01 打开"实战323 输出STL文件.dwg"素材文件，其中已经创建好了一个三维模型，如图9-67所示。

步骤 02 单击应用程序按钮A，在弹出的菜单中选择"输出"中的"其他格式"选项，如图9-68所示。

图 9-67　素材文件

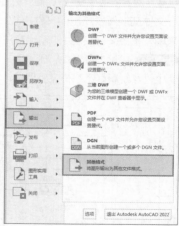

图 9-68　选择"其他格式"选项

步骤 03 系统自动打开"输出数据"对话框，在文件类型下拉列表中选择"平板印刷（*.stl）"选项，单击"保存"按钮，如图9-69所示。

图 9-69 "输出数据"对话框

步骤 04 单击"保存"按钮后系统返回工作界面，命令行提示选择实体或无间隙网络，手动将整个模型选中，然后按Enter键完成选择，即可在指定路径生成STL文件，如图9-70所示。该STL文件可支持3D打印，具体方法请参阅3D打印的有关资料。

图 9-70 输出为 STL 文件

实战 324 输出 PDF 文件

PDF（Portable Document Format，便携式文档格式）是用与应用程序、操作系统、硬件无关的方式进行文件交换所发展出的文件格式。对于 AutoCAD 用户来说，掌握 PDF 文件的输出方法尤为重要。

步骤 01 打开"实战324 输出PDF文件.dwg"素材文件，其中已经绘制好了一份完整图纸，如图9-71所示。

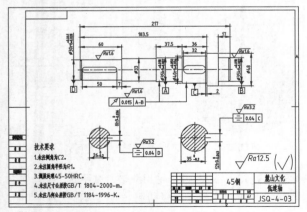

图 9-71 素材文件

步骤 02 单击应用程序按钮**A▾**，在弹出的菜单中选择"输出"中的"PDF"选项，如图9-72所示。

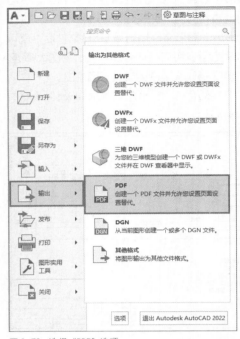

图 9-72 选择"PDF"选项

步骤 03 系统自动打开"另存为PDF"对话框，在对话框中指定输出路径、文件名，然后在"PDF预设"下拉列表中选择"AutoCAD PDF（High Quality Print）"选项，"High Quality Print"即"高品质打印"，读者也可以选择其他要输出PDF的品质，如图9-73所示。

图 9-73 "另存为 PDF"对话框

步骤 04 在对话框的"输出"下拉列表中选择"窗口"选项，系统返回工作界面，然后点选素材图形的对角点，如图9-74所示。

步骤 05 在对话框的"页面设置"下拉列表中选择"替代"选项，单击下方的"页面设置替代"按钮，打开"页面设置替代"对话框，在其中设置好打印样式和图纸尺寸，如图9-75所示。

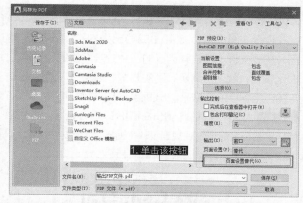

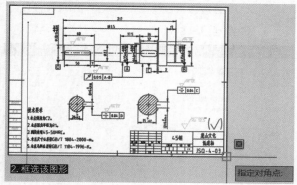

图 9-74 定义输出图形

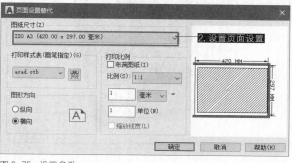

图 9-75 设置参数

步骤 06 单击"确定"按钮,返回"另存为PDF"对话框,单击"保存"按钮,输出PDF文件,效果如图9-76所示。

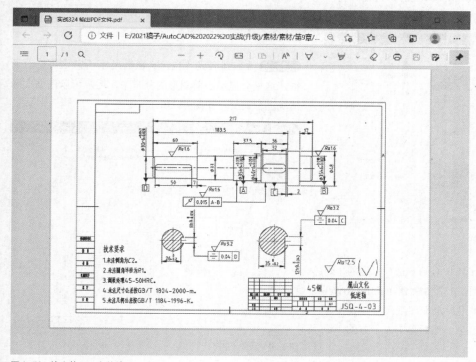

图 9-76 输出的 PDF 文件效果

实战 325 输出高清 JPG 文件 ★进阶★

DWG 图纸可以被截图或导出为 JPG、JPEG 等图片格式文件，但这样创建的图片分辨率很低。如果图形比较大，就无法满足印刷的要求。因此可以通过打印与输出相配合的方法来输出高清 JPG 文件。

步骤 01 打开"实战325 输出高清JPG文件.dwg"，其中绘制好了某公共绿地景观规划设计平面图，如图9-77所示。

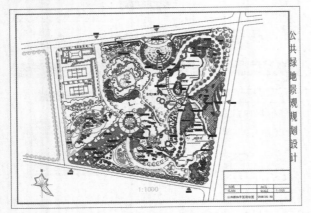

图 9-77 素材文件

步骤 02 按Ctrl+P组合键，弹出"打印-模型"对话框。然后在"名称"下拉列表中选择所需的打印机，本例要输出JPG文件，便选择"PublishToWeb JPG.pc3"打印机，如图9-78所示。

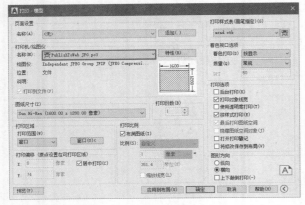

图 9-78 指定打印机

步骤 03 单击"PublishToWeb JPG.pc3"右边的"特性"按钮，系统弹出"绘图仪配置编辑器-PublishToWeb JPG.pc3"对话框，选择"用户定义图纸尺寸与校准"下的"自定义图纸尺寸"选项，然后单击右下方的"添加"按钮，如图9-79所示。

步骤 04 系统弹出"自定义图纸尺寸-开始"对话框，选择"创建新图纸"单选按钮，然后单击"下一页"按钮，如图9-80所示。

图 9-79 "绘图仪配置编辑器-Publish To Web JPG.pc3"对话框

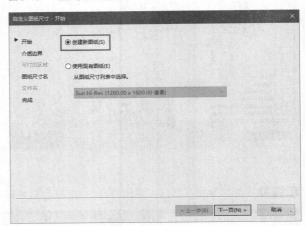

图 9-80 "自定义图纸尺寸-开始"对话框

步骤 05 系统跳转到"自定义图纸尺寸-介质边界"对话框，这里会提示当前图形的分辨率，用户可以根据实际情况进行调整，如图9-81所示。

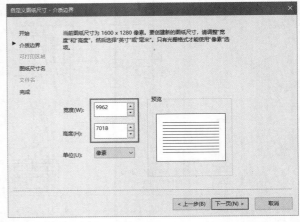

图 9-81 调整分辨率

步骤 06 单击"下一页"按钮，系统跳转到"自定义图纸尺寸-图纸尺寸名"对话框，在"图纸尺寸名"文本框中输入图纸尺寸名称，如图9-82所示。

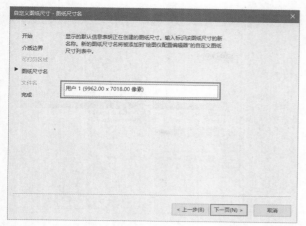

图 9-82　输入图纸尺寸名称

> **提示**
>
> 设置分辨率时，要注意图形的长宽比应与原图一致。如果输入的分辨率与原图的长宽比不一致，则会失真。

步骤 07 单击"下一页"按钮，再单击"完成"按钮，完成图纸尺寸的设置。返回"绘图仪配置编辑器-Publish To Web JPG.pc3"对话框后单击"确定"按钮，返回"打印-模型"对话框，在"图纸尺寸"下拉列表中选择刚才创建好的图纸尺寸，如图9-83所示。

图 9-83　选择图纸尺寸

步骤 08 单击"确定"按钮，即可输出高分辨率的JPG图片，局部截图效果如图9-84所示（也可打开素材中的效果文件进行观察）。

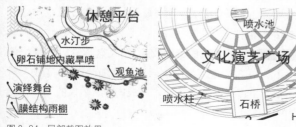

图 9-84　局部截图效果

实战 326　输出 Photoshop 用的 EPS 文件　★进阶★

如今的设计工作通常不能仅靠一种软件就能完成，无论是客户要求还是自身发展方向，都在逐渐向多软件互通靠拢。因此在使用 AutoCAD 进行设计时，必须同时掌握 DWG 文件与其他软件（如 Word、Photoshop、CorelDRAW）的交互。

步骤 01 打开"实战326 输出Photoshop用的EPS文件.dwg"，其中绘制好了一个简单的室内平面图，如图9-85所示。

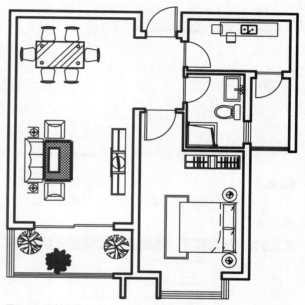

图 9-85　素材文件

步骤 02 单击"输出"选项卡"打印"面板中的"绘图仪管理器"按钮，系统打开"Plotters"文件夹，如图9-86所示。

图 9-86　"Plotters"文件夹

步骤 03 双击该文件夹中的"添加绘图仪向导"快捷方式，打开"添加绘图仪-简介"对话框，如图9-87所示。其中介绍称"本向导可配置现有的Windows绘图仪或新的非Windows系统绘图仪。配置信息将保存在PC3文件中。PC3文件将添加为绘图仪图标，该图标可从Autodesk绘图仪管理器中选择。"说明在"Plotters"文件夹中以".pc3"为后缀名的文件都是绘图仪文件。

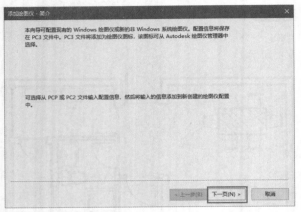

图9-87 "添加绘图仪－简介"对话框

步骤 04 单击"添加绘图仪-简介"对话框中的"下一页"按钮，系统跳转到"添加绘图仪-开始"对话框，如图9-88所示。

图9-88 "添加绘图仪－开始"对话框

步骤 05 系统默认选择"我的电脑"单选按钮，单击"下一页"按钮，跳转到"添加绘图仪-绘图仪型号"对话框，如图9-89所示。保持默认的生产商及型号不变，单击"下一页"按钮，系统跳转到"添加绘图仪-输入PCP或PC2"对话框，如图9-90所示。

步骤 06 单击"下一页"按钮，系统跳转到"添加绘图仪-端口"对话框，选择"打印到文件"单选按钮，如图9-91所示。因为是用虚拟打印机输出，打印时会弹出保存文件的对话框，所以选择"打印到文件"单选按钮。

图9-89 "添加绘图仪－绘图仪型号"对话框

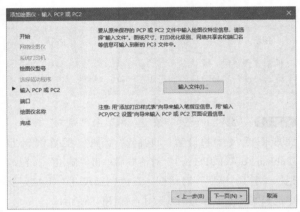

图9-90 "添加绘图仪－输入PCP或PC2"对话框

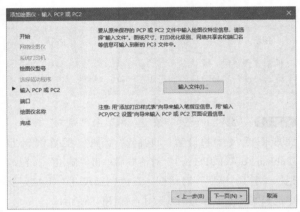

图9-91 "添加绘图仪－端口"对话框

步骤 07 单击"添加绘图仪-端口"对话框中的"下一页"按钮，系统跳转到"添加绘图仪-绘图仪名称"对话框，如图9-92所示。在"绘图仪名称"文本框中输入名称"EPS"。

步骤 08 单击"添加绘图仪-绘图仪名称"对话框中的"下一页"按钮，系统跳转到"添加绘图仪-完成"对话框，单击"完成"按钮，完成EPS绘图仪的添加，如图9-93所示。

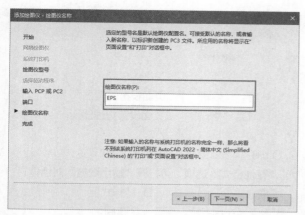

图 9-92 "添加绘图仪 – 绘图仪名称"对话框

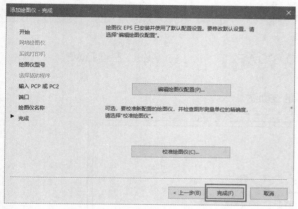

图 9-93 "添加绘图仪 – 完成"对话框

步骤 09 单击"输出"选项卡"打印"面板中的"打印"按钮，系统弹出"打印-模型"对话框，在"打印机/绘图仪"区域的"名称"下拉列表中选择"EPS.pc3"选项，即刚刚创建的绘图仪，如图9-94所示。单击"确定"按钮，即可创建EPS文件。

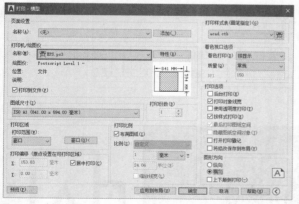

图 9-94 选择绘图仪

步骤 10 以后通过此绘图仪输出的文件便是EPS格式的文件，用户可以使用AI（Adobe Illustrator）、CDR（CorelDRAW）、PS（Photoshop）等图像处理软件打

开EPS文件，置入的EPS文件是智能矢量图像，可自由缩放，能打印出高品质的图形图像，最高能表示32位图形图像。

步骤 11 添加打印设备就可以让AutoCAD输出EPS文件，然后再通过Photoshop、CorelDRAW进行二次设计，得到极具表现效果的设计图（彩平图），如图9-95所示，这在室内设计中极为常见。

图 9-95 经过 Photoshop 美化的彩平图

9.3 本章小结

绘图工作的最后一个步骤是打印和输出，用户可根据实际情况，自定义打印参数，输出适用的图纸集。打印参数包括打印机、图纸尺寸、打印比例、颜色样式及打印方向等。还可以在同一布局中设置不同的比例，最后将图形输出在一张图纸上。

打印参数设置完毕后，进入预览模式，预先了解打印效果，避免图形出现错误又要重新操作。在预览窗口中发现错误后，可以暂时退出设置打印参数的模式，返回绘图区进行修改，然后再预览，如此反复观察和修改，直到得到满意的结果便可打印输出。

章末的课后习题可以方便读者检查学习效果。

9.4 课后习题

一、理论题

1. 执行（   ）命令，可打开"页面设置管理器"对话框。

A."文件"｜"页面设置管理器"　　　　　　　　B."编辑"｜"页面设置管理器"

C."视图"｜"页面设置管理器"　　　　　　　　D."格式"｜"页面设置管理器"

2. 执行"打印"命令的快捷键是（   ）。

A. Ctrl+F　　　　　　　B. Ctrl+Y　　　　　　　C. Ctrl+P　　　　　　　D. Ctrl+R

3. 单击应用程序按钮**A·**，在弹出的菜单中选择（   ）中的"其他格式"选项，可打开"输出数据"对话框。

A."输出"　　　　　　　B."打印"　　　　　　　C."格式"　　　　　　　D."样式"

4. 进入布局空间，在"布局"选项卡中单击（   ）按钮，可设置新布局名称，新建一个布局。

A. ▣　　　　　　　　　B. ▯　　　　　　　　　C. ▤　　　　　　　　　D. ▨

5. 单击应用程序按钮**A·**，在弹出的菜单中选择"输出"中的（   ）选项，打开"另存为 PDF"对话框，设置参数后可将 AutoCAD 文件输出为 PDF 文件。

A."DWF"　　　　　　　B."PDF"　　　　　　　C."DWFx"　　　　　　　D."三维 DWF"

二、操作题

1. 参考本章介绍的方法，设置参数，打印图 9-96 所示的立面图。

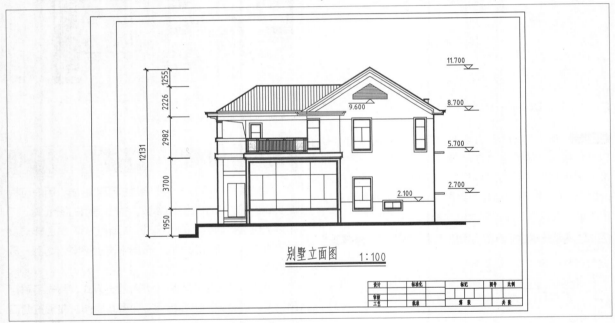

图 9-96　立面图

2. 参考实战 323 所介绍的方法，将三维模型输出为 STL 格式，如图 9-97 所示。

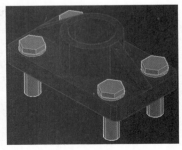

图 9-97　输出为 STL 格式

第**10**章

三维模型的创建

本章内容概述 ———————————————————

随着 AutoCAD 技术的发展，越来越多的用户已不满足于传统的二维绘图设计，因为二维绘图时需要想象模型在各方向的投影，用户需要具备一定的抽象思维。相对而言，三维绘图设计的逻辑更符合人们的直观感受。

本章知识要点 ———————————————————

- 三维建模的基础
- 创建三维实体、网格模型
- 创建线框模型、曲面模型

10.1 三维建模的基础

本节先介绍 AutoCAD 2022 三维建模的基础知识，包括三维建模的基本环境、坐标系及视图等。在开始学习三维建模之前，需要先了解一下 AutoCAD 中三维建模的工作空间和三维模型的种类。AutoCAD 支持 3 种类型的三维模型——线框模型、曲面模型和实体模型，如图 10-1 至图 10-3 所示。每种模型都有各自的创建和编辑方法，以及不同的显示效果。

图 10-1 线框模型

图 10-2 曲面模型

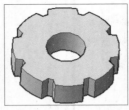

图 10-3 实体模型

实战 327 切换至世界坐标系

新建一个 AutoCAD 文件，进入绘图界面之后，为了使用户的绘图操作具有定位基准，系统提供了一个默认的坐标系，该坐标系为"世界坐标系"（WCS）。在 AutoCAD 2022 中，WCS 是固定不变的，不能更改其位置和方向。

步骤 01 打开"实战327 切换至世界坐标系.dwg"素材文件，如图10-4所示。

步骤 02 在命令行输入UCS并按Enter键，将坐标系恢复到世界坐标系的位置，即绘图区的左下角，如图10-5所示。命令行提示如下。

```
命令: UCS↙
        //调用"新建UCS"命令
当前 UCS 名称: *没有名称*
指定 UCS 的原点或 [面(F)/命名(NA)/对象(OB)/视图(V)/世界
(W)/X/Y/Z/Z 轴(ZA)] <世界>: W↙
        //选择"世界"选项
```

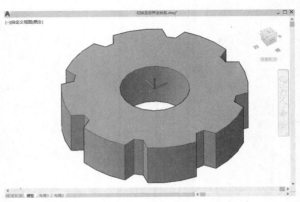

图 10-4 素材图形

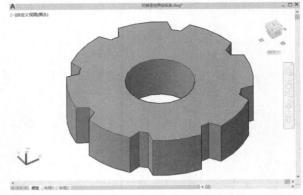

图 10-5 切换至 WCS

实战 328 创建用户坐标系

"用户坐标系"（UCS）是用户创建的，是用于临时绘图定位的坐标系。在 AutoCAD 2022 中，重新定义坐标原点的位置及 XY 平面和 Z 轴的方向，即可创建一个 UCS，UCS 可使三维建模过程中的绘图、视图观察更为灵活。

步骤 01 打开"实战328 创建用户坐标系.dwg"素材文件，如图10-6所示。

步骤 02 在命令行输入UCS并按Enter键，创建一个UCS，如图10-7所示。

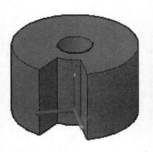

图 10-6 素材图形

图 10-7 新建的 UCS

步骤 03 创建UCS的命令行提示如下。

```
命令: UCS↙
            //调用"新建UCS"命令
当前 UCS 名称: *世界*
指定 UCS 的原点或 [面(F)/命名(NA)/对象(OB)/上一个(P)/视
图(V)/世界(W)/X/Y/Z/Z 轴(ZA)] <世界>:↙
            //指定零件顶面圆心为坐标原点,如图
10-8所示
指定 X 轴上的点或 <接受>:↙
            //在0°极轴方向的任意位置单击,如图
10-9所示
指定 XY 平面上的点或 <接受>:↙
            //指定图10-10所示的边线中点作为XY平
面的通过点
```

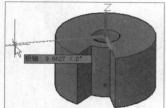

图 10-8 指定坐标原点

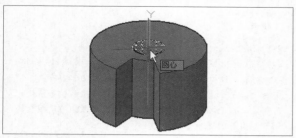

图 10-9 指定 X 轴方向   图 10-10 指定 XY 平面的通过点

实战 329 显示用户坐标系

UCS 图标有两个显示位置:一是显示在坐标原点,即用户定义的坐标位置;二是显示在绘图区左下角,此位置的图标并不表示坐标系的位置,而是指示当前各坐标轴的方向。

步骤 01 打开"实战329 显示用户坐标系.dwg"素材文件,如图10-11所示。

步骤 02 在命令行输入UCSICON并按Enter键,设置UCS图标的显示位置,使其在当前UCS原点位置显示,如图10-12所示。命令行提示如下。

```
命令: UCSICON↙
            //调用"显示UCS图标"命令
输入选项 [开(ON)/关(OFF)/全部(A)/非原点(N)/原点(OR)/可选
(S)/特性(P)] <开>:OR↙
            //选择在原点显示UCS
```

图 10-11 素材图形   图 10-12 显示 UCS 的效果

> **提示**
>
> 执行"显示UCS图标"命令后,命令行主要选项介绍如下。
>
> 开(ON)/关(OFF):这两个选项可以控制UCS图标的显示与隐藏。
>
> 全部(A):选择此选项,可以将对图标的修改应用到所有活动视口,否则"显示UCS图标"命令只影响当前视口。
>
> 非原点(N):选择此选项,此时不管UCS原点位于何处,都始终在视口的左下角显示UCS图标。
>
> 原点(OR):选择此选项,UCS图标将在当前坐标系的原点处显示,如果原点不在屏幕上,则UCS图标将显示在视口的左下角。
>
> 特性(P):选择此选项,会弹出"UCS图标"对话框,在其中可以设置UCS图标的样式、大小和颜色等特性,如图10-13所示。

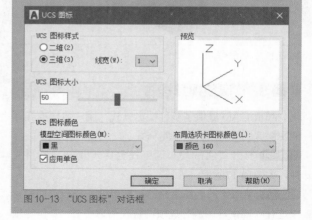

图 10-13 "UCS 图标"对话框

实战 330 调整视图方向

使用 AutoCAD 自带的视图工具,可以很方便地将模型视图调节至标准方向,如俯视、仰视、右视、左视、前视、后视、西南等轴测、东南等轴测、东北等轴测和西北等轴测 10 个方向。

步骤 01 单击快速访问工具栏中的"打开"按钮☐,打开"实战330 调整视图方向.dwg"素材文件,如图10-14所示。

步骤 02 单击绘图区左上角的视图控件，在弹出的菜单中选择"西南等轴测"选项，如图10-15所示。

菜单中选择"概念"选项，如图10-19所示。

步骤 04 "概念"视觉样式的效果如图10-20所示。

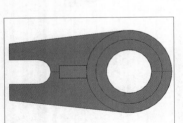

图 10-14　素材图形

图 10-15　选择"西南等轴测"选项

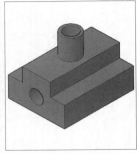

图 10-19　选择"概念"视觉样式

图 10-20　"概念"视觉样式的效果

步骤 03 模型视图转换为"西南等轴测"视图，结果如图10-16所示。

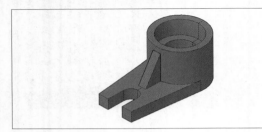

图 10-16　"西南等轴测"视图

实战 331 调整视觉样式

　　AutoCAD 提供了多种视觉样式，用户可根据实际情况快速切换至所需的视觉样式。

步骤 01 打开"实战331 调整视觉样式.dwg"素材文件，如图10-17所示。

步骤 02 单击绘图区左上角的视图控件，在弹出的菜单中选择"西南等轴测"选项，将视图切换至"西南等轴测"视图，如图10-18所示。

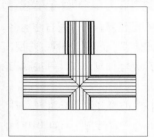

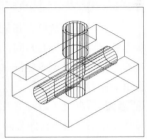

图 10-17　素材图形

图 10-18　切换至"西南等轴测"视图

步骤 03 单击绘图区左上角的视觉样式控件，在弹出的

> **提示**
>
> 各种视觉样式的含义如下。
>
> 二维线框：显示用线段和曲线表示边界的对象，光栅和OLE对象、线型和线宽均可见，效果如图10-21所示。
>
> 概念：着色多边形平面间的对象，并使对象的边平滑化。虽然显示效果缺乏真实感，但是可以更方便地查看模型的细节，如图10-22所示。
>
>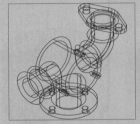
>
> 图 10-21　"二维线框"视觉样式
>
> 图 10-22　"概念"视觉样式
>
> 隐藏：显示用三维线框表示的对象并隐藏背面的线段，效果如图10-23所示。
>
> 真实：对模型表面进行着色，并使对象的边平滑化，显示已附着到对象上的材质，效果如图10-24所示。
>
>
>
>
>
> 图 10-23　"隐藏"视觉样式
>
> 图 10-24　"真实"视觉样式
>
> 着色：该样式与"真实"视觉样式类似，但不显示对象的轮廓线，效果如图10-25所示。
>
> 带边缘着色：该样式与"着色"视觉样式类似，但对象表面的轮廓线以暗色线条显示，效果如图10-26所示。

图 10-25　"着色"视觉样式

图 10-26　"带边缘着色"视觉样式

灰度：以灰色着色多边形平面间的对象，并使对象的边平滑化，着色表面不存在明显的过渡，同样可以方便地查看模型的细节，效果如图10-27所示。

勾画：利用手动勾画的笔触效果显示用三维线框表示的对象，并隐藏表示后向面的线段，效果如图10-28所示。

图 10-27　"灰度"视觉样式

图 10-28　"勾画"视觉样式

线框：显示用线段和曲线表示边界的对象，效果与二维线框类似，如图10-29所示。

X射线：以X光的形式显示对象效果，可以清楚地观察到对象背面的特征，效果如图10-30所示。

图 10-29　"线框"视觉样式

图 10-30　"X射线"视觉样式

实战 332 动态观察模型

AutoCAD 提供了一个可交互的三维动态观察器，使用"动态观察"命令可以在当前视口中添加一个动态观察控标，用户可以实时地调整控标以得到不同的观察效果。使用三维动态观察器，既可以查看整个模型，也可以查看模型中任意的对象。

步骤 01 打开"实战332 动态观察模型.dwg"素材文件，如图10-31所示。

步骤 02 在"视图"选项卡中，单击"导航"面板中的"动态观察"按钮，如图10-32所示，可以快速执行三维动态观察。

图 10-31　素材模型

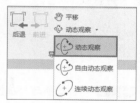
图 10-32　"导航"面板中的"动态观察"按钮

步骤 03 此时绘图区中的十字光标呈状。按住鼠标左键并拖动十字光标可以对视图进行受约束的三维动态观察，如图10-33所示。

图 10-33　动态观察模型

实战 333 自由动态观察模型

利用"自由动态观察"功能可以对视图中的模型进行任意角度的动态观察，此时选择模型并在转盘的外部拖动十字光标，可使视图围绕延长线通过转盘的中心并垂直于屏幕的轴旋转。

步骤 01 可以接着"实战332"进行操作，也可以打开"实战332 动态观察模型.dwg"素材文件进行操作。

步骤 02 单击"导航"面板中的"自由动态观察"按钮，此时绘图区显示出导航球，如图10-34所示。

步骤 03 当在导航球内部拖动十字光标进行图形的动态观察时，十字光标将变成状，此时可以在水平、垂直及对角线等任意方向上旋转任意角度，从而对对象做全方位的动态观察，如图10-35所示。

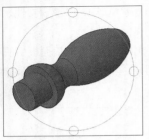

图 10-34　导航球　　　　　　图 10-35　在导航球内部拖动十字
　　　　　　　　　　　　　　　　　　　　光标

步骤 04 当在导航球外部拖动十字光标时，十字光标呈⊙状，此时图形将围绕着一条穿过导航球球心（导航球中间的绿色圆心●）且与屏幕正交的轴进行旋转，如图10-36所示。

步骤 05 当十字光标置于导航球顶部或者底部的小圆上时，十字光标呈↔状，按住鼠标左键并上下拖动将使视图围绕着通过导航球球心的水平轴进行旋转。当十字光标置于导航球左侧或者右侧的小圆上时，十字光标呈↔状，按住鼠标左键并左右拖动将使视图围绕着通过导航球球心的垂直轴进行旋转，如图10-37所示。

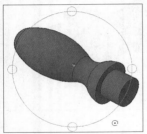

图 10-36　在导航球外部拖动　　图 10-37　在左右两侧的小圆内拖
十字光标　　　　　　　　　　动十字光标

实战 334 连续动态观察模型

　　利用"连续动态观察"功能可以使观察对象绕指定的旋转轴和旋转速度连续做旋转运动，从而对其进行连续动态的观察。

步骤 01 可以接着"实战333"进行操作，也可以打开"实战332 动态观察模型.dwg"素材文件进行操作。

步骤 02 单击"导航"面板中的"连续动态观察"按钮◌，如图10-38所示。

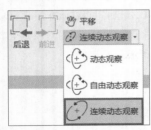

图 10-38　"导航"面板中的"连续动态观察"按钮

步骤 03 此时绘图区中的十字光标呈⊠状，按住鼠标左键并拖动十字光标，使对象沿拖动方向开始运动。释放鼠标左键后，对象将在指定的方向上继续运动，如图10-39所示。十字光标移动的速度决定了对象的旋转速度。

图 10-39　连续动态观察效果

实战 335 使用相机观察模型

　　在 AutoCAD 2022 中，在模型空间中放置相机，并根据需要调整相机设置，可以定义三维视图。

步骤 01 打开"实战335 使用相机观察模型.dwg"素材文件，如图10-40所示。

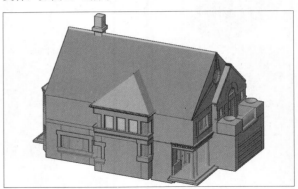

图 10-40　素材模型

步骤 02 在命令行中输入CAM并按Enter键，执行"相机"命令，绘图区出现一个相机外形的图标，然后在模型的右下角区域单击放置该相机图标。接着拖动相机图标，将相机的观察范围覆盖整个模型，如图10-41所示。

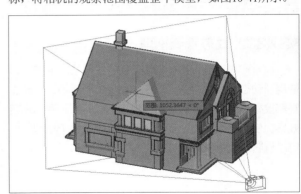

图 10-41　调整相机方位与焦距

步骤 03 连按两次Enter键退出命令，完成"相机"命令，绘图区出现一个相机图形，单击即可打开"相机预览"对话框，在对话框中设置"视觉样式"为"概念"，如图10-42所示。

步骤 04 可在对话框中预览相机方位的模型效果，如图10-43所示。

图 10-42　"相机预览"对话框　　图 10-43　相机观察效果

实战 336　切换透视投影视图

透视投影视图可以直观地反映模型的真实投影状况，具有较强的立体感。透视投影视图的效果取决于理论相机和目标点之间的距离。

步骤 01 打开"实战336 切换透视投影视图.dwg"素材文件，如图10-44所示。

步骤 02 将十字光标移至绘图区右上角的ViewCube，单击鼠标右键，在弹出的快捷菜单中选择"透视"选项，如图10-45所示。

图 10-44　素材模型　　图 10-45　选择"透视"选项

步骤 03 得到模型的透视投影视图效果（近大远小），如图10-46所示。

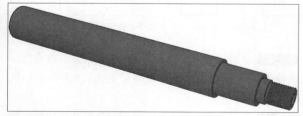

图 10-46　透视投影视图效果

实战 337　切换平行投影视图

平行投影视图是平行的光源照射到物体上所得到的投影，可以准确地反映模型的实际形状和结构，是默认的投影视图。

步骤 01 可以接着"实战336"进行操作，也可以打开"实战336 切换透视投影视图-OK.dwg"素材文件进行操作。

步骤 02 将十字光标移至绘图区右上角的ViewCube，单击鼠标右键，在弹出的快捷菜单中选择"平行"选项。

步骤 03 得到模型的平行投影视图效果（远近一致），如图10-47所示。

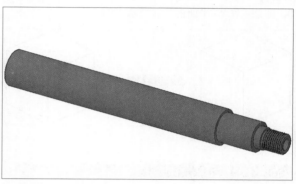

图 10-47　平行投影视图效果

10.2　创建线框模型

三维空间中的点和线是构成三维实体模型的最小几何单元，创建方法与二维对象的点和线类似，但相比之下，前者多出一个定位坐标。在三维空间中，三维点和线不仅可以用来绘制特征截面继而创建模型，还可以构造辅助线或辅助平面来辅助创建实体。一般情况下，三维线段包括线段、射线、构造线、多段线、螺旋线及样条曲线等；而点则可以根据其确定方式分为特殊点和坐标点两种。

实战 338　输入坐标创建三维点

利用三维空间的点可以绘制线段、圆弧、圆、多段线及样条曲线等基本图形，也可以标注实体模型的尺寸参数，还可以作为辅助点间接创建实体模型。

步骤 01 打开"实战338 输入坐标创建三维点.dwg"素材文件，如图10-48所示。

步骤 02 在"三维建模"工作空间中，单击"常用"选项卡"绘图"面板中的"多点"按钮，如图10-49所示。

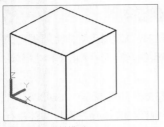

图 10-48　素材模型

图 10-49　"绘图"面板中的"多点"按钮

步骤 03 在命令行内输入三维坐标（50,50,100），即可确定三维点，效果如图10-50所示。在AutoCAD中绘制点时，如果未输入Z方向的坐标，则系统默认Z坐标为0，即该点在XY平面内。

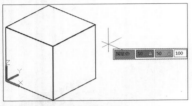
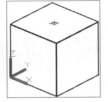

图 10-50　利用坐标绘制三维点

实战 339　对象捕捉创建三维点

对于三维实体模型上的一些特殊点，如交点、端点及中点等，可使用"对象捕捉"功能来确定其位置。

步骤 01 打开"实战339 对象捕捉创建三维点.dwg"素材文件，如图10-51所示。

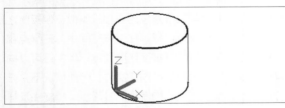

图 10-51　素材模型

步骤 02 在"三维建模"工作空间中，单击"常用"选项卡"绘图"面板中的"多点"按钮，执行"绘制点"命令。

步骤 03 将十字光标移动至素材模型顶面的圆心处，单击即可在该处创建三维点，如图10-52所示。

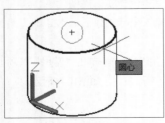
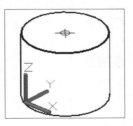

图 10-52　利用对象捕捉绘制三维点

实战 340　创建三维线段

三维线段的绘制方法与二维线段基本一致，只是多了一个 Z 轴方向上的参数。

本例便使用三维线段来绘制图 10-53 所示的三维线架模型。

步骤 01 单击快速访问工具栏中的"新建"按钮，系统弹出"选择样板"对话框，选择"acadiso.dwt"样板，单击"打开"按钮，进入AutoCAD绘图模式。

步骤 02 单击绘图区左上角的视图控件，将视图切换至东南等轴测视图，此时绘图区呈三维空间状态，其坐标系如图10-54所示。

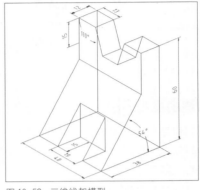

图 10-53　三维线架模型　　　图 10-54　坐标系状态

步骤 03 调用"直线"命令，根据命令行的提示，在绘图区空白处单击确定第一点，将十字光标向左移动输入14.5，将十字光标向上移动输入15，将十字光标向左移动输入19，将十字光标向下移动输入15，将十字光标向左移动输入14.5，将十字光标向上移动输入38，将十字光标向右移动输入48，输入C激活"闭合"选项，完成图10-55所示的线架底边线条的绘制。

步骤 04 单击绘图区左上角的视图控件，将视图切换至"东南等轴测"视图，查看所绘制的图形，如图10-56所示。

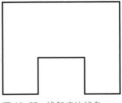

图 10-55　线架底边线条　　　图 10-56　图形状态

步骤 05 单击"坐标"面板中的"Z轴矢量"按钮，在绘图区选择两点以确定新坐标系的Z轴方向，如图10-57所示。

步骤 06 单击绘图区左上角的视图控件，将视图切换至

"右视"视图，进入二维绘图模式，以绘制线架的侧边线条。

步骤 07 用鼠标右键单击状态栏中的"极轴追踪"按钮，在弹出的快捷菜单中选择"设置"选项，添加极轴角为126°。

步骤 08 调用"直线"命令，绘制图10-58所示的侧边线条，命令行提示如下。

```
命令: LINE↙
指定第一点:
                   //在绘图区指定线段的端点A点
指定下一点或 [放弃(U)]: 60↙
指定下一点或 [放弃(U)]: 12↙
                   //利用极轴追踪绘制线段
指定下一点或 [闭合(C)/放弃(U)]:
                   //在绘图区指定线段的终点
指定下一点或 [放弃(U)]: *取消*
                   //按Esc键，结束绘制线段的操作
命令: LINE↙
                   //再次调用"直线"命令，绘制线段
指定第一点:
                   //在绘图区单击确定线段一端点B点
指定下一点或 [放弃(U)]:
                   //利用极轴追踪绘制线段
```

步骤 09 调用"修剪"命令，修剪掉多余的线条，单击绘图区左上角的视图控件，将视图切换至"东南等轴测"视图，查看所绘制的图形，如图10-59所示。

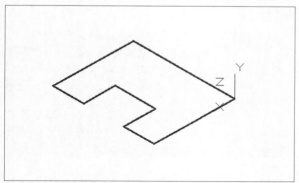

图 10-57　生成的新坐标系

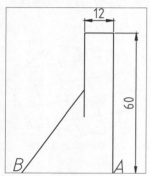

图 10-58　绘制侧边线条

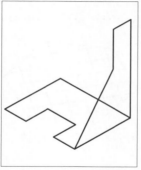

图 10-59　绘制的右侧边线条

步骤 10 调用"复制"命令，在三维空间中选择要复制的右侧边线条。

步骤 11 单击鼠标右键或按Enter键，然后选择基点位置，拖动十字光标，在合适的位置单击以放置复制的图形，按Esc键或Enter键完成复制操作，复制效果如图10-60所示。

步骤 12 单击"坐标"面板中的"三点"按钮↳，在绘图区选择3点以确定新坐标系的Z轴方向，如图10-61所示。

步骤 13 单击绘图区左上角的视图控件，将视图切换至"后视"视图，进入二维绘图模式，绘制线架的后方线条，命令行提示如下。

```
命令: LINE↙
指定第一点:
指定下一点或 [放弃(U)]: 13↙
指定下一点或 [放弃(U)]: @20<290↙
指定下一点或 [闭合(C)/放弃(U)]: *取消*
//利用极坐标方式绘制线段，按Esc键，结束线段的绘制
命令: LINE↙
指定第一点:
指定下一点或 [放弃(U)]: 13↙
指定下一点或 [放弃(U)]: @20<250↙
指定下一点或 [闭合(C)/放弃(U)]: *取消*
//用同样的方法绘制线段
```

步骤 14 调用"偏移"命令，将底边线段向上偏移45，如图10-62所示。

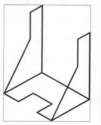

图 10-60　复制侧边　图 10-61　新建坐标系　图 10-62　绘制的后
线条　　　　　　　　　　　　　　　　　　　方线条

步骤 15 调用"修剪"命令，修剪掉多余的线条，如图10-63所示。

步骤 16 利用与步骤09和步骤10的方法复制图形，效果如图10-64所示。

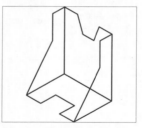

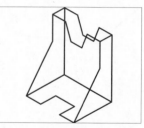

图 10-63　修剪后的图形　图 10-64　复制后方线条

步骤 17 单击"坐标"面板中的"UCS"按钮，移动十字光标，在要放置坐标系的位置单击，按空格键或Enter键结束操作，生成图10-65所示的坐标系。

步骤 18 单击绘图区左上角的视图控件，将视图切换至"前视"视图，进入二维绘图模式，绘制二维图形，向上距离为15，两侧线段中间相距19，效果如图10-66所示。

步骤 19 单击绘图区左上角的视图控件，将视图切换至"东南等轴测"视图，查看所绘制的图形，如图10-67所示。

步骤 20 调用"直线"命令，将三维线架中需要连接的部分用线段连接，效果如图10-68所示。完成三维线架绘制。

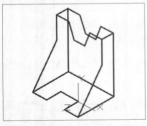
图 10-65　新建的坐标系

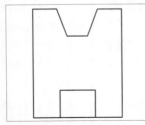
图 10-66　绘制的二维图形

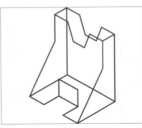
图 10-67　图形的三维状态

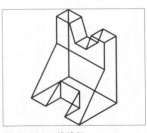
图 10-68　三维线架

10.3　创建曲面模型

曲面是不具有厚度和质量特性的壳形对象。可以对曲面模型进行隐藏、着色和渲染操作。AutoCAD 中曲面的创建和编辑命令集中在功能区的"曲面"选项卡中，如图 10-69 所示。

图 10-69　"曲面"选项卡

实战 341　创建平面曲面

平面曲面是以平面内某一封闭轮廓创建的一个平面内的曲面。在 AutoCAD 中，既可以用指定角点的方式创建矩形的平面曲面，也可用指定对象的方式创建具有复杂边界形状的平面曲面。

步骤 01 打开"实战341 创建平面曲面.dwg"素材文件，如图10-70所示。

步骤 02 在"曲面"选项卡中，单击"创建"面板中的"平面"按钮 ，如图10-71所示，执行"平面曲面"命令。

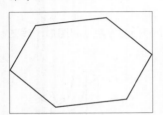
图 10-70　素材图形

图 10-71　"创建"面板中的"平面"按钮

步骤 03 由多边形边界创建平面曲面，如图10-72所示。命令行提示如下。

```
命令: _planesurf
                        //调用"平面曲面"命令
指定第一个角点或 [对象(O)] <对象>: O
                        //选择"对象"选项
选择对象: 找到 1 个
                        //选择多边形边界
选择对象:
                        //按Enter键完成创建
```

步骤 04 选中创建的曲面，按Ctrl＋1组合键打开"特性"选项板，将曲面的"U素线"设置为4、"V素线"设置为4，效果如图10-73所示。

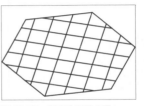
图 10-72　创建的平面曲面

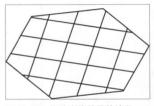
图 10-73　修改素线数量的效果

实战 342 创建过渡曲面

在两个现有曲面之间创建的连续的曲面称为过渡曲面。将两个曲面融合在一起时，需要指定曲面的连续性和凸度幅值。

步骤 01 打开"实战342 创建过渡曲面.dwg"素材文件，如图10-74所示。

步骤 02 在"曲面"选项卡中，单击"创建"面板中的"过渡"按钮，创建过渡曲面，如图10-75所示。命令行提示如下。

```
命令: _surfblend
连续性 = G1 - 相切，凸度幅值 = 0.5
选择要过渡的第一个曲面的边或 [链(CH)]: 找到 1 个
                        //选择上面曲面的边线
选择要过渡的第一个曲面的边或 [链(CH)]:↙
                        //按Enter键结束选择
选择要过渡的第二个曲面的边或 [链(CH)]: 找到 1 个
                        //选择下面曲面的边线
选择要过渡的第二个曲面的边或 [链(CH)]:↙
                        //按Enter键结束选择
按 Enter 键接受过渡曲面或 [连续性(CON)/凸度幅值(B)]: B↙
                        //选择"凸度幅值"选项
第一条边的凸度幅值 <0.5000>: 0↙
                        //输入凸度幅值
第二条边的凸度幅值 <0.5000>: 0↙
按 Enter 键接受过渡曲面或 [连续性(CON)/凸度幅值(B)]:
                        //按Enter键接受创建的过渡曲面
```

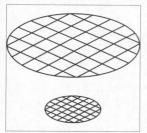 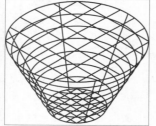

图 10-74 素材图形　　图 10-75 创建的过渡曲面

> **提示**
>
> 命令行主要选项介绍如下。
> 连续性：选择"连续性"选项时，有G0、G1、G2这3种连续性。G0 意味着两个对象相连或两个对象的位置是连续的；G1意味着两个对象光顺连接，一阶微分连续，或者是相切连续的。G2意味着两个对象光顺连接，二阶微分连续，或者两个对象的曲率是连续的。
> 凸度幅值：曲率的取值范围。

实战 343 创建修补曲面

修补曲面即在创建新的曲面或封口时，闭合现有曲面的开放边，也可以通过闭环添加其他曲线，以约束和引导修补曲面。

步骤 01 打开"实战343 创建修补曲面.dwg"素材文件，如图10-76所示。

步骤 02 在"曲面"选项卡中，单击"创建"面板中的"修补"按钮，创建修补曲面，如图10-77所示。命令行提示如下。

```
命令: _surfpatch
                        //调用"修补曲面"命令
连续性 = G0 - 位置，凸度幅值 = 0.5
选择要修补的曲面边或 [链(CH)/曲线(CU)] <曲线>: 找到 1 个
                        //选择上部圆形的边线
选择要修补的曲面边或 [链(CH)/曲线(CU)] <曲线>:↙
                        //按Enter键结束选择
按 Enter 键接受修补曲面或 [连续性(CON)/凸度幅值(B)/导向(G)]: CON
                        //选择"连续性"选项
修补曲面连续性 [G0(G0)/G1(G1)/G2(G2)] <G0>: G1↙
                        //选择连续性为G1
按 Enter 键接受修补曲面或 [连续性(CON)/凸度幅值(B)/导向(G)]:↙
                        //按Enter键接受修补曲面
```

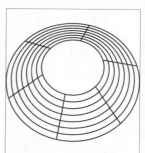 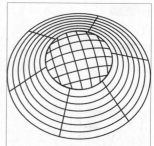

图 10-76 素材图形　　图 10-77 创建的修补曲面

实战 344 创建偏移曲面

偏移曲面可以创建与原始曲面平行的曲面，类似于二维对象的"偏移"操作，在创建过程中需要指定偏移距离。

步骤 01 打开"实战344 创建偏移曲面.dwg"素材文件，如图10-78所示。

步骤 02 在"曲面"选项卡中，单击"创建"面板中的"偏移"按钮，创建偏移曲面，如图10-79所示。命令行提示如下。

```
命令: _surfoffset
            //调用"偏移曲面"命令
连接相邻边 = 否
选择要偏移的曲面或面域: 找到 1 个
            //选择要偏移的曲面
选择要偏移的曲面或面域: ↙
            //按Enter键结束选择
指定偏移距离或 [翻转方向(F)/两侧(B)/实体(S)/连接(C)/表达
式(E)] <20.0000>: 1↙
            //指定偏移距离
1 个对象将偏移
1 个偏移操作成功完成
```

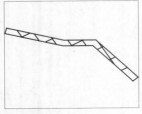

图 10-78　素材图形

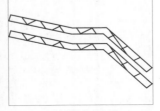

图 10-79　创建的偏移曲面

实战 345　创建圆角曲面

　　使用"圆角曲面"命令可以在现有曲面之间的空间中创建新的圆角曲面,圆角曲面具有固定半径且与原始曲面相切。

步骤 01 打开"实战 345 创建圆角曲面.dwg"素材文件,如图10-80所示。

步骤 02 在"曲面"选项卡中,单击"创建"面板中的"圆角"按钮,创建圆角曲面,如图10-81所示。命令行提示如下。

```
命令: _surffillet
半径 = 1.0000, 修剪曲面 = 是
选择要圆角化的第一个曲面或面域或者 [半径(R)/修剪曲面
(T)]: R↙            //选择"半径"选项
指定半径或 [表达式(E)] <1.0000>: 2↙
            //指定圆角半径
选择要圆角化的第一个曲面或面域或者 [半径(R)/修剪曲面
(T)]:            //选择要圆角化的第一个曲面
选择要圆角化的第二个曲面或面域或者 [半径(R)/修剪曲面
(T)]:            //选择要圆角化的第二个曲面
按 Enter 键接受圆角曲面或 [半径(R)/修剪曲面(T)]: ↙
            //按Enter键接受圆角曲面
```

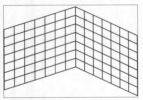

图 10-80　素材图形

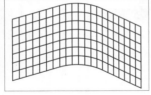

图 10-81　创建的圆角曲面

实战 346　创建网络曲面　　★重点★

　　"网络曲面"命令用于在 U 方向和 V 方向(包括曲面和实体边子对象)的几条曲线之间的空间中创建曲面,是曲面建模最常用的命令之一。

步骤 01 单击快速访问工具栏中的"打开"按钮,打开"实战346 创建网络曲面.dwg"素材文件,如图10-82所示。

步骤 02 在"曲面"选项卡中,单击"创建"面板中的"网络"按钮,选择横向的3条样条曲线为第一方向上的曲线,如图10-83所示。

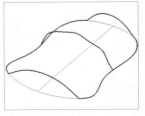

图 10-82　素材文件

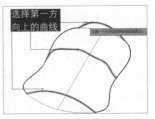

图 10-83　选择第一方向上的曲线

步骤 03 选择完毕后按Enter键确认,然后再根据命令行提示选择左右两侧的样条曲线为第二方向上的曲线,如图10-84所示。

步骤 04 网络曲面创建完成,如图10-85所示。

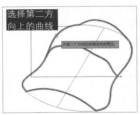

图 10-84　选择第二方向上的曲线

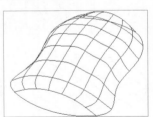

图 10-85　创建的网络曲面

10.4　创建三维实体

　　实体模型是具有完整信息的模型,不像曲面模型那样只是一个"空壳",而是具有厚度和体积的对象。在AutoCAD 2022 中,除了可以直接创建长方体、圆柱体等基本的实体模型外,还可以通过对二维对象进行旋转、拉伸、扫掠和放样等操作创建非常规的模型。

实战 347　创建圆柱体

　　圆柱体是以面或圆为截面形状,沿该截面法线方向拉伸所形成的实体,常用于绘制各类轴类零件、建筑图形中的各类立柱等。

步骤 01 单击快速访问工具栏中的"打开"按钮📂，打开"实战347 创建圆柱体.dwg"素材文件，如图10-86所示。

步骤 02 在"常用"选项卡中，单击"建模"面板中的"圆柱体"按钮，在底板上面绘制一个圆柱体，命令行提示如下。

```
命令: _cylinder
                //调用"圆柱体"命令
指定底面的中心点或 [三点(3P)/两点(2P)/切点、切点、半径
(T)/椭圆(E)]:     //捕捉圆心为中心点
指定底面半径或 [直径(D)] <50.0000>: 7↙
                //输入圆柱体底面半径
指定高度或 [两点(2P)/轴端点(A)] <10.0000>: 30↙
                //输入圆柱体高度
```

步骤 03 绘制的圆柱体如图 10-87所示。

图 10-86　素材图形

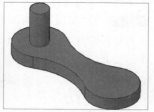

图 10-87　绘制圆柱体

步骤 04 重复以上操作，绘制另一边的圆柱体，完成连接板的绘制，效果如图10-88所示。

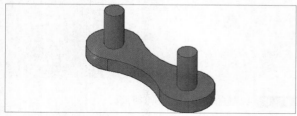

图 10-88　绘制另一边的圆柱体

实战 348　创建长方体

长方体具有长、宽、高 3 个尺寸参数，在 AutoCAD 2022 中可以创建各种方形基体，例如创建零件的底座、支撑板、建筑墙体及家具等。

步骤 01 启动AutoCAD 2022，单击快速访问工具栏中的"新建"按钮，建立一个新的空白文档。

步骤 02 在"常用"选项卡中，单击"建模"面板中的"长方体"按钮，如图10-89所示，绘制一个长方体。命令行提示如下。

```
命令: _box
                //调用"长方体"命令
指定第一个角点或 [中心(C)]:C↙
                //选择第一个角点
指定中心: 0,0,0↙
                //输入坐标，指定长方体中心
指定其他角点或 [立方体(C)/长度(L)]: L↙
                //由长度定义长方体
指定长度: 40↙
                //捕捉到X轴正向，然后指定长度为40
指定宽度: 20↙
                //指定长方体宽度为20
指定高度或 [两点(2P)]: 20↙
                //指定长方体高度为20
指定高度或 [两点(2P)] <175>:
                //指定高度
```

步骤 03 绘制的长方体如图10-90所示。

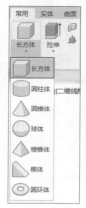
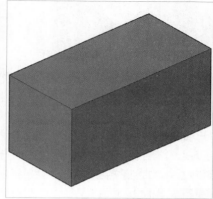

图 10-89　"建模"面板中的"长方体"按钮

图 10-90　完成效果

实战 349　创建圆锥体

圆锥体是指以圆或椭圆为底面形状，沿其法线方向并按照一定锥度向上或向下拉伸而形成的实体。使用"圆锥体"命令可以创建"圆锥""平截面圆锥"两种类型的实体。

步骤 01 单击快速访问工具栏中的"打开"按钮📂，打开"实战349 创建圆锥体.dwg"素材文件，如图10-91所示。

步骤 02 在"常用"选项卡中，单击"建模"面板中的"圆锥体"按钮，绘制一个圆锥体，命令行提示如下。

```
命令: _cone
                    //调用"圆锥体"命令
指定底面的中心点或 [三点(3P)/两点(2P)/切点、切点、半径
(T)/椭圆(E)]:          //指定圆锥体底面的中心点
指定底面半径或 [直径(D)] : 6↵
                    //输入圆锥体底面的半径
指定高度或 [两点(2P)/轴端点(A)/顶面半径(T)]: 7↵
                    //输入圆锥体高度
```

步骤 03 绘制的圆锥体如图 10-92所示。

步骤 04 调用"移动"命令，将圆锥体移动到圆柱顶面，效果如图10-93所示。

图 10-91　素材图形　　图 10-92　圆锥体　　图 10-93　最终效果

实战 350　创建球体

　　球体是在三维空间中到一个点（球心）距离相等的所有点的集合形成的实体，它广泛应用于机械制图、建筑制图中，如创建挡位控制杆、建筑物的球形屋顶等。

步骤 01 单击快速访问工具栏中的"打开"按钮，打开"实战350 创建球体.dwg"素材文件，如图10-94所示。

步骤 02 在"常用"选项卡中，单击"建模"面板中的"球体"按钮，在底板上绘制一个球体，命令行提示如下。

```
命令: _sphere
                    //调用"球体"命令
指定中心点或 [三点(3P)/两点(2P)/切点、切点、半径(T)]:
2p↵                 //指定绘制球体的方法
指定直径的第一个端点:
                    //捕捉长方体上表面的中心点
指定直径的第二个端点: 120↵
                    //输入球体直径，完成绘制
```

步骤 03 绘制的球体如图 10-95所示。

图 10-94　素材图形　　　　图 10-95　球体

实战 351　创建楔体

　　楔体可以看作以矩形为底面，其一边沿法线方向拉伸所形成的具有楔状特征的实体。该实体通常用于填充物体的间隙，如安装设备时用于调整设备高度及水平度的楔体和楔木。

步骤 01 单击快速访问工具栏中的"打开"按钮，打开"实战351 创建楔体.dwg"素材文件，如图10-96所示。

步骤 02 在"常用"选项卡中，单击"建模"面板中的"楔体"按钮，在长方体底面创建两个支撑，命令行提示如下。

```
命令: _wedge
                    //调用"楔体"命令
指定第一个角点或 [中心(C)]:
                    //指定底面矩形的第一个角点
指定其他角点或 [立方体(C)/长度(L)]:L↵
                    //指定第二个角点的输入方式为长度输入
指定长度 : 5↵
                    //输入底面矩形的长度
指定宽度 : 50↵
                    //输入底面矩形的宽度
指定高度或 [两点(2P)] : 10↵
                    //输入楔体的高度
```

步骤 03 绘制的楔体如图10-97所示。

图 10-96　素材图形　　　　图 10-97　绘制楔体

步骤 04 重复以上操作绘制另一个楔体，调用"对齐"命令，将两个楔体移动到合适位置，效果如图10-98所示。

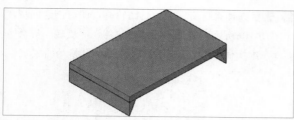

图 10-98　最终效果

实战 352 创建圆环体

圆环体可以看作在三维空间内，圆轮廓线绕与其共面直线旋转所形成的实体。该直线就是圆环的中心线，直线和圆心的距离就是圆环的半径，圆轮廓线的直径就是圆环的直径。

步骤 01 单击快速访问工具栏中的"打开"按钮▣，打开"实战352 创建圆环体.dwg"素材文件，如图10-99所示。

步骤 02 在"常用"选项卡中，单击"建模"面板中的"圆环体"按钮◎，绘制一个圆环体，命令行提示如下。

```
命令: _torus
                    //调用"圆环体"命令
指定中心点或 [三点(3P)/两点(2P)/切点、切点、半径(T)]:
                    //捕捉圆心
指定半径或 [直径(D)] <20.0000>: 45✓
                    //输入圆环半径
指定圆管半径或 [两点(2P)/直径(D)] : 2.5✓
                    //输入圆管半径
```

步骤 03 绘制的圆环体如图 10-100所示。

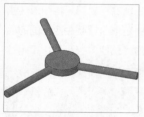

图 10-99　素材图形

图 10-100　创建的圆环体

实战 353 创建棱锥体

棱锥体常用于创建建筑屋顶，其底面平行于 *XY* 平面，轴线平行于 *Z* 轴。绘制圆锥体时，需要输入的参数有底面半径和棱锥高度。

步骤 01 启动AutoCAD 2022，单击快速访问工具栏中的"新建"按钮▯，建立一个新的空白文档。

步骤 02 在"常用"选项卡中，单击"建模"面板中的"棱锥体"按钮◢，绘制一个棱锥体，如图10-101所示。命令行提示如下。

```
命令: _pyramid
                    //调用"棱锥体"命令
4 个侧面 外切
指定底面的中心点或 [边(E)/侧面(S)]:
                    //指定底面中心点
指定底面半径或 [内接(I)] <135.6958>:100✓
                    //指定底面半径
指定高度或 [两点(2P)/轴端点(A)/顶面半径(T)] <254.5365>:180✓
                    //指定高度
```

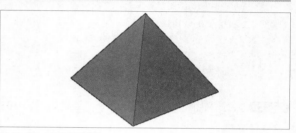

图 10-101　创建的棱锥体

实战 354 创建多段体

多段体常用于创建三维墙体，其底面平行于 *XY* 平面，轴线平行于 *Z* 轴。多段体的创建方法与多段线类似。

步骤 01 启动AutoCAD 2022，单击快速访问工具栏中的"新建"按钮▯，建立一个新的空白文档。

步骤 02 单击ViewCube上的西南等轴测角点，将视图切换为"西南等轴测"视图。

步骤 03 在命令行输入PL并按Enter键，绘制一条二维多段线，如图10-102所示。

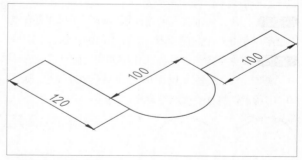

图 10-102　二维多段线

步骤 04 在"常用"选项卡中，单击"建模"面板中的"多段体"按钮◢，以多段线为对象创建多段体。命令行提示如下。

```
命令: _Polysolid
        //调用"多段体"命令
高度 = 80.0000, 宽度 = 5.0000, 对正 = 居中
指定起点或 [对象(O)/高度(H)/宽度(W)/对正(J)] <对象>: H↙
指定高度 <80.0000>: 30↙
        //输入多段体高度
高度 = 30.0000, 宽度 = 5.0000, 对正 = 居中
指定起点或 [对象(O)/高度(H)/宽度(W)/对正(J)] <对象>: W↙
指定宽度 <5.0000>: 10↙
        //输入多段体宽度
高度 = 50.0000, 宽度 = 10.0000, 对正 = 居中
指定起点或 [对象(O)/高度(H)/宽度(W)/对正(J)] <对象>: J↙
输入对正方式 [左对正(L)/居中(C)/右对正(R)] <居中>: C↙
        //选择"居中"对正方式
高度 = 50.0000, 宽度 = 10.0000, 对正 = 居中
指定起点或 [对象(O)/高度(H)/宽度(W)/对正(J)] <对象>:O↙
选择对象:
        //选择绘制的多段线,完成多段体的绘制
```

步骤 05 执行"视图"|"消隐"命令,结果如图10-103所示。

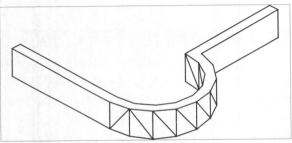

图 10-103　创建的多段体

实战 355　创建面域

面域实际上就是厚度为 0 的实体,是用闭合的形状创建的二维区域。面域的边界由端点相连的曲线组成,曲线上每个端点仅连接两条边。

步骤 01 打开"实战355 创建面域.dwg"素材文件,其中已经绘制好一个封闭图形,如图 10-104所示。

步骤 02 在"草图与注释"工作空间的"默认"选项卡中,单击"绘图"面板中的"面域"按钮◎,如图10-105所示,执行"面域"命令。

图 10-104　素材图形

图 10-105　"绘图"面板中的"面域"按钮

步骤 03 选择素材文件中的封闭轮廓,即可创建面域,如图10-106所示。如果要通过"拉伸""旋转"等命令创建三维实体,那么必须先将所选截面转换为面域。

图 10-106　创建的面域

实战 356　拉伸创建实体

使用"拉伸"命令可以将二维图形沿其所在平面的法线方向扫描,从而形成三维实体。该二维图形可以是多段线、多边形、矩形、圆、椭圆、闭合的样条曲线、圆环和面域等。"拉伸"命令常用于创建某一方向上截面固定不变的实体,例如机械制图中的齿轮、轴套、垫圈等,以及建筑制图中的楼梯栏杆、管道、异形装饰等物体。

步骤 01 启动AutoCAD 2022,单击快速访问工具栏中的"新建"按钮☐,建立一个新的空白文档。

步骤 02 切换到"三维建模"工作空间,单击"默认"选项卡"绘图"面板中的"矩形"按钮☐,绘制一个长为10、宽为5的矩形。单击"修改"面板中的"圆角"按钮◯,在矩形边角创建半径为1的圆角,然后绘制两个半径为0.5的圆,其圆心到最近边的距离为1.2,效果如图 10-107所示。

步骤 03 将视图切换到"东南等轴测"视图,将图形转换为面域,并利用"差集"命令由矩形面域减去两个圆的面域,然后单击"建模"面板上的"拉伸"按钮■,指定拉伸高度为1.5,效果如图10-108所示。命令行提示如下。

```
命令: _extrude
        //调用"拉伸"命令
当前线框密度: ISOLINES=4, 闭合轮廓创建模式 = 实体
选择要拉伸的对象或 [模式(MO)]: _MO 闭合轮廓创建模式
[实体(SO)/曲面(SU)] <实体>: _SO
选择要拉伸的对象或 [模式(MO)]: 找到 1 个
        //选择面域
指定拉伸的高度或 [方向(D)/路径(P)/倾斜角(T)/表达式(E)]:
1.5
        //输入拉伸高度
```

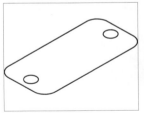

图 10-107　绘制底面

图 10-108　拉伸底面

步骤 04 单击"绘图"面板中的"圆心，半径"按钮◷，绘制两个半径为0.7的圆，如图10-109所示。

步骤 05 单击"建模"面板中的"拉伸"按钮🔲，选择上一步绘制的两个圆，指定向下拉伸高度为0.2。单击"实体编辑"面板中的"差集"按钮🔲，在底座中减去两圆柱实体，效果如图10-110所示。

图 10-109　绘制圆

图 10-110　沉孔效果

步骤 06 单击"绘图"面板中的"矩形"按钮☐，绘制一个边长为2的正方形，在边角处创建半径为0.5的圆角，效果如图10-111所示。

步骤 07 单击"建模"面板中的"拉伸"按钮🔲，指定拉伸高度为1，拉伸上一步绘制的图形，效果如图10-112所示。

图 10-111　绘制正方形并创建圆角

图 10-112　拉伸

步骤 08 单击"绘图"面板中的"椭圆"按钮，绘制图10-113所示的长轴为2、短轴为1的椭圆。

步骤 09 在椭圆和立方体的切点处绘制一个高为3、长为10、圆角半径为1的路径，效果如图10-114所示。

图 10-113　绘制椭圆

图 10-114　绘制拉伸路径

步骤 10 单击"建模"面板中的"拉伸"按钮🔲，选择上一步绘制的拉伸路径拉伸椭圆，命令行提示如下。

```
命令：_extrude
                    //调用"拉伸"命令
当前线框密度：ISOLINES=4，闭合轮廓创建模式 = 实体
选择要拉伸的对象或 [模式(MO)]：_MO 闭合轮廓创建模式
[实体(SO)/曲面(SU)] <实体>：_SO
选择要拉伸的对象或 [模式(MO)]：找到 1 个
                    //选择椭圆
指定拉伸的高度或 [方向(D)/路径(P)/倾斜角(T)/表达式(E)]
<1.0000>：P↙        //选择"路径"选项
选择拉伸路径或[倾斜角（T）]：
                    //选择绘制的路径
```

步骤 11 创建的拉伸模型如图10-115所示。

图 10-115　最终模型

> **提示**
>
> 当沿路径进行拉伸时，拉伸实体起始于拉伸对象所在的平面，终止于路径终点所在的平面。

实战 357　旋转创建实体

"旋转"命令用于将二维轮廓绕某一固定轴线旋转一定角度创建实体。旋转的二维对象可以是封闭的多段线、多边形、圆、椭圆、封闭的样条曲线、圆环及封闭区域，每一次只能旋转一个对象。

步骤 01 打开"实战357 旋转创建实体.dwg"素材文件，如图10-116所示。

步骤 02 在"常用"选项卡中，单击"建模"面板中的"旋转"按钮🔲，如图10-117所示，执行"旋转"命令。

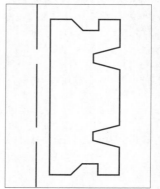

图 10-116　素材图形

图 10-117　"建模"面板中的"旋转"按钮

步骤 03 选取皮带轮轮廓线作为旋转对象,将其旋转360°,结果如图10-118所示。命令行提示如下。

```
命令:_revolve
                //调用"旋转"命令
当前线框密度: ISOLINES=4
选择要旋转的对象:找到 1 个
                //选取皮带轮轮廓线为旋转对象
选择要旋转的对象:↙
                //按Enter键完成选择
指定轴起点或根据以下选项之一定义轴 [对象(O)/X/Y/Z] <对
象>:           //选择线段上端点为轴起点
指定轴端点:
                //选择线段下端点为轴端点
指定旋转角度或 [起点角度(ST)] <360>:↙
                //使用默认旋转角度
```

图 10-118 旋转效果

实战 358 放样创建实体

使用"放样"命令可以将横截面沿指定的路径或导向运动扫描得到三维实体。横截面指的是具有放样实体截面特征的二维对象,使用该命令时必须指定两个或两个以上的横截面。

步骤 01 单击快速访问工具栏中的"打开"按钮,打开"实战358 放样创建实体.dwg"素材文件。

步骤 02 单击"常用"选项卡"建模"面板中的"放样"按钮,然后依次选择素材中的4个横截面,操作及效果如图10-119所示,命令行提示如下。

```
命令:_loft
                //调用"放样"命令
当前线框密度: ISOLINES=4,闭合轮廓创建模式 = 实体
按放样次序选择横截面或 [点(PO)/合并多条边(J)/模式(MO)]:
_mo 闭合轮廓创建模式 [实体(SO)/曲面(SU)] <实体>: _su
按放样次序选择横截面或 [点(PO)/合并多条边(J)/模式(MO)]:
找到 1 个
按放样次序选择横截面或 [点(PO)/合并多条边(J)/模式(MO)]:
找到 1 个,总计 2 个
按放样次序选择横截面或 [点(PO)/合并多条边(J)/模式(MO)]:
找到 1 个,总计 3 个
按放样次序选择横截面或 [点(PO)/合并多条边(J)/模式(MO)]:
找到 1 个,总计 4 个
按放样次序选择横截面或 [点(PO)/合并多条边(J)/模式(MO)]:
选中了 4 个横截面
输入选项 [导向(G)/路径(P)/仅横截面(C)/设置(S)] <仅横截面>:
C↙            //选择截面连接方式
```

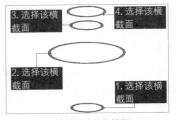

图 10-119 放样创建花瓶模型

实战 359 扫掠创建实体

使用"扫掠"命令可以使扫掠对象沿着开放或闭合的二维或三维路径运动,从而创建实体或曲面。

步骤 01 单击快速访问工具栏中的"打开"按钮,打开"实战359 扫掠创建实体.dwg"素材文件,如图10-120所示。

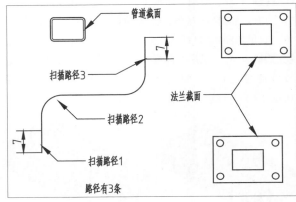

图 10-120 素材图形

步骤 02 单击"建模"面板中的"扫掠"按钮,选取图中的管道截面,选择中间的扫描路径,完成管道的绘制,如图10-121所示。命令行提示如下。

```
命令:_sweep
                //调用"扫掠"命令
当前线框密度: ISOLINES=4,闭合轮廓创建模式 = 实体
选择要扫掠的对象或 [模式(MO)]: _MO 闭合轮廓创建模式
[实体(SO)/曲面(SU)] <实体>: _SO
选择要扫掠的对象或 [模式(MO)]: 找到 1 个
                //选择管道截面
选择扫掠路径或 [对齐(A)/基点(B)/比例(S)/扭曲(T)]:
                //选择扫描路径2
```

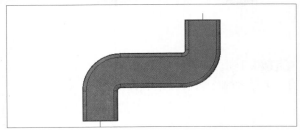

图 10-121 绘制管道

步骤 03 单击"建模"面板中的"扫掠"按钮🔧，选择法兰截面，选择扫描路径1作为扫描路径，完成一端连接法兰的绘制，效果如图10-122所示。

步骤 04 重复以上操作，绘制另一端的连接法兰，效果如图 10-123所示。

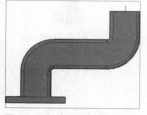

图 10-122 绘制连接板　　图 10-123 连接管实体

> **提示**
> 在创建比较复杂的放样实体时，可以指定导向曲线来控制点如何匹配相应的横截面，以防止创建的实体或曲面中出现褶皱等缺陷。

实战 360 创建台灯模型 ★重点★

同二维绘图一样，三维模型也需灵活地使用多个命令组合来完成创建。本例便通过创建一个经典的台灯模型，对前面所学命令进行总结。

步骤 01 打开"实战360 创建台灯模型.dwg"素材文件，如图10-124所示。

步骤 02 在"常用"选项卡中，单击"建模"面板中的"放样"按钮🔧，选择底部的两个圆进行放样，效果如图10-125所示。命令行提示如下。

```
命令:_loft
                    //调用"放样"命令
当前线框密度: ISOLINES=8, 闭合轮廓创建模式 = 实体
按放样次序选择横截面或 [点(PO)/合并多条边(J)/模式(MO)]:
_MO 闭合轮廓创建模式 [实体(SO)/曲面(SU)] <实体>:_SO
按放样次序选择横截面或 [点(PO)/合并多条边(J)/模式(MO)]:
找到1个            //选择第1个圆
按放样次序选择横截面或 [点(PO)/合并多条边(J)/模式(MO)]:
找到1个, 总计2个   //选择第2个圆
按放样次序选择横截面或 [点(PO)/合并多条边(J)/模式(MO)]:
↙                 //结束选择对象，选中了两个横截面
输入选项 [导向(G)/路径(P)/仅横截面(C)/设置(S)] <仅横截面
>:↙               //按Enter键完成放样
```

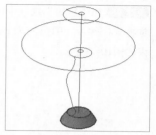

图 10-124 素材图形　　图 10-125 放样效果

步骤 03 在"常用"选项卡中，单击"建模"面板中的"旋转"按钮🔧，选择轮廓曲线作为旋转对象，选择竖直中心线作为旋转轴，旋转360°，效果如图10-126所示。

步骤 04 在"常用"选项卡中，单击"建模"面板中的"拉伸"按钮🔧，选择旋转体顶部的圆为拉伸对象，将其拉伸至小圆处，如图10-127所示。

图 10-126 旋转效果　　图 10-127 拉伸效果

步骤 05 在"常用"选项卡中，单击"建模"面板中的"按住并拖动"按钮，将下端的小圆拖到上端的小圆处，效果如图10-128所示。

步骤 06 在"常用"选项卡中，单击"建模"面板中的"扫掠"按钮🔧，选择竖直平面的小圆作为扫掠对象，以水平直线为路径进行扫掠，效果如图10-129所示。

图 10-128 按住并拖动效果　　图 10-129 扫掠效果

步骤 07 在"常用"选项卡中，单击"建模"面板中的"放样"按钮🔧，在命令行设置放样模式为"曲面"模式，选择灯罩的两个大圆进行放样，放样效果如图10-130所示。

步骤 08 在"常用"选项卡中，单击绘图区左上角的视觉样式控件，在弹出的菜单中选择"X射线"选项，效果如图10-131所示。

图 10-130 放样效果

图 10-131 "X射线"视觉样式

10.5 创建网格模型

　　网格是用离散的多边形表示实体的表面。与曲面、实体模型一样，网格模型也可以进行隐藏、着色和渲染。同时，网格模型还具有实体模型所没有的编辑方式，包括锐化、分割和增加平滑度等。

　　创建网格的方式有多种，包括使用基本网格图元创建规则网格，以及使用二维或三维轮廓线创建复杂网格等。AutoCAD 2022 中网格的相关命令集中在"网格"选项卡中，如图 10-132 所示。

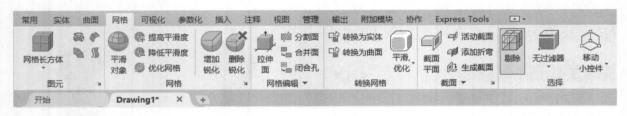

图 10-132 "网格"选项卡

实战 361 创建网格长方体

　　AutoCAD 2022 提供了 7 种三维网格图元，例如网格长方体、网格圆锥体、网格球体及网格圆环体等。

步骤 01 启动AutoCAD 2022，新建一个空白文档。

步骤 02 在"网格"选项卡中，单击"图元"面板中的"网格长方体"按钮 ，如图10-133所示，执行"网格长方体"命令。

步骤 03 创建一个尺寸为100×100×100的网格立方体，如图10-134所示。命令行提示如下。

```
命令:_mesh
            //调用"网格长方体"命令
当前平滑度设置为:0
输入选项 [长方体(B)/圆锥体(C)/圆柱体(CY)/棱锥体(P)/球体
(S)/楔体(W)/圆环体(T)/设置(SE)] <长方体>: B↙
            //选择"长方体"选项
指定第一个角点或 [中心(C)]:
            //在绘图区任意位置单击以确定第一个角点
指定其他角点或 [立方体(C)/长度(L)]:C↙
            //选择"立方体"选项
指定长度 <87.0473>: 100↙
            //捕捉0°极轴方向，然后输入立方体长度
```

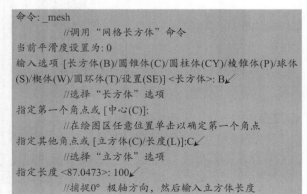

图 10-133 "图元"面板中的"网格长方体"按钮

图 10-134 创建的网格立方体

> **提示**
>
> 单击"图元"面板中的其他网格按钮，可以创建相应的网格图元，操作过程与"实战361"基本一致。

实战 362 创建直纹网格

　　直纹网格是以空间中的两条曲线为边界创建的以线段连接的网格。直纹网格的边界可以是线段、圆、圆弧、椭圆、椭圆弧、二维多段线、三维多段线和样条曲线。

步骤 01 打开"实战362 创建直纹网格.dwg"素材文件，其中已经绘制好了两条空间线段，如图10-135所示。

步骤 02 在"网格"选项卡中，单击"图元"面板中的"直纹曲面"按钮，如图10-136所示，执行"直纹网格"命令。

步骤 03 分别选择两条线段，即可得到直纹网格，如图10-137所示。

图 10-135　素材图形

图 10-136　"图元"面板中的"直纹曲面"按钮

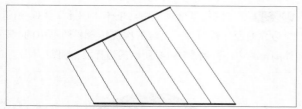

图 10-137　创建的直纹网格

> **提示**
> 在绘制直纹网格的过程中，除了点及其他对象，作为直纹网格轨迹的两个对象必须同时开放或关闭。此外，在执行命令时，因选择曲线的点不一样，绘制的线段会出现交叉和平行两种情况，如图10-138所示。

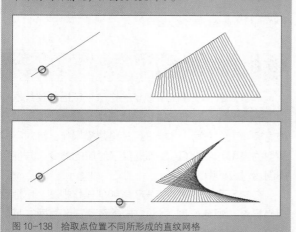

图 10-138　拾取点位置不同所形成的直纹网格

实战 363　创建平移网格

使用"平移网格"命令可以将轮廓沿指定方向平移，从而绘制出平移网格。平移的轮廓可以是线段、圆、圆弧、椭圆、椭圆弧、二维多段线、三维多段线和样条曲线等。

步骤 01 打开"实战363 创建平移网格.dwg"素材文件，如图10-139所示。

步骤 02 调整surftab1和surftab2系统变量以调整网格密度。命令行提示如下。

```
命令: SURFTAB1↙
                //修改surftab1系统变量
输入 SURFTAB1 的新值 <6>: 36↙
                //输入新值
命令: SURFTAB2↙
                //修改surftab2系统变量
输入 SURFTAB2 的新值 <6>: 36↙
                //输入新值
```

步骤 03 在"网格"选项卡中，单击"图元"面板中的"平移曲面"按钮，绘制图10-140所示的网格。命令行提示如下。

```
命令: _tabsurf
                //调用"平移网格"命令
当前线框密度: SURFTAB1=36
选择用作轮廓曲线的对象:
                //选择T形轮廓作为平移的对象
选择用作方向矢量的对象:
                //选择竖直线段作为方向矢量
```

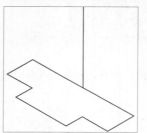 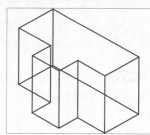

图 10-139　素材图形　　　图 10-140　创建的平移网格

> **提示**
> 被平移的对象只能是单一轮廓，不能平移面域。

实战 364　创建旋转网格

使用"旋转网格"命令可以将曲线或轮廓绕指定的旋转轴旋转一定的角度，从而创建旋转网格。旋转轴可以是线段，也可以是开放的二维或三维多段线。

步骤 01 打开"实战364 创建旋转网格.dwg"素材文件，如图10-141所示。

步骤 02 在"网格"选项卡中，单击"图元"面板中的"旋转曲面"按钮🔄，如图10-142所示。

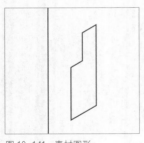

图 10-141　素材图形

图 10-142　"图元"面板中的"旋转曲面"按钮

步骤 03 绘制图10-143所示的图形。命令行提示如下。

```
命令：_revsurf
                 //调用"旋转网格"命令
当前线框密度：SURFTAB1=36 SURFTAB2=36
选择要旋转的对象：
                 //选择封闭轮廓线
选择定义旋转轴的对象：
                 //选择线段
指定起点角度 <0>:↙
                 //使用默认起点角度
指定包含角 (+=逆时针，-=顺时针) <360>:180↙
                 //输入旋转角度，完成旋转网格的创建
```

步骤 04 执行"视图"|"消隐"命令，隐藏不可见的线条，效果如图10-144所示。

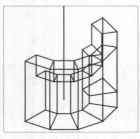

图 10-143　创建的旋转网格

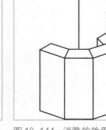

图 10-144　消隐的效果

实战 365　创建边界网格

使用"边界网格"命令可以用 4 条首尾相连的边创建一个三维多边形网格。创建边界网格时，需要依次选择 4 条边界。边界可以是圆弧、线段、多段线、样条曲线和椭圆弧，并且必须形成闭合环和共享端点。

步骤 01 打开"实战365 创建边界网格.dwg"素材文件，其中已经绘制好了一个空间封闭图形，如图10-145所示。

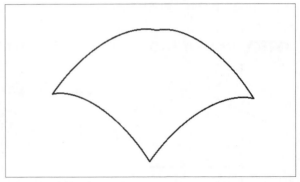

图 10-145　素材图形

步骤 02 在"网格"选项卡中，单击"图元"面板中的"边界曲面"按钮，然后依次旋转素材图形中的4条外围轮廓边，得到图10-146所示的边界网格曲面。

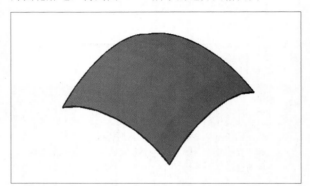

图 10-146　创建的边界网格曲面

10.6　本章小结

本章介绍了创建三维模型的方法，包括创建线框模型、曲面模型、三维实体和网格模型。要先切换到"三维建模"工作空间，才能进行三维建模操作。针对不同类型的模型，AutoCAD 都提供了对应的命令，方便用户创建对应模型。

在学习建模之前，应先了解如何操作视图，包括管理坐标系、观察模型。10.1 节介绍了三维建模的基础知识，讲解了如何切换、创建和显示坐标系，以及如何通过调整视图方向、视觉样式来观察模型。

线框模型、曲面模型、三维实体、网格模型的效果各不相同，将它们组合搭配后可以创建出形态各异的模型。

章末提供课后习题，从理论与实践两个方面帮助读者强化绘图技能。

10.7　课后习题

一、理论题

1. 执行 UCS 命令，在命令行中输入（　　），可以切换至世界坐标系。

A. F　　　　　　　　　　B. NA　　　　　　　　　　C. W　　　　　　　　　　D. ZA

2. 单击（　　）按钮，可以创建平面曲面。

A. 　　　　　　　　　B. 　　　　　　　　　C. 　　　　　　　　　D.

3. 单击（　　）按钮，根据命令行的提示设置参数，可以在绘图区中创建长方体。

A. 　　　　　　　　　B. 　　　　　　　　　C. 　　　　　　　　　D.

4. 单击（　　）按钮，执行"拉伸"命令，可以通过拉伸二维图形创建三维模型。

A. 　　　　　　　　　B. 　　　　　　　　　C. 　　　　　　　　　D.

5. 单击（　　）按钮，执行"修补曲面"命令，可以闭合开放的曲面。

A. 　　　　　　　　　B. 　　　　　　　　　C. 　　　　　　　　　D.

二、操作题

1. 参考 10.4 节中介绍的方法，创建长方体、圆柱体、圆环体，并将它们组合成一个新模型，如图 10-147 所示。

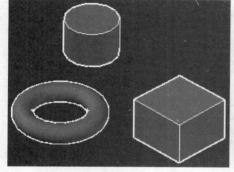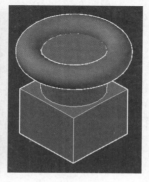

图 10-147　组合模型

2. 执行"面域"命令，在闭合图形的基础上创建面域，如图 10-148 所示。

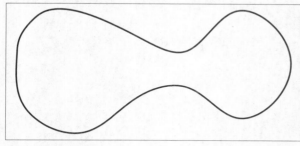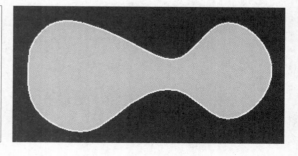

图 10-148　创建面域

3. 参考"实战 357"，执行"旋转"命令，绕轴创建实体。参考"实战 343"，修补实体的底面。最后旋转视图，观察建模效果，如图 10-149 所示。

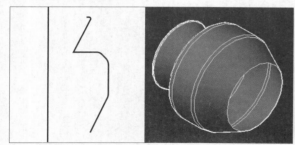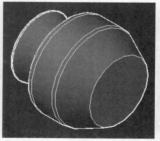

图 10-149　创建并修补模型

第 **11** 章

三维模型的编辑

本章内容概述 ——

在 AutoCAD 中，用基本的三维建模工具只能创建较基础的三维模型，而三维模型的细节部分，如壳、孔、圆角等特征，需要用相应的编辑工具来创建。另外，修改三维模型的尺寸、位置、局部形状，也需要用到一些编辑工具。

本章知识要点 ——

● 编辑实体模型 　　　　　　　　　　　　　　　　　　　● 编辑曲面和网格模型

11.1　实体模型的编辑

在对三维实体进行编辑时，不仅可以对实体上的单个表面和边线进行编辑操作，同时还可以对整个实体进行编辑操作。常用的编辑操作有布尔运算（并集运算、差集运算、交集运算）、三维移动、三维旋转、三维对齐、三维镜像和三维阵列等。

实战 366　三维实体的并集运算

并集运算是将两个或两个以上的实体（或面域）对象组合成为一个新的组合对象。执行并集运算后，原来各实体相互重合的部分变为一体，成为无重合的实体。

步骤 01 打开"实战366 三维实体的并集运算.dwg"素材文件，如图11-1所示。

图11-1　素材图形

步骤 02 在"常用"选项卡中，单击"实体编辑"面板中的"并集"按钮，如图11-2所示。

图11-2　"实体编辑"面板中的"并集"按钮

步骤 03 对连接体与圆柱体进行并集运算，结果如图11-3所示。命令行提示如下。

```
命令: _union
                    //调用"并集"命令
选择对象: 找到 1 个
                    //选择连接体
选择对象: 找到 1 个, 总计 2 个
                    //选择圆柱体
选择对象:↙
                    //按Enter键完成并集运算
```

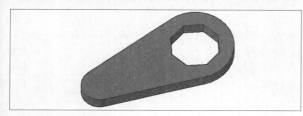

图11-3　并集运算结果

提示

在对两个或两个以上的三维对象进行并集运算时，即使它们之间没有相交的部分，也可以进行并集运算。

实战 367　三维实体的差集运算

差集运算就是将一个对象减去另一个对象从而形成新的组合对象。与并集运算不同的是先选取的对象为被剪切对象，后选取的对象则为剪切对象。

步骤 01 打开"实战367 三维实体的差集运算.dwg"素材文件，如图11-4所示。

步骤 02 在"常用"选项卡中，单击"实体编辑"面板中的"差集"按钮，从圆柱体中减去八棱柱，如图11-5所示。命令行提示如下。

```
命令: _subtract
                    //调用"差集"命令
选择要从中减去的实体、曲面和面域...
选择对象: 找到 1 个
                    //选择圆柱体
选择对象: 选择要减去的实体、曲面和面域...
选择对象: 找到 1 个
                    //选择八棱柱
选择对象:↙
                    //按Enter键完成差集运算
```

 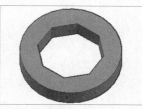

图11-4　素材图形　　　　图11-5　差集运算结果

提示

在进行差集运算时，如果第二个对象完全包含在第一个对象之内，则差集操作的结果是第一个对象减去第二个对象；如果第二个对象只有一部分包含在第一个对象之内，则差集操作的结果是第一个对象减去两个对象的公共部分。

实战 368　三维实体的交集运算

交集运算是保留两个或多个相交实体的公共部分，仅属于单个对象的部分被删除，从而获得新的实体。

步骤 01 打开"实战368 三维实体的交集运算.dwg"素材文件，如图11-6所示。

步骤 02 在"常用"选项卡中，单击"实体编辑"面板中的"交集"按钮，获取六角星实体和圆柱体的公共部分，如图11-7所示。命令行提示如下。

```
命令: _intersect                     //调用 "交集" 命令
选择对象: 找到 1 个
                                     //选择六角星实体
选择对象: 找到 1 个, 总计 2 个
                                     //选择圆柱体
选择对象:
                                     //按Enter键完成交集运算
```

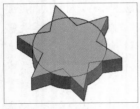

图 11-6　素材图形

图 11-7　交集运算结果

实战 369 利用布尔运算编辑三维实体 ★重点★

　　AutoCAD 的 "布尔运算" 功能贯穿建模的整个过程，尤其是在建立一些机械零件的三维模型时使用更为频繁。该运算用来确定多个形体（曲面或实体）之间的组合关系，也就是说通过该运算可将多个形体组合为一个形体，从而实现一些特殊的造型，如孔、槽、凸台和齿轮特征。

步骤 01 新建一个空白文档，在 "常用" 选项卡中，单击 "建模" 面板中的 "圆柱体" 按钮，创建3个圆柱体，如图11-8所示。命令行提示如下。

```
命令: _cylinder
指定底面的中心点或 [三点(3P)/两点(2P)/切点、切点、半径
(T)/椭圆(E)]: 30,0✓
指定底面半径或 [直径(D)] <0.2891>: 30✓
指定高度或 [两点(2P)/轴端点(A)] <-14.0000>: 15✓
        //创建第一个圆柱体, 半径为30, 高度为15
        //按Enter键, 重复执行 "圆柱体" 命令
命令: _cylinder
指定底面的中心点或 [三点(3P)/两点(2P)/切点、切点、半径
(T)/椭圆(E)]: 0,0,0✓
指定底面半径或 [直径(D)] <30.0000>: ✓
指定高度或 [两点(2P)/轴端点(A)] <15.0000>: ✓
        //创建第二个圆柱体
        //按Enter键, 重复执行 "圆柱体" 命令
命令: _cylinder
指定底面的中心点或 [三点(3P)/两点(2P)/切点、切点、半径
(T)/椭圆(E)]: 30<60✓ //输入圆心的极坐标
指定底面半径或 [直径(D)] <30.0000>: ✓
指定高度或 [两点(2P)/轴端点(A)] <15.0000>: ✓
        //创建第三个圆柱体
```

步骤 02 在 "常用" 选项卡中，单击 "实体编辑" 面板中的 "交集" 按钮，选择3个圆柱体为运算对象，交集运算的结果如图11-9所示。

图 11-8　创建的 3 个圆柱体

图 11-9　交集运算结果

步骤 03 在 "常用" 选项卡中，单击 "建模" 面板中的 "圆柱体" 按钮，创建一个圆柱体，如图11-11所示。命令行提示如下。

```
命令: _cylinder
指定底面的中心点或 [三点(3P)/两点(2P)/切点、切点、半径
(T)/椭圆(E)]:
        //捕捉图11-10所示的顶面三维中心点
指定底面半径或 [直径(D)] <30.0000>: 10✓
指定高度或 [两点(2P)/轴端点(A)] <15.0000>: 30✓
        //输入圆柱体的参数
```

图 11-10　捕捉中心点

图 11-11　创建的圆柱体

步骤 04 在 "常用" 选项卡中，单击 "实体编辑" 面板中的 "并集" 按钮，将凸轮和圆柱体合并为一个实体。

步骤 05 在 "常用" 选项卡中，单击 "建模" 面板中的 "圆柱体" 按钮，创建一个圆柱体，如图11-13所示。命令行提示如下。

```
命令: _cylinder
指定底面的中心点或 [三点(3P)/两点(2P)/切点、切点、半径
(T)/椭圆(E)]:
        //捕捉图11-12所示的圆柱体顶面中心点
指定底面半径或 [直径(D)] <30.0000>:8✓
指定高度或 [两点(2P)/轴端点(A)] <15.0000>: -70✓
        //输入圆柱体的参数
```

步骤 06 在 "常用" 选项卡中，单击 "实体编辑" 面板中的 "差集" 按钮，从组合实体中减去圆柱体，结果如图11-14所示。命令行提示如下。

```
命令: _subtract
        //执行 "差集" 命令
选择要从中减去的实体、曲面和面域
选择对象: 找到 1 个
        //选择组合实体
选择对象: 选择要减去的实体、曲面和面域
选择对象: 找到 1 个
        //选择中间圆柱体
选择对象: ✓
        //按Enter键完成差集操作
```

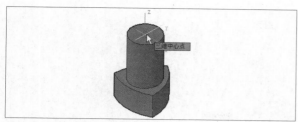

图 11-12　捕捉圆柱体顶面中心点

图 11-13　新创建的圆柱体

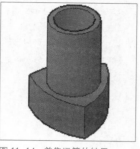

图 11-14　差集运算的结果

> **提示**
>
> 指定圆柱体高度时，如果动态输入功能是打开的，则高度的正负是相对于用户拉伸的方向而言的，即正值高度沿拉伸方向，负值则相反；如果动态输入功能是关闭的，则高度的正负是相对于坐标系Z轴而言的，即正值高度沿Z轴正向，负值则相反。

实战 370　移动三维实体

"三维移动"命令用于将实体按指定距离在空间中进行移动，以改变对象的位置。使用"三维移动"命令能将实体沿 X 轴、Y 轴、Z 轴或其他任意方向，以及直线、面或任意两点间移动，从而将其定位到空间中的准确位置。

步骤 01　单击快速访问工具栏中的"打开"按钮，打开"实战370 移动三维实体.dwg"素材文件，如图11-15所示。

步骤 02　单击"修改"面板中的"三维移动"按钮，选择要移动的底座实体，单击鼠标右键，完成选择，在移动小控件上选择Z轴为约束方向。命令行提示如下。

```
命令：_3dmove
                //调用"三维移动"命令
选择对象：找到 1 个
                //选中底座为要移动的对象
选择对象：
                //单击鼠标右键完成选择
指定基点或 [位移(D)] <位移>：
正在检查 666 个交点…
** MOVE **
指定移动点或 [基点(B)/复制(C)/放弃(U)/退出(X)]：
                //将底座移动到合适位置，单击，结束操作
```

完成以上操作即可实现实体的三维移动，效果如图11-16 所示。

图 11-15　素材图形

图 11-16　三维移动的效果

实战 371　旋转三维实体

利用"三维旋转"命令可将选取的三维对象和子对象沿指定旋转轴（X 轴、Y 轴、Z 轴）进行自由旋转。

步骤 01　单击快速访问工具栏中的"打开"按钮，打开"实战371 旋转三维实体.dwg"素材文件，如图11-17所示。

步骤 02　单击"修改"面板中的"三维旋转"按钮，选取连接板和圆柱体为要旋转的对象，单击鼠标右键，完成选择。选取圆柱体中心点为基点，选择Z轴为旋转轴，指定旋转角度为180°。命令行提示如下。

```
命令：_3drotate
                //调用"三维旋转"命令
UCS 当前的正角方向：ANGDIR=逆时针 ANGBASE=0
选择对象：找到 1 个
                //选择连接板和圆柱体为旋转对象
选择对象：
                //单击鼠标右键结束选择
指定基点：
                //指定圆柱体中心点为基点
拾取旋转轴：
                //拾取Z轴为旋转轴
指定角的起点或键入角度：180↙
                //输入角度
```

完成以上操作即可实现实体的三维旋转，效果如图11-18 所示。

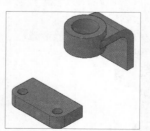

图 11-17　素材图形

图 11-18　三维旋转的效果

实战 372 缩放三维实体

使用"三维缩放"小控件，可以沿轴或平面调整选定对象和子对象的大小，也可以统一调整对象的大小。

步骤 01 单击快速访问工具栏中的"打开"按钮 ，打开"实战372 缩放三维实体.dwg"文件，如图 11-19所示。

步骤 02 单击"修改"面板中的"三维缩放"按钮 ，选择连接板和圆柱体为要缩放的对象，指定底边中点为缩放基点，如图 11-20所示。

图 11-19　素材图形　　　　图 11-20　指定缩放基点

步骤 03 命令行提示拾取比例轴或平面，在小三角形区域单击，激活所有比例轴，进行全局缩放，如图 11-21所示。

步骤 04 系统提示指定比例因子，输入比例因子2，如图 11-22所示。

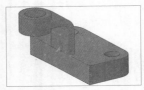

图 11-21　激活所有比例轴　　　图 11-22　输入比例因子

步骤 05 按Enter键，完成操作，效果如图11-23所示。命令行提示如下。

```
命令：_3dscale        //调用"三维缩放"命令
选择对象：找到 1 个
                    //选择连接板和圆柱体为要缩放的对象
选择对象：
                    //单击鼠标右键结束选择
指定基点：
                    //指定底边中点为缩放基点
拾取比例轴或平面：
                    //拾取内部小三角平面为缩放平面
指定比例因子或 [复制(C)/参照(R)]: 2↵
                    //输入比例因子
```

图 11-23　三维缩放的效果

提示

使用"三维缩放"小控件时，选择不同的区域，可以获得不同的缩放效果，具体介绍如下。

单击最靠近"三维缩放"小控件顶点的区域：将亮显小控件的所有轴的内部区域，模型整体按统一比例缩放，如图 11-24所示。

单击定义平面的轴之间的平行线：将亮显小控件上轴与轴之间的部分，会将模型缩放约束至平面，如图11-25所示。此选项仅适用于网格，不适用于实体和曲面。

单击轴：仅亮显小控件上的轴，会将模型缩放约束至轴上，如图11-26所示。此选项仅适用于网格，不适用于实体和曲面。

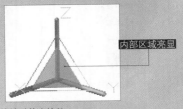

内部区域亮显

图 11-24　统一比例缩放时的小控件

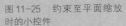

轴与轴之间亮显

单根轴亮显

图 11-25　约束至平面缩放时的小控件　　　图 11-26　约束至轴上缩放时的小控件

实战 373 镜像三维实体

使用"三维镜像"命令能够通过镜像平面获取与指定的三维对象完全相同的对象，其中镜像平面可以是与UCS 平面平行的平面或由任意 3 点确定的平面。

步骤 01 打开"实战373 镜像三维实体.dwg"素材文件，如图11-27所示。

步骤 02 单击"常用"选项卡"修改"面板中的"三维镜像"按钮 ，如图11-28所示，执行"三维镜像"命令。

图 11-27　素材图形　　　　图 11-28　"修改"面板中的"三维镜像"按钮

步骤 03 选择轴盖进行镜像操作，如图11-29所示。命令行提示如下。

```
命令: MIRROR3D↙
            //调用"三维镜像"命令
选择对象: 找到 1 个
选择对象: ↙
            //选择要镜像的对象，按Enter键确认
指定镜像平面 (三点) 的第一个点或[对象(O)/最近的(L)/Z 轴
(Z)/视图(V)/XY 平面(XY)/YZ 平面(YZ)/ZX 平面(ZX)/三点(3)]
<三点>:
在镜像平面上指定第二点:
在镜像平面上指定第三点:
            //指定确定镜像面的3个点
是否删除源对象? [是(Y)/否(N)] <否>:↙
            //按Enter键或空格键，系统默认不删除源对象
```

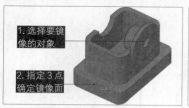

图 11-29　镜像三维实体

实战 374　对齐三维实体

在三维建模环境中，使用"对齐"和"三维对齐"命令可对齐三维对象，从而获得准确的定位效果。

步骤 01 单击快速访问工具栏中的"打开"按钮，打开"实战374 对齐三维实体.dwg"素材文件，如图11-30所示。

步骤 02 单击"修改"面板中的"三维对齐"按钮，选择螺栓为要对齐的对象，命令行提示如下。

```
命令:_3dalign
            //调用"三维对齐"命令
选择对象: 找到 1 个
            //选择螺栓为要对齐对象
选择对象:
            //单击鼠标右键结束对象选择
指定源平面和方向 ...
指定基点或 [复制(C)]:
指定第二个点或 [继续(C)] <C>:
指定第三个点或 [继续(C)] <C>:
            //在螺栓上指定3点以确定源平面，如图
11-31所示，指定目标平面和方向
指定第一个目标点:
指定第二个目标点或 [退出(X)] <X>:
指定第三个目标点或 [退出(X)] <X>:
            //在底座上指定3个点以确定目标平面，
如图 11-32所示，完成三维对齐操作
```

图 11-30　素材图形

图 11-31　指定源平面

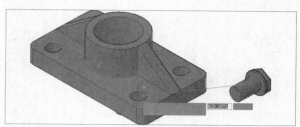

图 11-32　指定目标平面

步骤 03 螺栓的三维对齐效果如图11-33所示。

图 11-33　三维对齐效果

步骤 04 复制螺栓实体图形，重复以上操作完成所有位置螺栓的装配，如图11-34所示。

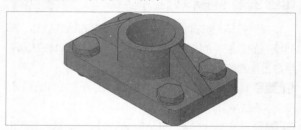

图 11-34　装配效果

实战 375 矩形阵列三维实体

使用"三维阵列"命令可以在三维空间中以矩形阵列或环形阵列的方式,创建指定对象的多个副本。在进行矩形阵列操作时,需要指定行数、列数、层数、行间距和层间距,其中一个矩形阵列可设置多行、多列和多层。

步骤 01 单击快速访问工具栏中的"打开"按钮 🗁,打开"实战375 矩形阵列三维实体.dwg"素材文件。

步骤 02 在命令行中输入3DARRAY并按Enter键,选择圆柱体立柱作为要阵列的对象,进行矩形阵列操作,如图11-35所示。命令行提示如下。

```
命令: 3DARRAY↙
                    //调用"三维阵列"命令
选择对象: 找到 1 个
选择对象:↙
                    //选择要阵列的对象
输入阵列类型 [矩形(R)/环形(P)] <矩形>: R↙
                    //选择"矩形"选项
输入行数 (---) <1>: 2↙
                    //指定行数
输入列数 (|||) <1>: 2↙
                    //指定列数
输入层数 (...) <1>: 2↙
                    //指定层数
指定行间距 (---): 1600↙
                    //指定行间距
指定列间距 (|||): 1100↙
                    //指定列间距
指定层间距 (...): 950↙
                    //指定层间距
                    //分别指定矩形阵列参数,按Enter键,
完成矩形阵列操作
```

图 11-35 矩形阵列

实战 376 环形阵列三维实体

在进行环形阵列操作时,需要指定阵列的数目、阵列填充的角度、旋转轴的起点和终点,以及对象在阵列后是否绕着阵列中心旋转。

步骤 01 单击快速访问工具栏中的"打开"按钮 🗁,打开"实战376 环形阵列三维实体.dwg"素材文件。

步骤 02 在命令行中输入3DARRAY并按Enter键,将齿沿轴进行环形阵列,如图11-36所示。命令行提示如下。

```
命令: 3DARRAY↙
                    //调用"三维阵列"命令
选择对象: 找到 1 个
                    //选择齿实体
选择对象:↙
                    //按Enter键结束选择
输入阵列类型 [矩形(R)/环形(P)] <矩形>: P↙
                    //选择"环形"选项
输入阵列中的项目数目: 50↙
                    //输入阵列数量
指定要填充的角度 (+=逆时针, -=顺时针) <360>:↙
                    //使用默认角度
旋转阵列对象? [是(Y)/否(N)] <Y>:↙
                    //选择旋转对象
指定阵列的中心点:
                    //捕捉轴端面圆心
指定旋转轴上的第二点: <极轴 开>
                    //打开极轴,捕捉Z轴上任意一点
```

图 11-36 环形阵列

实战 377 创建三维倒角

为三维模型创建倒角的操作相比于二维图形来说更为烦琐,在进行倒角边的选择时,需要选中的目标可能显示得不明显,这是要注意的地方。

步骤 01 单击快速访问工具栏中的"打开"按钮 🗁,打开"实战377 创建三维倒角.dwg"素材文件,如图11-37所示。

步骤 02 在"实体"选项卡中,单击"实体编辑"面板中的"倒角边"按钮 🔷,选择图11-38所示的边线为倒角边。命令行提示如下。

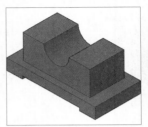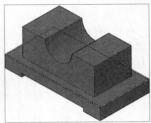

图 11-37 素材图形　　　　　图 11-38 选择倒角边

命令: _chamferedge
　　　　　//调用"倒角边"命令
选择一条边或 [环(L)/距离(D)]:
　　　　　//选择同一面上需要倒角的边
选择同一个面上的其他边或 [环(L)/距离(D)]:
选择同一个面上的其他边或 [环(L)/距离(D)]:
选择同一个面上的其他边或 [环(L)/距离(D)]:
按 Enter 键接受倒角或 [距离(D)]:D↙
　　　　　//单击鼠标右键，结束倒角边的选择，输
入D并按Enter键，进行倒角参数的设置
指定基面倒角距离或 [表达式(E)] <1.0000>: 2↙
指定其他曲面倒角距离或 [表达式(E)] <1.0000>: 2↙
　　　　　//输入倒角参数
按 Enter 键接受倒角或 [距离(D)]:
　　　　　//按Enter键结束倒角边命令

命令: _filletedge
　　　　　//调用"圆角边"命令
半径 = 1.0000
选择边或 [链(C)/环(L)/半径(R)]:
　　　　　//选择要创建圆角的边
选择边或 [链(C)/环(L)/半径(R)]:
　　　　　//单击鼠标右键，结束边的选择
已选定 1 个边用于圆角
按 Enter 键接受圆角或 [半径(R)]:R↙
　　　　　//选择"半径"选项
指定半径或 [表达式(E)] <1.0000>: 5↙
　　　　　//输入半径
按 Enter 键接受圆角或 [半径(R)]:↙
　　　　　//按Enter键结束操作

步骤 03 倒角效果如图11-39所示。

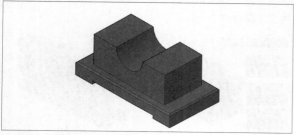

图 11-39　倒角效果

步骤 04 重复以上操作，完成其他边的倒角操作，如图11-40所示。

步骤 05 三维倒角在顶点处的倒角细节如图11-41所示。

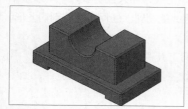

图 11-40　完成其他边的倒角　　　图 11-41　顶点处的倒角细节

实战 378 创建三维圆角

为三维模型创建圆角的操作相对于创建倒角来说要简单一些，只需选择要创建圆角的边，然后输入圆角半径值即可。为 3 边相交的顶点创建圆角可以得到球面效果。

步骤 01 单击快速访问工具栏中的"打开"按钮，打开"实战378 创建三维圆角.dwg"文件，如图11-42所示。

步骤 02 单击"实体编辑"面板中的"圆角边"按钮，选择图11-43所示的要创建圆角的边，命令行提示如下。

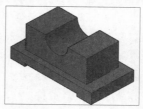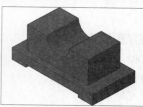

图 11-42　素材图形　　　　　图 11-43　选择要创建圆角的边

步骤 03 圆角效果如图11-44所示。

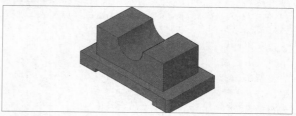

图 11-44　圆角效果

步骤 04 重复以上操作创建其他位置的圆角，效果如图11-45所示。

步骤 05 三维圆角在顶点处的圆角细节如图11-46所示。

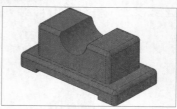

图 11-45　创建其他位置的圆角　　　图 11-46　顶点处的圆角细节

实战 379 抽壳三维实体

执行"抽壳"命令可将实体以指定的厚度，形成一个空的薄层，同时还可以将某些指定面排除在壳外。如果指定正值，则从实体外开始抽壳，指定负值则从实体内开始抽壳。

步骤 01 打开"实战379 抽壳三维实体.dwg"素材文件，其中已绘制好了一个实体花瓶，如图11-47所示。

步骤 02 在"实体"选项卡中，单击"实体编辑"面板中的"抽壳"按钮，如图11-48所示，执行"抽壳"命令。

图 11-47 素材图形　　　图 11-48 "实体编辑"面板中的"抽壳"按钮

步骤 03 选择素材文件的顶面，然后指定抽壳偏移距离为1，操作如图11-49所示。命令行提示如下。

```
命令: _solidedit
                    //调用"抽壳"命令
实体编辑自动检查: SOLIDCHECK=1
输入实体编辑选项 [面(F)/边(E)/体(B)/放弃(U)/退出(X)] <退出>: _body
输入体编辑选项
[压印(I)/分割实体(P)/抽壳(S)/清除(L)/检查(C)/放弃(U)/退出(X)] <退出>: _shell
选择三维实体:
                    //选择要抽壳的对象
删除面或 [放弃(U)/添加(A)/全部(ALL)]: 找到一个面, 已删除1个。
                    //选择瓶口平面为要删除的面
删除面或 [放弃(U)/添加(A)/全部(ALL)]:
                    //单击鼠标右键结束选择
输入抽壳偏移距离: 1✓
                    //输入抽壳壁厚度, 按Enter键执行操作
已开始实体校验。
已完成实体校验。
输入体编辑选项
[压印(I)/分割实体(P)/抽壳(S)/清除(L)/检查(C)/放弃(U)/退出(X)] <退出>: ✓
                    //按Enter键, 结束命令
```

图 11-49 创建花瓶

实战 380 剖切三维实体

　　在绘图过程中，为了表现实体内部的结构特征，可使用"剖切"命令假想一个与指定对象相交的平面或曲面将该实体剖切，从而创建新的对象。可通过指定点、选择曲面或平面对象来定义剖切平面。

步骤 01 打开"实战380 剖切三维实体.dwg"素材文件，如图11-50所示。

步骤 02 在"实体"选项卡中，单击"实体编辑"面板中的"剖切"按钮，如图11-51所示。

图 11-50 素材图形　　　图 11-51 "实体编辑"面板中的"剖切"按钮

步骤 03 根据命令行提示，选择默认的"三点"选项，依次选择箱座上的3处中点，再删除所选侧面，操作及效果如图11-52所示。

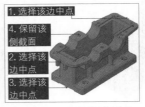

图 11-52 三维实体的剖切效果

实战 381 曲面剖切三维实体

　　以绘制辅助平面的方法剖切三维实体，是最为复杂的一种操作，但是功能也最为强大。对象除了可以是平面，还可以是曲面，因此能创建出任何所需的剖切图形，如阶梯剖、旋转剖等。

步骤 01 单击快速访问工具栏中的"打开"按钮，打开"实战381 曲面剖切三维实体.dwg"素材文件，如图11-53所示。

步骤 02 拉伸素材中的多段线，绘制图11-54所示的剖切平面。

 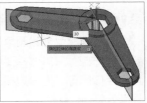

图 11-53 素材图形　　　图 11-54 绘制剖切平面

步骤 03 单击"实体编辑"面板中的"剖切"按钮，选择四通管实体为剖切对象，命令行提示如下。

```
命令: _slice
                    //调用"剖切"命令
选择要剖切的对象: 找到 1 个
                    //选择剖切对象
选择要剖切的对象:
                    //单击鼠标右键结束选择
指定 切面 的起点或 [/曲面(S)/Z 轴(Z)/视图(V)/XY(XY)/
YZ(YZ)/ZX(ZX)/三点(3)] <三点>:S↙
                    //选择剖切方式为曲面
选择用于定义剖切平面的圆、椭圆、圆弧、二维样条线或二
维多段线: //选择平面
在所需的侧面上指定点或 [保留两个侧面(B)] <保留两个侧面>:
                    //选择需要保留的一侧
```

步骤 04 剖切完三维实体后删除多余对象，最终效果如图11-55所示。

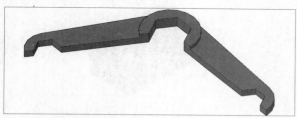

图 11-55　最终效果

实战 382 Z 轴剖切三维实体

　　"Z 轴"剖切和"指定切面起点"剖切的操作过程完全相同，同样都是指定两点，但结果却不同。"Z 轴"剖切指定的两点是剖切平面的 Z 轴，而"指定切面起点"剖切指定的两点直接就是剖切平面。

步骤 01 单击快速访问工具栏中的"打开"按钮 ，打开"实战382 Z轴剖切三维实体.dwg"素材文件，如图11-56所示。

步骤 02 单击"实体编辑"面板中的"剖切"按钮 ，选择四通管实体为剖切对象，命令行提示如下。

```
命令: _slice
                    //调用"剖切"命令
选择要剖切的对象: <正交 开> 找到 1 个
                    //选择剖切对象
选择要剖切的对象:
                    //单击鼠标右键结束选择
指定 切面 的起点或 [平面对象(O)/曲面(S)/Z 轴(Z)/视图(V)/
XY(XY)/YZ(YZ)/ZX(ZX)/三点(3)] <三点>:Z
                    //选择Z轴方式剖切实体
指定剖切上的点:
指定平面 Z 轴 (法向) 上的点:
                    //选择剖切面上的点，如图11-57所示
在所需的侧面上指定点或 [保留两个侧面(B)] <保留两个侧面>:
                    //选择要保留的一侧
```

图 11-56　素材图形　　　　图 11-57　选择剖切面上的点

步骤 03 剖切效果如图11-58所示。

图 11-58　剖切效果

实战 383 视图剖切三维实体

　　使用"视图"进行剖切是使用得比较多的一种方法，该方法操作简便、快捷，只需指定一点，就可以根据计算机屏幕所在的平面对模型进行剖切。该方法的缺点是精确度不够，结果只适合用作演示、观察。

步骤 01 单击快速访问工具栏中的"打开"按钮 ，打开"实战383 视图剖切三维实体.dwg"素材文件，如图11-59所示。

步骤 02 单击"实体编辑"面板中的"剖切"按钮 ，选择四通管实体为剖切对象，命令行提示如下。

```
命令: _slice
                    //调用"剖切"命令
选择要剖切的对象: 找到 1 个
                    //选择剖切对象
选择要剖切的对象:
                    //单击鼠标右键结束选择
指定 切面 的起点或 [平面对象(O)/曲面(S)/Z 轴(Z)/视图(V)/
XY(XY)/YZ(YZ)/ZX(ZX)/三点(3)] <三点>: V
                    //选择剖切方式
指定当前视图平面上的点 <0,0,0>:
                    //指定三维点，如图11-60所示
在所需的侧面上指定点或 [保留两个侧面(B)] <保留两个侧面>:
                    //选择要保留的一侧
```

图 11-59　素材图形　　　　图 11-60　指定三维点

步骤 03 剖切效果如图11-61所示。

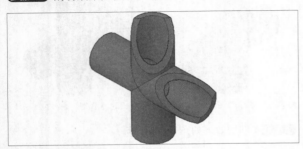

图 11-61 剖切效果

实战 384 复制实体边　　　★进阶★

在使用 AutoCAD 进行三维建模时，可以随时使用二维绘图工具绘制草图，然后再进行拉伸等建模操作。相较于其他建模软件要绘制草图时还需特地进入草图环境，AutoCAD 显得更为灵活。尤其再结合"复制边"等操作，熟练掌握后可直接从现有模型中分离出对象轮廓进行下一步建模，极为方便。

步骤 01 打开"实战384 复制实体边.dwg"素材文件，如图 11-62所示。

步骤 02 单击"实体编辑"面板中的"复制边"按钮圇，选择图 11-63所示的边为复制对象，命令行提示如下。

```
命令：_solidedit
实体编辑自动检查：SOLIDCHECK=1
输入实体编辑选项 [面(F)/边(E)/体(B)/放弃(U)/退出(X)] <退出>：_edge
输入边编辑选项 [复制(C)/着色(L)/放弃(U)/退出(X)] <退出>：
_copy                  //调用"复制边"命令
选择边或 [放弃(U)/删除(R)]：
                       //选择要复制的边
……
选择边或 [放弃(U)/删除(R)]：
                       //选择完毕，单击鼠标右键结束选择边
指定基点或位移：
                       //指定基点
指定位移的第二点：
                       //指定平移到的位置
输入边编辑选项 [复制(C)/着色(L)/放弃(U)/退出(X)] <退出>：
                       //按Esc键退出复制边命令
```

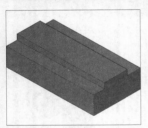

图 11-62 素材图形

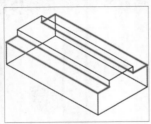

图 11-63 选择要复制的边

步骤 03 复制边效果如图 11-64所示。

步骤 04 单击"建模"面板中的"拉伸"按钮圖，选择复制的边，指定拉伸高度为40，效果如图11-65所示。

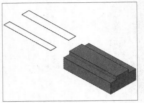

图 11-64 复制边效果

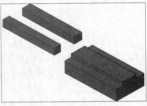

图 11-65 拉伸图形

步骤 05 单击"修改"面板中的"三维对齐"按钮圖，选择拉伸出的长方体作为要对齐的对象，将其对齐到底座上，效果如图 11-66所示。

图 11-66 对齐到底座

实战 385 压印实体边　　　★进阶★

"压印"命令是使用 AutoCAD 建模时最常用的命令之一，使用"压印"命令可以在模型上创建各种自定义的标记，也可以进行模型面的分割。

步骤 01 单击快速访问工具栏中的"打开"按钮圂，打开"实战385 压印实体边.dwg"素材文件，如图 11-67所示。

步骤 02 单击"实体编辑"面板中的"压印"按钮圊，选取方向盘为三维实体，如图 11-68所示。命令行提示如下。

```
命令：_imprint
                       //调用"压印"命令
选择三维实体或曲面：
                       //选择三维实体
选择要压印的对象：
                       //选择图 11-69所示的图标
是否删除源对象 [是(Y)/否(N)] <N>：Y
                       //删除源对象
```

图 11-67 素材图形

图 11-68 选择三维实体

步骤 03 压印效果如图 11-70 所示。

图 11-69 选择要压印的对象

图 11-70 压印效果

提示

压印的对象仅限于：圆弧、圆、线段、二维和三维多段线、椭圆、样条曲线、面域和三维实体。实战中使用的压印对象为线段和圆弧绘制的图形。

实战 386 拉伸实体面

除了对模型现有的轮廓边进行复制、压印等操作之外，还可以使用"拉伸面"等面编辑命令直接修改模型。

步骤 01 单击快速访问工具栏中的"打开"按钮🖿，打开"实战386 拉伸实体面.dwg"素材文件，如图 11-71 所示。

步骤 02 单击"实体编辑"面板中的"拉伸面"按钮🗐，选择图 11-72 所示的面为拉伸面。命令行提示如下。

```
命令: _solidedit
实体编辑自动检查: SOLIDCHECK=1
输入实体编辑选项 [面(F)/边(E)/体(B)/放弃(U)/退出(X)] <退
出>: _face
输入面编辑选项
[拉伸(E)/移动(M)/旋转(R)/偏移(O)/倾斜(T)/删除(D)/复制(C)/
颜色(L)/材质(A)/放弃(U)/退出(X)] <退出>: _extrude
                             //调用"拉伸面"命令
选择面或 [放弃(U)/删除(R)]: 找到一个面
                             //选择要拉伸的面
选择面或 [放弃(U)/删除(R)/全部(ALL)]:
                             //单击鼠标右键结束选择
指定拉伸高度或 [路径(P)]: 50↙
                             //输入拉伸高度
指定拉伸的倾斜角度 <10>: 10↙
                             //输入拉伸的倾斜角度
已开始实体校验。
已完成实体校验。
输入面编辑选项
[拉伸(E)/移动(M)/旋转(R)/偏移(O)/倾斜(T)/删除(D)/复制(C)/
颜色(L)/材质(A)/放弃(U)/退出(X)] <退出>: *取消*
                             //按Enter键或Esc键结束操作
```

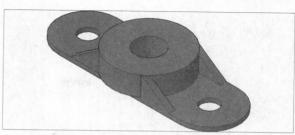
图 11-71 素材图形

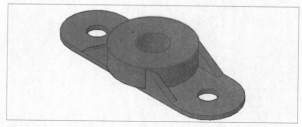
图 11-72 选择拉伸面

步骤 03 拉伸实体面效果如图 11-73 所示。

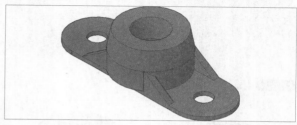
图 11-73 拉伸实体面效果

实战 387 倾斜实体面

"倾斜面"命令用于指定模型的倾斜角度，更改模型的显示样式。

步骤 01 单击快速访问工具栏中的"打开"按钮🖿，打开"实战387 倾斜实体面.dwg"素材文件，如图 11-74 所示。

步骤 02 单击"实体编辑"面板中的"倾斜面"按钮🗐，选择图 11-75 所示的面作为要倾斜的面。命令行提示如下。

图 11-74 素材图形

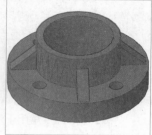
图 11-75 选择倾斜面

命令: _solidedit
实体编辑自动检查: SOLIDCHECK=1
输入实体编辑选项 [面(F)/边(E)/体(B)/放弃(U)/退出(X)] <退出>: _face
输入面编辑选项
[拉伸(E)/移动(M)/旋转(R)/偏移(O)/倾斜(T)/删除(D)/复制(C)/颜色(L)/材质(A)/放弃(U)/退出(X)] <退出>: _taper
　　　　　　　　　　//调用"倾斜面"命令
选择面或 [放弃(U)/删除(R)]: 找到一个面
　　　　　　　　　　//选择要倾斜的面
选择面或 [放弃(U)/删除(R)/全部(ALL)]:
　　　　　　　　　　//单击鼠标右键结束选择
指定基点:
指定沿倾斜轴的另一个点:
　　　　　　　　　　//依次选上下两圆的圆心,如图 11-76
所示
指定倾斜角度: -10✔
　　　　　　　　　　//输入倾斜角度
已开始实体校验。
已完成实体校验。
输入面编辑选项
[拉伸(E)/移动(M)/旋转(R)/偏移(O)/倾斜(T)/删除(D)/复制(C)/颜色(L)/材质(A)/放弃(U)/退出(X)] <退出>:✔
　　　　　　　　　　//按Enter键或Esc键结束操作

步骤 03 倾斜实体面效果如图 11-77所示。

图 11-76　选择倾斜轴　　　　图 11-77　倾斜实体面效果

> **提示**
>
> 在执行"倾斜面"命令时,倾斜的方向由选择的基点和第二个点的顺序决定,输入正角度则向内倾斜、输入负角度则向外倾斜,不能使用过大的角度。如果角度过大,面在达到指定的角度之前可能倾斜成一点,在AutoCAD 2022中不支持这种倾斜。

实战 388　移动实体面

　　"移动面"命令常用于对现有模型进行修改,如果某个模型拉伸得过多,在 AutoCAD 中并不能回到"拉伸"命令执行时进行编辑,因此只能通过"移动面"这类面编辑命令进行修改。

步骤 01 单击快速访问工具栏中的"打开"按钮，打开"实战388 移动实体面.dwg"素材文件,如图 11-78所示。

步骤 02 单击"实体编辑"面板中的"移动面"按钮，选择图 11-79所示的面作为要移动的面。命令行提示如下。

命令: _solidedit
实体编辑自动检查: SOLIDCHECK=1
输入实体编辑选项 [面(F)/边(E)/体(B)/放弃(U)/退出(X)] <退出>: _face
输入面编辑选项
[拉伸(E)/移动(M)/旋转(R)/偏移(O)/倾斜(T)/删除(D)/复制(C)/颜色(L)/材质(A)/放弃(U)/退出(X)] <退出>: _move
　　　　　　　　　　//调用"移动面"命令
选择面或 [放弃(U)/删除(R)]: 找到一个面
　　　　　　　　　　//选择要移动的面
选择面或 [放弃(U)/删除(R)/全部(ALL)]:
　　　　　　　　　　//单击鼠标右键完成选择
指定基点或位移:
　　　　　　　　　　//指定基点,如图 11-80所示
正在检查 780 个交点...
指定位移的第二点: 20✔
　　　　　　　　　　//输入移动的距离
已开始实体校验。
已完成实体校验。
输入面编辑选项
[拉伸(E)/移动(M)/旋转(R)/偏移(O)/倾斜(T)/删除(D)/复制(C)/颜色(L)/材质(A)/放弃(U)/退出(X)] <退出>:
　　　　　　　　　　//按Enter键或Esc键结束操作

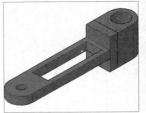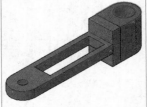

图 11-78　素材图形　　　　图 11-79　选择移动面

步骤 03 移动实体面效果如图 11-81所示。

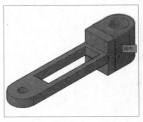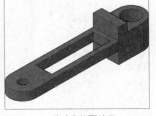

图 11-80　指定基点　　　　图 11-81　移动实体面效果

步骤 04 旋转图形,重复以上操作,移动另一面,最终效果如图 11-82所示。

图 11-82　最终效果

实战 389　偏移实体面

　　"偏移面"命令用于在一个三维实体上按指定的距离均匀地偏移实体面,可根据设计需要将现有的面从原始位置向内或向外偏移指定的距离,从而获取新的实体面。

步骤 01 可以接着"实战388"进行操作,也可以打开"实战388 移动实体面-OK.dwg"素材文件进行操作。

步骤 02 单击"实体编辑"面板中的"偏移面"按钮,选择如图11-83所示的面为要偏移的面。命令行提示如下。

```
命令: _solidedit
实体编辑自动检查: SOLIDCHECK=1
输入实体编辑选项 [面(F)/边(E)/体(B)/放弃(U)/退出(X)] <退出>: _face
输入面编辑选项
[拉伸(E)/移动(M)/旋转(R)/偏移(O)/倾斜(T)/删除(D)/复制(C)/颜色(L)/材质(A)/放弃(U)/退出(X)] <退出>: _offset
                    //调用"偏移面"命令
选择面或 [放弃(U)/删除(R)]: 找到一个面
                    //选择要偏移的面
选择面或 [放弃(U)/删除(R)/全部(ALL)]:
                    //单击鼠标右键结束选择
指定偏移距离: -10
                    //输入偏移距离,负值表示方向向外
已开始实体校验。
已完成实体校验。
输入面编辑选项
[拉伸(E)/移动(M)/旋转(R)/偏移(O)/倾斜(T)/删除(D)/复制(C)/颜色(L)/材质(A)/放弃(U)/退出(X)] <退出>: *取消*
                    //按Enter键或Esc键结束操作
```

步骤 03 偏移实体面效果如图11-84所示。

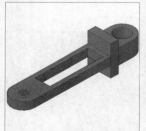

图 11-83　选择偏移面

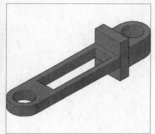

图 11-84　偏移实体效果

实战 390　删除实体面

　　在三维建模环境中,"删除面"命令用于从三维实体对象上删除实体表面、圆角等实体特征。

步骤 01 可以接着"实战389"进行操作,也可以打开"实战389 偏移实体面-OK.dwg"素材文件进行操作,如图 11-85所示。

步骤 02 单击"实体编辑"面板中的"删除面"按钮,选择要删除的面,按Enter键进行删除,如图11-86所示。

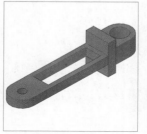

图 11-85　素材图形　　　　　图 11-86　删除实体面效果

实战 391　修改实体记录　　　　★进阶★

　　利用布尔运算创建组合实体之后,原实体就消失了,且新生成的特征位置完全固定,再次修改就十分困难。例如利用差集运算在实体上创建孔后,孔的大小和位置就只能用"偏移面"和"移动面"命令来修改;而两个实体进行并集运算之后,其相对位置就不能再修改。AutoCAD 提供的实体历史记录功能,可以解决这一难题。

步骤 01 打开"实战391 修改实体记录.dwg"素材文件,如图 11-87所示。

步骤 02 单击"坐标"面板中的"原点"按钮,然后捕捉圆柱体顶面的圆心,放置原点,如图 11-88所示。

步骤 03 单击绘图区左上角的视图控件,将视图调整到俯视的方向,然后在XY平面内绘制一个矩形轮廓,如图 11-89所示。

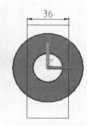

图 11-87　素材模型　　图 11-88　捕捉圆心　　图 11-89　绘制矩形轮廓

步骤 04 单击"建模"面板中的"拉伸"按钮,选择矩形多段线为拉伸的对象，拉伸方向向圆柱体内部，指定拉伸高度为14，创建的长方体如图11-90所示。

步骤05 选中创建的长方体，单击鼠标右键，在快捷菜单中选择"特性"选项，弹出该实体的特性选项板，在选项板中将"历史记录"修改为"记录"，将"显示历史记录"设置为"是"，如图11-91所示。

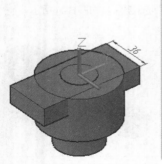

图 11-90 创建的长方体　　图 11-91 设置实体历史记录

步骤06 单击"实体编辑"面板中的"差集"按钮，从圆柱体中减去长方体，结果如图11-92所示，以线框形式显示的即为长方体的历史记录。

步骤07 按住Ctrl键然后选择线框长方体，该历史记录呈夹点显示状态，将长方体两个顶点夹点合并，修改为三棱柱的形状。拖动夹点，适当调整三棱柱形状，结果如图11-93所示。

步骤08 选择圆柱体，用步骤05的方法打开实体的"特性"选项板，将"显示历史记录"修改为"否"，隐藏历史记录，最终结果如图11-94所示。

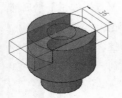

图 11-92 差集运算的结果　图 11-93 编辑历史记录的结果　图 11-94 最终结果

实战 392 检查实体干涉　★进阶★

　　在装配过程中，往往会出现模型与模型之间的干涉现象，因而在执行两个或多个模型装配时，需要使用"干涉检查"命令，以便及时调整模型的尺寸和相对位置，从而达到准确装配的效果。

步骤01 单击快速访问工具栏中的"打开"按钮，打开"实战392 检查实体干涉.dwg"素材文件，如图11-95所示，其中已经创建好了销轴和连接杆。

步骤02 单击"实体编辑"面板中的"干涉"按钮，选择图11-96所示的图形为第一组对象。命令行提示如下。

```
命令: _interfere
        //调用"干涉检查"命令
选择第一组对象或 [嵌套选择(N)/设置(S)]: 找到 1 个
        //选择销轴为第一组对象
选择第一组对象或 [嵌套选择(N)/设置(S)]:
        //按Enter键结束选择
选择第二组对象或 [嵌套选择(N)/检查第一组(K)] <检查>: 找
到 1 个
        //选择图11-97所示的连接杆为第二组对象
选择第二组对象或 [嵌套选择(N)/检查第一组(K)] <检查>:
        //按Enter键
```

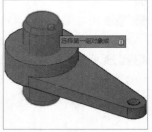

图 11-95　素材图形　　图 11-96　选择第一组对象

步骤03 系统显示干涉检查结果并弹出"干涉检查"对话框，如图11-98所示，绘图区中红色亮显的地方为超差部分。单击"关闭"按钮即可完成干涉检查。

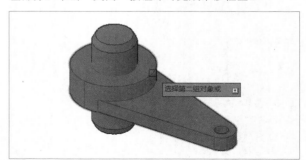

图 11-97　选择第二组对象

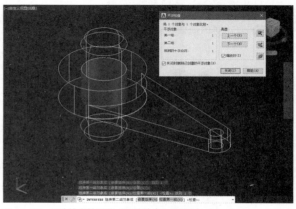

图 11-98　干涉检查结果和"干涉检查"对话框

11.2 曲面与网格模型的编辑

与三维实体一样，曲面与网格模型也可以进行类似的编辑操作。

实战 393 曲面修剪

使用"曲面修剪"命令可以修剪相交曲面中不需要的部分，也可利用二维对象在曲面上的投影修剪曲面。

步骤 01 打开"实战393 曲面修剪.dwg"素材文件，如图11-99所示。

步骤 02 在"曲面"选项卡中，单击"编辑"面板中的"修剪"按钮✳，修剪扇叶曲面，如图11-100所示。命令行提示如下。

```
命令：_surftrim
延伸曲面＝是，投影＝自动
选择要修剪的曲面或面域或者[延伸(E)/投影方向(PRO)]：找到
1个
选择要修剪的曲面或面域或者[延伸(E)/投影方向(PRO)]：找到
1个，总计2个
选择要修剪的曲面或面域或者[延伸(E)/投影方向(PRO)]：找到
1个，总计3个
选择要修剪的曲面或面域或者[延伸(E)/投影方向(PRO)]：找到
1个，总计4个
选择要修剪的曲面或面域或者[延伸(E)/投影方向(PRO)]：找到
1个，总计5个
选择要修剪的曲面或面域或者[延伸(E)/投影方向(PRO)]：找到
1个，总计6个      //依次选择6个扇叶曲面
选择要修剪的曲面或面域或者[延伸(E)/投影方向(PRO)]：↙
                      //按Enter键结束选择
选择剪切曲线、曲面或面域：找到 1 个
                  //选择圆柱底面作为剪切曲面
选择剪切曲线、曲面或面域：↙
                  //按Enter键结束选择
选择要修剪的区域 [放弃(U)]：
选择要修剪的区域 [放弃(U)]：
选择要修剪的区域 [放弃(U)]：
选择要修剪的区域 [放弃(U)]：
选择要修剪的区域 [放弃(U)]：
选择要修剪的区域 [放弃(U)]：
                  //依次单击6个扇叶在圆柱内的部分
选择要修剪的区域 [放弃(U)]：↙
                  //按Enter键完成裁剪
```

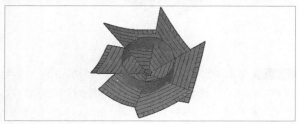

图 11-99　素材模型

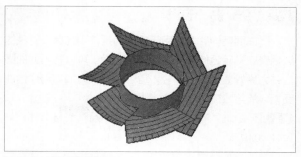

图 11-100　曲面修剪效果

实战 394 曲面圆角

使用"曲面圆角"命令可以在现有曲面之间的空间中创建新的圆角曲面。圆角曲面具有固定半径且与原始曲面相切。

步骤 01 打开"实战394 曲面圆角.dwg"素材文件，如图11-101所示。

步骤 02 在"曲面"选项卡中，单击"编辑"面板中的"圆角"按钮，创建的圆角曲面如图11-102所示。命令行提示如下。

```
命令：_surffillet
                  //调用"曲面圆角"命令
半径＝5.0000，修剪曲面＝是
选择要圆角化的第一个曲面或面域或者 [半径(R)/修剪曲面
(T)]：R↙                //选择"半径"选项
指定半径或 [表达式(E)] <5.0000>：40↙
                  //指定圆角半径
选择要圆角化的第一个曲面或面域或者 [半径(R)/修剪曲面
(T)]：              //选择要创建圆角的第一个曲面
选择要圆角化的第二个曲面或面域或者 [半径(R)/修剪曲面
(T)]：              //选择要创建圆角的第二个曲面
按 Enter 键接受圆角曲面或 [半径(R)/修剪曲面(T)]：↙
                  //按Enter键结束操作
```

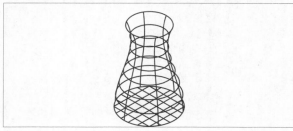

图 11-101　素材模型

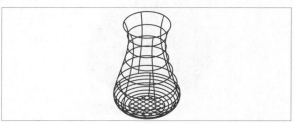

图 11-102　曲面圆角效果

实战 395 曲面延伸

"曲面延伸"命令用于将曲面延伸到与另一对象的边相交或指定延伸长度来创建新曲面。可以将延伸曲面合并为原始曲面的一部分，也可以将其附加为与原始曲面相邻的第二个曲面。

步骤 01 打开"实战395 曲面延伸.dwg"素材文件，如图11-103所示。

图 11-103　素材模型

步骤 02 在"曲面"选项卡中，单击"编辑"面板中的"延伸"按钮，如图11-104所示，执行"曲面延伸"命令。

图 11-104　"编辑"面板中的"延伸"按钮

步骤 03 选择底边为要延伸的边，如图11-105所示，然后指定延伸距离为20。

步骤 04 曲面延伸效果如图11-106所示，命令行提示如下。

```
命令: _surfextend
        //调用"曲面延伸"命令
模式 = 延伸，创建 = 附加
选择要延伸的曲面边: 找到 1 个
        //选择底边为要延伸的边
选择要延伸的曲面边: ↙
        //按Enter键确认选择
指定延伸距离 [表达式(E)/模式(M)]: 20↙
        //输入延伸距离，按Enter键结束操作
```

图 11-105　选择要延伸的边

图 11-106　曲面延伸效果

实战 396 曲面造型

在其他三维建模软件中，如 UG、SolidWorks、犀牛等，均有将封闭曲面转换为实体的功能，这极大地提高了产品的曲面造型技术。在 AutoCAD 2022 中，也有与此功能相似的命令，那就是"造型"命令。

钻石色泽光鲜，璀璨夺目，是一种昂贵的装饰品，因此在家具、灯饰上通常使用玻璃、塑料等制成的多面体来替代钻石，钻石如图 11-107 所示。

图 11-107　钻石

步骤 01 单击快速访问工具栏中的"打开"按钮，打开"实战396 曲面造型.dwg"素材文件，如图11-108所示。

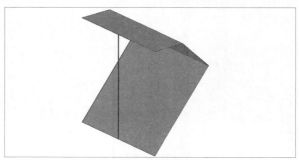

图 11-108　素材文件

步骤 02 单击"常用"选项卡"修改"面板中的"环形阵列"按钮，选择素材中已经创建好的3个曲面，以直线为旋转轴，设置阵列数量为6、角度为360°，如图11-109所示。

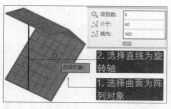 

图 11-109　阵列

步骤 03 在"曲面"选项卡中，单击"编辑"面板中的"造型"按钮 🗇，全选阵列后的曲面，按Enter键确认选择，创建钻石模型，如图11-110所示。

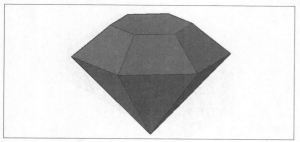

图 11-110　钻石模型

实战 397　曲面加厚

在三维建模环境中，可以对网格曲面、平面曲面和截面曲面等曲面进行加厚处理，形成具有一定厚度的三维实体。

步骤 01 打开"实战397 曲面加厚.dwg"素材文件。

步骤 02 单击"实体"选项卡中"实体编辑"面板中的"加厚"按钮 🗇，选择素材文件中的花瓶曲面，然后指定厚度为1，如图11-111所示。

图 11-111　加厚花瓶曲面

实战 398　编辑网格模型　★进阶★

网格模型与三维实体可以实现的操作并不完全相同。如果需要通过交集、差集或并集操作来编辑网格模型，则可以将网格模型转换为三维实体或曲面模型。同样，如果需要将锐化或平滑应用于三维实体或曲面模型，则可以将这些对象转换为网格模型。

步骤 01 单击快速访问工具栏中的"新建"按钮 🗋，新建一个空白文档。

步骤 02 在"网格"选项卡中，单击"图元"面板右下角的 ⇘ 按钮，在弹出的"网格图元选项"对话框中，选择"长方体"图元选项，设置长度细分为5、宽度细分为3、高度细分为2，如图11-112所示。

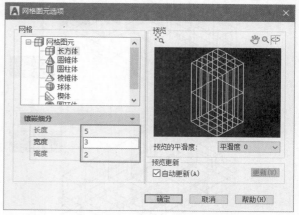

图 11-112　"网格图元选项"对话框

步骤 03 将视图切换至"西南等轴测"视图，在"网格"选项卡中，单击"图元"面板中的"网格长方体"按钮，在绘图区绘制长、宽、高分别为200、100、30的网格长方体，如图11-113所示。

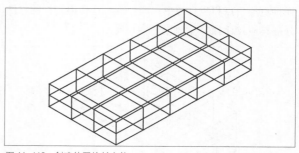

图 11-113　创建的网格长方体

步骤 04 在"网格"选项卡中，单击"网格编辑"面板中的"拉伸面"按钮，选择网格长方体上的网格面，向上拉伸30 mm，如图11-114所示。

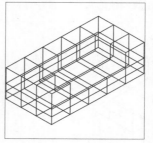 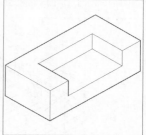

图 11-114　拉伸面的结果

步骤 05 在"网格"选项卡中，单击"网格编辑"面板中的"合并面"按钮，在绘图区中选择沙发扶手外侧的两个网格面，将其合并。重复合并面操作，合并扶手内

317

侧的两个网格面，以及另外一个扶手的内外两侧的网格面，如图11-115所示。

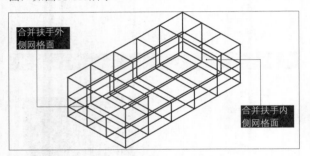

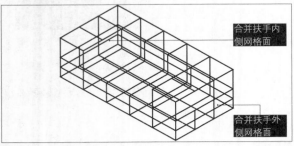

图 11-115　合并其余面结果

步骤 06 在"网格"选项卡中，单击"网格编辑"面板中的"分割面"按钮，选择以上合并后的网格面，绘制连接矩形角点和竖直边中点的分割线，使用同样的方法分割其他3组网格面，如图11-116所示。

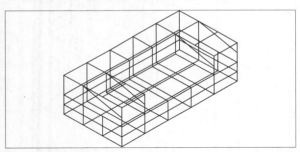

图 11-116　分割面

步骤 07 调用"分割面"命令，在绘图区中选择扶手前端面，绘制平行于底边的分割线，结果如图11-117所示。

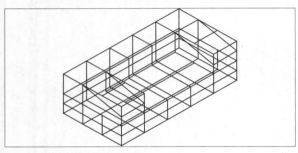

图 11-117　分割前端面

步骤 08 在"网格"选项卡中，单击"网格编辑"面板

中的"合并面"按钮，选择沙发扶手上面的两个网格面、侧面的两个三角网格面和前端面，将它们合并。按照同样的方法合并另一个扶手上对应的网格面，如图11-118和图11-119所示。

图 11-118　合并面

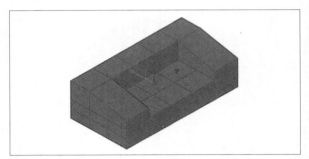

图 11-119　合并面的结果

步骤 09 在"网格"选项卡中，单击"网格编辑"面板中的"拉伸面"按钮，选择沙发顶面的5个网格面，设置倾斜角为30°、向上拉伸距离为15 mm，结果如图11-120所示。

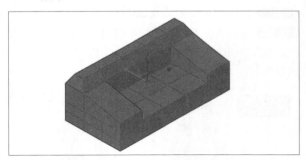

图 11-120　拉伸顶面的结果

步骤 10 在"网格"选项卡中，单击"网格"面板中的"提高平滑度"按钮，选择沙发的所有网格，提高平滑度两次，结果如图11-121所示。

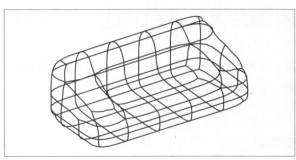

图 11-121　提高平滑度

步骤 11 在"常用"选项卡中，单击绘图区左上角的视觉样式控件，在弹出的菜单中选择"概念"视觉样式，效果如图11-122所示。

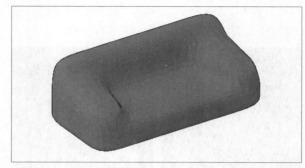

图 11-122　"概念"视觉样式效果

11.3　本章小结

　　本章介绍了编辑三维模型的方法，包括编辑三维实体、曲面模型与网格模型。上一章介绍了通过执行各种命令可以创建对应类型的模型，如长方体、圆柱体、球体等，但这些简单模型可应用的范围较窄。因此本章介绍了通过执行编辑命令，在简单模型的基础上操作，从而创建丰富多样的模型，表现各种创意效果。

　　为了帮助读者掌握编辑命令的使用方法，不仅全章以实战的方式讲解了命令的使用方法，还在章末提供了课后习题。只有多加练习，才能熟练地运用编辑命令，创建出符合实际需求的模型。

11.4　课后习题

一、理论题

　　1. 单击（　　）按钮，可以将选中的对象组成一个整体。

A. 🟫　　　　　　　　B. 🟦　　　　　　　　C. 🟦　　　　　　　　D. 🟦

　　2. 单击（　　）按钮，指定起点和终点，可以移动三维实体至目标位置。

A. ⊕　　　　　　　　B. ⬡　　　　　　　　C. ⬛　　　　　　　　D. 🟦

　　3. 单击（　　）按钮，选择模型的边并设置倒角距离，可为模型添加倒角。

A. ⬜　　　　　　　　B. ⬛　　　　　　　　C. 🔶　　　　　　　　D. 🟦

　　4. 单击（　　）按钮，选择实体面，指定拉伸高度与倾斜角度，可以拉伸实体面。

A. 🟦　　　　　　　　B. 🟦　　　　　　　　C. 🟥　　　　　　　　D. 🟦

　　5. 单击（　　）按钮，选择要修剪的曲面，即可删除多余的部分。

A. ❋　　　　　　　　B. 🟦　　　　　　　　C. ⬛　　　　　　　　D. 🟩

二、操作题

　　1. 参考"实战 372"，执行"三维缩放"命令，选择模型，设置比例因子为 0.5，调整模型至合适的大小，如图 11-123 所示。

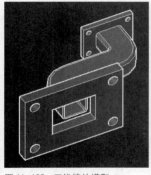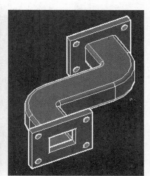

图 11-123　三维缩放模型

2. 参考"实战397"，执行"曲面加厚"命令，选择模型，设置厚度为20，如图11-124所示。

3. 执行"拉伸""差集"命令，在二维图形的基础上创建三维模型，如图11-125所示。

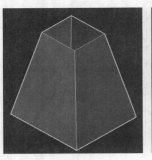 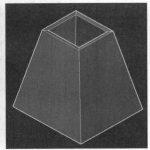

图 11-124　曲面加厚

图 11-125　创建三维模型

附录1 AutoCAD常见问题索引

文件管理类

1 如何减小文件？

将图形转换为图块，并清除多余的样式（如图层、标注、文字的样式）可以有效减小文件。见第6章的【实战245】、【实战246】与【实战260】。

2 如何使图形只能被查看而不能被修改？

可将图形输出为DWF或者PDF文件，见第9章的【实战324】。也可以通过将常规文件设置为"只读"的方式来完成。

3 怎样将图形文件保存为低版本文件？

见第1章的【实战014】。

4 如何局部打开或局部加载图形？

见第1章的【实战012】。

5 保存图形覆盖了原图形时如何恢复数据？

可以使用【撤销】工具或.bak文件来恢复。

6 打开DWG文件时，为什么系统弹出对话框提示图形文件无效？

图形文件可能被损坏，也可能是由更高版本的AutoCAD创建的。可参考第1章的【实战014】进行处理。

绘图编辑类

1 什么是对象捕捉？

见第1章的1.7节。

2 对象捕捉有什么方法与技巧？

见第2章的【实战058】、【实战059】、【实战063】、【实战064】。

3 加选无效时怎么办？

可尝试其余的选择方法，详见第1章的【实战035】与【实战036】。

4 怎样按指定条件选择对象？

可通过快速选择来完成，详见第1章的【实战042】。

5 在AutoCAD中，Shift键有什么使用技巧？

可以用来辅助对象捕捉，详见第1章的【实战060】与【实战061】。

6 AutoCAD中的夹点要如何编辑与使用？

见第3章的3.4节。

7 多段线有什么操作技巧？

见第2章的【实战082】至【实战087】，对多段线的各种操作均有详细介绍。

8 复制图形粘贴后总是离得很远该怎么办？

可重新指定复制基点，见第6章的【实战245】。或使用带基点复制命令（快捷键为Ctrl+Shift+C）。

9 如何测量带弧线的多段线长度？

可以使用LIST或其他测量命令，见第8章的【实战310】。

10 如何用BREAK命令在某一点打断对象？

见第3章的【实战128】与其中的提示。

11 直线（LINE）命令有哪些操作技巧？

见第2章的【实战077】与其中的提示。

12 如何快速绘制直线？

可以通过重复命令来完成，详见第1章的【实战029】。

13 偏移（OFFSET）命令有哪些操作技巧？

见第3章的【实战147】。

14 镜像（MIRROR）命令有哪些操作技巧？

见第3章的【实战150】。

15 修剪（TRIM）命令有哪些操作技巧？

见第3章的【实战126】。

16 "DESIGNCENTER"选项板有哪些操作技巧？

见第6章的【实战257】。

17 撤销（OOPS）命令与重做（UNDO）命令有什么区别？

见第1章的【实战032】与【实战033】。

18 为什么有些图形无法分解？

在AutoCAD中，有3类图形是无法使用"分解"命令分解的，即阵列插入图块、外部参照、外部参照的依赖块3类图块。而分解一个包含属性的块将删除属性值并重新显示属性定义。

19 如何统计图块数量？

见第6章的【实战258】。

20 内部图块与外部图块有什么区别？

见第6章的【实战245】、【实战246】。

21 填充图案时找不到范围怎么解决？

见第3章的【实战152】。

22 怎样使用"两点之间的中点（MTP）"命令进行绘图？

见第1章的【实战064】。

23 怎样使用"自（FROM）"命令进行绘图？

见第1章的【实战063】。

24 如何创建三维文字实体？

可将文字用 TXTEXP 命令分解，然后生成面域来创建三维实体。

25 如何测量某个图元的长度？

使用查询命令来完成，见第 8 章的【实战 305】。

26 如何查询二维图形的面积？

使用查询命令来完成，见第 8 章的【实战 308】。

27 如何查询三维模型的体积？

使用查询命令来完成，见第 8 章的【实战 309】。

图形标注类

1 字体无法正确显示该怎么办？

见第 5 章的【实战 227】。

2 为什么修改了文字样式，但文字没发生改变？

见第 5 章的【实战 212】。

3 怎么创建弧形文字？

见第 5 章的【实战 226】。

4 怎样查找和替换文字？

见第 5 章的【实战 225】。

5 如何快速调出特殊符号？

见第 5 章的【实战 221】。

6 如何快速标注零件序号？

可先创建一个多重引线，然后使用"阵列""复制"等命令创建大量副本。

7 如何快速对齐多重引线？

见第 5 章的【实战 226】。

8 如何将图形单位从英寸转换为毫米？

见第 4 章的【实战 180】。

9 如何编辑标注？

双击标注文字即可进行编辑，也可查阅第 4 章的【实战 202】。

系统设置类

1 如何检查系统变量？

见第 8 章的【实战 313】。

2 鼠标中键不能用作平移工具时该怎么办？

将系统变量 MBUTTONPAN 的值重新指定为 1 即可。

3 如何自定义绘图区的颜色？

见第 1 章的【实战 003】。

4 如何灵活使用动态输入功能？

见第 1 章的【实战 048】。

5 选择的对象不显示夹点该怎么办？

可能是限制了夹点的显示数量，可打开"选项"对话框，在"选择集"选项卡的"选择对象时限制显示的夹点数"文本框中设置。

6 如何设置拾取框的大小？

见第 1 章的【实战 007】。

7 如何设置夹点的尺寸与颜色？

见第 1 章的【实战 009】。

8 怎样在绘图区中显示滚动条？

见第 1 章的【实战 004】。

9 布局和模型选项卡不见了怎么办？

可在"选项"对话框的"显示"选项卡中勾选"显示布局和模型选项卡"复选框调出。

10 如何将图形全部显示在绘图区中？

单击状态栏中的【全屏显示】按钮即可。

视图与打印类

1 为什么找不到视口边界？

视口边界与矩形、线段一样，都是图形对象，如果没有显示，则可能是因为对应图层被关闭或冻结，开启和解冻方式见第 7 章的【实战 278】和【实战 280】。

2 如何删除顽固图层？

图层可在"图层特性管理器"选项板中删除，如果有顽固图层无法删除，则可按删除块的方式进行清理。

3 如何快速控制图层状态？

可在"图层特性管理器"选项板中进行统一控制，见第 7 章的【实战 271】、【实战 272】与【实战 273】。

4 如何使用向导创建布局？

见第 9 章的【实战 315】。

5 如何输出高清的 JPG 图片？

可以通过打印方式进行输出，见第 9 章的【实战 325】。

6 如何将 AutoCAD 文件导入 Photoshop？

可以将图纸先输出为 EPS 格式文件，然后将其导入 Photoshop，见第 9 章的【实战 326】。

7 如何批处理打印图纸？

批处理打印图纸的方法与 DWF 文件的发布方法一致，只需更换打印设备即可输出其他格式的文件。可以参考第 9 章的【实战 322】。

8 文本打印时显示为空心该怎么办？

将 TEXTFILL 变量的值设置为 1。

9 为什么有些图形能显示却打印不出来？

图层作为有效管理图形的工具，每个图层有是否打印的设置。此外，系统自行创建的图层，如"Defpoints"图层就不能被打印，也无法被更改。

程序与应用类

1 如何处理复杂表格?

可通过将 Excel 表格导入 AutoCAD 的方法来处理复杂的表格,详见第 5 章的【实战 244】。

2 如何使重新加载外部参照后图层特性改变?

将 VISRETAIN 变量的值设为 1。

3 为什么图纸导入显示不正常?

可能是参照图形的保存路径发生了变更,详见第 6 章的【实战 261】。

4 怎样让图形的边框不打印?

可将边框对象移动至"Defpoints"图层,或设置边框所属的图层为不打印样式。

5 如何安装附加工具 Express Tools 和 AutoLISP 实例?

在安装 AutoCAD 2022 软件时勾选即可。

6 将 AutoCAD 图形导入 Word 的方法是什么?

直接复制、粘贴即可,但要注意将 AutoCAD 中的背景设置为白色。也可以使用 BetterWMF 软件来处理。

7 将 AutoCAD 图形导入 CorelDRAW 的方法是什么?

可以将图纸先输出为 EPS 格式文件,然后导入 CorelDRAW,见第 9 章的【实战 326】。

8 如何实现 AutoCAD 与 UG、SolidWorks 的数据转换?

见第 9 章的【实战 322】与【实战 323】。

附录2 AutoCAD行业知识索引

机械设计类

1 两个圆的公切线要怎么画？例如同步带。

使用"临时捕捉"功能进行绘制，见第1章的【实战060】。

2 怎样获得非常规曲线的数控加工坐标点？

可以通过"定数等分"命令与测量命令来获得，详见第8章的【实战311】。

3 怎样绘制数学函数曲线？

可先用"多点"命令确定几个特征点，然后使用"样条曲线"命令进行连接，详见第2章的【实战073】。

4 机械装配图中如何创建成组的引线？

可以通过"合并引线"命令来完成，见第4章的【实战209】。

5 怎样计算零件的质量？

先按1:1的比例创建零件的三维模型，然后通过测量得到该模型的体积，再乘以密度即可得到质量。详见第8章的【实战309】。

6 怎样快速地为装配图添加零部件序列号？

可以先创建一个序列号引线，然后复制多个，再依次移动至要添加到的零部件上，接着使用"对齐引线"命令对齐。

建筑设计类

1 怎样用AutoCAD创建真实的建筑模型？

由于建筑图纸是用AutoCAD绘制的，因此使用AutoCAD创建三维模型就比其他软件更方便。创建好三维模型后使用第9章【实战323】所介绍的方法，将其输出为STL文件，然后进行3D打印即可得到真实的建筑模型。

2 怎样快速绘制楼梯和踏板？

对于这类重复图形，可以先绘制一个单独的对象，然后通过"阵列"或"复制"命令来进行绘制。

3 怎样快速绘制墙体？

可以使用"多线"命令进行绘制，见第2章的【实战088】与【实战089】。

4 建筑总平面图中图形过多，如何在其中显示出被遮挡的文字？

可以通过调整图形的叠放次序来调整显示效果，见第3章的【实战134】。

5 建筑平面图中轴线尺寸的标注方法是什么？

可以通过"连续标注"命令来进行标注，详见第4章的【实战191】。

6 建筑立面图中标高的标注方法是什么？

可结合"块"与"多重引线"命令来进行标注，详见第4章的【实战198】。

7 如何创建可编辑文字的标高图块？

详见第4章的【实战198】。

8 大样图的多比例打印方法是什么？

见第9章的【实战321】。

9 建筑平面图的标注方法是什么？

建筑平面图的标注需要注意标注间距与原点距离，详见第4章的【实战204】。

10 定位轴线要如何确定？

一般来说，定位轴线可选择墙体轮廓线的中线。

室内设计类

1 怎样让图纸仅显示墙体或仅显示轴线、标注等？

可通过局部打开的方式来完成，见第1章的【实战012】；当然也可以通过关闭其他的图层来实现。

2 如果下载的图纸尺寸都不准确，那要怎样快速、精准地调整门、窗等图元的位置？

可以通过"拉伸"命令配合"自"功能来完成，操作方法详见第3章的【实战124】。

3 如何快速地围绕非圆形餐桌布置椅子？

可以通过"路径阵列"命令来进行布置。

4 室内平面图的填充技巧是什么？

见第3章的【实战160】。

5 室内平面图中，如果各墙体标注过于紧密，要如何调整？

可在"修改标注样式"对话框的"调整"选项卡中将标注设置改为"尺寸线上方，带引线"，详见第4章的【实战176】。

6 室内立面图中，如何对齐参差交错的引线标注？

可按第4章【实战209】中的方法进行调整。

7 怎样通过图层工具来控制室内设计图的显示？

关闭或打开图层将得到所需的简略图形，见第7章的【实战277】与【实战278】。

8 如何统计室内平面图中某一类家具或电器的数量？

这类图形基本都是以"块"的形式存在于设计图中的，因此可以使用"快速选择"命令来进行统计。详见第 6 章的【实战 258】。如果没有转换为块，请先将图形转换为块后再进行统计。

9 怎样查询室内的面积大小？

见第 8 章的【实战 308】。

10 彩平图的创建方法是什么？

可先用打印的方法输出 EPS 文件，然后将其导入 Photoshop 中进行加工，从而得到彩平图。

其他

1 将图纸发给客户，对方却打不开该怎么办？

可能是对方所使用的 AutoCAD 版本过低，可使用第 1 章【实战 014】的方法将图纸文件转存为低版本文件，然后再发送一次。也可能是本公司设定了保密程序，使图纸仅限于内部浏览，这样的话即便通过转存客户也无法打开图纸。这时可将图纸输出为 DWF 或 PDF 文件，然后再发送给客户。方法请见第 9 章的【实战 324】、【实战 325】。

2 非设计专业的人员可以怎样便捷地查看 AutoCAD 图纸？

可使用 CAD 迷你看图、DWG Viewer 等软件来打开 AutoCAD 图纸。也可让设计人员将图纸转换为 PDF 文件。

3 所有类型的设计图中，如何快速地让中心线从轮廓图形中伸出来一点？

可用"拉伸"命令进行操作，见第 3 章的【实战 125】。

4 英制尺寸怎么转换为公制尺寸？

见第 4 章的【实战 180】。

附录3 AutoCAD命令索引

AutoCAD 常用快捷键和命令

快捷键和命令	含义	快捷键和命令	含义
L	直线	A	圆弧
C	圆	T	多行文字
XL	射线	B	块定义
E	删除	I	插入块
H	填充	W	定义块文件
TR	修剪	CO	复制
EX	延伸	MI	镜像
PO	点	O	偏移
S	拉伸	F	倒圆角
U	返回	D	标注样式
DDI	直径标注	DLI	线性标注
DAN	角度标注	DRA	半径标注
OP	系统选项设置	OS	对象捕捉设置
M	移动	SC	按比例缩放
P	平移	Z	局部放大
Z+E	显示全图	Z+A	显示全屏
MA	属性匹配	AL	对齐
Ctrl+ 1	修改特性	Ctrl+ S	保存文件
Ctrl + Z	放弃	Ctrl + C Ctrl + V	复制 粘贴
F3	对象捕捉开关	F8	正交开关

1. 绘图命令

PO，POINT（点）

L，LINE（直线）

XL，XLINE（射线）

PL，PLINE（多段线）

ML，MLINE（多线）

SPL，SPLINE（样条曲线）

POL，POLYGON（正多边形）

REC，RECTANGLE（矩形）

C，CIRCLE(圆)

A，ARC(圆弧)

DO，DONUT（圆环）

EL，ELLIPSE（椭圆）

REG，REGION（面域）

MT，MTEXT（多行文本）

T，MTEXT（多行文本）

B，BLOCK（块定义）

I，INSERT（插入块）

W，WBLOCK（定义块文件）

DIV，DIVIDE（定数等分）

ME，MEASURE(定距等分）

H，BHATCH（填充）

2. 修改命令

CO，COPY（复制）

MI，MIRROR（镜像）

AR，ARRAY（阵列）

O，OFFSET（偏移）

RO，ROTATE（旋转）

M，MOVE（移动）

E、Dlete 键、ERASE（删除）

X，EXPLODE（分解）

TR，TRIM（修剪）

EX，EXTEND（延伸）

S，STRETCH（拉伸）

LEN，LENGTHEN（直线拉长）

SC，SCALE（按比例缩放）

BR，BREAK（打断）

CHA，CHAMFER(倒角）

F，FILLET（倒圆角）

PE，PEDIT（多段线编辑）

ED，DDEDIT（修改文本）

3. 视窗缩放

P，PAN（平移）

Z + 空格 + 空格（实时缩放）

Z（局部放大）

Z+P（返回上一视图）

Z+E（显示全图）

Z+W（显示窗选部分）

4. 尺寸标注

DLI，DIMLINEAR（直线标注）

DAL，DIMALIGNED（对齐标注）

DRA，DIMRADIUS（半径标注）

DDI，DIMDIAMETER（直径标注）

DAN，DIMANGULAR（角度标注）

DCE，DIMCENTER（中心标注）

DOR，DIMORDINATE（点标注）

LE，QLEADER（快速引线标注）

DBA，DIMBASELINE（基线标注）

DCO，DIMCONTINUE（连续标注）

D，DIMSTYLE（标注样式）

DED，DIMEDIT（编辑标注）

DOV，DIMOVERRIDE(替换标注系统变量）

DAR(弧长标注）

DJO（折弯标注）

5. 对象特性

ADC，ADCENTER（设计中心）

CH，MO，PROPERTIES(修改特性）

MA，MATCHPROP（属性匹配）

ST，STYLE（文字样式）

COL，COLOR（设置颜色）

LA，LAYER（图层操作）

LT，LINETYPE（线型）

LTS，LTSCALE（线型比例）

LW，LWEIGHT（线宽）

UN，UNITS（图形单位）

ATT，ATTDEF（属性定义）

ATE，ATTEDIT（编辑属性）

BO，BOUNDARY（创建边界，包括创建闭合多段线和面域）

AL，ALIGN（对齐）

EXIT，QUIT（退出）

EXP，EXPORT（输出其他格式文件）

IMP，IMPORT（导入文件）

OP，OPTIONS（自定义 CAD 设置）

PRINT，PLOT（打印）

PU，PURGE（删除未使用项目）

RE，REDRAW（重新生成）

REN，RENAME（重命名）

SN，SNAP（捕捉栅格）

DS，DSETTINGS（设置极轴追踪）

OS，OSNAP（设置捕捉模式）

PRE，PREVIEW（打印预览）

TO，TOOLBAR（工具栏）

V，VIEW（命名视图）

AA，AREA（面积）

DI，DIST（距离）

LI，LIST（显示图形数据信息）

6. 其他命令

Ctrl + 2（设计中心）

Ctrl + O（打开文件）

Ctrl + N（新建文件）

Ctrl + P（打印文件）

Ctrl + X（剪切）

Ctrl + B（栅格捕捉）

Ctrl + F（对象捕捉）

Ctrl + G（栅格）

Ctrl + L（正交）

Ctrl + W（对象追踪）

Ctrl + U（极轴追踪）

F1（帮助）

F2（文本窗口）

F7（栅格）

附录4 课后习题答案

第1章

一、理论题

| 1.B | 2.A | 3.C | 4.D | 5.A | 6.D | 7.C | 8.C | 9.A | 10.B |

第2章

一、理论题

| 1.A | 2.B | 3.D | 4.A | 5.B | 6.B | 7.A | 8.B | 9.B | 10.A |

第3章

一、理论题

| 1.A | 2.C | 3.B | 4.C | 5.C | 6.B | 7.A | 8.A | 9.C | 10.B |

第4章

一、理论题

| 1.A | 2.C | 3.B | 4.C | 5.A | 6.C | 7.B | 8.A | 9.C | 10.B |

第5章

一、理论题

| 1.A | 2.C | 3.B | 4.A | 5.D | 6.B | 7.B | 8.B |

第6章

一、理论题

| 1.C | 2.A | 3.B | 4.A | 5.B |

第7章

一、理论题

| 1.B | 2.C | 3.A | 4.B | 5.B |

第8章

一、理论题

| 1.D | 2.A | 3.C | 4.B | 5.C |

第9章

一、理论题

| 1.A | 2.C | 3.A | 4.A | 5.B |

第10章

一、理论题

| 1.C | 2.A | 3.B | 4.D | 5.B |

第11章

一、理论题

| 1.A | 2.B | 3.C | 4.D | 5.A |